建筑施工图 快速识读

主　　编　陈东明

副 主 编　冯　卫　江海东

主编单位　安徽省工程与建筑杂志社

编写组长单位　中铁合肥建筑市政工程设计研究院有限公司

参加编写单位　安徽地平线建筑设计有限公司

安徽汇华工程科技股份有限公司

安庆市第一建筑设计研究院有限公司

黄山市建筑设计研究院

参与编写人员名单（按姓氏笔画排列）

王　庆　王献红　方向旻　方继顺　尹宗军　石庆昷

冯　卫　朱　斌　江　冰　刘　佳　江海东　孙　彤

孙小三　孙悠如　杨　俊　余再明　张　永　张　莹

陈东明　胡玉珍　洪祖根　唐　诚　唐世华　高璐璐

常　蓓　韩　毅　程浩然

时代出版传媒股份有限公司

安徽科学技术出版社

图书在版编目(CIP)数据

建筑施工图快速识读 / 陈东明主编.--合肥:安徽科学技术出版社,2018.4
ISBN 978-7-5337-7142-3

Ⅰ.①建…　Ⅱ.①陈…　Ⅲ.①建筑制图-识图
Ⅳ.①TU204.21

中国版本图书馆 CIP 数据核字(2017)第 046998 号

建筑施工图快速识读　　　　　　　　　　　主编　陈东明

出 版 人:丁凌云　　　选题策划:王菁虹　　　责任编辑:王菁虹
责任校对:沙 莹　　　责任印制:廖小青　　　封面设计:王 艳
出版发行:时代出版传媒股份有限公司　　http://www.press-mart.com
　　　　　安徽科学技术出版社　　　　　http://www.ahstp.net
　　　　　(合肥市政务文化新区翡翠路 1118 号出版传媒广场,邮编:230071)
　　　　　电话:(0551)63533330
印　　制:合肥杏花印务股份有限公司　　电话:(0551)65657639
(如发现印装质量问题,影响阅读,请与印刷厂商联系调换)

开本:880×1230　1/8　　　印张:22　　　字数:700 千
版次:2018 年 4 月第 1 版　　2018 年 4 月第 1 次印刷

ISBN 978-7-5337-7142-3　　　　　　　定价:88.00 元
版权所有,侵权必究

前　言

随着我国经济持续健康发展和城镇化进程的有序推进,全国城乡建设发展任务依然十分繁重。许多从事工程项目管理、建筑装饰、工程预算造价咨询、工程监理、建筑施工的技术和管理人员,以及大专院校和职业院校的学生,都对快速地了解、看懂建筑施工图图纸有迫切的愿望和要求。为了满足这些群体的需要,我们组织编写《建筑施工图快速识读》一书。承担本书编写工作的都是具有多年设计管理和设计实践经验的专业技术人员。

本书第一章"建筑的组成与基本构造"和第二章"建筑施工图基本知识"由安徽汇华工程科技股份有限公司唐世华(全国优秀民营设计院院长、国家一级注册建筑师、教授级高级工程师)负责,安徽汇华工程科技股份有限公司石庆昆、孙彤、安徽工业大学建筑工程学院唐诚参加编写。

本书第三章"建筑施工图的组成"由安徽地平线建筑设计有限公司和安庆市第一建筑设计研究院有限公司编写。

本书第四章"建筑详图"由安徽地平线建筑设计有限公司江海东(全国勘察设计行业奖评审委员会专家、安徽省工程勘察设计大师、国家一级注册建筑师、教授级高级工程师)负责,本公司常蓓、王献红参加编写。

本书第五章"建筑工程常用指标术语及标准"由安庆市第一建筑设计院余再明(全国优秀设计院院长、国家一级注册建筑师、高级工程师)负责。本公司孙小三、朱斌参加编写。

本书第六章"建筑节能与绿色建筑"和第七章"建筑产业现代化"由中铁合肥建筑市政工程设计研究院有限公司冯卫(全国勘察设计行业奖评审委员会专家、安徽省工程勘察设计大师、国家一级注册建筑师、教授级高级工程师)负责,本公司高璐璐、张莹、程浩然参加编写。

本书第八章"传统建筑"由黄山市建筑设计研究院洪祖根(全国优秀设计院院长、安徽省工程勘察设计大师、国家一级注册建筑师、教授级高级工程师)负责,本院韩毅、胡玉珍、方继顺、方向旻、杨俊参加编写。

本书编入的案例,均是参编的设计单位从实际完成的项目中精心挑选出来的。其中,住宅建筑施工图案例由中铁合肥建筑市政工程设计研究院有限公司提供,医院建筑施工图案例和疗养院建筑施工图案例由安徽汇华工程科技股份有限公司提供,学校建筑施工图案例由安徽地平线建筑设计有限公司提供,新农村住宅施工图案例由安庆第一建筑设计院提供,徽派建筑施工图案例由黄山市建筑设计研究院提供。

为了保证本书的质量水平,编写组先后召开五次会议,对展现形式、章节设置、内容编排等进行了深入的讨论,对编写中遇到的问题及时沟通、研究,提出合理的解决方案,力求做到规范严谨、简洁明了、图文并茂、通俗易懂。全书以图表现为主、文字表现为辅,文字为图服务,引导读者看图、识图。

冯卫和江海东对全书进行了技术统稿,陈东明对全书进行了文字统稿。

本书成稿后,我们又邀请了多年从事设计工作的专家:王进、仇扬军、方世根、史敦文、沈宝、张东杉、罗厚旺、洪梅、徐龙等同志分别对书稿进行了审读。他们从技术方面对书稿的完善提出了很好的修改意见,我们向他们表示感谢。本书在编写过程中也得到了一些单位和朋友的支持和帮助,王庆、王亦忠、孙悠如、何韬、陈克弘、郑世举、金泽强、陶东升、黄满红、章志钧等同志为本书的编写工作提供了多方面帮助,在此一并表示谢意。

编写人员本着对社会负责、对读者负责的理念和情感,按照出优秀作品、出精品的要求,多易其稿,一丝不苟,逐章逐节、逐段逐句、精心编写。由于我们水平有限,书中的错误和不足之处还请行业内的各位同人给予指正,请读者赐教。

编　者

目 录

第一章　建筑的组成与基本构造

第一节　建筑的基本概念

一、建筑的概念

建筑是建筑物与构筑物的总称，是人们为了满足社会生活需要，利用所掌握的物质技术手段，并运用一定的科学规律和美学法则创造的人工环境。

二、建筑分类

（一）按使用性质分

民用建筑：是指供人们公共活动与居住的建筑，包括居住建筑与公共建筑。

工业建筑：是指供工业生产使用或直接为工业生产服务的建筑，包括生产用房、辅助生产用房、动力、运输、仓库等用房。

农业建筑：是指供农业生产和加工使用或直接为农业生产服务的建筑，如农牧业种植基地（场）、养殖基地（场）、温室、粮仓等。

（二）按结构形式分

砖混结构建筑：建筑物中竖向承重结构的墙采用砖或者砌块砌筑，构造柱以及横向承重的梁、楼板、屋面等采用钢筋混凝土结构的建筑。

框架结构建筑：由梁和柱以钢接或者铰接相连而成，构成承重体系的结构建筑。框架结构的建筑墙体起围护和分隔作用。

剪力墙结构建筑：用钢筋混凝土的墙体作为竖向承重构件，不但承受竖向荷载，还要与梁板共同承受风荷载、地震作用等水平荷载的建筑。

框架-剪力墙结构建筑：如高层建筑。

筒体结构的建筑：如高层与超高层建筑。

大空间结构的建筑：如轻钢结构建筑，网架、门式钢架建筑，膜结构建筑，拉索结构建筑等。

（三）按建筑层数或总高度分

单层、多层建筑：建筑高度不大于27m的住宅建筑（包括设置商业服务网点的住宅建筑）；建筑高度大于24m的单层公共建筑；建筑高度不大于24m的其他公共建筑。

高层建筑：建筑高度大于27m的住宅建筑和建筑高度大于24m的非单层厂房、仓库的其他民用建筑。

超高层建筑：建筑高度超过100m时，不论住宅建筑或公共建筑均称为超高层建筑。

三、建筑物的组成

建筑物主要由基础、墙或柱、楼地面、楼梯与电梯、屋顶和门窗六大部分组成，每部分都起着不同的作用，如图1.1.1所示。除以上组成部分外，还可能有其他的构件和配件，如阳台雨篷、排烟道、台阶、散水、通风道、变形缝等。

四、建筑构造

建筑构造是一门专门研究建筑物各组成部分构造原理和构造方法的学科。主要任务是根据建筑物的使用功能、艺术造型、经济的构造方案，作为建筑设计中综合解决技术问题及进行施工图设计的依据。其设计原则如下。

（1）结构安全：建筑构造设计要确保结构有足够的强度和刚度，构件间连接坚固耐久，且具有整体性，安全可靠，经久耐用。

（2）经济合理：建筑构造设计要考虑其在建筑中的作用，尽量就地取材，降低造价，经济合理。

（3）适应建筑工业化：建筑工业化是提高建筑速度、改善劳动条件、保证施工质量、节能环保的必由之路。因此，在选择构造做法时，应配合新材料、新工艺、新技术的推广，采用标准化设计，使构配件的生产工厂化，节点构造定型化、通用化，为施工机械化创造条件，以适应建筑工业化的要求。

（4）满足美观要求：构造设计是建筑设计的重要环节，其构造方案应力求符合人们的审美观念。

（5）满足节能要求：节能设计是建筑设计中的重要环节，构造节点大多处于建筑中的冷热桥部位，因此，构造方案须满足建筑节能设计要求，避免结露现象。

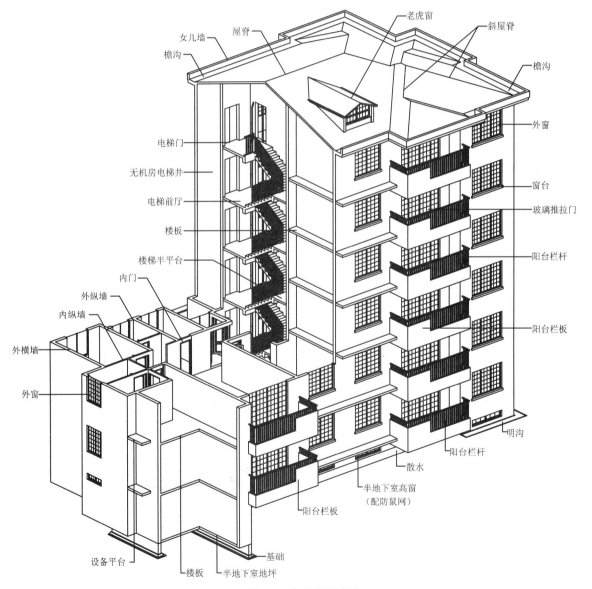

图1.1.1　建筑轴测示意图

第二节　建筑基础与地下室

一、基础

基础是建筑物的主要承重构件，是建筑物的墙或柱埋入地下的扩大部分，属于隐蔽工程。基础承担着建筑物的全部荷载，并将其传递至地基。根据房屋的高度和结构形式不同以及地基的不同，房屋所采用的基础形式也不尽相同。一般常用基础的形式可分为条形基础、独立基础、筏板基础、箱形基础、桩基础等。

（一）基础的分类

1. 按基础构造的形式分

1）条形基础

基础为连续的带形，也叫带形基础。一般用于多层混合结构的承重墙下，也可用于柱下。如上部为钢筋混凝土墙或地基较差、荷载较大时，可采用钢筋混凝土条形基础。条形基础有墙下条形基础和柱下条形基础两类，如图1.2.1所示。

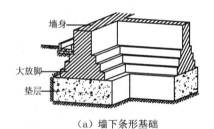

（a）墙下条形基础　　　　　　（b)柱下条形基础

图1.2.1 条形基础

2）独立基础

当建筑物上部采用柱承重，且柱距较大时，将柱下扩大形成独立基础。常用的断面形式有杯形、阶梯形、锥形，如图1.2.2所示。

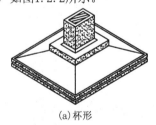

(a)杯形　　　　　　(b)阶梯形　　　　　　(c)锥形

图1.2.2 独立基础

3）筏板基础

当上部荷载较大，地基承载力较低，基础底面积占建筑物平面面积的比例较大时，可将基础连成整片，像筏板一样，称为筏板基础。筏板基础可以用于墙下和柱下，有平板式和梁板式两种，如图1.2.3所示。

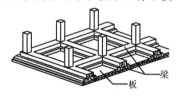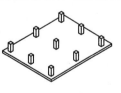

平面　　　　　　(a)梁板式筏板基础　　　　　　(b)平板式筏板基础

图1.2.3 筏板基础

4）箱形基础

常用于将地下室底板、顶板和墙体整体浇筑成箱子状的基础，称为箱形基础，如图1.2.4所示。

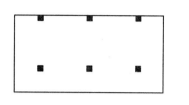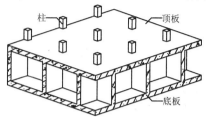

图1.2.4 箱形基础

5）桩基础

用于地基条件较差，或上部荷载较大的情况下。桩基础常用钢筋混凝土材料，也可用型钢或钢管。桩的上部一般由承台来支撑上部的墙或柱子，如图1.2.5所示。

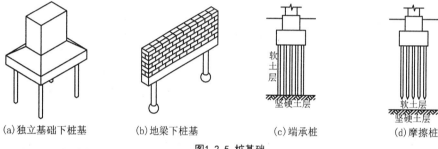

(a)独立基础下桩基　　(b)地梁下桩基　　(c)端承桩　　(d)摩擦桩

图1.2.5 桩基础

2. 按材料及受力特点分

1）无筋扩展基础（也称刚性基础）

由砖、毛石、混凝土或毛石混凝土、灰土、三合土等制成的墙下条形基础或柱下独立基础称为无筋扩展基础。有砖基础、灰土基础、毛石基础、混凝土基础和毛石混凝土基础，如图1.2.6所示。

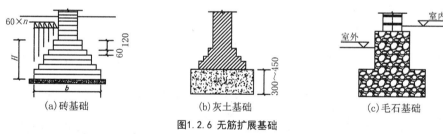

(a)砖基础　　　　　　(b)灰土基础　　　　　　(c)毛石基础

图1.2.6 无筋扩展基础

2）扩展基础（也称为柔性基础）

由钢筋混凝土制成的基础，即柱下的钢筋混凝土独立基础和墙下的钢筋混凝土条形基础，如图1.2.7所示。

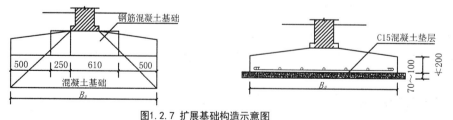

图1.2.7 扩展基础构造示意图

（二）特殊基础构造

1. 埋深不同的基础的处理，如图1.2.8所示。

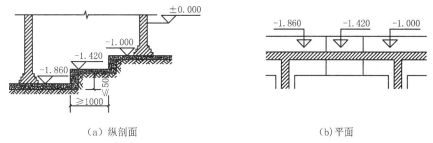

（a）纵剖面　　　　　　　（b）平面

图1.2.8 不同埋深的基础处理

2.沉降缝处的基础处理，如图1.2.9所示。

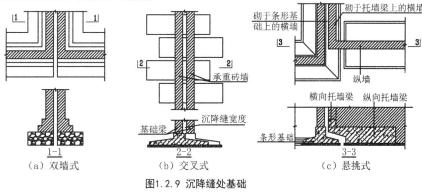

（a）双墙式　　　　（b）交叉式　　　　（c）悬挑式

图1.2.9 沉降缝处基础

3.管道穿越基础时的处理

室内给排水管道、供热采暖管道和电气管路等一般不允许沿建筑物基础底部设置。当管道必须穿越基础时，应在基础施工时按照图纸上标明的管道位置（平面位置和标高位置），预埋管道或预留孔洞。预留孔洞的尺寸见下表1.2.1。

表1.2.1 管道穿越基础预留孔洞尺寸

管径 d	50～75	≥100
预留洞尺寸（宽×高）	300×300	$(d+300)×(d+200)$

管顶上部到孔顶的净空 不得小于建筑物的沉降量，一般不小于150，在湿陷性黄土地区则不宜小于300，如图1.2.10所示。预留孔洞底面与基础底面的距离不宜小于400，当不能满足时，应将建筑物基础局部降低，预留孔与管道之间的空隙用黏土填实，两端用1:2水泥砂浆封口，如图1.2.11所示。

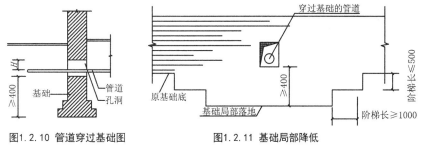

图1.2.10 管道穿过基础图　　　图1.2.11 基础局部降低

二、地下室

地下室是建筑物首层地面以下的空间。地下室一般由墙身、底板、顶板、门窗、楼梯和采光井等几部分组成，如图1.2.12所示。

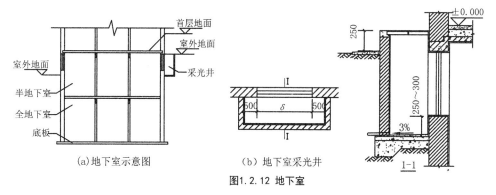

（a）地下室示意图　　　（b）地下室采光井

图1.2.12 地下室

（一）地下室的防潮

当地下水的最高水位低于地下室地坪300～500时，地下室的墙体和底板就会受到土壤毛细水影响，需做防潮处理，如图1.2.13所示。

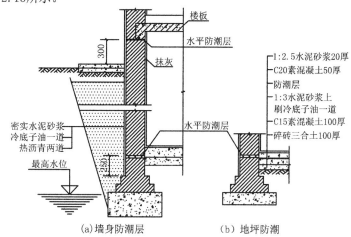

（a）墙身防潮层　　　（b）地坪防潮

图1.2.13 地下室防潮层

（二）地下室防水

1.地下建筑防水范围

地下建筑防水的空间范围包括结构底板垫层以上至地表水平面以上500以内的主体结构、围护结构以及变形缝、施工缝、桩头、穿墙管道、窗井等各细部，如图1.2.14所示。

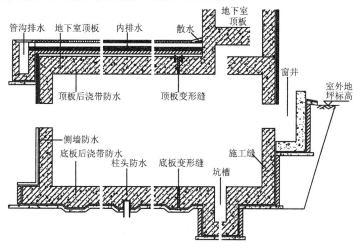

图1.2.14 地下建筑防水工程涉及的范围

2.地下建筑围护结构的一般构造层次
1)地下建筑底板外防水构造层次，如图1.2.15所示；
2)地下建筑外墙外防水构造层次，如图1.2.16所示；
3)地下建筑顶板防水构造层次，如图1.2.17所示；
4)地下建筑种植顶板外防水构造层次，如图1.2.18所示。

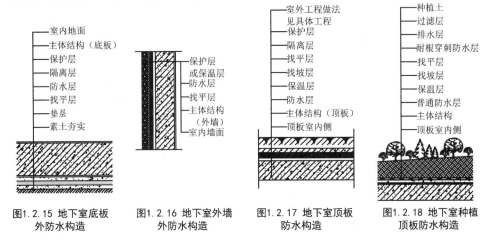

图1.2.15 地下室底板外防水构造　图1.2.16 地下室外墙外防水构造　图1.2.17 地下室顶板防水构造　图1.2.18 地下室种植顶板防水构造

3.细部构造
1)穿墙管防水构造做法，如图1.2.19所示；
2)地下室底板桩基防水构造做法，如图1.2.20所示；
3)桩头防水构造做法，如图1.2.21所示；
4)底板施工缝防水构造，如图1.2.22所示。

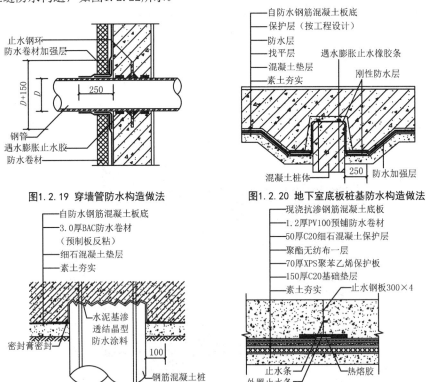

图1.2.19 穿墙管防水构造做法

图1.2.20 地下室底板桩基防水构造做法

图1.2.21 桩头防水构造做法

图1.2.22 底板施工缝防水构造

第三节　建筑墙体与门窗

一、建筑墙体

墙是建筑物竖直方向的重要构件，起分隔、围护和承重等作用，还有隔热、保温、隔声等功能。

(一)墙体的类型

1.按墙体的方向分
1)纵墙：沿建筑物长轴方向布置的墙；
2)横墙：沿建筑物短轴方向布置的墙。

外横墙习惯上称山墙，外纵墙习惯上称檐墙；窗与窗、窗与门之间的墙称为窗间墙，窗洞口下部的墙称为窗下墙；屋顶上部的墙称为女儿墙或封檐墙，如图1.3.1所示。

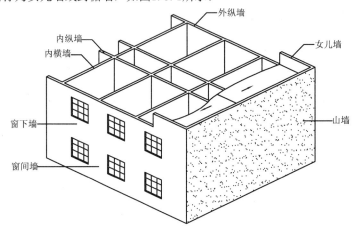

图1.3.1 各部位墙体名称

2.按节能形式分
1)自保温墙体，如蒸压加气混凝土砌块，如图1.3.2（a）所示；
2)外墙外保温墙体，如图1.3.2（b）所示；
3)外墙内外复合保温墙体，如图1.3.2（c）所示。

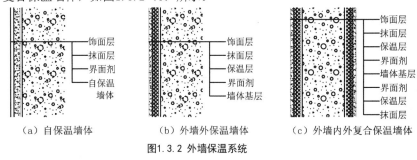

（a）自保温墙体　　（b）外墙外保温墙体　　（c）外墙内外复合保温墙体

图1.3.2 外墙保温系统

(二)墙体的设计要求

1)具有足够的强度和稳定性；
2)满足保温隔热等热工方面的要求；
3)满足隔声要求；
4)满足防火要求；
5)满足防水防潮要求。

6)满足建筑工业化要求。

（三)墙体的承重方案

墙体有四种承重方案：横墙承重、纵墙承重、纵横墙承重和内框架承重。

（1）横墙承重：横墙承重是将楼板及屋面板等水平承重构件搁置在横墙上，如图1.3.3（a）所示；

（2）纵墙承重：纵墙承重是将楼板及屋面板等水平承重构件均搁置在纵墙上，横墙只起分隔空间和连接纵墙的作用，如图1.3.3（b）所示；

（3）纵横墙承重：这种承重方案的承重墙体由纵横两个方向的墙体组成，如图1.3.3（c）所示；

（4）内框架承重：房屋内部采用柱、梁组成的内框架承重，四周采用墙承重，由墙和柱共同承受水平承重构件传来的荷载，称为内框架承重，如图1.3.3（d）所示。

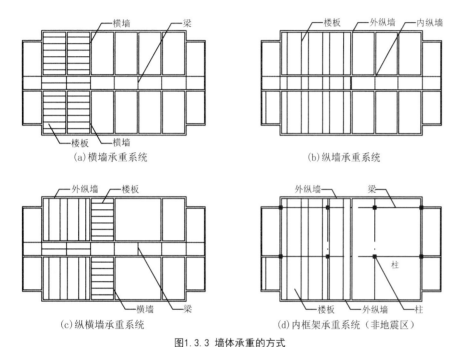

图1.3.3 墙体承重的方式

（四）细部构造

1.防潮层

墙身防潮层的作用是防止地面水、土壤中的潮气和水分因毛细管沿墙面上升，提高墙身的坚固性和耐久性，并保证室内干燥卫生，防止物品霉烂等，如图1.3.4所示。

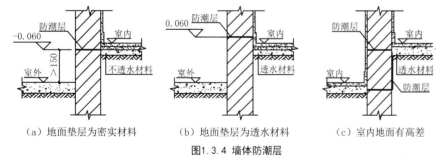

图1.3.4 墙体防潮层

2.变形缝

墙体变形缝包括伸缩缝、沉降缝、抗震缝，用于防止或减轻由于温度变化、基础不均匀沉降和地震造成的墙体破坏。

1)伸缩缝：伸缩缝指的是为适应材料胀缩变形对结构的影响而在结构中设置的间隙，如图1.3.5所示。

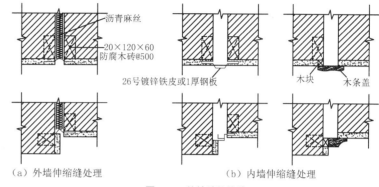

图1.3.5 伸缩缝的构造

2)沉降缝：沉降缝应从基础底面起，沿墙体、楼地面、屋顶等在构造上全部断开，使相邻两侧各成单元各自沉降而互不影响，如图1.3.6所示。

3)防震缝：为了防止建筑物的各部分在地震时相互撞击造成变形和破坏而设置的缝，如图1.3.7所示。

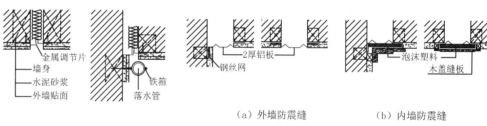

图1.3.6 沉降缝构造　　　　　　图1.3.7 防震缝构造

二、门窗

门和窗是建筑物的重要组成部分，也是主要围护构件之一。

（一)门窗的作用

1)窗的主要作用是采光、通风、围护和分隔空间、联系空间（观察和传递）、建筑立面装饰和造型，以及在特殊情况下交通和疏散等。

2)门的主要作用是内外联系（交通和疏散）、围护和分隔空间、建筑立面装饰和造型，以及采光和通风。

（二)门窗的构造要求

1.窗的构造要求

1)满足采光要求；

2)满足通风要求，窗洞口面积中必须有一定的可开启面积；

3)开启灵活、关闭紧密，能够方便使用和减少外界对室内的影响；

4)坚固、耐久，保证使用安全，符合建筑立面装饰和造型的要求；

5)满足建筑的某些特殊要求，如保温、隔热、隔声、防水、防盗等。

2.门的构造要求

1) 满足交通和疏散要求，必须有足够的宽度和适宜的数量及位置；

2) 坚固、耐久、环保、使用安全；

3) 开启灵活，关闭紧密；

4) 满足建筑的某些特殊要求，如保温、防盗、隔声、防辐射等。

(三)门窗的种类与组成

1.门的种类与组成

平开门、弹簧门、推拉门、折叠门、卷帘门、转门、升降门、电动感应门与特殊功能门等，如图1.3.8所示。门一般由门框、门扇、亮子、五金零件及附件组成，如图1.3.9所示。

2.窗的种类与组成

固定窗、平开窗、悬窗、立转窗、推拉窗与特殊功能窗等。

窗一般是由窗框、窗扇和五金零件组成，如图1.3.10所示。

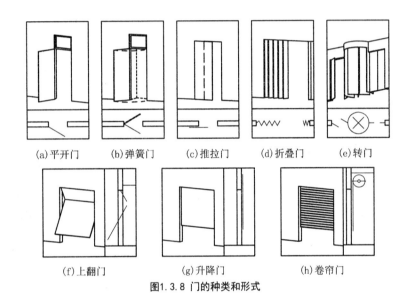

(a)平开门 (b)弹簧门 (c)推拉门 (d)折叠门 (e)转门
(f)上翻门 (g)升降门 (h)卷帘门

图1.3.8 门的种类和形式

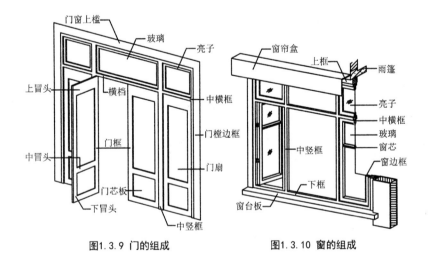

图1.3.9 门的组成　　图1.3.10 窗的组成

第四节　建筑楼地面

一、概述

建筑物的使用荷载主要由楼板层和地坪层承受，楼板层一般由面层、楼板、顶棚组成，地坪层由面层、垫层、基层组成。楼板层的面层叫楼面，地坪层的面层叫地面，楼面和地面统称楼地面。当房间对楼板层和地坪层有特殊要求时可加设相应的附加层，如防水层、防潮层、隔声层、隔热层、防辐射层、防静电层等，其设计须满足《建筑地面设计规范》GB50037等相关规范要求。

二、楼板

(一)楼板的组成

楼板层：用来分隔建筑空间的水平承重构件，它在竖向将建筑物分成许多个楼层。楼板层要求具有足够的强度和刚度；它还具有一定的隔声、防火、热工功能。楼板层一般由面层、结构层、顶棚层和附加层（地热管、电线管、水管等）基本层次组成，如图1.4.1所示。

图1.4.1 楼板的组成

(二)楼板的设计要求

1) 强度和刚度要求；

2) 保温、隔热、防火、防水、隔声、防辐射与有特殊功能要求等；

3) 便于在楼层中地层中敷设各种管线；

4) 经济要求：楼板、地坪、地面施工占建筑物总造价的20%～30%，选用楼板材料时应尽量考虑就地取材和机械化施工。

(三)钢筋混凝土楼板层构造

钢筋混凝土楼板按施工方式不同，分为现浇式、预制装配式和装配整体式三种。

1.现浇式钢筋混凝土楼板

现浇式钢筋混凝土楼板是在施工现场通过支模、绑扎钢筋、浇筑混凝土及养护等工序所形成的楼板。这种楼板具有能够自由成型、整体性强、抗震性能好的优点，但模板用量大、工序多、工期长、工人劳动强度大。

2.预制装配式钢筋混凝土楼板

预制装配式钢筋混凝土楼板是将钢筋混凝土楼板在预制厂或施工现场进行预先制作，施工时运输安装而成的楼板。这种楼板可节约模板、减少现场工序、缩短工期、提高施工工业化的水平，但由于其整体性能差，所以近年来在实际工程中的应用逐渐减少，如图1.4.2所示。

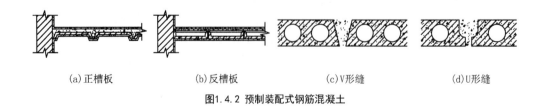

(a)正槽板　　(b)反槽板　　(c)V形缝　　(d)U形缝

图1.4.2 预制装配式钢筋混凝土

3.装配整体式钢筋混凝土楼板

为了克服现浇板消耗模板量大、预制板整体性差的缺点,可将楼板的一部分预制安装后,再整浇一层钢筋混凝土,这种楼板为装配整体式钢筋混凝土楼板。装配整体式钢筋混凝土楼板按结构及结构方法的不同分为密肋楼板和叠合楼板等类型,如图1.4.3、图1.4.4所示。

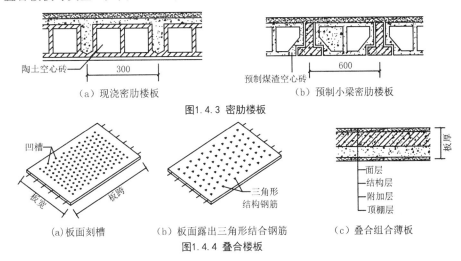

（a）现浇密肋板
陶土空心砖

（b）预制小梁密肋楼板
预制煤渣空心砖

图1.4.3 密肋楼板

（a）板面刻槽
凹槽

（b）板面露出三角形结合钢筋
三角形结构钢筋

（c）叠合组合薄板
板厚
面层
结构层
附加层
顶棚层

图1.4.4 叠合楼板

三、地坪

（一）地坪的组成

地坪是将底层房间与建筑底层下的土壤分隔开来的底层水平构件。地坪组成由下至上依次为基层、附加层、垫层、水泥砂浆结合层和面层（地面）,如图1.4.5所示。

（二）地坪的构造

地坪层按其与土壤之间的关系分为实铺地坪和空铺地坪,如图1.4.6、图1.4.7所示。

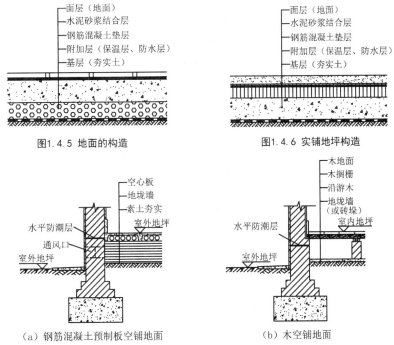

面层（地面）
水泥砂浆结合层
钢筋混凝土垫层
附加层（保温层、防水层）
基层（夯实土）

图1.4.5 地面的构造

面层（地面）
水泥砂浆结合层
钢筋混凝土垫层
附加层（保温层、防水层）
基层（夯实土）

图1.4.6 实铺地坪构造

空心板
地垄墙
素土夯实
室内地坪
水平防潮层
室外地坪
通风口
室外地坪

（a）钢筋混凝土预制板空铺地面

木地面
木搁栅
沿游木
地垄墙（或砖墩）
室内地坪
水平防潮层
室外地坪

（b）木空铺地面

图1.4.7 空铺地坪构造

（三）楼地面的细部构造

1.楼地面变形缝

当建筑物设置变形缝时,应在楼地面的对应位置设变形缝。变形缝应贯通楼地面的各个层次,并在构造上保证楼板层和面层能够满足美观和变形需求,如图1.4.8所示。

2.楼地面排水与防水

对于用水频繁的房间如卫生间、厨房、盥洗室、浴室、实验室等,容易发生渗漏水现象,故应注意排水、防水构造,如图1.4.9所示。

1)地面排水应具有一定坡度,一般为1%～1.5%;同时设置地漏,使积水有组织的排向地漏;为防止积水外溢,影响其他房间使用,有水房间地面应该比相邻房间低20～30,或在门口设置20～30门槛,如图1.4.10所示。

2)地面防水、防渗构造。有水房间楼板基层采用现浇钢筋混凝土楼板最佳,面层材料常用陶瓷锦砖(马赛克)、陶瓷地砖等。防水层材料有防水卷材、防水涂料、防水水泥砂浆。防水层布置:在用水房间防水层沿墙体四周或排水管道向上翻1800,遇到门窗洞口时,向外延伸300以上。

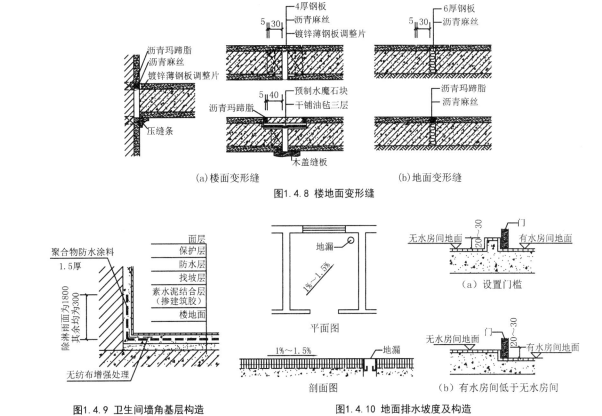

4厚钢板
沥青麻丝
镀锌薄钢板调整片
沥青玛蹄脂
沥青麻丝
镀锌薄钢板调整片
预制水磨石块
干铺油毡三层
沥青玛蹄脂
压缝条
木盖缝板

（a）楼面变形缝

6厚钢板
沥青麻丝
沥青玛蹄脂
沥青麻丝

（b）地面变形缝

图1.4.8 楼地面变形缝

聚合物防水涂料
1.5厚
除淋雨面为1800
其余均为300
无纺布增强处理

图1.4.9 卫生间墙角基层构造

面层
保护层
防水层
找坡层
素水泥结合层（掺建筑胶）
楼地面
地漏
1%～1.5%

平面图

1%～1.5%
地漏

剖面图

门
无水房间地面
有水房间地面

（a）设置门槛

无水房间地面
有水房间地面

（b）有水房间低于无水房间

图1.4.10 地面排水坡度及构造

3.竖向管道穿过楼地面构造,如图1.4.11所示。

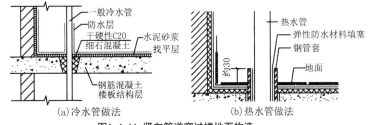

一般冷水管
防水层
干硬性C20细石混凝土
水泥砂浆找平层
钢筋混凝土楼板结构层

（a）冷水管做法

热水管
弹性防水材料填塞
钢管套
地面

（b）热水管做法

图1.4.11 竖向管穿过楼地面构造

4.楼地面、顶棚伸缩缝构造,如图1.4.12所示。

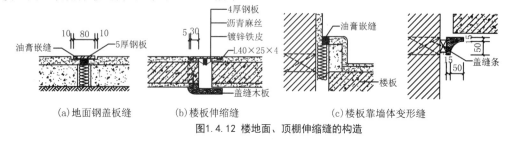

(a)地面钢盖板缝　　(b)楼板伸缩缝　　(c)楼板靠墙体变形缝
图1.4.12 楼地面、顶棚伸缩缝的构造

第五节　建筑楼梯

一、概述

楼梯是楼房建筑中的垂直交通设施,供人们在正常情况下的垂直交通、搬运家具和在紧急状态下的安全疏散。建筑中的垂直交通设施除了楼梯之外,还有电梯、自动扶梯(自动步梯)、台阶、坡道及爬梯等。楼梯、电梯的设计位置、数量等须满足建筑使用功能需要并符合相关专业规范的设计要求。

二、楼梯

(一)楼梯的分类

(1)按照楼梯的主要材料:有钢筋混凝土楼梯、钢楼梯、木楼梯等。

(2)按照楼梯在建筑物中所处的位置:有室内楼梯和室外楼梯。

(3)按照楼梯的使用性质:有主要楼梯、辅助楼梯、疏散楼梯、无障碍楼梯、消防楼梯、爬梯等。

(4)按照楼梯的形式:有单跑楼梯、双跑折角楼梯、双跑平行楼梯、三跑楼梯、四跑楼梯、双分式楼梯、双合式楼梯、八角形楼梯、圆形楼梯、螺旋形楼梯、弧形楼梯、剪刀式楼梯、交叉式楼梯等,如图1.5.1所示。

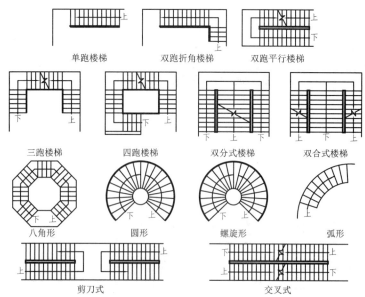

图1.5.1 楼梯形式示意图

(二)楼梯的组成

通常情况下,楼梯是由楼梯段、楼梯平台以及栏杆和扶手组成,其设计须满足建筑使用功能要求,并符合相应设计规范,如图1.5.2所示。

(三)楼梯的尺度

1.楼梯的坡度

楼梯的坡度指的是楼梯段的坡度,即楼梯段的倾斜角度。楼梯的坡度有两种表示法,即角度法和比值法。角度法是用楼梯段与水平面的夹角的角度表示,比值法是用楼梯段在垂直面上的投影高度与在水平面上的投影长度的比值来表示。

一般楼梯的坡度范围在23°～45°之间,30°为适宜坡度。坡度超过45°时,应设爬梯;坡度小于23°时,应设坡道。如图1.5.3所示。

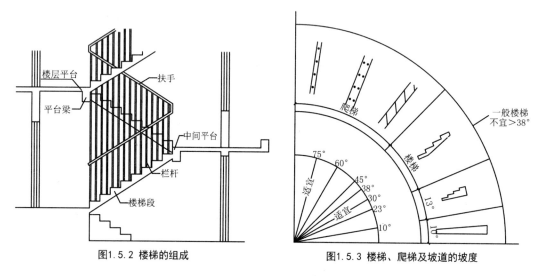

图1.5.2 楼梯的组成　　　图1.5.3 楼梯、爬梯及坡道的坡度

2.楼梯踏步

楼梯的踏步尺寸包括踏面宽和踢面高,具体应根据建筑物的功能和实际情况来确定,常见的民用建筑楼梯踏步尺寸见表1.5.1。(摘自《民用建筑设计通则》GB50352)。

表1.5.1 楼梯踏步最小宽度和最大高度(单位:m)

楼梯类别	最小宽度	最大高度
住宅共用楼梯	0.26	0.175
幼儿园、小学校等楼梯	0.26	0.15
电影院、剧场、体育馆、商场、医院、旅馆和大中学校等楼梯	0.28	0.16
其他建筑楼梯	0.26	0.17
专用疏散楼梯	0.25	0.18
服务楼梯、住宅套内楼梯	0.22	0.20

注:无中柱螺旋楼梯和弧形楼梯离内侧扶手中心0.25m处的踏步宽度不应小于0.22m。

3.楼梯的净空高度

楼梯的净空高度(简称净高),应保证行人能够正常通行,避免在行进中产生压抑感,同时还要考虑搬运家具设备的需要。它包括楼梯段间的净高和平台过道处的净高两部分。

楼梯段上的净空高度指踏步前缘到上部结构底面之间的垂直距离,应不小于2200。确定楼梯段上的净空高度时,楼梯段的计算范围应从楼梯段最前和最后踏步前缘分别往外300算起,如图1.5.4所示。

(四)楼梯的细部构造

1. 踏步构造

踏步面层应耐磨、防滑，便于行走和清扫，如图1.5.5所示。

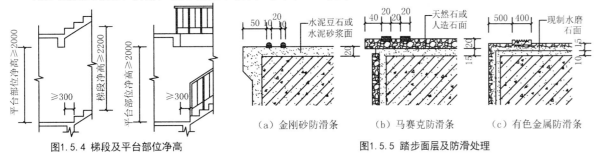

平台部位净高≥2000
≥300
梯段净高≥2200
平台部位净高≥2000
≥300

图1.5.4 梯段及平台部位净高

水泥豆石或水泥砂浆面
天然石或人造石面
现制水磨石面
（a）金刚砂防滑条
（b）马赛克防滑条
（c）有色金属防滑条

图1.5.5 踏步面层及防滑处理

2. 栏杆（栏板）和扶手

1)栏杆、栏板

楼梯的栏杆、栏板是防护措施，应安全、坚固、耐久，同时造型应美观。栏杆（板）做法有空花栏杆、实心栏板和组合式栏杆三种，如图1.5.6所示。

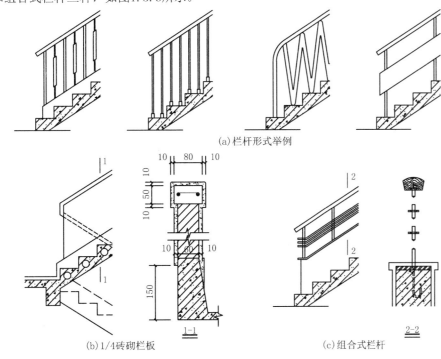

(a)栏杆形式举例
1-1
2-2
(b)1/4砖砌栏板
(c)组合式栏杆

图1.5.6 栏杆与栏板构造

2)扶手

扶手位于栏杆顶部，是供人们上下楼梯倚扶之用。扶手一般多用硬木制作，也有金属扶手（不锈钢扶手）、塑料扶手等，如图1.5.7所示。

（a）
（b）
（c）
（d）

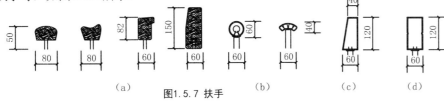

图1.5.7 扶手

3. 栏杆与楼梯段的连接方式，如图1.5.8所示。

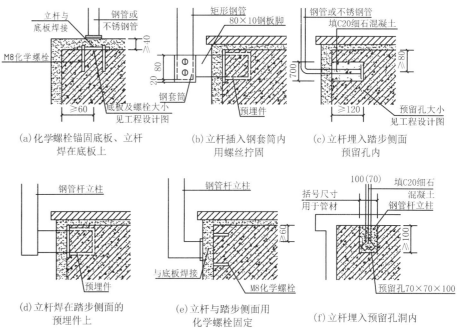

立杆与底板焊接
钢管或不锈钢管
M8化学螺栓
底板及螺栓大小见工程设计图
矩形钢管
80×10钢板脚
钢套筒
预埋件
钢管或不锈钢管
填C20细石混凝土
预留孔大小见工程设计图
(a)化学螺栓锚固底板、立杆焊在底板上
(b)立杆插入钢套筒内用螺丝拧固
(c)立杆埋入踏步侧面预留孔内
钢管杆立柱
预埋件
与底板焊接
M8化学螺栓
括号尺寸用于管材
填C20细石混凝土
预留孔70×70×100
(d)立杆焊在踏步侧面的预埋件上
(e)立杆与踏步侧面用化学螺栓固定
(f)立杆埋入预留孔洞内

图1.5.8 栏杆与楼梯段的几种常见连接

(五)台阶、坡道和无障碍设计

1. 室外台阶

设在建筑物出入口的垂直设施，由平台和踏步组成。台阶应等建筑物主体工程完成后再进行施工，并与主体结构之间留出约10的沉降缝。台阶由面层、垫层、基层等组成，如图1.5.9所示。

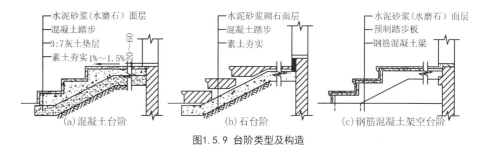

水泥砂浆（水磨石）面层
混凝土踏步
3:7灰土垫层
素土夯实
水泥砂浆砌石面层
混凝土踏步
素土夯实
水泥砂浆（水磨石）面层
预制踏步板
钢筋混凝土梁
(a)混凝土台阶
(b)石台阶
(c)钢筋混凝土架空台阶

图1.5.9 台阶类型及构造

2. 坡道

坡道分为行车坡道和无障碍坡道，其设计须满足《汽车库建筑设计规范》（JGJ100—2015）和《无障碍设计规范》（GB50763—2012）中相关要求。

坡道应采取防滑措施，其构造与台阶基本相同，垫层的强度和厚度应根据坡道上的荷载来确定，如图1.5.10所示。

1:2水泥砂浆抹面
混凝土
混凝土面层
石块
混合垫层
(a)混凝土坡道
(b)块石坡道
锯齿形
水磨石
金刚砂防滑条
(c)防滑锯齿槽坡道
(d)防滑条坡道

图1.5.10 坡道构造

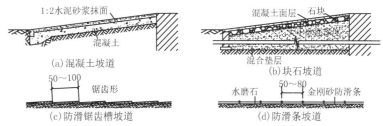

三、电梯、自动扶梯与自动人行道

（一）电梯

1.电梯的分类和规格

1）电梯的分类

电梯根据用途的不同可以分为客梯、货梯、客货两用梯、医梯、杂物梯以及特殊功能用途的电梯（如无障碍型电梯、消防电梯、观光电梯）等。

2）电梯的规格

电梯主要技术参数和规格尺寸，各国标准和电梯生产厂有所不同，具体工程设计时应按供货厂提供的土建技术条件确定。

2.电梯的组成

电梯由井道、机房和轿厢三部分组成，电梯井道底坑深度和顶层高度与额定速度和额定载重量有关，方案设计阶段可参照表1.5.2所示，具体工程设计时，应按供货厂提供的土建技术条件确定。

表1.5.2 电梯井道底坑深度和顶层高度

额定速度P (m/s)	底坑深度P 顶层高度Q	乘客电梯额定载重量（kg）					住宅电梯额定载重量（kg）				病床电梯额定载重量（kg）			载货电梯额定载重量（kg）					
		630	800	1000	1250	1600	200	400	630	1000	1600	2000	2500	630	1000	1600	2000	3000	5000
0.33	P	—	—	—	—	—	550												
	Q	—	—	—	—	—	2400												
0.63	P	1400	1400	1400	1600	1600	—	1400	1400	1400	1600	1600	1800					1400	1400
	Q	3800	3800	4200	4400	4400	—	3600	3600	3600	4400	4400	4600					4300	4500
1.00	P	1400	1400	1600	1600	1600	—	1400	1400	1400	1700	1700	1900	1500	1500	1700	1700		
	Q	3800	3800	4200	4400	4400	—	3700	3700	3700	4400	4400	4600	4100	4100	4300	4300		
1.60	P	1600	1600	1600	1600	1600	—	1600	1600	1600	1900	1900	2100						
	Q	4000	4000	4200	4400	4400	—	3800	3800	3800	4400	4400	4600						
2.50	P	—	2200	2200	2200	2200	—	2200	2200	2200	2500	2500	2500						
	Q	—	5000	5000	5400	5400	—	5000	5000	5400	5400	5400	5400						

注：1.本表摘自国家标准《电梯主参数及轿厢、井道、机房的型式与尺寸》GB7025，该标准等效采用《电梯的安装》ISO4190。
2.顶层高度为顶层楼站至电梯井道顶板底的垂直距离。

3.候梯厅的最小深度

如表1.5.3所示。

表1.5.3 候梯厅最小深度

电梯类别	布置方式	候梯厅深度
住宅电梯	单台	≥B
		老年居住建筑≥1.6m
	多台单侧排列	≥B*
	多台双侧排列	≥相对电梯B*之和并<3.5m
乘客电梯	单台	≥1.5B
	多台单侧排列	≥1.5B*，当电梯群为4台时应≥2.4m
	多台双侧排列	≥相对电梯B*之和并<4.5m
病床电梯	单台	≥1.5B
	多台单侧排列	≥1.5B*
	多台双侧排列	≥相对电梯B*之和
无障碍电梯	单台或多台	≥1.5m（公共建筑及设置病床梯的≥1.8m）

4.病床电梯的设置要求

1）额定载重量为1600kg和2000kg的电梯，轿厢能满足大部分医院和疗养院需要。

2）额定载重量为2500kg的电梯轿厢能够将躺在病床上的患者连同医疗救护设备一起运送。

3）设电梯的门诊楼或病房楼，电梯的配置应包括客梯和病床电梯，且电梯台数不得少于2台。医院住院部宜增设1～2台供医护人员专用的电梯，且与病床电梯分开设置。病房楼高度超过24m时应设污物梯。

4）供患者使用的电梯和污物梯应采用病床电梯。

5.观光电梯的设置要求

1）观光电梯具有垂直运输和观景双重功能，适用于高层旅馆、商业建筑、游乐场等公共建筑；它的井道壁和轿厢壁至少在同一侧透明。

2）观光电梯在建筑物的位置应选择使乘客获得视野广阔、景色优美的方位和景象。根据建筑的平面布局可露明在中庭，或嵌在主要的外墙面部位，或设于独立的玻璃井筒中。

3）观光电梯造型与平面形式多样，具体工程设计按电梯厂提供的技术参数和土建条件确定。

6.消防电梯

消防电梯是在火灾发生时供运送消防人员及消防设备、抢救受伤人员用的垂直交通工具，应根据国家有关规范的要求设置。其设计位置、数量与技术要求根据《建筑设计防火规范》（GB50016－2014）中的要求设置。

（二）自动扶梯

自动扶梯是在人流集中的大型公共建筑使用的垂直交通设施。应布置在建筑物入口处经合理安排的流线上，如图1.5.11所示，主要技术参数见表1.5.4，具体工程设计时应以供货厂家土建技术条件为准。

（三）自动人行道

自动人行道最大倾斜角应小于等于12°，适于大型交通建筑，如图1.5.12所示，主要技术参数，如表1.5.5所示，设计时应以供货厂家土建技术条件为准。

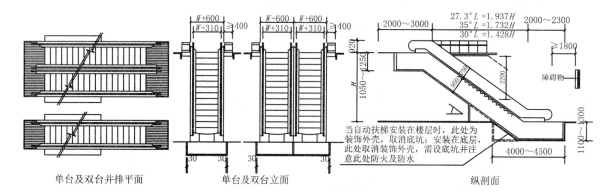

单台及双台并排平面　　　　单台及双台立面　　　　纵剖面

图1.5.11 自动扶梯平面图、立面图及剖面图

表1.5.4 自动扶梯主要技术参数

广义梯级宽度	提升高度	倾斜角	额定速度	理论运送能力	电源
（mm）	（m）	（°）	（m/s）	（人/小时）	动力三相交流380V，50Hz 功率3.7～15kW 照明220V，50Hz
600、800	3.0～10.0	27.3、30、35	0.5、0.75	4500、6750	
1000、1200				9000	

注：本表摘自《自动扶梯和自动人行道的制造与安装安全规范》（GB16899）。

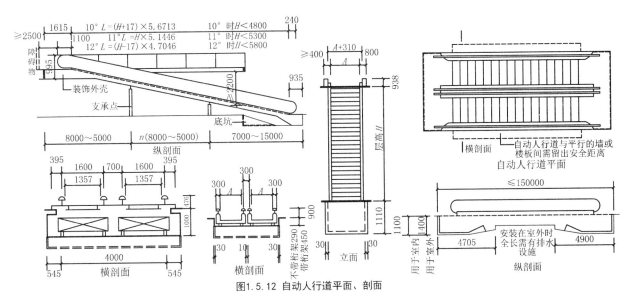

图1.5.12 自动人行道平面、剖面

表1.5.5 自动人行道主要技术参数

类型	倾斜角	踏板宽度 A	额定速度 （m/s）	理论运送能力 （人/小时）	提升高度 （m）	电源
水平型	0°～4°	800、1000、1200	0.50、0.65	9000、11250、13500	2.2～6.0	动力三相交流380V，50Hz 功率3.7～15kW，照明220V，50Hz
倾斜型	10°、11°、12°	800、1000	0.75、0.90	6750、9000		

注：本表摘自《自动扶梯和自动人行道的制造与安装安全规范》（GB16899）。

第六节　建筑屋顶

一、屋顶的概念

屋顶又称屋盖，是建筑最上部的水平构件，是房屋的重要组成部分，主要有三方面的作用。屋顶应满足坚固耐久、防水排水、保温隔热、抵御侵蚀等使用要求，同时还应做到自重轻、构造简单、施工方便、造价经济，并与建筑整体形象相协调。

二、屋顶的构造组成

屋顶可分为平屋面与坡屋面，一般由屋面、承重结构、顶棚三个基本部分组成，当对屋顶有保温隔热要求时，需在屋顶设置保温隔热层，如图1.6.1所示。其基本构造层次见表1.6.1。

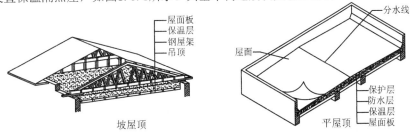

图1.6.1 屋顶的组成

表1.6.1 屋面的基本构造层次（摘自《屋面工程技术规范》GB50345—2012）

屋面类型	基本构造层次（自上面下）
卷材、涂膜屋面	保护层、隔离层、防水层、找平层、保温层、找平层、找坡层、结构层
	保护层、保温层、防水层、找平层、找坡层、结构层
	种植隔热层、保护层、耐根穿刺防水层、防水层、找平层、保温层、找平层、找坡层、结构层
	架空隔热层、防水层、找平层、保温层、找平层、找坡层、结构层
	蓄水隔热层、隔离层、防水层、找平层、保温层、找平层、找坡层、结构层
瓦屋面	块瓦、挂瓦条、顺水条、持钉层、防水层或防水垫层、保温层、结构层
	沥青瓦、持钉层、防水层或防水垫层、保温层、结构层
金属板屋面	压型金属板、防水垫层、保温层、承托网、支承结构
	上层压型金属板、防水垫层、保温层、底层压型金属板、支承结构
	金属面绝热夹芯板、支承结构
玻璃采光顶	玻璃面板、金属框架、支承结构
	玻璃面板、点支承装置、支承结构

注：1. 表中结构层包括混凝土基层和木基层，防水层包括卷材和涂膜防水层，保护层包括块体材料、水泥砂浆、细石混凝土保护层；

　　2. 有隔汽要求的屋面，应在保温层与结构层之间设隔汽层。

三、屋顶的设计要求

屋面工程应根据建筑物的建筑造型、使用功能、环境条件，对下列内容进行设计。

（1）屋面防水等级和设防要求；

（2）屋面构造设计；

（3）屋面排水设计；

（4）找坡方式和选用的找坡材料；

（5）防水层选用的材料、厚度、规格及其主要性能；

（6）保温层选用的材料、厚度、燃烧性能及其主要性能；

（7）接缝密封防水选用的材料及其主要性能。

四、屋面防水

屋面防水工程应根据建筑物的类别、重要程度、使用功能要求确定防水等级，并应按相应等级进行防水设防；对防水有特殊要求的建筑屋面，应进行专项防水设计。屋面防水等级和设防要求应符合表1.6.2的规定。

表1.6.2 屋面防水等级和设防要求（摘自《屋面工程技术规范》GB50345—2012）

防水等级	建筑类别	设防要求
Ⅰ级	重要建筑和高层建筑	两道防水设防
Ⅱ级	一般建筑	一道防水设防

五、屋面排水

屋面排水方式的选择应根据建筑物屋顶形式、气候条件、使用功能等因素确定。其排水方式可分为有组织排水和无组织排水。有组织排水又分为内排水与外排水，宜采用雨水收集系统。屋面排水系统设计采用的雨水流量、暴雨强度、降雨历时、屋面汇水面积等参数，应符合现行国家标准《建筑给水排水设计规范》（GB50015）的有关规定。

规范上把坡度小于等于3%的屋顶称为平屋顶，坡度大于3%的屋顶称为坡屋顶。金属板屋面排水坡度不宜小于5%，烧结瓦、混凝土瓦屋面的坡度不应小于30%，沥青瓦屋面的坡度不应小于20%，如图1.6.2所示。

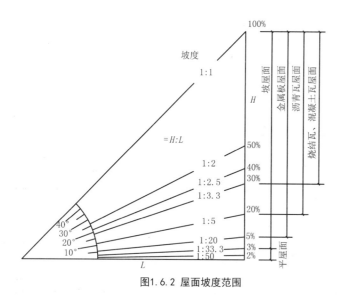

图1.6.2 屋面坡度范围

六、平屋顶构造节点

(一)泛水

泛水是指屋面防水层与突出构件之间的防水构造。一般在屋面防水层与女儿墙、上人屋面的楼梯间、突出屋面的电梯机房、水箱间、高低屋面交接处等,都需做泛水。泛水的高度一般不小于250,在垂直面与水平面交接处要加铺一层卷材,并且转圆角或做45°斜面,防水卷材的收头处要进行黏结固定,如图1.6.3所示。

(二)檐口

檐口是屋面防水层的收头处,此处的构造处理方法与檐口的形式有关。檐口的形式由屋面的排水方式和建筑物的立面造型要求来确定,一般有无组织排水檐口、挑檐沟檐口、女儿墙檐口等,如图1.6.4、图1.6.5所示。

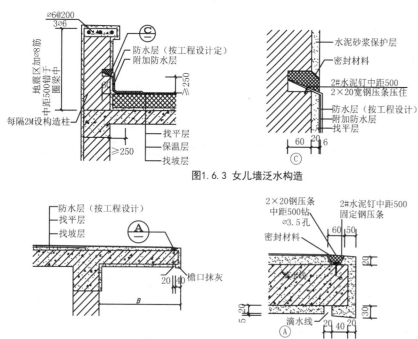

图1.6.3 女儿墙泛水构造

图1.6.4 自由落水檐口构造

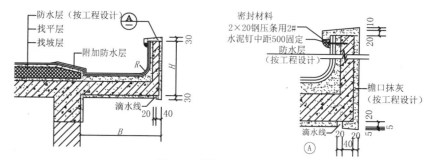

图1.6.5 挑檐沟檐口构造

(三)变形缝

如图1.6.6、图1.6.7所示。

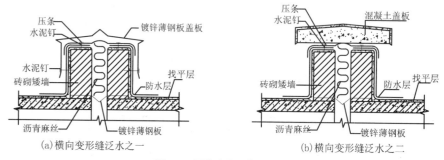

(a)横向变形缝泛水之一　　(b)横向变形缝泛水之二

图1.6.6 不上人屋面变形缝

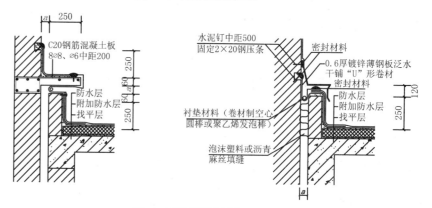

图1.6.7 高低屋面变形缝

(四)上人孔

如图1.6.8所示。

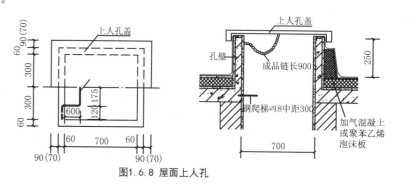

图1.6.8 屋面上人孔

第二章 建筑施工图基本知识

第一节 施工图的相关知识

一、施工图的产生过程

工程建设程序是指建设项目从决策、设计、施工到竣工验收投入使用的全过程。一般包括以下几种阶段：项目建议书阶段、可行性研究报告阶段、设计文件阶段、建设准备阶段、建设实施阶段和竣工验收阶段。其中，设计文件阶段包括方案设计阶段、初步设计阶段和施工图设计阶段。

(一)方案设计阶段

根据项目建议书中的有关政策文件、地形条件、环境气候、文化背景等设计意图，通过委托或招标方式进行方案设计和优化。

(二)初步设计阶段

根据批准的可行性研究报告或设计任务书，提出初步设计方案，阐明工程在技术上的可行性和经济上的合理性。初步设计文件包括总平面图，建筑平、立、剖面图，技术和构造说明，各项经济和技术指标，总概算等内容。初步设计文件编制完成后，按审批权限向有关部门报批，批准后作为技术设计和施工图设计的依据。对于一些技术复杂的项目，需增加一个技术设计阶段又称扩大初步设计，是在初步设计的基础上，进一步解决建筑各工种之间的技术问题。

(三)施工图设计阶段

施工图设计是根据批准的初步设计文件或设计方案，对工程建设方案进一步具体化、明确化。通过详细的计算和设计，绘制出正确、完整的用于指导施工的图样，并编制施工图预算。施工图设计是可供进行施工的设计文件，其主要任务是满足施工要求，规定施工中的技术措施、用料及具体做法。

二、施工图的分类

施工图是表示工程项目总体布局，建筑物的外部造型、平面布置、结构形式、内外装修、材料做法以及设备施工等要求的图样。是进行工程施工、编制施工图预算和施工组织设计的依据，也是进行施工技术管理的重要技术文件。一套完整的建筑工程施工图按专业可分为建筑施工图、结构施工图、设备施工图。设备施工图又可分为给排水施工图、电气施工图、暖通施工图。

(一)建筑施工图

建筑施工图是表示房屋总体布局、外部形状、平面布置、内外装修、细部构造、施工做法的图样。它是房屋施工放线、砌筑墙体、门窗安装、室内外装修等工作的主要依据。建筑施工图一般包括设计说明、总平面图、建筑平面图、建筑立面图、建筑剖面图、建筑详图和门窗表等。

(二)结构施工图

表示建筑物各承重构件的布置、形状、大小、材料及相互连接的图样。结构施工图一般包括结构设计说明、基础图、楼层结构布置图、楼梯结构图、构件详图等。

(三)给排水施工图

表示房屋内部给排水管道，用水设备等的图样。给排水施工图一般包括给排水设计说明、给水平面图、给水系统图、排水平面图、排水系统图、安装详图等。

(四)电气施工图

表示房屋强电和弱电布置的图样，强电包括照明和动力，弱电包括通信、网络、有线电视等。电气施工图一般包括电气设计说明、系统图、电气平面布置图等图样。

(五)采暖通风施工图

表示房屋采暖、通风管道及设备的图样，它包括采暖和通风两个专业。暖通施工图一般包括采暖设计说明、采暖平面图、采暖系统图、安装详图等。

三、施工图的特点

(1)施工图的图样，均采用正投影法绘制，应符合正投影的规律。在图幅允许的情况下，可将平面图、立面图和剖面图按其投影关系画在同一张图纸上；如图幅过小，可分别画在几张图上。

(2)房屋形体较大，图纸幅面有限时，施工图一般采用较小比例绘制，在小比例图中无法表达清楚的细部构造，需要配以比例较大的详图来表达，并用文字和符号加以说明。

(3)施工图中的线条采用不同的形式和粗细程度来表达不同的内容，以反映建筑物轮廓线的主次关系，使图样清晰分明。

(4)建筑施工图由于比例较小，构配件和材料表达不清，制图标准规定了一系列的图形符号来代表建筑构配件、卫生设备、建筑材料，这些图形称为图例。国家标准包括《房屋建筑制图统一标准》(GB/T50001－2010)、《总图制图标准》(GB/T50103－2010)、《建筑制图标准》(GB/T50104－2010)等。

四、施工图的编制深度

建筑施工图设计文件的编制深度应遵照中华人民共和国住房和城乡建设部颁发的《建筑工程设计文件编制深度规定》(2008版)及《民用建筑工程建筑施工图设计深度图样》(04J801)执行。设计文件要齐全、完整、内容深度要符合规定，文字说明、图纸要准确清晰，整个设计文件应经过严格的校审，经各级设计人员签字，方能提出施工图设计文件，深度应能以编制施工图预算；能据以安排材料、设备订货和非标准设备的制作;并与施工单位密切联系，使施工图能符合材料供应及施工技术条件等客观情况的要求;能详尽、准确地标出工程的全部尺寸、用料做法，并以此进行施工和安装，并作为工程验收的依据。当设计合同对设计文件编制深度另有要求时，设计文件编制深度应同时满足《建筑工程设计文件编制深度规定》和设计合同要求。

第二节 建筑施工图的图面要素

为适应工程建设的需要，统一房屋建筑制图规则，保证制图质量，提高制图效率，使图面清晰、简明，符合设计、施工、存档的要求。我国制定了《房屋建筑制图统一标准》(GB50001－2010)、《总图制图标准》(GB/T50103－2010)、《建筑制图标准》(GB/T50104－2010)等标准。这些标准是我国房屋建筑制图的基本规定，适用于采用计算机或手工制图的总图、建筑、结构、给水排水、暖通空调、电气等各专业制图。适用于各专业的新建、改建、扩建工程的各阶段设计图、竣工图；原有建筑物、构筑物和总平面的实测图；通用设计图、标准设计图的制图。房屋建筑制图除应符合上述标准外，还应符合国家现行有关强制性标准。

一、图纸幅面规格

建筑制图中图纸幅面是指图纸的大小，以长度×宽度的尺寸确定，标准图纸幅面有五种，即A0、A1、A2、A3、A4，见表2.2.1。A0幅面最大，为1189×841，A1幅面为A0的一半，A2幅面为A1的一半，依次类推。绘图时应优先采用标准图幅，必要时允许加长。图纸的短边尺寸不应加长，A0～A3幅面长边尺寸可加长（但应符合表2.2.2所示）。图纸以短边作为垂直边时为横式，以短边作为水平边为立式，如图2.2.1至图2.2.4所示。A0～A3图纸宜为横式使用（必要时也可立式使用）。一个工程设计中每个专业所使用的图纸不宜多于两种幅面（不含目录及表格所采用的A4幅面）。

表2.2.1 幅面及图框尺寸

幅面代号 尺寸代号	A0	A1	A2	A3	A4
$b \times l$	841×1189	594×841	420×594	297×420	210×297
c	10			5	
a	25				

表2.2.2 图纸长边加长尺寸

A0	1189	1486（A0+1/4l） 1635（A0+3/8l） 1783（A0+1/2l） 1932（A0+5/8l） 2080（A0+3/4l） 2230（A0+7/8l） 2378（A0+l）
A1	841	1051（A1+1/4l） 1261（A1+1/2l） 1471（A1+3/4l） 1682（A1+l） 1892（A1+5/4l） 2102（A1+3/2l）
A2	594	743（A2+1/4l） 891（A2+1/2l） 1041（A2+3/4l） 1189（A2+l） 1338（A2+5/4l） 1486（A2+3/2l） 1635（A2+7/4l） 1783（A2+2l） 1932（A2+9/4l） 2080（A2+5/2l）
A3	420	630（A3+1/2l） 841（A3+l） 1051（A3+3/2l） 1261（A3+2l） 1471（A3+5/2l） 1682（A3+3l） 1892（A3+7/2l）

注：有特殊需要的图纸，可采用 $b \times l$ 为841×891与其1189×1261的幅面。

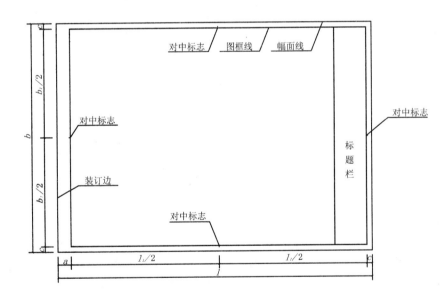

图2.2.1 A0—A3横式幅面（一）

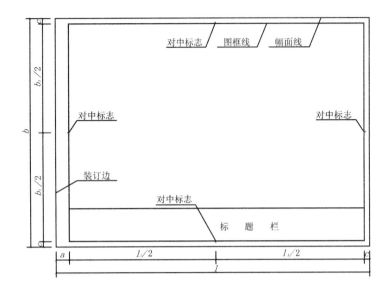

图2.2.2 A0—A3横式幅面（二）

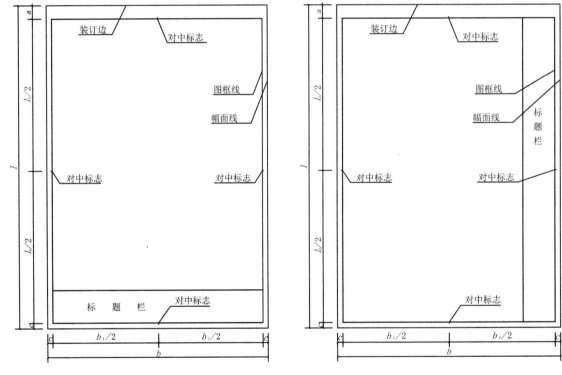

图2.2.3 A0—A4立式幅面（一）　　图2.2.4 A0—A4立式幅面（二）

　　图纸中应有标题栏、图框线、幅面线、装订边线和对中标志。图中标题栏是用来记录图纸有关信息资料的，内容包括工程名称、设计单位名称、建设单位名称、图纸名称、项目负责人、设计、制图、校对、审核、审定、项目编号、图号、比例、日期等信息。图纸的标题栏及装订边的位置应符合下列规定。
　　（1）横式使用的图纸，应按图2.2.1、图2.2.2形式进行布置。
　　（2）立式使用的图纸，应按图2.2.3、图2.2.4形式进行布置。

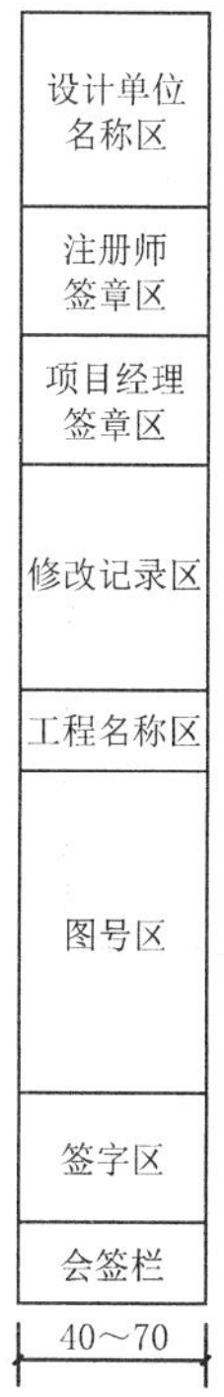
设计单位名称区
注册师签章区
项目经理签章区
修改记录区
工程名称区
图号区
签字区
会签栏
40～70

图2.2.5 标题栏（一）

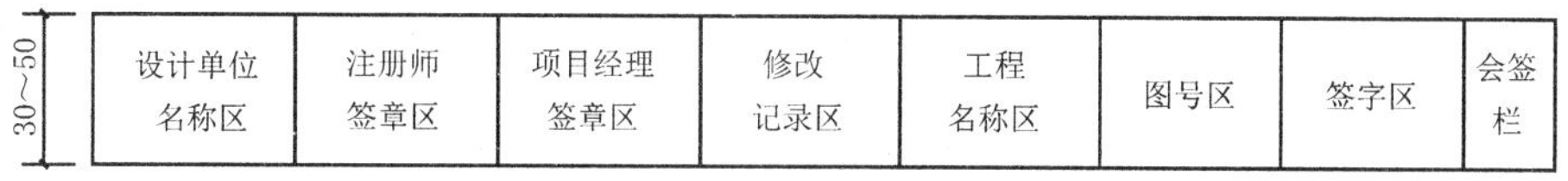
30～50
设计单位名称区
注册师签章区
项目经理签章区
修改记录区
工程名称区
图号区
签字区
会签栏

图2.2.6 标题栏（二）

标题栏与会签栏应如图2.2.5、图2.2.6所示，根据工程的需要选择确定其尺寸、格式及分区，签字栏应包括实名列和签名列，并应符合相关规定。涉外工程的标题栏中各项主要内容的中文下方应附有译文，设计单位的上方或左方应加“中华人民共和国”字样。

（3）在计算机制图文件中当使用电子签名与认证时，应符合国家有关电子签名法的规定。

二、图线

图纸上的各项内容需要用不同线型、不同线宽的图线来表达，它是表达设计思想的基本元素，只有熟练掌握各种线型、线宽的运用，才能使图纸一目了然，主次分明。

(一)线宽

图线的宽度 b，宜从1.4、1.0、0.7、0.5、0.35、0.25、0.18、0.13线宽系列中选取，图线宽度不应小于0.1。对于每个图样，应根据复杂程度与比例大小，先选定基本线宽 b，再选用表2.2.3中相应的线宽组。

表2.2.3 线宽组

线宽比	线宽组			
b	1.4	1.0	0.7	0.5
$0.7b$	1.0	0.7	0.5	0.35
$0.5b$	0.7	0.5	0.35	0.25
$0.25b$	0.35	0.25	0.18	0.13

注：1. 需要缩微的图纸，不宜采用0.18及更细的线宽。
2. 同一张图纸内，各不同线宽中的细线，可统一采用较细的线宽组的细线。

(二)线型

工程制图的线型有实线、虚线、单点长画线、双点长画线、折断线和波浪线共6种，图线的宽度一般分粗线、中粗线、中线、细线4种线宽，各种线型的规定及一般用途如表2.2.4所示。

表2.2.4 图线

名称		线型	线宽	一般用途
实线	粗		b	主要可见轮廓线
	中粗		$0.7b$	可见轮廓线
	中		$0.5b$	可见轮廓线、尺寸线、变更云线
	细		$0.25b$	图例填充线、家具线
虚线	粗		b	见各有关专业制图标准
	中粗		$0.7b$	不可见轮廓线
	中		$0.5b$	不可见轮廓线、图例线
	细		$0.25b$	图例填充线、家具线
单点长画线	粗		b	见各有关专业制图标准
	中		$0.5b$	见各有关专业制图标准
	细		$0.25b$	中心线、对称线、轴线等

续表

名称		线型	线宽	一般用途
双点长画线	粗		b	见各有关专业制图标准
	中		$0.5b$	见各有关专业制图标准
	细		$0.25b$	假想轮廓线、成型前原始轮廓线
折断线	细		$0.25b$	断开界线
波浪线	细		$0.25b$	断开界线

同一张图纸内，相同比例的各图样，应选用相同的线宽组。图纸的图框线和标题栏线，可采用表2.2.5的线宽。

表2.2.5 图框和标题栏线的宽度

幅面代号	图框线	标题栏外框线	标题栏分格线
A0 、A1	b	$0.5b$	$0.25b$
A2 、A3、A4	b	$0.7b$	$0.35b$

(三)图线的画法

（1）在绘图时，相互平行的两直线，其间隙不能小于粗线的宽度，且不宜小于0.2。

（2）虚线、单点长画线、双点长画线的线段长度和间隔，宜各自相等。虚线与虚线相交或虚线与其他线相交时应交于线段处；虚线在实线的延长线上时，不能与实线连接。

（3）单点长画线或双点长画线的两端不应是点，点画线之间或点画线与其他图线相交时应交于线段处。

（4）在较小图形中，点画线绘制有困难时可用实线代替。圆的中心线应用单点长画线表示，两端伸出圆周2～3；圆的直径较小时中心线用实线表示，伸出圆周长度1～2。

（5）图线不得与文字、数字或符号重叠、混淆，不可避免时首先保证文字的清晰。

三、字体

图纸中的文字、数字（或符号）必须做到：字体端正、笔画清楚、排列整齐、间隔均匀。尺寸大小协调一致。汉字、字符和数字并列书写时，汉字字高略高于字符和数字字高。中文与西文字高比例设置建议为1∶0.7。文字的字高，应从表2.2.6中选用。字高大于10的文字宜采用True type字体；如需书写更大的字，其高度应按$\sqrt{2}$倍数递增。

表2.2.6 文字的字高

字体种类	中文矢量字体	True type字体及非中文矢量字体
字高	3.5、5、7、10、14、20	3、4、6、8、10、14、20

图样及说明中的汉字，宜采用长仿宋体或黑体，同一图纸字体种类不应超过两种。长仿宋体的宽度与高度的关系应符合表2.2.7的规定，黑体字的宽度与高度应相同。大标题、图册封面、地形图等的汉字，也可书写成其他字体，但应易于辨认。汉字的简化字书写应符合国家有关汉字简化方案的规定。

表2.2.7 长仿宋字高宽关系

字高	20	14	10	7	5	3.5
字宽	14	10	7	5	3.5	2.5

图样及说明中的拉丁字母、阿拉伯数字与罗马数字，宜采用单线简体或ROMAN字体。字高不宜小于2.5。拉丁字母、阿拉伯数字与罗马数字，当需写成斜体字时，其斜度应是从字的底线逆时针向上倾斜75°。斜体字的高度和宽度应与相应的直体字相等。

数量的数值注写，应采用正体阿拉伯数字。各种计量单位凡前面有量值的，均应采用国家颁布的单位符号注写，单位符号应采用正体字母。

分数、百分数和比例数的注写，应采用阿拉伯数字和数学符号。例如，四分之三、百分之四应分别写成3/4和4%。当注写的数字小于1时，应写出个位的"0"，小数点应采用圆点，齐基准线书写，例如，0.01。拉丁字母、阿拉伯数字与罗马数字的书写规则，应符合表2.2.8的规定。

表2.2.8 拉丁字母、阿拉伯数字与罗马数字的书写规则

书写格式	字　体	窄　字　体
大写字母高度	h	h
小写字母高度（上下均无延伸）	7/10 h	10/14 h
小写字母伸出的头部或尾部	3/10 h	4/14 h
笔画宽度	1/10 h	1/14 h
字母间距	2/10 h	2/14 h
上下行基准线的最小间距	15/10 h	21/14 h
词间距	6/10 h	6/14 h

四、比例

所有的图纸都是按照一定的比例来绘制的。在设计之初，一般是要根据工程的平面和立面尺寸，选择合适的比例，确定要用多大的图幅。比例的选用在制图规范里有详细的规定。

图样的比例，应为图形与实物相对应的线性尺寸之比。比例的大小，是指其比值的大小，如1:50大于1:100。比例宜注写在图中的右侧，字的基准线应取平；比例的字高宜比图名的字高小一号或二号。

比例的符号为":"，比例应以阿拉伯数字表示，如1:1、1:2等。比例的注写如图2.2.7所示。

平面图 1:100 ⑥ 1:20

图2.2.7 比例的注写

绘图所用的比例，应根据图样的用途与被绘对象的复杂程度，从表2.2.9中选用，并应优先采用表中常用比例。

表2.2.9 绘图所用的比例

常用比例	1:1, 1:2, 1:5, 1:10, 1:20, 1:30, 1:50, 1:100, 1:150, 1:200 1:500, 1:1000, 1:2000
可用比例	1:3, 1:4, 1:6, 1:15, 1:25, 1:40, 1:60, 1:80, 1:250, 1:300 1:400, 1:600, 1:5000, 1:10000, 1:20000, 1:50000, 1:100000 1:200000

一般情况下，一个图样应选用一种比例。根据专业制图需要，同一图样可选用两种比例。特殊情况下也可自选比例，这时除应注出绘图比例外，还应在适当位置绘制出相应的比例尺。

五、符号

（一）剖切符号

剖切符号是建筑剖面图中，表示剖切面位置和剖视方向的符号。当建筑图中需绘制两个以上的剖面图时，剖切符号必须按规定的顺序编号。剖视的剖切符号应由剖切位置线及剖视方向线组成，且均应以粗实线绘制。剖切符号的绘制要求在制图规范里有详细的规定。

(1)剖切位置线的长度宜为6~10；剖视方向线应垂直于剖切位置线，长度应短于剖切位置线，宜为4~6，

如图2.2.8所示，也可采用国际统一和常用的剖视方法绘制，如图2.2.9所示。绘制时，剖视剖切符号不应与其他图线相接触。

(2)剖视剖切符号的编号宜采用粗阿拉伯数字，按剖切顺序由左至右、由下向上连续编排，并应注写在剖视方向线的端部。

(3)需要转折的剖切位置线，应在转角的外侧加注与该符号相同的编号。

(4)建（构）筑物剖面图的剖切符号应注在±0.000标高的平面图或首层平面图上。

(5)局部剖面图（不含首层）的剖切符号应注在包含剖切部位的最下面一层的平面图上。

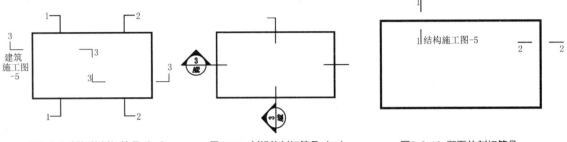

图2.2.8 剖视的剖切符号（一）　　图2.2.9 剖视的剖切符号（二）　　图2.2.10 断面的剖切符号

断面的剖切符号应符合下列规定：

(1)断面的剖切符号应只用剖切位置线表示，并应以粗实线绘制，长度宜为6~10。

(2)断面剖切符号只画剖切位置线，而不画剖视方向线。断面剖切符号的编号宜采用阿拉伯数字，按顺序连续排列，并应注写在剖切位置线的一侧，编号所在的一侧应为该断面的剖视方向，如图2.2.10所示。

(3)剖面图或断面图如果与被剖切图样不在同一张图内，则应在剖切位置线的另一侧注明其所在的图纸的编号，也可以在图上集中说明。

（二）索引符号与详图符号

在建筑施工图中，为了表达清楚一些局部而需另画详图。一般用索引符号注明详图位置、详图的编号及详图所在的图纸编号。索引符号内的详图编号和图纸编号均应与详图所在的图纸和编号对应一致，以方便施工时查阅详图。索引符号与详图符号的绘制要求在制图规范有详细的规定。

(1)图样中的某一局部或构件，如需另见详图，则应以索引符号索引，如图2.2.11(a)所示。索引符号是由直径为8~10的圆和水平直径组成，圆及水平直径应以细实线绘制。索引符号应按下列规定编写。

①索引出的详图，如与被索引的详图同在一张图纸内，则应在索引符号的上半圆中用阿拉伯数字注明该详图的编号，并在下半圆中间画一段水平细实线，如图2.2.11(b)所示。

②索引出的详图，如与被索引的详图不在同一张图纸内，则应在索引符号上半圆中用阿拉伯数字注明该详图的编号，在索引符号的下半圆中用阿拉伯数字注明该详图所在图纸的编号，如图2.2.11(c)所示。数字较多时，可加文字标注。

③索引出的详图，如采用标准图，则应在索引符号水平直径的延长线上加注该标准图册的编号，如图2.2.11(d)所示。需要标注比例时，文字在索引符号右侧或延长线下方，与符号下对齐。

　(a)　　　　　　(b)　　　　　　(c)　　　　　　(d)

图2.2.11 索引符号

(2)索引符号如被用于索引剖面详图，则应在被剖切的部位绘制剖切位置线，并以引出线引出索引符号，引出线所在的一侧应为剖视方向，如图2.2.12所示。

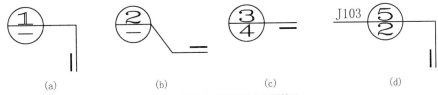

图2.2.12 用于索引剖面详图的索引符号

(3)零件、钢筋、杆件、设备等的编号宜以直径为5～6的细实线圆表示，同一图样应保持一致，其编号应用阿拉伯数字按顺序编写，如图2.2.13所示。消火栓、配电箱、管井等的索引符号，直径宜为4～6。

(4)详图的位置和编号，应以详图符号表示。详图符号的圆应以直径为14的粗实线绘制。详图应按下列规定编号。

①详图与被索引的图样同在一张图纸内时，应在详图符号内用阿拉伯数字注明详图的编号，如图2.2.14所示。

②详图与被索引的图样不在同一张图纸内时，应用细实线在详图符号内画一水平直径，在上半圆中注明详图编号，在下半圆中注明被索引的图纸的编号，如图2.2.15所示。

图2.2.13 零件、钢筋等的编号　图2.2.14 与被索引图样同在一张图纸内的详图符号　图2.2.15 与被索引图样不在同一张图纸内的详图符号

(三)引出线

在平面制图中，用以确定标注内容的具体位置的线，即为引出线。

引出线应以细实线绘制，宜采用水平方向的直线，与水平方向呈30°、45°、60°、90°的直线，或经上述角度再折为水平线。文字说明宜注写在水平线的上方，如图2.2.16(a)所示，也可注写在水平线的端部如图2.2.16(b)所示。索引详图的引出线，应与水平直径线相连接，如图2.2.16(c)所示。

同时引出的几个相同部分的引出线，宜互相平行，如图2.2.17(a)所示，也可画成集中于一点的放射线，如图2.2.17(b)所示。

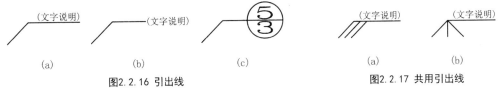

图2.2.16 引出线　　　　图2.2.17 共用引出线

多层构造或多层管道共用引出线，应通过被引出的各层，并用圆点示意对应各层次。文字说明宜注写在水平线的上方，或注写在水平线的端部，说明的顺序应由上至下，并应与被说明的层次对应一致；如层次为横向排序，则由上至下的说明顺序应与由左至右的层次对应一致，如图2.2.18所示。

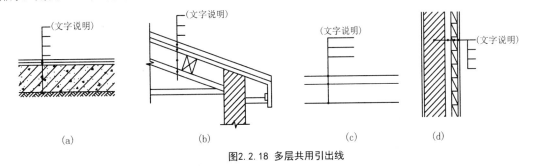

图2.2.18 多层共用引出线

(四)其他符号

1. 对称符号

当房屋施工图的图形完全对称时，可只画该图形式一半，并画出对称符号，以节省图纸篇幅。对称符号由对称线和两端的两对平行线组成。对称线用细单点长画线绘制；平行线用细实线绘制，其长度宜为6～10，每对的间距宜为2～3；对称线垂直平分于两对平行线，两端超出平行线宜为2～3，如图2.2.19所示。

2. 连接符号

对于较长的构件，当其长度方向的形状相同或按一定规律变化时，可断开绘制，断开处应用连接符号表示。连接符号应以折断线表示需连接的部位。两部位相距过远时，折断线两端靠图样一侧应标注大写拉丁字母表示连接编号。两个被连接的图样应用相同的字母编号，如图2.2.20所示。

3. 指北针

在总平面及底层建筑平面图上，一般都画有指北针，以指明建筑物的朝向。指北针的形状如图2.2.21所示，其圆的直径宜为24，用细实线绘制；指针尾部的宽度宜为3，指针头部应注"北"或"N"字。需用较大直径绘制指北针时，指针尾部的宽度宜为直径的1/8，如图2.2.21所示。

4. 变更云线

对图纸中局部变更部分宜采用云线，并宜注明修改版次，如图2.2.22所示。

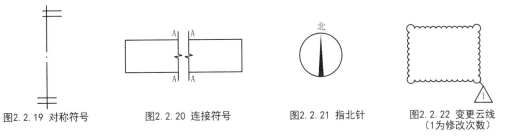

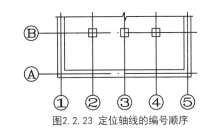

图2.2.19 对称符号　图2.2.20 连接符号　图2.2.21 指北针　图2.2.22 变更云线（1为修改次数）

六、定位轴线

施工图中的定位轴线是设计和施工中定位、放线的重要依据。凡承重墙、柱子、梁、屋架等构件，都要画出定位轴线并对其编号。对非承重的隔墙、次要构件，可用附加定位轴线表示其位置，也可用尺寸注明与附近轴线的相对位置。

定位轴线应用细单点长画线绘制。编号应注写在轴线端部圆内，圆应用细实线绘制，直径为8～10，定位轴线圆的圆心应在定位轴线的延长线上或延长线的折线上。

除较复杂需采用分区编号或圆形、折线形外，图上定位轴线的编号，宜标注在图样的下方或左侧。横向编号应用阿拉伯数字，从左至右顺序编号；竖向编号应用大写拉丁字母，从下至上顺序编号，如图2.2.23所示。

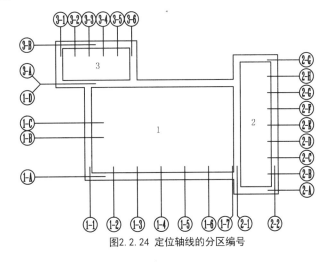

图2.2.23 定位轴线的编号顺序

拉丁字母作为轴线号时，应全部采用大写字母，不应用同一个字母的大小写来区分轴线号。拉丁字母的I、O、Z不得用作轴线编号。当字母数量不够使用时，可增用双字母或单字母加数字表示，如A1，B1，……，X1或AA，BA，……YA。

组合较复杂的平面图中定位轴线也可采用分区编号，如图2.2.24所示。编号的注写形式应为"分区号-该分区编号"。"分区

图2.2.24 定位轴线的分区编号

号-该分区编号"采用阿拉伯数字或大写拉丁字母表示。

在两根轴线之间，有的需要增加附加轴线。附加定位轴线的编号，应以分数形式表示，并应按下列规定编写。

1）两根轴线间的附加轴线，应以分母表示前一轴线的编号，分子表示附加轴线的编号。编号宜用阿拉伯数字顺序编写。

2）1号轴线或A号轴线之前的附加轴线的分母应以01或0A表示。

一个详图适用于几根轴线时，应同时注明各有关轴线的编号，如图2.2.25所示。

用于2根轴线时　　用于3根或3根　　用于3根以上连续
　　　　　　　　以上轴线时　　　编号的轴线时

图2.2.25 共用引出线

通用详图中的定位线，应只画圆，不注写轴线编号。

圆形与弧形平面图中的定位轴线，其径向轴线应以角度进行定位，其编号宜用阿拉伯数字表示，从左下角或-90°（若径向轴线很密，角度间隔很小）开始，按逆时针顺序编写；其环向轴线宜用大写拉丁字母表示，从外向内依顺序编写，如图2.2.26、图2.2.27所示。

折线形平面图中定位轴线的编号可按如图2.2.28所示的形式编写。

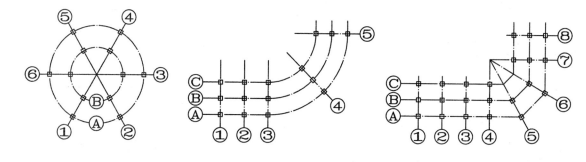

图2.2.26 圆形平面定位轴线的编号　　图2.2.27 弧形平面定位轴线的编号　　图2.2.28 折线形平面定位轴线的编号

对于平面较大的建筑物，可分区绘制平面图，但每张平面图均应绘制组合平面图。对各区应分别用大写拉丁字母编号。对于在组合示意图中要表示的分区，应采用阴影线或填充的方式表示。各分区视图的分区部位及编号均应一致，并应与组合示意图一致。

七、尺寸标注

建筑工程图必须注有详尽准确的尺寸才能全面表达设计意图，满足工程要求，才能准确无误地施工。所以尺寸标注是一项重要的内容。图样上尺寸由尺寸界线、尺寸线、尺寸数字、尺寸起止符号4部分组成。如图2.2.29所示。

（一）尺寸界线、尺寸线及尺寸起止符号

尺寸界线应用细实线绘制，一般应与被注长度垂直，其一端应离开图样轮廓线不应小于2，另一端宜超出尺寸线2～3，图样轮廓线可用作尺寸界线，如图2.2.30所示。尺寸线应用细实线绘制并应与被注长度平行，图样本身的任何图线均不得用作尺寸线。尺寸线起止符号一般应用中粗斜短线绘制，其倾斜方向应与尺寸界线呈顺时针45°角，长度宜为2～3，半径、直径、角度与弧长的尺寸起止符号宜用箭头表示，如图2.2.31所示。

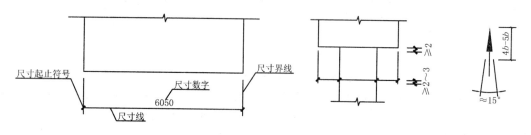

图2.2.29 尺寸的组成　　　图2.2.30 尺寸的组成　图2.2.31 箭头尺寸起止符号

（二）尺寸数字

图样上的尺寸应以尺寸数字为准，不得从图上直接量取。图样上的尺寸单位除标高及总平面应以米为单位外，其他均必须以毫米为单位。尺寸数字的方向应如图2.2.32（a）所示的规定注写，若尺寸内也可如图2.2.32（b）所示的形式注写。尺寸数字应依据其方向注写在靠近尺寸线的上方中部（若没有足够的注写位置，则最外边的尺寸数字可注写在尺寸界线的外侧，中间相邻的尺寸数字可上下错开注写，引出线端部可用圆点表示标注尺寸的位置，如图2.2.33所示）。

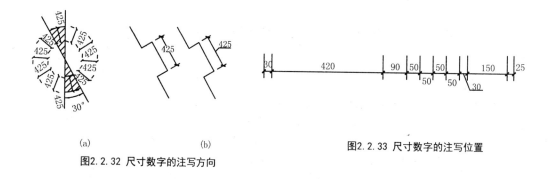

（a）　　　　　（b）　　　　　　图2.2.33 尺寸数字的注写位置

图2.2.32 尺寸数字的注写方向

（三）尺寸的排列与布置

尺寸宜标注在图样轮廓以外，不宜与图线、文字及符号等相交，如图2.2.34所示。互相平行的尺寸线应从被注写的图样轮廓线由近向远整齐排列，较小尺寸应离轮廓线较近，较大尺寸应离轮廓线较远。图样轮廓线以外的尺寸界线距图样最外轮廓的距离不宜小于10，平行排列的尺寸线的间距宜为7～10且应保持一致。总尺寸的尺寸界线应靠近所指部位，中间的分尺寸的尺寸界线可稍短，但其长度应相等，如图2.2.35所示。

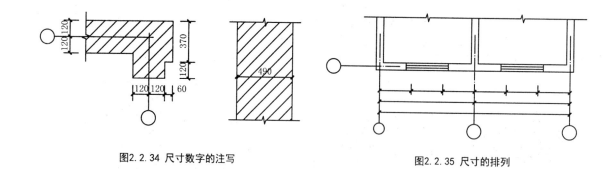

图2.2.34 尺寸数字的注写　　　　　　　图2.2.35 尺寸的排列

(四)半径、直径、球的尺寸标注方法

半径的尺寸线应一端从圆心开始,另一端画箭头指向圆弧,半径数字前应加注半径符号"R",如图2.2.36所示。较小圆弧的半径可按图2.2.37所示的形式标注,较大圆弧的半径可按图2.2.38所示的形式标注。标注圆的直径尺寸时其直径数字前应加直径符号"ø",在圆内标注的尺寸线应通过圆心两端画箭头指至圆弧,如图2.2.39所示。较小圆的直径尺寸可标注在圆外,如图2.2.40所示。标注球的半径尺寸时应在尺寸数字前加注符号"SR",标注球的直径尺寸时应在尺寸数字前加注符号"Sø",球尺寸的相关注写方法与圆弧半径和圆直径的尺寸标注方法相同。

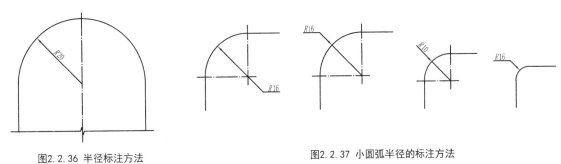

图2.2.36 半径标注方法　　　　　图2.2.37 小圆弧半径的标注方法

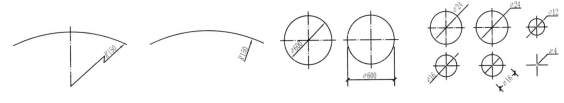

图2.2.38 大圆弧半径的标注方法　　　图2.2.39 圆直径的标注方法　　　图2.2.40 小圆直径的标注方法

(五)角度、弧度、弧长的标注方法

角度的尺寸线应以圆弧表示,该圆弧的圆心应是该角的顶点,角的两条边为尺寸界线。起止符号应以箭头表示,如没有足够位置画箭头可用圆点代替,角度数字应沿尺寸线方向注写,如图2.2.41所示。标注圆弧弧长时尺寸线应以与该圆弧同心的圆弧线表示,尺寸界线应指向圆心,起止符号用箭头表示,弧长数字上方应加注圆弧符号"⌒",如图2.2.42所示。标注圆弧的弦长时其尺寸线应以平行于该弦的直线表示,尺寸界线应垂直于该弦,起止符号用中粗斜短线表示,如图2.2.43所示。

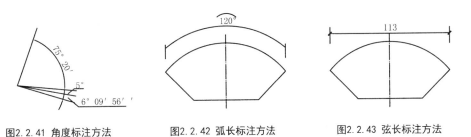

图2.2.41 角度标注方法　　　图2.2.42 弧长标注方法　　　图2.2.43 弦长标注方法

(六)标高标注方法

标高符号应以等腰直角三角形表示并应按图2.2.44(a)所示的形式用细实线绘制,若标注位置不够也可如图2.2.44(b)所示的形式绘制,标高符号的具体画法可如图2.2.44(c)和图2.2.44(d)所示。在图2.2.44(d)中,h为取适当长度注写标高数字,L为根据需要取适当高度。总平面图室外地坪标高符号宜用涂黑的三角形表示,具体画法可参考图2.2.45。标高符号的尖端应指至被注高度位置(尖端宜向下,也可向上),标高数字应注

写在标高符号的上侧或下侧,如图2.2.46所示。标高数字应以米为单位并应注写到小数点以后第三位。在总平面图中可注写到小数点以后第二位。零点标高应注成±0.000,正数标高不注"+",负数标高应注"−"(比如3.000、−0.600等)。在图样的同一位置需表示几个不同标高时,其标高数字可按图2.2.47所示的形式注写。

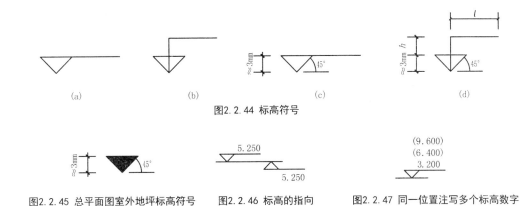

图2.2.44 标高符号

图2.2.45 总平面图室外地坪标高符号　　　图2.2.46 标高的指向　　　图2.2.47 同一位置注写多个标高数字

第三章　建筑施工图的组成

第一节　建筑施工图的组成要素

建筑施工图图纸大致包括以下部分：图纸目录，设计说明，各层平面图、立面图、剖面图，节点大样图，门窗详图和门窗表，楼梯及电梯大样，同时还有特殊功能房间放大平面。要做到理解建筑的设计构思和意图，需要认真对建筑专业施工图整理学习。

本章以实际工程的建筑专业施工图为例，将图纸进行省略、调整、分解，采用图文并茂、以图纸为主的形式，为施工图图纸设计提供示范，解读建筑专业施工图。

按一般施工图设计内容，图示分别为：目录、设计说明、平面图、立面图、剖面图、详图、门窗详图及门窗表。

一、图纸目录

作为一套图纸的首页，通常分专业编制，建筑施工图、结构施工图、给排水施工图、电气施工图、暖通施工图等各专业的图纸目录，明确专业图纸名称、图纸顺序、图纸张数，以便查阅图纸。

编制图纸目录采用A4图纸。应将目录中建设单位、工程编号、项目名称与施工图纸图框中相关内容对应，目录中的图名也应对应施工图中的图纸名称。

以图3.1.1图纸目录为例，建筑施工图有21张图纸按顺序排列。结构施工图、电气施工图、给排水施工图、暖通施工图等专业的图纸目录模式与建筑施工图基本一致。

二、建筑说明

建筑说明是对图纸中无法用图形表达清楚的内容以文字形式加以详细说明，包括以下内容。

1. 设计依据
2. 工程设计概况
3. 主要工程做法和构造要求
4. 电梯选择及性能说明
5. 无障碍设计说明
6. 建筑节能设计说明
7. 绿色建筑设计说明
8. 其他需要说明的问题

三、总体平面图

总体平面图表达内容有新建建筑所处的地理位置，周边地理环境，相邻建筑位置与新建建筑关系，周围道路、绿化，规划用地范围内道路、景观、建筑名称层数，消防扑救等。总平面图在施工图阶段作为新建建筑现场施工定位，也要设计数据更详尽和更准确的指标，提供可实施的数据（单体建筑定位坐标，周边道路的标高与相关尺寸等），同时还需有其他工种的配合设计表达，室外景观、总体排水、室外配电房等规划布置。

四、建筑平面图

建筑平面图是建筑施工图（下表中简称"建施"）中的重要组成部分，反映的是建筑功能布局和平面的构成关系，反映平面形状、功能、布局、相互墙体、柱子位置、门窗位置及总平面占地布局情况。平面图根据不同层构造和布局的不同，大致分为地下平面层、底层平面图、标准层平面图、屋顶层平面图。各层平面表达房间布置、建筑入口门厅及竖向核心筒各层功能布置；屋顶层是表示屋顶布局及排水方式的平面层。

序号	图纸名称	图号	图幅	备注
	某建筑设计研究院　图纸目录		工程号	××
			专业	建筑
			设计	××
			校对	××
			项目负责	××
建设单位	××公司		日期	××××.×.××
项目名称	××办公楼		版本号	××
1	总平面定位图	总施	A1	
2	建筑设计总说明	建施1	A1+1/4	
3	门窗表、门窗大样	建施2	A1	
4	负一层平面图	建施3	A1	
5	一层平面图	建施4	A1	
6	二层平面图	建施5	A1	
7	三至九层平面图	建施6	A1	
8	十层平面图	建施7	A1	
9	机房层平面图	建施8	A1	
10	①-⑨立面图	建施9	A1	
11	⑨-①立面图	建施10	A1	
12	Ⓐ-Ⓝ立面图	建施11	A1	
13	Ⓝ-Ⓐ立面图	建施12	A1	
14	Ⅰ-Ⅰ剖面图	建施13	A1	
15	楼梯详图一	建施14	A1	
16	楼梯详图二	建施15	A1	
17	汽车坡道详图	建施16	A1	
18	节点详图（一）	建施17	A1	
19	节点详图（二）	建施18	A1	
20	节点详图（三）	建施19	A1	
21	节点详图（四）	建施20	A1	

第1页，共1页

图3.1.1　图纸目录

五、建筑立面图

建筑立面图是设计师表达建筑立面设计效果的重要图纸，表示建筑物外墙面特征的正投影图称为立面图。立面图表示为建筑外轮廓形状，门窗在外立面上的位置形状、阳台、空调机板、立面线脚等的投影线。立面图命名以建筑平面的两端轴号命名，图名表示为Ⓧ-Ⓧ立面图。立面复杂时应用展开面表示，转角点等复杂区域应标注相应处的轴线号。立面尺寸标注为层间关键性控制标高，其中，建筑总高度为室外地坪至平屋面檐口高度，立面门窗高度反映建筑与平面门窗标号高度关系。外装的材料，颜色应以带引线的文字说明标注在立面图上，材料关系复杂可通过图例方式标明，立面材质分隔应标注清楚，当做法复杂时可另出外饰装修详图。

六、建筑剖面图

建筑剖面图体现建筑层高、层数、内部空间关系，主要体现出剖切到实体面如墙体、梁、板、楼梯、屋面等相对应投影关系的，建筑构件如门窗洞口、梁、柱等粗实线表示实体切面，细实线表现未被剖切但可见构件的投影关系。

第二节　建筑设计说明

本节以某工程的设计说明为例，简单介绍设计说明需要表达的内容，仅以此为参考。

1. 设计依据
1.1 经甲乙双方签订的工程设计合同；
1.2 建设单位审核意见及设计委托书；
1.3 经有关部门审查同意的规划设计方案；
1.4 地形图（含规划部门核准的红线、蓝线）实测地形图；
1.5 有关单位提供的基地周围的市政管线图；
1.6 国家和地方有关设计标准及规范。

2. 工程概况
2.1 项目名称、项目地址、建设单位；
2.2 建筑高度、建筑面积、建筑类别、耐火等级；
2.3 结构形式、抗震等级、设计使用年限；
2.4 建筑正负零标高等。

6. 主要工程做法和构造要求
6.1 室外工程
6.1.1 散水宽度、做法；
6.1.2 台阶做法；
6.1.2 无障碍坡道等做法；

6.2 地下工程：
6.2.1 地下耐火等级、建筑面积；
6.2.2 地下室防水等级、混凝土抗渗等级；
6.2.3 地下顶板、外墙、底板防水做法；
6.2.4 地下室防水节点构造。

一、设计依据
（1）经甲乙双方签订的本工程设计合同。
（2）建设单位审核意见及设计委托书。
（3）经有关部门审查同意的规划设计方案。
（4）地形图（含规划部门核准的红线、蓝线）、实测地形图。
（5）有关单位提供的基地周围的市政管线图。
（6）国家有关设计标准及规范。

二、工程概况
（1）本工程由×××公司投资建造的×××办公楼，位于××××市。
（2）本工程建筑高度40.950m；建筑类别：高层公共建筑，设计耐火等级为二级；设计地上10层，地下1层；建筑占地（基地）面积692.76㎡，总建筑面积8854.51㎡，其中地下车库建筑面积1367.23㎡；地上建筑面积7487.28㎡。
（3）结构类型：主体为钢筋混凝土框架剪力墙结构，抗震设防烈度为7度，设计使用年限50年；地势北高南低，室内外高差详见图纸。
（4）本工程室内标高±0.000相当于黄海高程21.500m；建筑定位图详见总平面定位图（根据现场实际场地情况再做调整）。

三、标高尺寸
（1）建筑图所注楼地面、吊顶、入口平台面标高为建筑完成面标高，屋面（露台地面）梁板底、墙柱顶（轨顶）、屋顶檐口及门窗洞顶标高均为结构面标高，尺寸单位为m。
（2）层高是指上下层楼地面（建筑完成面）之间的垂直距离。屋顶层层高是指最高层楼面（建筑完成面）至屋面结构面的垂直距离，除层高线外，建筑平、立、剖面所注墙厚、门窗洞口等尺寸均为结构洞口尺寸（不含饰面）；装修详图所注尺寸均以表示完成面的尺寸，尺寸单位为mm。
（3）建筑图中对石材饰面外轮廓尺寸的标注及石材饰面的分隔均为控制尺寸，具体细节尺寸以石材专业设计安装公司的图纸为准。
（4）施工时应以图纸所注尺寸为准，不能从图上度量。

四、总平面定位
（1）本工程采用测量坐标定位。
（2）建筑物定位坐标点以轴线交点确定。
（3）道路按道路中线转折点定位并注明转弯半径。
（4）围墙（挡土墙）按墙顶外边线转折点定位。

五、建筑施工注意事项
（1）总平面相邻城市及区内道路标高根据业主提供的地形图与测绘坐标确定基地边界与标高。现场应实测复核，经规土主管部门认可后按总图标注的坐标（或尺寸）放线，并复核退界、建筑间距和标高确实无误方可施工。
（2）室内外各类管线敷设位置与施工进度需各专业相互配合协调。单体工程中凡工艺、设备预留洞、预埋件、管井等均需土建单位与安装队伍密切配合，切勿遗漏。预留燃气热水器、排油烟和废气的洞口在土建验收前应做标记说明用途，防止装错。
（3）凡与工程配套的电梯、幕墙、门窗、太阳能系统等专项设备与产品，由业主选型并确认。根据制造厂商提出预留洞、预埋件的资料出图，并需经制造厂商书面确认。
（4）工程选用的建筑和装修材料应符合国家及地方有关部门的质量鉴定证书或准用文件。室内用料须符合《建筑内部装修设计防火规范》（GB50222－95）（2001年版）及《民用建筑工程室内环境污染控制规范》（GB50325－2010）规定；本工程为Ⅱ类。以确保工程的安全与质量。装修材料规格和色彩应满足设计要求，经业主、设计人员和承包商三方协商确定后封样订货，以货验封样验收。
（5）土建与安装施工队伍均应获得且持有本工程相关工种的图纸，施工安装前应认真阅图，全面了解工程设计内容，施工中和有关工种密切配合，并严格遵照国家和地方颁发的各项施工及验收规范。发现设计存在问题或现场情况有变化时，应及时与设计人员联系，共同寻求解决方法使之及时得到解决，以确保工程进展与工程质量。
（6）图纸中如有矛盾或不详时，应遵守以下原则：立即停止该部分的施工，请与设计单位及时联系，协调解决。
（7）墙体砌筑和粉刷应采用预拌砂浆，砂浆强度等级M5，且应满足《预拌砂浆应用技术规程》（JGJ/T223－2010）规程规定。

六、主要工程做法，室外工程
（1）散水宽1200，沿外墙设置，标高在室外自然地面下300，做法详见《室外工程》（12J003）第6页节点7。
（2）室外台阶-1详见《室外工程》（12J003）第8页节点5A；台阶-2详见《住宅建筑构造》（GB03J930-1）第19页节点15。
（3）无障碍坡道详见《无障碍设计》（12J926）第22页节点3，坡道扶手详见《无障碍设计》（12J926）第23页节点1，高850。
（4）绿化景观工程不在本次设计范围之内。
（5）室外工程包括道路（车、人行道）、停车场地、广场铺地、绿化小品、水面喷泉、围墙大门等，另行设计，位置见总平面。
（6）基地内车行道地面为沥青混凝土道路，做法另行设计；停车场地同车行道；道路宽度、转弯半径见总平面图。
（7）人行道（铺地）地面由另行设计。

七、主要工程做法，地下工程
（1）本工程建筑性质为高层公共建筑；耐火等级为一级，建筑面积8854.51㎡。
（2）地下室防水：本工程为Ⅱ级防水，种植顶面及地下设备用房为Ⅰ级防水；耐火等级为一级。
（3）地下室主体结构混凝土抗渗等级P6，混凝土施工应浇捣密实，认真养护。凡管道穿外墙处均应预埋止水套管。遇集水井、排水沟处底板局部降低应按规定放坡，防水层施工应连续密实。
（4）地下室集水坑做法详见图集《地下建筑防水构造》（10J301）第41页，节点4；截水沟、排水沟做法详见图集《汽车库（坡道式）建筑构造》GB05J927-1第45、46、47页相关节点，具体设计详见图纸。
（5）地下室顶板、侧墙、底板防水工程做法详见工程做法表。
（6）地下室内排水盲沟均需与排水沟、集水井相通，保证排水畅通。
（7）施工缝防水做法详见图集《地下建筑防水构造》（10J301）第42页节点1，变形缝防水做法详见图集《地下建筑防水构造》（10J301）第45页；后浇带防水做法详见图集《地下建筑防水构造》（10J301）第49页。
（8）预埋套管防水构造做法详见图集《地下建筑防水构造》（10J301）第55页节点。
（9）施工要求要满足《地下工程防水技术规范》（GB50108－2008）中相关要求。
（10）地下室有Ⅰ级防水要求的部分在地下室内壁加设一道2厚聚氨酯防水涂料防水层。
（11）防水混凝土的施工缝、穿墙管道预留洞、转角、坑槽、后浇带等部位和变形缝等地下工程薄弱环节应按《地下防水工程质量验收规范》（GB50208－2011）执行。

八、主要工程做法，墙体工程
（1）用料：除施工图中注明外，符合以下要求
① 本工程为钢筋混凝土框架结构剪力墙结构，墙体基础及钢筋混凝土板墙见结构图。
② 本工程墙体外墙采用200mm厚煤矸石空心砖，内墙采用200(100)mm厚煤矸石空心砖等，具体位置详见平面图。
（2）墙身砌筑要求
① 墙身不可随意打凿。管道孔及吊挂件应在墙体砌筑时留洞或预埋铁件；大型设备机房的预留设备搬运孔洞待安装完毕后可封堵，穿墙管道安装完毕后应封堵。暖通管道洞孔用防火保温材料填嵌密实。
② 防火墙上留洞应用耐火极限不小于3h的材料封堵。
③ 凡有吊顶处轻质隔墙均应砌高至梁底。
④ 凡上、下水，强弱电管井等，待管线安装后，层间楼板处使用与楼相同耐火极限的不燃烧体材料封实。
⑤ 凡不同墙体材料交接处加铺一层钢丝网片，搭接宽度不小于250。
（3）墙身防潮
① 墙体在标高-0.06m处做60厚C20细石混凝土掺加防水剂3%～5%，2∅8通长或利用基础梁作为防潮层。
② 卫生间窗台处外墙、轻质隔墙、水泵房内墙的底部做同墙宽C20细石混凝土防渗反梁，高200。女儿墙根部应设高度≤250的钢筋混凝土防渗反梁，窗台标高处设置钢筋混凝土板带，混凝土强度等级≤C20，厚度≤80mm，纵向配筋不宜少于3∅8，钢筋板根嵌入窗间墙内≤600mm。
③ 墙面上用于安装构件、管道的螺栓孔需用专用密封材料填实。
④ 卫生间内墙面应在做完防水界面处理后再做饰面。

3. 标高尺寸
3.1 标高尺寸单位为m(米)；
3.2 图纸尺寸标注单位为mm(毫米)。

4. 总平面定位
4.1 建筑物定位坐标点；
4.2 道路中心定位。

5. 建筑施工注意事项
5.1 总平施工放线注意事项；
5.2 室内外管线安装注意事项；
5.3 电梯、幕墙、太阳能预埋件；
5.4 室内装修材料要求。

6.3 墙体工程
6.3.1 墙体材料；
6.3.2 墙身砌筑要求；
6.3.3 墙身防潮。

─ 6.4 楼地面、屋面做法
　　6.4.1 楼面结构施工时预留建筑面层厚度;
　　6.4.2 屋面及雨水排放设计节点做法;
　　6.4.3 屋面防水做法。

─ 6.5 外墙面做法
　　6.5.1 外墙保温选用材料及做法;
　　6.5.2 外墙饰面材料及做法。

─ 6.6 内墙面做法

─ 6.7 门窗工程做法
　　6.7.1 外门窗材料;
　　6.7.2 门窗专项规定;
　　6.7.3 玻璃设计要求;
　　6.7.4 幕墙相关设计要求;

九、主要工程做法,楼地面、屋面

(1) 楼面结构施工时应预留建筑面层厚度,楼地面面层各种材料做法详见室内装修表。
① 各楼层结构标高除特别注明以外,统一比建筑标高降低30。
② 卫生间的地面的完成面标高应比相邻楼地面低30,地面应向地漏(或明沟)方向做泛水1%;地漏口比相邻楼地面低5mm。
③ 变配电地面完成面标高应高出走道地面20~30或按图面注明标高施工。
④ 卫生间穿管道洞口填塞前,应将洞口清洗干净、毛化处理、涂刷加胶水泥浆作黏结层。洞口填塞分二次浇筑,先用掺入抗裂防渗剂的微膨胀细石混凝土浇筑至楼板厚度的2/3待混凝土凝固后进行4h蓄水试验;无渗漏后,用掺入抗裂防渗剂的水泥砂浆填塞。管道安装后,应在洞口处做一圆台,高度为40~50mm;在卫生间地面放水30高,经24小时观察确无渗水后方可做面层。
⑤ 设备井道及立管的留洞不能影响楼板梁。吊顶顶所需吊筋及预埋件应在其上层楼板施工时预留,切勿遗漏。
⑥ 楼地面做法见装修用料表,凡不同地面交接处位置应齐平门扇开启面处。
⑦ 屋面及雨水排放详见给排水图纸设计。
⑧ 当屋面施工时天气等外部条件恶劣,导致找坡层含水量过大时,应在屋面设置排气通风管。
⑨ 屋面采用有组织排水。屋面坡度及排水口见屋顶平面图。天沟纵坡为1%。屋面退台处应按设计做好排水管衔接防止堵塞。
⑩ 穿女儿墙水落口详见图集《平屋面建筑构造》(12J201)第A20页节点1;一般屋面内排水落口详见图集《平屋面建筑构造》(12J201)第A19页节点1、2。
⑪ 屋面变形缝做法详见图集《平屋面建筑构造》(12J201)第A16页节点3~6;《平屋面建筑构造》(12J201)第A15页节点1~4。
⑫ 女儿墙泛水做法详见图集《平屋面建筑构造》(12J201)第A13页节点1~7。
⑬ 卷材、涂膜防水屋面,外墙防水做法详见图集《平屋面建筑构造》(12J201)第A14页节点1~7。
⑭ 屋顶保温匀质防火保温板保温层(燃烧性能为A级),厚度80;详见节能计算一览表。
(2) 本工程屋面属1级防水。
① 屋面一:柔性防水不上人保温平面(从上至下):30厚1:2.5水泥砂浆收光找平;10厚低强度等级砂浆隔离层;4厚SBS卷材防
(正式屋面)　水层一道;20厚1:3水泥砂浆找平层;1.5厚聚氨酯防水涂料,20厚1:3水泥砂浆找平层;80厚匀质防火保温板保温层;最薄处30厚LC5.0轻集料混凝土2%找坡层;钢筋混凝土屋面板凿平修补清扫干净,修补平整。
② 屋面二:柔性防水上人保温平面(从上至下):40厚C20水泥细石混凝土,配φ6@150双向钢筋网片,保护层≮10,设间距≤3m
(正式屋面)　分格缝,缝宽20mm,油膏嵌缝10厚低强度等级砂浆隔离层;4厚SBS卷材防水层一道;20厚1:3水泥砂浆找平层1.5厚聚氨酯防水涂料,20厚1:3水泥砂浆找平层,80厚匀质防火保温板保温层;最薄处30厚LC5.0轻集料混凝土2%找坡层;钢筋混凝土屋面板凿平修补清扫干净,修补平整。

十、主要工程做法,外墙面

(1) 本工程外墙保温为憎水型岩棉板保温系统。
(2) 外墙设岩棉板外墙外保温系统,应用《合肥市岩棉板外墙外保温系统技术导则》(DBHJ/T002─2011)。
(3) 外墙面钢筋混凝土墙板(砖墙、砌块墙)基层应先做防水界面处理再做水泥砂浆括糙(或保温材料)及饰面。
(4) 装饰件的选用、立面饰面材料的拼缝、预制线脚的安装节点需征得设计人的同意。
(5) 外墙勒脚饰面材料应深入散水、台阶、平台面≮100mm深,勒脚高300。
(6) 外墙涂料应符合当地的有关规定。
(7) 混凝土梁,柱与砖砌体墙体应加500宽钢丝网片拉结。
(8) 板材、玻璃幕墙均应由专业单位进行深化设计,经建筑师认可后方可施工。应及早确定预埋件的位置和大小,并由具有专业资质的单位施工安装。所用板材、玻璃、面砖及铝框料、氟碳喷涂等应在施工前现场做样后由业主及建筑师确认。

十一、主要工程做法,内墙面

(1) 室内墙面各种不同材料做法,颜色详见室内装修表。
(2) 所有抹灰面需按高级要求,做到阳角找方,按标筋找平。室内柱面、墙面,门窗洞口,楼梯的阳角处,均需做1:2水泥砂浆暗护角到顶,每边宽50,高至门窗洞口处至顶。
(3) 内墙面阳角需做2000高,宽度50的1:2水泥砂浆粉护角线。[未标尺寸单位为mm(毫米),全书同]

(4) 卫生间等潮湿房间需做防水界面。
(5) 砖砌管道井内壁做1:2.5水泥砂浆粉刷,随砌随粉。
(6) 凡室内露明管道根据实际尺寸外包钢丝网板条墙,面层同墙面。

十二、主要工程做法,门窗工程

(1) 本工程外门和外窗采用断热铝合金普通中空玻璃(5+12A+5),规格详见门窗立面图及门窗表。
① 门窗制作单位应依据国家和地方制定的有关门窗的专项规定进行设计。窗的气密性等级不应低于6级;水密性等级不应低于3级;空隔声性能不小于30dB;采光性能为4级;保温性能等级详见节能报告书和性能简表;抗风压等级为4级。
② 为防止渗水,铝合金外门窗框与墙之间缝隙应注入发泡材料,外口填满胶,外口密封胶。铝合金窗受力构件壁厚应≥1.4,铝合金门受力构件壁厚应≥2.0。
③ ≥1.5m²的固定窗及窗台低于500的窗均采用钢化安全玻璃,厚度按规范定。玻璃的选用按《建筑玻璃应用技术规程》(JGJ113─2009)和发改运行第〔2003〕2116号《建筑安全玻璃管理规定》选用安全玻璃。
④ 门窗框架尺寸、型式由承包厂商根据使用要求选型确定,应符合标准要求,并征得甲方同意;未定位的门窗均为门垛100,或靠墙(柱),或居中。
(2) 内窗玻璃除注明外均采用5~6厚透明玻璃,内门玻璃采用6~10厚透明玻璃,卫生间采用磨砂玻璃。建筑入口、门厅、单块面积>1.5m²的窗玻璃或玻璃底边离至最终装修面小于500的落地均须采用钢化安全玻璃,厚度按规范要求。
(3) 门立樘:除图中另有注明者外,铝合金窗立樘中,木外门立墙里平,木内门立开启方向墙面平;双向平开门立樘墙中,单向平开门立樘开启方向墙面平。
(4) 玻璃门窗应事先落实专业单位进行深化设计,以确定预埋件的位置及大小,并由具有专业资质的单位施工安装。
(5) 玻璃幕墙的设计、制作和安装应执行《玻璃幕墙工程技术规范》;金属与石材幕墙的设计、制作和安装应执行《金属与石材幕墙工程技术规范》,玻璃同本说明7.2条。
(6) 本工程玻璃立面图仅表示立面形式,开启方式、颜色和材质要求,其中玻璃部分应执行《建筑玻璃应用技术规程》。
(7) 幕墙设计单位负责幕墙具体设计,并向建筑设计单位提供预埋件的设置要求。
(8) 幕墙工程应满足防火构造要求,同时应满足外围护结构的各项物理、力学性能要求。
(9) 本工程所选用的节能铝合金型材外平开门窗做法及规格可参照国标图集《建筑节能门窗》(06J607-1)。
(10) 窗台低于800时,安装防护栏杆(水平护栏的选材应能承受不小于2.0kN/m的水平推力)。栏杆高1050,做法二次装修定。

十三、消防工程

(1) 本工程为二类高层建筑,执行《建筑设计防火规范》(GB50016─2014)规定的建筑间距及要求,具体详见总平面图。
(2) 凡建材、构部件,门窗均应符合相应的耐火极限和燃烧等级。防火墙及防火分隔墙必须砌至梁板底,不留缝隙。穿过防火墙(防火分隔墙)上的管道安装完毕,缝隙应用非燃材料填实。架空地板、明沟均应在防火墙断开。
(3) 各类防火窗必须严格遵循防火规范要求耐火时间,须由经消防部门认可的生产厂家制作。各类防火器材必须采用消防部门认可的产品,涉及消防设计的修改必须通过消防部门认可。
(4) 各类防火窗必须严格遵循防火规范要求耐火时间,须由经消防部门认可的生产厂家制作。
(5) 室内装修材料燃烧性能等级应符合《建筑内部装修设计防火规范》(GB50222─95)2001年版。
(6) 防烟分格利用结构梁。

─ 6.8 消防工程
　　6.8.1 建筑耐火等级;
　　6.8.2 建筑构件和防火门应满足耐火要求。

十四、油漆及防腐,防雷工程

(1) 除特殊要求外一般木质构件做一底二度调和漆。露面铁件做防锈底漆一道面漆二道。不露面木构件做氟化钠防腐处理,不露面铁件做二道防锈漆。金属件接缝要严密,用于室外的金属件接缝处用树脂涂料二道密封;
(2) 本工程防雷设计详见相关专业图纸。

─ 6.9 油漆及防腐处理

— 7. 电梯选型及性能说明

　7.1 消防电梯及无障碍电梯选型、速度及载重量；

　7.2 电梯井道尺寸，基坑深度，运行高度等。

— 8. 建筑节能设计说明

　8.1 节能设计依据；

　8.2 节能设计目标；

　8.3 外墙保温设计类型及参数；

　8.4 屋面保温设计类型及参数；

　8.5 窗户保温设计类型及参数。

— 10. 其他需要说明的问题

十五、电梯（自动扶梯）工程

（1）本工程电梯如下：2部电梯，其中1部为消防电梯，速度1.75m/s，载重量为1000kg，另1部为无障碍电梯兼客梯，速度1.75m/s，载重量为1000kg，客梯无障碍设计见03J926的55～57页。电梯井道设计尺寸详见平面图。电梯基坑深度为1.600m，消防电梯运行高度为40.500m，无障碍电梯运行高度为45.600m。

（2）重要说明：本工程电梯规格尺寸均按常规电梯尺寸设计，请业主方务必在电梯井道基坑施工前，确定电梯厂商，复核电梯规格尺寸型号，核实后才可进行土建施工及加工制造。

十六、无障碍设计

（1）本工程按《城市道路和建筑物无障碍设计规范》（GB50763-2012）进行无障碍设计。

（2）总平面：人行道路盲道；道路入口设缘石坡道；室外台阶旁设轮椅坡道；单体：设无障碍入口。

（3）凡人行道、台阶和入口均设盲道，面层由建设单位选购定制，二次装修做；室外坡道面面层由建设单位选购定制，二次装修做。

（4）无障碍通道经过的明沟、盖板（雨水篦子）孔洞净宽≥15mm。

（5）在无障碍道路、停车位、建筑入口、无障碍电梯、无障碍厕所、轮椅席位等无障碍设施的位置及走向需设无障碍设施标志牌。

（6）所有入口处台阶比室内低15mm，并做斜面过渡处理。如有个别高差大于15的情况，均按1：20坡度做成斜坡。

十七、保温节能设计

（1）根据《民用热工设计规范》（GB50176-93）和气候条件，本工程处于夏热冬冷地区。

　本工程执行：《公共建筑节能设计标准》（GB50189-2015）、《安徽省公共建筑节能标准》（DB34/1476-2011）、《建筑外门窗气密、水密、抗风压性能分级及检测方法》（GB/T 7106-2008）。

（2）节能目标：50%。

（3）外墙设岩棉板外墙外保温系统，应用《合肥市岩棉板外墙外保温系统技术导则》（DBHJ/T002-2011）的性能要求。

　① 外墙类型：200厚煤矸石空心砖。

　② 墙主体传热系数：0.59W/(m²·K)。

　③ 屋顶类型1：匀质防火保温板（80.0），传热系数：0.67W/(m²·K)。

（4）地面类型：防潮地面。

（5）窗户类型：断热铝合金中空玻璃窗6+12A+6，详见节能设计一览表；外窗平均传热系数：3.3W/(m²·K)；外窗平均遮阳系数：0.67。

十八、太阳能利用与建筑一体化设计

（1）太阳能热水系统应符合《住宅建筑太阳能热水系统一体化设计、安装与验收规程》（DGJ32/TJ08-2005）的规定。

（2）太阳能系统应由专业厂家安装。

（3）本工程采用空气热源泵系统。

十九、绿色建筑设计

（1）本工程太阳能设施按照合规〔2014〕129号《关于加强新建民用建筑设计方案建筑节能和绿色建筑管理工作的通知》要求，每层设置，由专业厂家设计，太阳能集热板外挂与南阳台外挑板上，做法参见图集11CJ32第21页节点3。太阳能水箱悬挂于阳台侧墙，做法参见图集《住宅太阳能热水系统选用及安装》（11CJ32）第16页。太阳能热水系统应符合《住宅建筑太阳能热水系统一体化设计、安装与验收规程》（DGJ32/TJ08-2005）的规定，太阳能系统由专业厂家制作、安装。

（2）根据《绿色建筑评价标准》（GB/T50378-2014），本工程做了雨水收集系统。

二十、其他设计

（1）本工程卫生间洁具，待业主确定洁具品牌后由安装队现场配合土建施工按型号确定下水口具体位置。卫生间小五金系列按标准配套设置，隔间门应可自行关闭。

（2）安装洁具的铁架应与墙予埋件焊牢。

（3）所有预埋或露面构件均刷防锈漆二道，凡预埋在砖墙或混凝土中的木砖应进行防腐处理。

（4）所有低窗台均应做护窗栏杆，栏杆高度距可踏面完工后不低于900，做法详见墙身大样图。护窗栏杆扶手末端与墙、柱连接做法详见图集《楼梯 栏杆 栏板（一）》（15J403-1）第E10页节点7。

（5）楼梯栏杆及落地窗栏杆，扶手必须有防儿童攀登的措施，竖向杆件净间距不得大于110；楼梯栏杆预埋件做法参见图集《楼梯 栏杆 栏板（一）》（15J403-1）第E22页；楼梯斜段栏杆扶手高度900，栏杆水平段长度超过500时高度为1050。木扶手、金属栏杆做法详见图集《楼梯 栏杆 栏板（一）》（15J403-1）第B14页节点 A2。楼梯靠墙扶手做法参见图集《楼梯 栏杆 栏板（一）》（15J403-1）第E4页节点K8。 楼梯间护窗栏杆做法参见图集《楼梯 栏杆 栏板（一）》（15J403-1）第C15页节点H3。栏杆下部混凝土高100，宽60；楼梯踏步防滑条做法参见图集《楼梯 栏杆 栏板（一）》（06J403-1）第149页节点1。

　栏杆材料：1）不锈钢。主要受力杆件壁厚不应小于1.5，一般杆件不宜小于1.2；

　　　　　　2）型钢。主要受力杆件壁厚不应小于3.5，一般杆件不宜小于2.0；

　　　　　　3）铝合金。主要受力杆件壁厚不应小于3.0，一般杆件不宜小于2.0；

　　　　　　4）玻璃栏板选用12mm的钢化夹胶玻璃。

（6）外保温层上的粉刷面层必须与保温系统相匹配，确保抗裂、防水、防渗效果。

（7）在凸出外墙的空调板等部位上口增设一道高度不小于200的C20混凝土现浇带。

（8）凡外凸脚均设滴水线，窗台泛水坡度不小于10%。

（9）室内环境污染控制应满足《民用建筑工程室内环境污染控制规范》（GB50325-2010）的要求控制类为一类。本工程属该规范中1类民用建筑工程必须采用A类无机非金属建筑材料和装修材料。室内用溶剂型涂料中挥发性有机化合物需满足《民用建筑工程室内环境污染控制规范》（GB50325-2010）中要求。

（10）地漏、落水管及雨水管具体位置以给排水施工图为准。

（11）各设备留孔留洞，需以设备专业图纸为准。水暖电气管线穿过楼板和墙体时，孔洞周边应采取密封隔声措施。

（12）安装屋面的排水立管时应注意避开窗户。

（13）建筑底层外窗均设置铝合金成品花饰防盗栅。

（14）建设单位可根据工程实际使用情况，对须有特殊防盗安全要求用房可增设相应防盗设施。

（15）所有门窗、装修材料、油漆、涂料等均需由甲方与设计院共同选定确认后，方可施工，如有不明之处，施工单位应与设计院及甲方联系，共同解决问题。

（16）本工程中凡有水房间楼地面必须注意做好排水坡，不得出现积水，排水坡度除特别注明外，不小于0.5%，从门口坡向地漏。有排水沟、集水井处均做不小于1%的坡度坡向该处。

（17）施工图中所选的国家及地方标准图集，施工单位应严格按图施工。

　对防水要求较高的水池、天沟、落水头子、卫生间等用水房间处，应按需要将有关管件预先埋入。

（18）各有关专业工程如给排水、电气、空调、燃气、设备安装和土建等分项的施工程序必须密切配合，合理分配设计预留空间，核对标高，主体结构施工应查对各有关工种图纸的预埋管线、预留洞孔及预埋铁件。

（19）本说明未详述之处，均按国家现行建筑安装工程施工及验收规范的有关规定施工。

— 9. 绿色建筑设计说明

　9.1 太阳能利用及一体化设计；

　9.2 雨水收集系统；

　9.3 空气热源泵系统；

　9.4 风力发电等利用环境提供的天然可再生能源。

（绿色建筑设计应根据规范要求编制绿建节能设计专篇）

第三节　建筑总平面图

一、建筑总平面图的识读要点

（一）建筑规划退让

沿建设用地边界和沿城市道路、河道、铁路两侧及电力线保护范围等边侧的民用建筑，其退让距离必须符合建筑红线、道路红线、景观绿线、日照间距、文物保护、风景旅游、市政管线、消防环保、抗震、防汛和交通安全的相关规定。

建筑红线：指城市规划管理中，控制城市道路两侧沿街建筑物或构筑物（如外墙、台阶等）靠临街面的界线。任何临街建筑物或构筑物不得超过建筑红线。一般情况下，道路红线就是建筑红线。但是有些城市在主要干道路红线的外侧，另行划定建筑红线，使道路上部空间向两侧伸展，显得道路更加开阔。某些公共建筑和住宅适当退后布置，留出的地方，有利于人流或车流的集散，也可以进行绿化，美化环境。

在建筑红线的控制下，前后错开布置沿街建筑，既可满足不同的功能要求，又可避免城市景观的单调感，使城市建筑群的体形和街景富于变化。

（二）区分新旧建筑物

此处新旧建筑物指的是新建的建筑物和现状存在的建筑物。

在总平面上将建筑物分成5种情况，即新建的建筑物、现状建筑物、预留用地或拟建建筑物、拆除的建筑物。不同种类的建筑物通常通过图例来加以区分。在总图中，通常在建筑物外轮廓线中右上角位置用点数或者数字来表示建筑物的层数。建筑物的出入口一般用三角形附带文字叙述表示。

（三）新建建筑物的定位

新建建筑物的定位可以确定拟建建筑物将要在什么位置建设，是建筑工程施工的重要步骤。

新建建筑物的定位一般采用两种方法，一是按现状建筑物或现状道路定位；二是按坐标定位，采用的坐标系依据测绘地形图上的坐标系。在总图中，我们通常是结合两个一起表示建筑物的定位，通过新建建筑物的边角坐标来确定建筑物的位置，同时标注新建建筑物与现状建筑物或者道路的距离。

（四）标高

标高表示建筑物各部分的高度，是建筑物某一部位相对于基准面（标高的零点）的竖向高度，是竖向定位的依据。在施工图中经常有一个小小的等腰直角三角形，三角形的尖端或向上或向下，这是标高的符号。用细实线绘制、高为3mm的等腰直角三角形。

标高按基准面的不同分为相对标高和绝对标高。相对标高可以自由选定，一般以建筑物一层主要地面作为零点；绝对标高，以国家或地区统一规定的基准面作为零点标高。我国规定黄海平均海水面作为标高的零点。

标注标高一般用标高符号表示，标高符号的画法如图3.3.1所示。

（a）个体建筑标高符号　　（b）总平面图标高符号　　（c）一个符号同时标注几个标高

图3.3.1 标高符号的画法

在建筑施工图中，标准层平面上可以同时标注几个标高，如图3.3.1（c）所示。

标高数字以米为单位，一般图中标注到小数点后第三位。零点标高的标注方式是：零点标高一般标注在底层或者一层平面图上。

正数标高不注写"＋"号，例如正0.5m，标注成：

正数标高表示在零点标高以上的位置。

负数标高在数值前加一个"－"号，例如-1.5m，标注成：

负数标高表示在零点标高以下的位置。

（五）道路

总平面图上的道路只能表示出道路与建筑物的关系，不能作为道路施工的依据，道路施工一般依据道路市政施工图图纸。一般是标注出道路中心控制点，表明道路的标高及平面位置即可。

二、建筑总平面图的识图注意事项

（一）熟悉图例、比例

总平面图常用的出图比例为1：500，1：1000，1：2000，1：5000等。通过了解图纸比例来确定总平图上标注、注释、文字说明、符号等比例大小。通过图例了解总平面图各个绘制线条的含义，了解建筑师的意图，如建筑红线、用地红线、地下室界线都采用不同的线型绘制，如果不看图例我们是很难区分的。

（二）识读工程性质及周围环境

工程性质是指建筑物的用途及功能性质，是公共建筑、厂房还是居住建筑等。从总图中可以知晓该新建建筑物的周围环境对该建筑的影响，比如日照、高程等；更重要的是要分析新建建筑物对周围环境的影响，比如新建建筑物对现状建筑物的日照影响，这点经常被我们忽视。

（三）查看标高、地形

从标高和地形图可知现状区域的现状地貌。如图3.3.2所示的总平面图中，该区域周边为已建建筑物，新建建筑物的底层地面±0.000的绝对标高为14.300m。

总平面图室外整平地面标高符号为涂黑的等腰直角三角形，标高数字注写在符号的右侧、上方或右上方。标高符号的尖端应指至被标注的高度位置，尖端可向上，也可向下。

（四）查找定位依据

确定新建建筑物的位置是总平面图的主要作用，通过各个建筑的边角坐标来确定建筑物的位置。

（五）道路与绿化

道路与绿化是主体的配套工程。从道路了解建成后的人流方向和交通情况，重点是要识读建筑外围的消防车道及发生紧急情况时的疏散路线。

建筑施工图中的总平面图中，绿化一般不用特别强调，标出绿化的区域即可。

尽端式消防车道我们必须要标示出大型消防车回车场18m×18m的区域，高层建筑我们还须标示出消防车登高场地的区域。

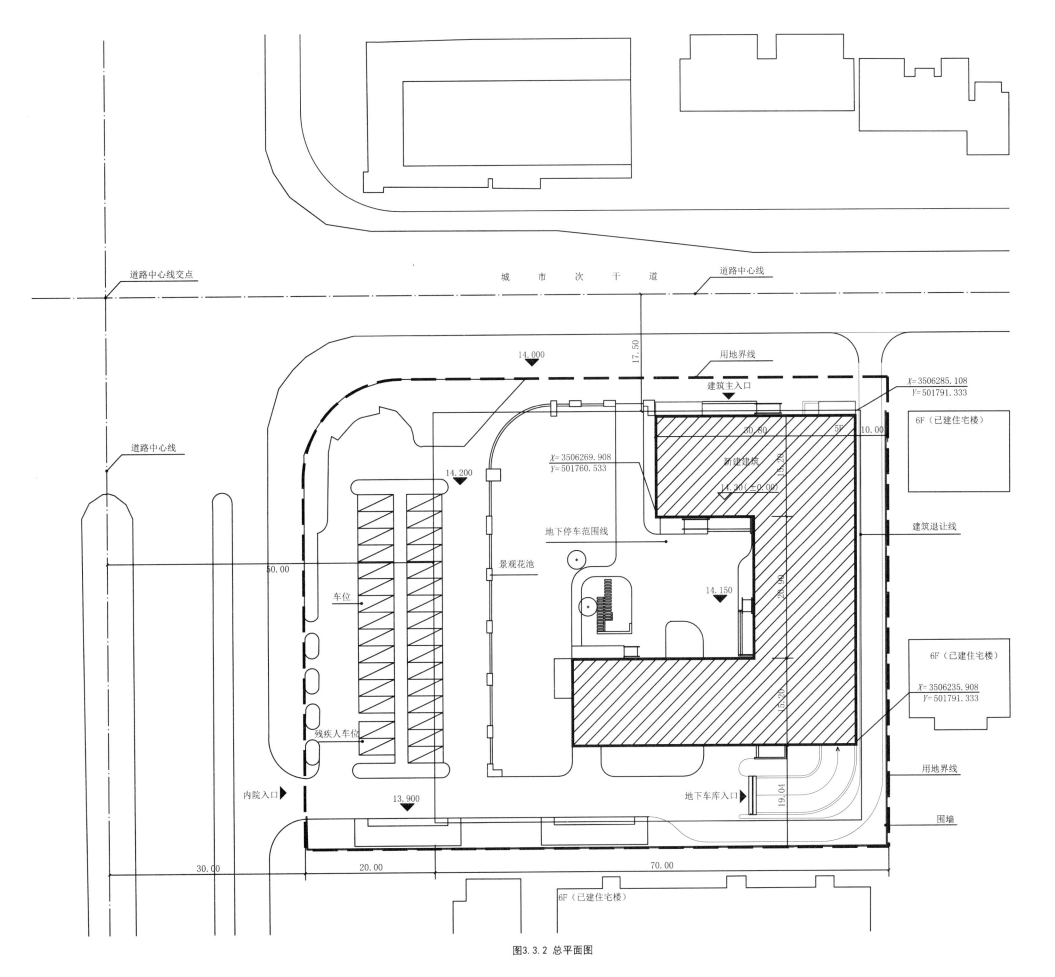

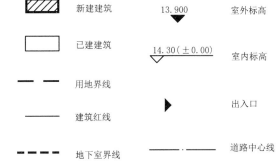

图例

| | 新建建筑 | ▽ 13.900 | 室外标高 |
| | 已建建筑 | ▽ 14.30(±0.00) | 室内标高 |

—— —— 用地界线   ▶ 出入口

———— 建筑红线   ——— 道路中心线

— — — 地下室界线

经济技术指标
经济技术指标

总用地面积		6251 m²
建筑占地面积		1710 m²
总建筑面积		11984.60 m²
已建面积		3744.60 m²
新建面积		8240 m²
其中	地上建筑面积	6664 m²
	地下建筑面积	1576 m²
容积率		1.67
机动车停车数		60
建筑密度		33.0%
绿地率		27.3%

附注:
（1）图中高程系统为黄海高程系统。
（2）本工程设计标高±0.000相当于绝对标高14.300m。
（3）总图中所注标高为场地、道路设计地面标高；建筑物坐
标为建筑物外墙轴线交点坐标；与用地红线的相关距离
及建筑物间距尺寸均由建筑物外墙皮算起。
（4）高程、距离以"m"计。
（5）本工程室外场地、道路、绿化另详见景观设计图。

图3.3.2 总平面图

第四节　建筑平面图

一、建筑平面图的识读要点

（一）地下室平面图

地下室平面图是建筑施工图中重要的图纸之一。地下室平面中，我们需要注意地下室的防火设计，即地下室的防火分区及车辆的人员疏散。通过相关的设计规范结合图纸了解地下室的具体设计方法，地库中的柱子间距设计应考虑汽车车位的排布，行车车道的柱距应满足转弯半径的设计要求。汽车出入口坡道将地下室与地面紧密相连，坡道的坡度要求很重要，设计的坡度过大会导致车辆无法行驶，坡度过小会导致坡度的长度过长占用空间过大。当汽车库内车道纵向坡度大于10%时，坡道上、下端均应设缓坡，其直线缓坡段的水平长度不应小于3.6m，缓坡坡度应为坡道坡度的1/2。地下汽车库的最大允许建筑面积为2000m²，设置自动灭火系统时，最大允许面积增大一倍。车库楼梯间和前室的门应采用乙级防火门，并应向疏散方向开启，疏散楼梯的宽度不应小于1.1m。汽车库室内任一点至最近人员安全出口的疏散距离不应大于45m，当设置自动灭火系统时，其距离不应大于60m。

如图3.4.1所示，地库的一个防火分区有两部疏散楼梯及一部乘客电梯，设备用房放置在地下室平面内，具体位置需要设计师的巧妙摆放。设备用房应满足其功能要求，又不能太影响地下人员及车辆的流动空间。

（二）底层平面图

底层平面图是房屋建筑施工图中最重要的图纸之一，沿底层门窗洞口剖切开得到的平面图称为首层平面图，又称为一层平面图。

底层平面图的主要内容如下。

1.建筑物朝向

建筑物的朝向在底层平面图中通过指北针来表示。建筑物主要出入口所对的方向称为建筑物朝向，指北针图示中N表示实际情况下的北方。如图3.4.4所示建筑物的主要入口在⑧轴线上，主要办公室均位于南侧，说明该建筑朝南，也就是常说的"坐北朝南"。

指北针的形状如图3.4.2所示。圆的直径为24mm，指北针尾部为3mm，指针指向北方，标记为"北"或"N"。

北（或写成 N）

图3.4.2 指北针

2.平面布置

平面布置是平面图的主要内容，主要表示不同功能的房间与过道、楼梯（电梯）、卫生间的关系。如图3.4.4所示的底层平面图，自③交⑧、⑥进大门后是一门厅，对着门厅是疏散楼梯间及电梯间，即该建筑的交通核心，建筑内东侧是主要的办公用房及另一个疏散楼梯。

3.定位轴线

表示建筑的大小、内部空间分割、柱的位置在建筑施工图中一般用轴线来确定。主要的墙、柱、梁等构件的位置都要用

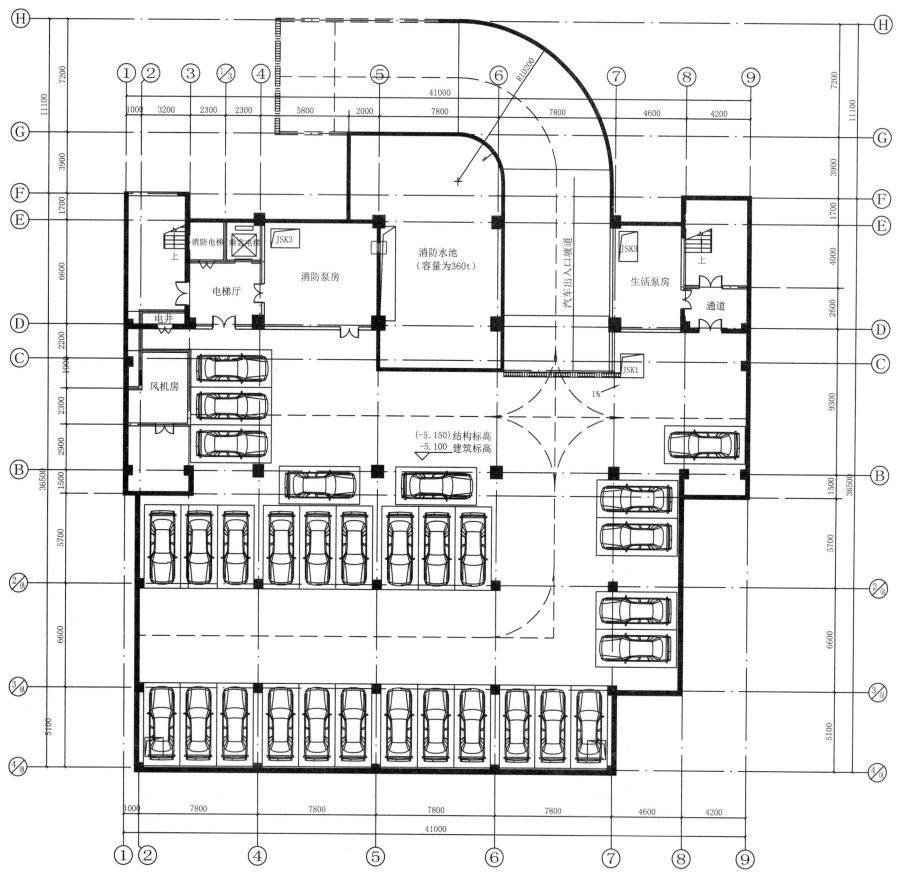

图3.4.1 地下室平面图

轴线来定位。根据《房屋建筑制图统一标准》（GB/T 50001-2013）规定，定位轴线用细点画线绘制。编号应写在轴线端部的圆圈内，圆圈直径应为8mm，详图上用10mm，如图3.4.3（a）所示。平面图上定位轴线的编号，宜标注在图样的上下方及左右侧。横向编号应用阿拉伯数字标写，从左至右按顺序编号，如1、2、3等。竖向编号应用大写拉丁字母，从前至后按顺序编号，如A、B、C等。需要注意的是拉丁字母中的I、O、Z不能用于轴线号，以避免与1、0、2混淆。除了标注主要轴线之外，还可以标注附加轴线。附加轴编号用分数表示，如图3.4.3（b）所示。 两根轴线之间的附加轴线，可用分母表示前一根轴线的编号，分子表示附加轴线的编号。如果①号轴线和Ⓐ号轴线之前还需要设附加轴线，分母以 01 、 0A 分别表示位于①号轴线或Ⓐ号轴线之前的附加轴线，如图3.4.3（c）所示。如果一个详图适用于几根轴线时，可以同时注明各有关轴线的编号，如图3.4.3（d）所示。

针对通用的节点详图在表示定位轴线时只画圆圈，不标注具体轴线号。

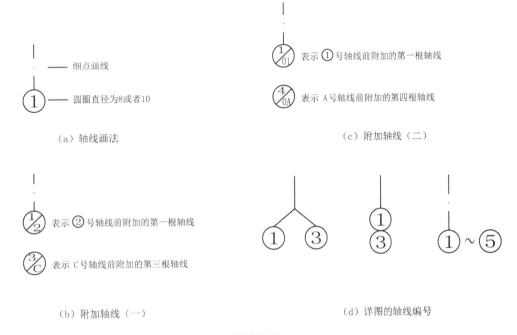

图3.4.3 轴线的编号

4. 标高

建筑施工图中，一般用标高来表示建筑各个部位的相对高度。除总平面图外，施工图中所标注的标高均为相对标高。在平面图中，房间的功能用途不同会导致房间的高度不在同一个水平面上。如图3.4.4所示的底层平面图中，±0.000表示门厅、建筑各个办公室的标高，-0.450表示室外地面的标高，卫生间的地面高度在卫生间详图中反映（一般情况下都是低于卫生间所在楼层标高）。

5. 墙和柱

现在的建筑多为框架结构，柱的作用相当于一个建筑的骨架，起到了承受建筑物垂直荷载的重要作用；墙为建筑的围护结构，它们的围护造就了建筑外立面的基本构架及内部的功能分隔，所以它们的位置、尺寸都非常重要。从图3.4.4所示的底层平面图中， 我们可以清晰地看到所有的外围护墙、内隔墙、剪力墙及框架柱它们的组成关系，墙厚为200mm。 柱子在建筑施工图中一般只标注出了柱子的平面尺寸及与轴线的关系，具体的尺寸及设计要求需要去识读结构施工图。

6. 门和窗

门窗的画法按常用建筑配件图例进行绘制，通常按国家标准图集参考设计。在平面图中，只能反映出门、窗的平面位置、门窗编号、洞口宽度及与轴线的关系。 门窗编号中，门用代号"M"表示，如"M1"表示编号为1的门；FM乙级1表示1号乙级防火门；ZHM-1表示1号组合门。 而 "C1"则表示编号为1的窗。门窗的高度尺寸在立面图、剖面图或门窗表中查找，也可在平面图上用代号表示，如门窗编号为M1021，就是表示宽度

为1m、高度为2.1m的门（门的材质一般在门窗表中会详细列出）。 门窗的制作安装需查找相应的详图或者参照国家制定的标准图集。 在平面图中窗洞位置处， 若画成虚线， 则表示为高窗（高窗是指窗洞下口高度高于1500，一般为1700以上的窗）。建筑制图标准规定把高窗画在所在楼层并用虚线表示。

7. 楼梯

在平面图中，楼梯在平面图中只能示意楼梯的投影情况，主要反映楼梯的平面位置、开间和进深大小，楼梯的上下方向和级数。楼梯具体的尺寸及梯段剖面关系需要识读楼梯平面详图及剖面详图。

8. 附属设施

为了更好地表达建筑各个房间的使用功能，设计者在建筑物的内部可能设有壁柜、吊柜、厨房设备、洗涤器具等。在建筑物外部还可能设有花池、散水、台阶等附属设施。附属设施只会在平面图中表示出平面位置，具体做法应查阅相应的装修设计详图或标准图集。

9. 符号

标注在平面图上的符号有剖切符号和索引符号等。剖切符号在底层平面图上表示出剖面图的剖切位置和投射方向及编号。如图3.4.4中，编号1-1的意思是1-1剖面图的剖切位置。在平面图中凡需要另画详图的部位用索引符号表示，如8、9轴线交E轴线之间的6/19索引表示的意思是在建筑施工图19张中的6号详图剖切的位置。

10. 平面标注尺寸

平面尺寸的标注分为内部尺寸标注和外部尺寸标注两种，主要反映建筑的开间、进深、门窗的平面位置及墙厚等。

内部尺寸，一般用一道尺寸线表示，如图3.4.4中所示的内部尺寸，就表示了电梯前室的大小、电梯与墙的关系、楼梯的梯段和休息平台的尺寸等。有些建筑内部尺寸反映出建筑内部柱与轴线的关系以及内墙门、窗与轴线的关系。

外部尺寸一般标注三道尺寸， 最里面一道尺寸表示外墙门窗的大小及与轴线的平面关系及外墙的厚度；中间一道尺寸表示轴线尺寸，即每个房间的开间与进深尺寸、柱子的柱间距等；最外面一道尺寸表示建筑物的总长、总宽，即建筑两侧、前后外墙面之间的尺寸。

（三）标准层平面图

在多层和高层建筑中，往往中间几层平面形状及布置是一样的，这样就只需要画一个平面图作为代表层，将这一个作为代表层的平面图称为标准层平面图。沿最上一层门窗洞口剖切开得到的平面图称为顶层平面图。

一般住宅的标准层与底层平面区分不大，底层公共建筑上部功能为居住建筑的建筑区别较大，主要体现在以下几个方面。

1. 内墙位置及房间布置

底层平面与标准层平面的功能不同，将导致内墙分隔和房间布置也不同，需要结合底层平面图区分。有些建筑底层是个大空间，而到了上面可能变成一个个小房间，这时上面的标准层平面就比底层平面多了内隔墙。

2. 墙体材料

在标准层中随着功能的不同，墙体的材料可能会根据使用功能有相应的改变，墙体材料的质量要求在相应的说明中会有叙述或者在平面图中引出。

3. 门和窗

标准层平面图中门与窗的设置与底层平面图往往不完全一样，在底层建筑物的入口为大门，而在标准层平面图中相同的平面位置一般情况下都改成了窗。有些建筑外立面比较丰富，每个平面的外窗可能都有变化，这时就需要通过多个标准层平面来表达。

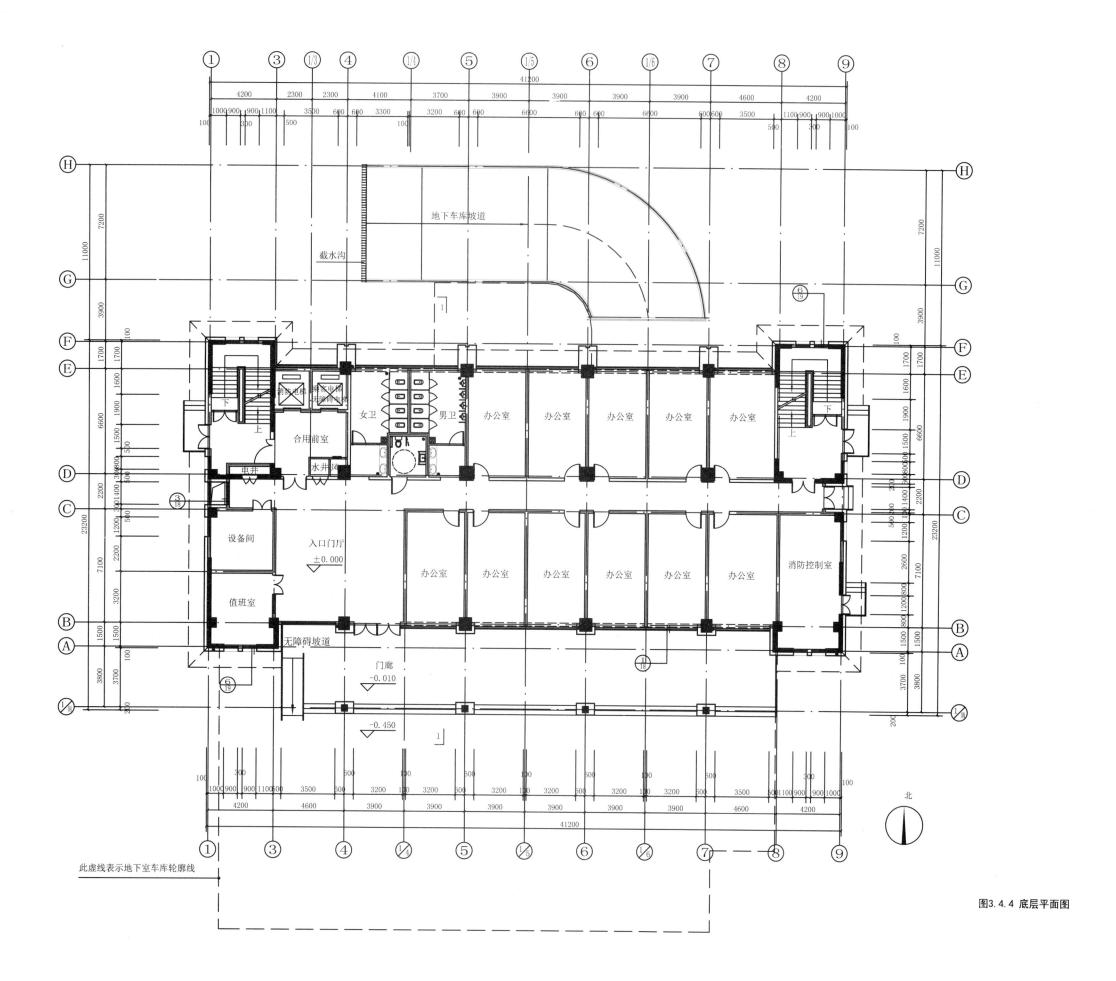

图3.4.4 底层平面图

此虚线表示地下室车库轮廓线

（四）屋顶平面图

建筑从屋面由上向下进行投射得到的平面图称为屋顶平面图。屋顶平面图主要表示三个方面的内容，如图3.4.5所示为屋顶平面图。

（1）屋面排水情况。如排水分区、天沟、屋面坡度、雨水口的位置等。如图3.4.5所示中，此建筑屋面采用建筑找坡形式排水，排水的坡度为2%。

（2）细部做法。屋面的细部做法除按照建筑施工图详图或国标图集外，还要参照建筑设计总说明"屋面保温做法"。屋面的细部做法包括的内容有高出屋面墙体的泛水、天沟、变形缝、雨水口等。

（3）附属设施。如电梯机房、楼梯间、水箱、风机、太阳能设备、天窗、烟囱、检查孔、屋面变形缝等的位置。

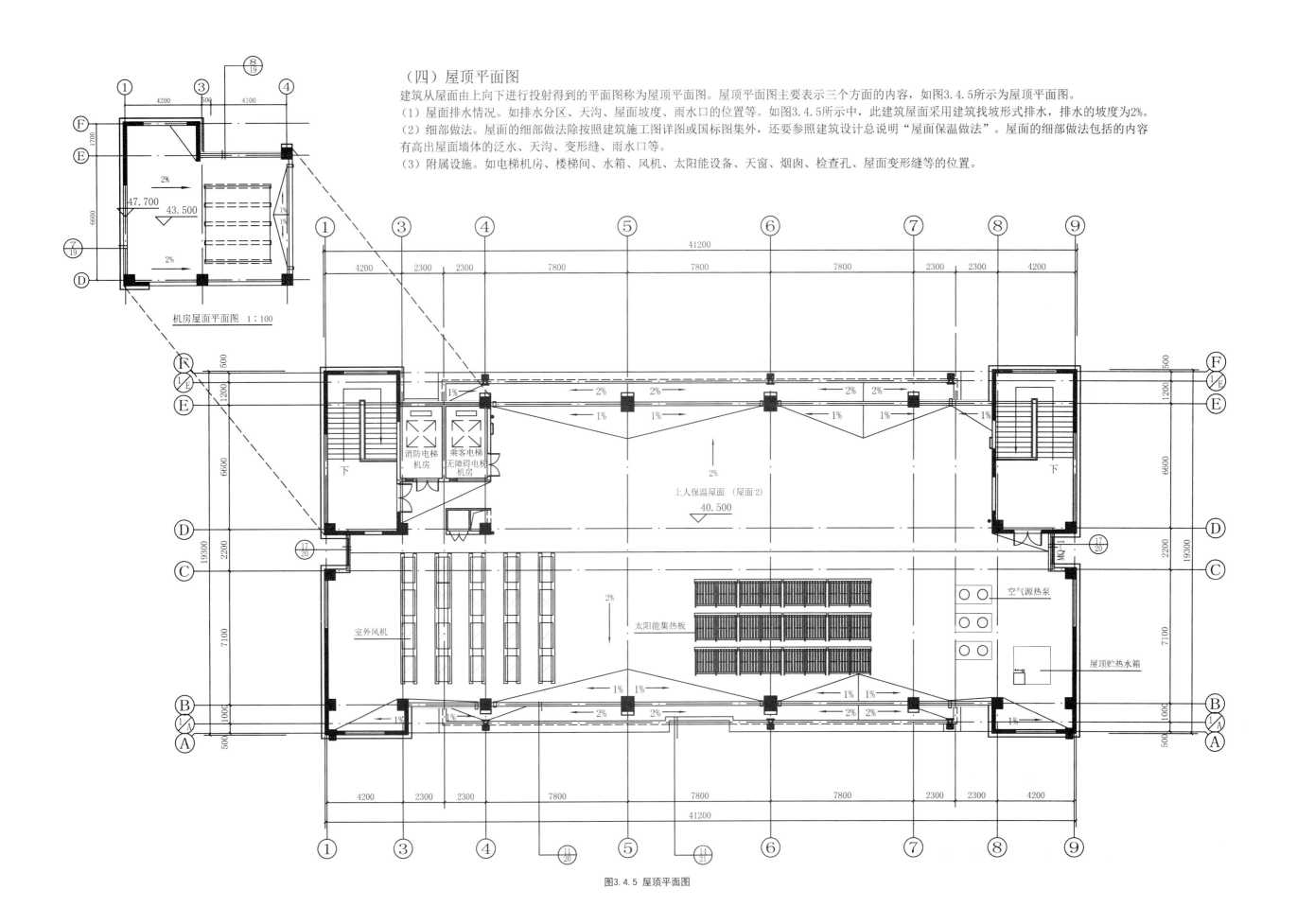

机房屋面平面图 1:100

图3.4.5 屋顶平面图

二、建筑各平面图的识读注意事项

（一）底层平面图的识读注意事项

（1）查阅建筑物的朝向、建筑的基底形状、主要房间的布置及相互关系。

（2）查阅建筑物各部位的尺寸，通过建筑各部位尺寸的了解对建筑底平面及外轮廓有更深度的认识。

（3）结合建筑设计总说明查阅建筑的围护结构做法及材料的运用。

（4）查阅建筑各部位的标高。主要查阅房间、卫生间、楼梯间、阳台和室外地面等的标高，部分部位需要结合结构详图一起查阅。

（5）查阅门窗尺寸及门窗材料。查阅图中实际需要的数量与门窗表中的数量是否一致，门窗的标注、门窗详图与门窗的编号是否一致，门窗的材料使用是否一致，玻璃门窗的规格是否安全合格。

（6）查阅附属设施的平面位置。如卫生间中的洗涤器具、厨房厨具的平面位置等。公共建筑还需要考虑无障碍厕所及无障碍入口。

（7）通过文字说明了解施工及材料的要求。结合建筑设计说明阅读，如建筑设计总说明、材料及节能一览表等。

（二）标准层平面图的识读注意事项

（1）查阅各房间的布置是否同底层平面图一样。 房间功能的不同会导致房间的布置不同，甚至会影响相接的标准层平面，如本层标准层平面内设有厨房，设计时就要考虑对上一层的标准层的影响（如做防火挑檐、排烟问题等）。

（2）查阅墙身厚度及墙体材料是否同底层平面图一样，有些建筑底层采用砖墙材料，到了标准层可能会有大面积的幕墙或者玻璃分隔。

（3）门窗尺寸及位置是否同底层平面图一样。

（三）屋顶平面图的识读注意事项

（1）屋面的排水方向、排水坡度及排水分区。

（2）结合有关详图阅读，弄清分格缝、女儿墙及高出屋面部分（如排烟道、上人孔）的防水、泛水做法。

（3）屋面附属设施位置，屋面构架的尺寸及做法。

第五节　建筑立面图

一、建筑立面图的识读要点

（1）建筑物外部形状：主要有门窗、台阶、雨篷、阳台、构架等的位置。

（2）标高标注：用标高表示出各主要部位的相对高度，如室内外地面标高、各层楼面标高及檐口标高。

（3）立面标注：立面图中的尺寸是表示建筑物高度方向的尺寸，同平面外部尺寸标注一样一般也用三道尺寸线表示。 最外面一道为建筑物的总高，建筑物的总高是从室外地面到檐口女儿墙的高度；中间一道尺寸线为层高，即楼层间距的高度；最里面一道为门窗洞口的高度及与楼地面的相对位置。

（4）外立面的整体风格：如图 3.5.1所示，该建筑外立面采取以竖向线条为主、横向线条为辅的设计思路；在楼层适当的高度位置利用通长的色带或者不同材质的构件进行横向分格。

（5）外立面的装修：①～⑨立面图中墙面装修做法说明了外墙面的材料和颜色，具体做法结合建筑设计说明或索引国标图集注明。

二、建筑立面图的识读注意事项

（1）对应平面图阅读立面图，建立起建筑空间感，加深对平面图、立面图的理解。

（2）建筑物各部位的标高及相应的尺寸。

（3）结合建筑设计说明，查阅外墙面各细部的装修做法，如窗台、窗檐、阳台、雨篷、勒脚等。

（4）结合相关的图，查阅外墙面、门窗、玻璃等的施工要求。

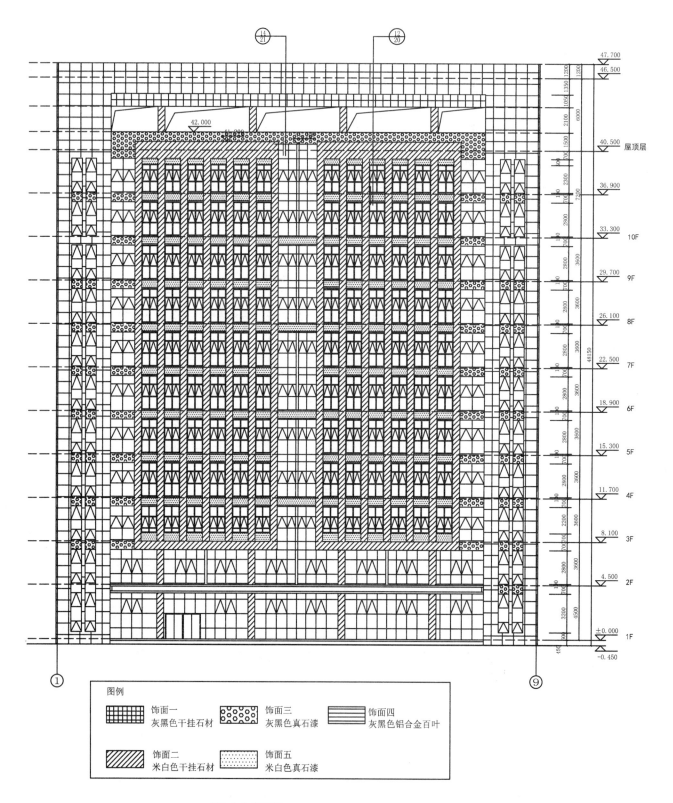

图3.5.1 立面图

第六节　建筑剖面图

一、建筑剖面图的识读要点

（1）表示建筑内部的分层、分隔情况，如图3.6.1剖面图所示，该建筑地上10层，地下1层为机动车库，平屋面层为电梯机房和水箱。

（2）反映屋顶坡度及屋面保温隔热情况。在建筑中屋顶有平屋顶、坡屋顶之分。依据《坡屋面工程技术规范》（GB50693－2011）中规定：屋面坡度在3%以内的屋顶称为平屋顶，屋面坡度≥3%的屋顶称为坡屋顶。从图中可以看出该建筑物为平屋顶，建筑找坡。

（3）表示建筑高度方向的尺寸及标高，如图3.6.1中所示，每层楼地面的标高及外墙门窗洞口的高度等。剖面图中高度方向的尺寸和标注方法同立面图、平面图一样，也有三道尺寸线。必要时还应标注出内部门窗洞口的尺寸及楼梯的踏步高度和数量。

（4）一般在剖面图中还应有阳台、台阶、散水、雨篷等附属设施，凡是剖切到的能看到的位置都应将位置关系表示清楚。

（5）剖面图中不能详细表示清楚的部位要通过索引符号引出详图表示，如图中檐口索引。

二、建筑剖面图的识读注意事项

（1）结合底层平面图阅读，对应剖面图与平面图的相互关系，建立建筑内部的空间概念。

（2）结合建筑设计总说明查阅地面、楼面、墙面、顶棚的装修做法。

（3）各部位的高度应注意阳台、厨房、厕所与同层楼地面的标高关系，一般阳台及卫生间地面的高度要比同层楼面高度低，防止水流入户内其他房间。

（4）结合屋顶平面图和建筑设计总说明，了解屋面坡度、屋面防水、女儿墙泛水、屋面保温、隔热等的做法。

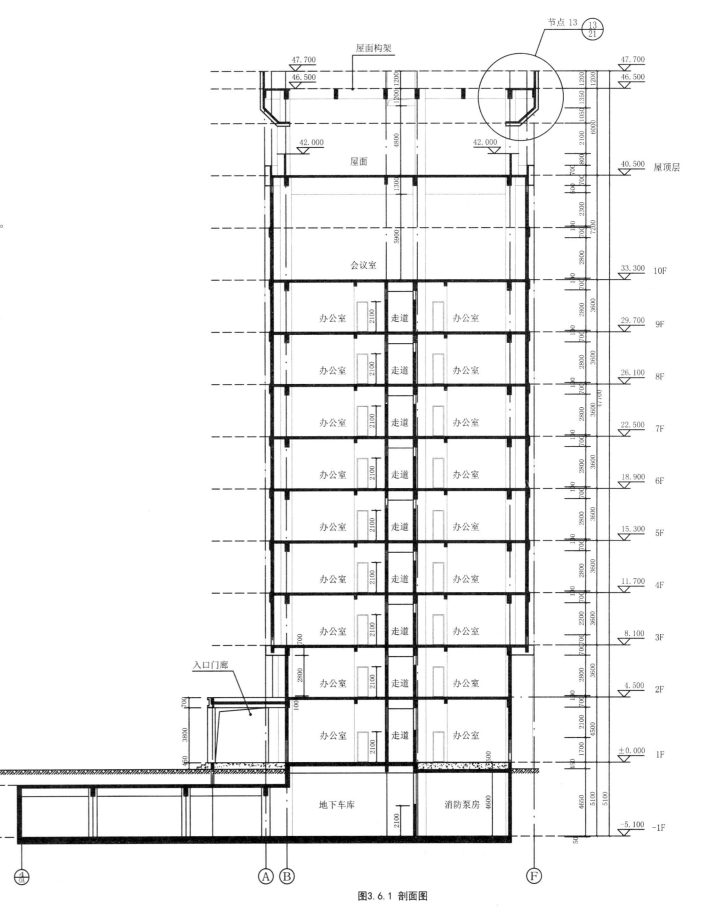

图3.6.1 剖面图

第四章　建筑详图

第一节　建筑详图的基础知识

建筑详图通常称为建筑大样图，由于建筑图纸中平面图、立面图、剖面图通常比例为1∶100、1∶200，建筑物细部尺寸无法表示清楚，根据施工需要，将细节内容绘制详图。常用的比例为1∶1、1∶5、1∶10、1∶20、1∶50，对建筑细部的形状、大小、材料和做法加以补充说明。由于比例较大，详图需要把结构层、面层的构造详细画出，并填充相应的图案。建筑详图是建筑物平、立剖面图纸的深化和补充。

建筑详图按表示位置的不同，通常有楼梯详图、门、窗详图、厨卫详图、外墙墙身大样图及局部做法详图。详图中楼梯、电梯、厨房、卫生间常表示为局部平面放大图，注明相关轴线尺寸和细部尺寸、布置定位等；细节构造详图有台阶、坡道、散水、屋面节点、地下室防水做法，这个部分大多可以引用标准图集；另外，墙身、楼梯、阳台、雨篷、电梯机房、室外空调机位等采用自行绘制节点表示，标注细部相关尺寸。

详图与平、立、剖面图的对应关系是用索引符号联系的，索引符号的圆及直径均应以细实线绘制。圆的直径应为10mm。索引符号的引出线沿水平直径方向延长，并指向被索引的部位。索引符号有详图索引符号、局部剖切索引符号和详图符号三种。

一、详图索引符号

详图索引符号如图4.1.1（a）所示。
（1）详图与被索引的图在同一张图纸上；
（2）详图与被索引的图不在同一张图纸上；
（3）详图采用标准图。

二、局部剖切索引符号

局部剖切索引符号，如图4.1.1（b）所示，用于索引剖面详图，它与索引号的区别在于增加了剖切位置线，图中用粗短线表示。在剖切的部位绘制剖切位置线，并且以引出线引出索引符号，索引线所在的一侧为剖视方向。

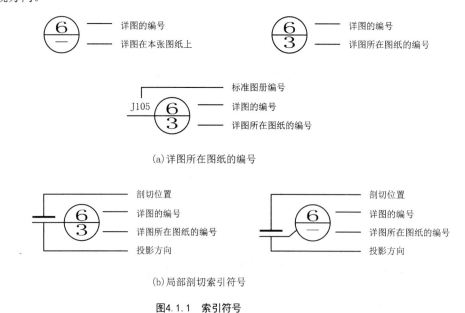

图4.1.1　索引符号

三、详图符号

索引出的详图画好之后，应在详图下方编上号，称为详图符号。详图符号应以粗实线绘制，直径为14mm。详图符号分为以下两种情况。
（1）详图与被索引的图在同一张图纸上，如图4.1.2（a）所示。
（2）详图与被索引的图不在同一张图纸上，如图4.1.2（b）所示。

图4.1.2　详图符号

第二节　楼梯和电梯详图

一、楼梯的概述

楼梯是建筑楼层间的交通联系，是垂直交通构件。由楼梯段、休息平台、扶手及栏杆组成。

二、楼梯的设计规范

楼梯位置、宽度、数量和楼梯间的形式应满足使用方便和安全疏散的要求，主要楼梯应与主要出入口相邻，位置应布置合理，避免建筑的平面水平交通和垂直交通在此处交汇拥挤。

（1）楼梯梯段宽度应根据建筑使用特征，按每股人流为0.55+（0～0.15）m的人流股数确定，并不应少于两股人流。

（2）梯段改变方向时，扶手转向端处的平台最小宽度不应小于梯段宽度，并不得小于1.20m，当有搬运大型物件需要时应适量加宽。

（3）每个梯段的踏步不应超过18级，亦不应少于3级。由于建筑层高的不同，楼梯平台上部和下部的净高也会有不同，应注意楼梯平台上部及下部过道处的净高不应小于2m，梯段净高不宜小于2.20m[梯段净高为自踏步前缘（包括最低和最高一级踏步前缘线以外0.30m范围内）量至上方突出物下缘的垂直高度]。

（4）室内楼梯扶手高度自踏步前缘线量起不宜小于0.9m，靠楼梯井一侧水平扶手长度超过0.5m时，其高度不应小于1.05m。踏步应采取防滑措施。

（5）托儿所、幼儿园、中小学及少年儿童专用活动场所的楼梯，梯井净宽大于0.20m时，必须采取防止少年儿童攀爬的措施，楼梯栏杆应采取不易攀登的构造。当采用垂直杆件做栏杆时，其杆件净距不应大于0.11m。托儿所、幼儿园楼梯除设成人扶手外，并应在靠墙一侧设幼儿扶手，其高度不应大于0.60m。

（6）楼梯踏步的高宽比是根据楼梯坡度要求和不同类型人体自然跨步（步距）要求确定的，符合安全和方便舒适的要求。

（7）楼梯每一梯段的踏步高度应一致，当同一梯段首末两级踏步的楼面面层厚度不同时，应注意调整结构的级高尺寸，避免出现高低不等；相邻梯段踏步高度、宽度宜一致，且相差不宜大于3mm。

（8）楼梯踏步应采取防滑措施。防滑措施的构造应注意舒适与美观，构造高度可与踏步平齐、凹入或略高宜超过3mm）；老年建筑的疏散楼梯踏步前缘宜设防滑条，并应具有警示标识（可采用和踏面不同颜色的防滑条，宽度不宜大于10mm）。

（9）楼梯至少于一侧设置扶手。梯段净宽度达三股人流时应两侧设扶手；达四股人流时，宜加设中间扶手。

（10）开向疏散楼梯或疏散楼梯间的门，当其完全开启时，不应减少楼梯平台的有效宽度。

（11）电梯的设置

1）电梯不得用作安全出口；

2）电梯候梯厅的深度不得小于1.5m；

3）电梯井道和机房不宜与有安静要求的用房贴邻布置，否则应采取隔振、隔声措施；

4）机房应为专用的房间，其围护结构应保温隔热，室内应有良好通风、防尘，宜有自然采光，不得将机房顶板作水箱底板及在机房内直接穿越水管或蒸汽管；

5）消防电梯的布置应符合防火规范的有关规定。

三、楼梯详图的识读注意事项

楼梯详图是楼梯平面图和楼梯剖面图的放大图，反映楼梯结构形式、踏步尺寸、栏杆等做法，是施工的主要依据。

楼梯详图一般采用1:50比例。

（一）楼梯平面图

楼梯平面详图是建筑各层平面图中楼梯间的局部放大图，采用1:50的比例绘制。通常绘制由至上不同层高的各层楼梯及楼梯间的平面与剖面，注明楼梯踏步的宽度、高度和每一梯段踏步数，标注楼层休息平台处的标高，以及楼梯扶手、栏杆、踏步等构造做法。

平面剖切位置以折断线表示断开位置，在每层梯段处画出带有箭头的指示线，标注"上""下"以表示楼梯上下起步位置，如图4.2.1所示。

楼梯平面图的图示内容如下。

1. 楼梯间的轴线编号、开间和进深尺寸，在建筑中的平面位置及剖面位置；

2. 楼梯各部位的尺寸包括楼梯段的大小、踏面宽度、休息平台的平面尺寸等；

3. 楼梯的上下行方向用细箭头表示，用文字注明；

4. 楼梯的平台，楼面、地面的标高；

5. 首层楼梯平面图中，应标明剖面图的剖切位置。

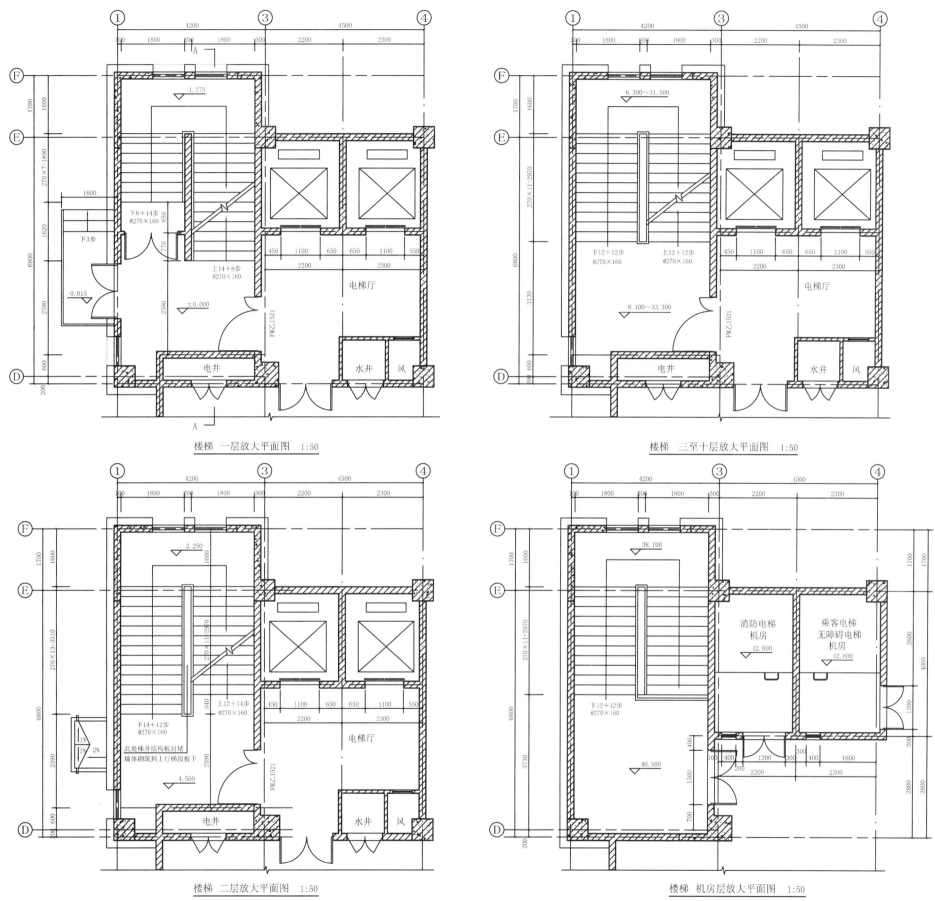

图4.2.1 楼梯平面图

（二）楼梯剖面图

楼梯剖面图是用假想的垂直剖切面，将楼梯梯段垂直剖切，在楼梯剖开的梯段方向作正投影图。

剖面图可画出底层、标准层和顶层剖面图，中间用折断线分开，当中间各层的楼梯构造不同时，应画出各层剖面图。如图4.2.2所示。

楼梯剖面图的图示内容如下。

（1）剖切位置的梯段用粗实线表示，用剖切的细线表示投影线；

（2）剖切到的楼梯梯段、休息平台、楼层的构造及做法；

（3）梯段的踏步数和踏步高度；

（4）楼梯的各部位高度，地面、休息平台、楼面的标高，楼梯间门窗洞口、栏杆、扶手的高度等；

（5）楼梯栏杆、扶手所用的材料及做法，详图索引。

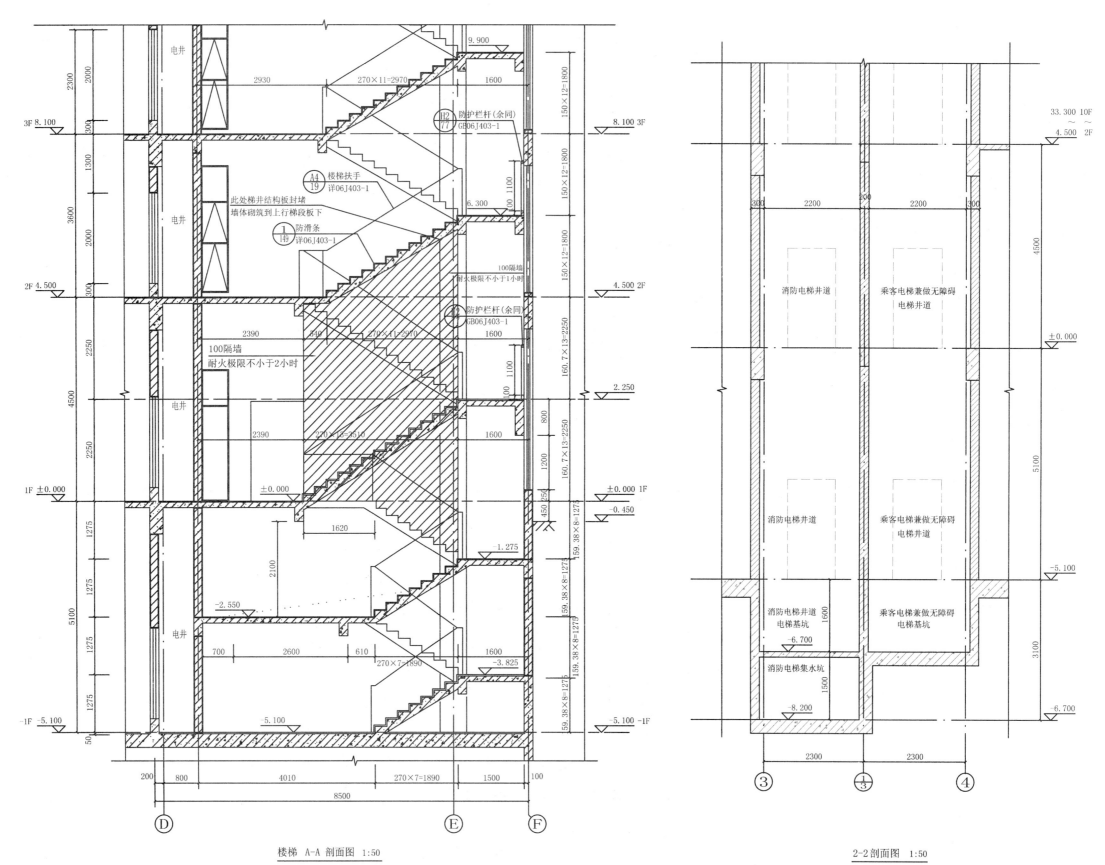

楼梯 A-A 剖面图 1:50

2-2剖面图 1:50

图4.2.2 楼梯剖面图

第三节　门　窗　详　图

一、门窗的概述

门窗的技术发展趋势是设计定型化、制作与安装专业化。按门窗框料材质常见的有木、钢、彩色钢板、不锈钢、铝合金、塑料（含钢衬或铝衬）、玻璃钢以及复合材料（如铝木、塑木）、定型材料，专业制作安装。

门窗主要由门窗框、门窗扇、亮子窗和五金零件等组成。门窗框是门窗扇与墙洞的连接构件。亮子设置在门窗上方，可采光通风，通常可采用固定扇、平开、悬窗。五金零件有铰链、插销、门锁、拉手等。

按门的开启方式不同分为固定门、平开门、推拉门、折叠门、弹簧门、卷帘门等多种形式。

按窗的开启方式不同可分为固定窗、平开窗、推拉窗、悬窗等多种形式。

二、门窗的设计规范

（一）门窗产品应符合的要求

门窗的材料、尺寸、功能和质量等应符合使用要求，并应符合建筑门窗产品标准的规定；门窗的配件应与门窗主体相匹配，并应符合各种材料的技术要求；应推广应用具有节能、密封、隔声、防结露等优良性能的建筑门窗；门窗加工的尺寸，应按门窗洞口设计尺寸扣除墙面装修材料的厚度，按净尺寸加工；门窗与墙体应连接牢固，且满足抗风压、水密性、气密性的要求，对不同材料的门窗选择相应的密封材料。

（二）窗产品应符合的要求

窗扇的开启形式应方便使用、安全和易于维修、清洗；当采用外开窗时应加强牢固窗扇的措施；开向公共走道的窗扇，其底面高度不应低于2m；临空的窗台低于0.80m时，应采取防护措施，防护高度由楼地面起计算不应低于0.80m；防火墙上必须开设窗洞时，应按防火规范设置；天窗应采用防破碎伤人的透光材料；天窗应有防冷凝水产生或引泄冷凝水的措施；天窗应便于开启、关闭、固定、防渗水，并方便清洗。临空的窗台低于0.80m（住宅为0.90m）时（窗台外无阳台、平台、走廊等），应采取防护措施，并确保从楼地面起计算的0.80m（住宅为0.90m）防护高度。低窗台、凸窗等下部有能上人站立的窗台面时，贴窗护栏或固定窗的防护高度应从窗台面起计算，这是为了保障安全，防止过低的宽窗台面使人容易爬上去而从窗户坠地。

（三）门产品应符合的要求

外门构造应开启方便，坚固耐用；手动开启的大门扇应有制动装置，推拉门应有防脱轨的措施；双面弹簧门应在可视高度部分装透明安全玻璃；旋转门、电动门、卷帘门和大型门的邻近应另设平开疏散门，或在门上设疏散门；开向疏散走道及楼梯间的门扇开足时，不应影响走道及楼梯平台的疏散宽度；疏散用的门不应采用侧拉门，严禁采用转门，因此应另设普通平开门作安全疏散出口。电动门和大型门由于机械传动装置失灵时也影响到日常使用和疏散安全，因此应另设普通门，也可在大门上开设平开门作安全疏散。全玻璃门应选用安全玻璃或采取防护措施，并应设防撞提示标志；设计中尽量减少人体冲击在玻璃上可能造成的伤害，允许使用受冲击后破碎、但不伤人的玻璃，如夹层玻璃和钢化玻璃，并应有防撞击标志。门的开启不应跨越变形缝。

（四）门窗工程设计要求及安装要点

外门窗的主要物理性能的指标，如抗风压、水密、气密、保温、抗结露因子、隔声等性能的要求；所采用的门窗材料、框料颜色、玻璃品种和颜色及开启方式等要求；玻璃的厚度应经专业厂家计算后确定；有特殊功能要求的应注明相关指标要求，如防火门应注明耐火极限要求。

混凝土墙洞口应采用射钉或膨胀钉固定；实心砖墙洞口应采用膨胀螺钉固定，不得固定在砖缝处，严禁采用射钉固定；轻质砌块、空心砖或加气混凝土材料洞口可在预埋混凝土块上用射钉或膨胀螺钉固定；设有预埋件的洞口应采用焊接方法固定，也可先在预埋件上按紧固件规格打基孔，然后用紧固件固定。外门窗框与墙洞口之间的缝隙，应采用泡沫塑料棒衬缝后，用弹性高效保温材料填充，如现场发泡聚氨酯等，并采用耐厚防水密封胶嵌缝，不得采用普通水泥砂浆填缝。

三、门窗详图的识读注意事项

建筑的节能设计中，节能门窗是重要的环节，节能门窗所采用的型材比较严格，需要通过对建筑节能计算才能得出该建筑应该需要什么型材的窗框和玻璃要求。节能门窗的型材一般在门窗表的附注里表示。

施工图中只需在大样中表示出尺寸及开启方向和类别即可，如图4.3.1所示。

门窗详图的识图注意事项如下。

（1）从详图中查明门窗各部位的尺寸，门窗扇的组成形式；

（2）从详图中查明门窗扇的开启方向，是外开还是内开，是平开还是旋转窗等；

（3）在节点详图中查明各块材料的断面尺寸、形状、玻璃的固定方法等；

（4）在建筑图集（建筑节能门窗图集、安徽省节能设计标准等）中查不同规格的门窗所需要的金属配件的名称、规格及数量；

（5）从文字说明中弄清门窗制作、安装要求和油漆的颜色、工艺等。

门 窗 表

类型	设计编号	洞口尺寸（mm）	负一层	一层	二层	三层	四至九层	十层	机房层	合计	备注
防火门	FM甲1521	1500×2100	2	—	—	—	—	3	—	5	甲级防火门
	FM乙1521	1500×2100	2	6	4	4	24	5	2	47	乙级防火门
	FM丙1020	1000×2000	1	2	2	2	12	2	—	21	丙级防火门，门槛高300mm
	JXM1020	1000×2000	1	—	—	—	—	—	—	1	检修门、木质防火门，见门窗详图
电子门	DZM3024	3000×2400	—	1	—	—	—	—	—	1	电子对讲门，由专业厂家设计安装
门	M1221	1200×2100	—	—	—	—	—	—	1	1	普通木门，见门窗详图
	M1521	1500×2100	—	—	—	1	—	—	—	1	普通木门，见门窗详图
	M1424	1400×2400	—	—	—	—	—	—	1	1	断热铝合金中空玻璃门（5+12A+5）见门窗详图
	TLM1524	1500×2400	—	—	—	—	—	—	2	2	见门窗详图
窗	C0928	900×2800	—	8	8	48	16	—	80		断热铝合金中空玻璃窗（5+12A+5）见门窗详图
	C1232	1200×3200	—	4	—	—	—	—	—	4	
幕墙	MQ-1	1400×3625	—	1	2	2	12	2	2	21	断热铝合金中空玻璃幕墙窗（5+12A+5）
	MQ-2	3300×3450	—	—	—	1	6	1	—	8	见门窗详图

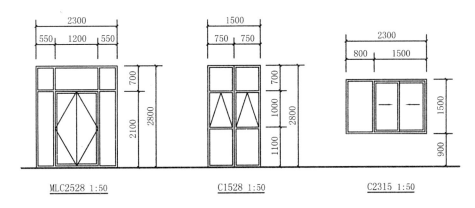

图4.3.1　门窗表、门窗详图

第四节 厨卫详图

一、厨卫详图的概述

在建筑平面图中通常是采用1:100、1:200的绘图比例，厨卫在图中仅是简单示意，对于这个部分，在住宅中的厨卫相对简单，会在户型大样图中表达厨房中的洗涤池、案台、炉灶、排油烟机、热水器、冰箱等设施，为其预留位置；卫生间内的便器、洗浴器、洗面器三件主要卫生设备预留设置位置及条件，如图4.4.1所示。

公共建筑中的卫生间大样图会将卫生洁具之间的控制尺寸、隔断间尺寸、排气道、污水池等卫生间配件的位置详细表示，如图4.4.2所示。

厨卫详图的绘制比例为1:50。

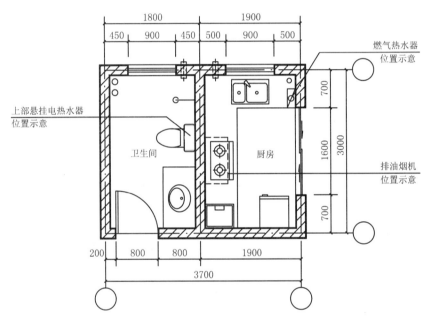

图4.4.1 住宅厨房卫生间大样图

二、厨卫的设计规范

厨房设计规定如下。

（1）宜布置在套内近入口处，有利于管线布置及厨房垃圾清运。

（2）厨房应设置洗涤池、案台、炉灶及排油烟机等设施或为其预留位置，保证住户正常炊事功能要求。

（3）厨房应按炊事操作流程布置，排油烟机的位置应与炉灶位置对应，并应与排气道直接连通，发挥最有效的排气效能。

（4）单排布置的厨房，其操作台最小宽度为0.50m，考虑操作人下蹲打开柜门、抽屉所需的空间或另一人从操作人身后通过的极限距离，要求最小净宽为1.50m。双排布置设备的厨房，两排设备之间的距离按人体活动尺度要求，不应小于0.90m。

（5）厨房应有直接采光、自然通风，或通过住宅的阳台通风采光。

厕所、盥洗室、浴室设计规定如下。

（1）建筑物的厕所、盥洗室、浴室不应直接布置在餐厅、食品加工、食品贮存、医药、医疗、变配电等有严格卫生要求或防水、防潮要求用房的上层；除本套住宅外，住宅卫生间不应直接布置在下层的卧室、起居室、厨房和餐厅的上层。

（2）卫生用房宜有天然采光和不向邻室对流的自然通风，无直接自然通风和严寒及寒冷地区用房宜设自然通风道；当自然通风不能满足通风换气要求时，应采用机械通风。

（3）楼地面、楼地面沟槽、管道穿楼板及楼板接墙面处应严密防水、防渗漏。

（4）楼地面、墙面或墙裙的面层应采用不吸水、不吸污、耐腐蚀、易清洗的材料。

（5）楼地面应防滑，楼地面标高宜略低于走道标高，并应有坡度坡向地漏或水沟。

（6）室内上下水管和浴室顶棚应防冷凝水下滴，浴室热水管应防止烫人。

（7）卫生设备配置的数量应符合专用建筑设计规范的规定，在公用厕所男女厕位的比例中，应适当加大女厕位比例；公用厕所男女厕位根据女性上厕所时间长的特点，应适当增加女厕的蹲（坐）位数和建筑面积，男蹲（坐、站）位与女蹲（坐）位比例以1∶1～2∶3为宜，商业区以2∶3为宜。

（8）公共卫生间宜设置前室。无前室的卫生间外门不宜同办公、居住等房门相对。外门应保持经常关闭状态，对于人流较大的交通建筑，卫生间可不设门，但应避免视线干扰。

（9）男女厕所宜相邻或靠近布置，便于寻找和上下水管道集中布置，楼地面应防水、排水、防滑、易清洁、易渗漏。墙面和顶棚应防潮，吊顶应采用防潮的材料。有水直接冲刷部位和浴室内墙面应防水、防潮。

（10）公用厕所宜设置独立的清洁间，内设置拖布池、拖布挂钩及清洁用具存放的柜架。

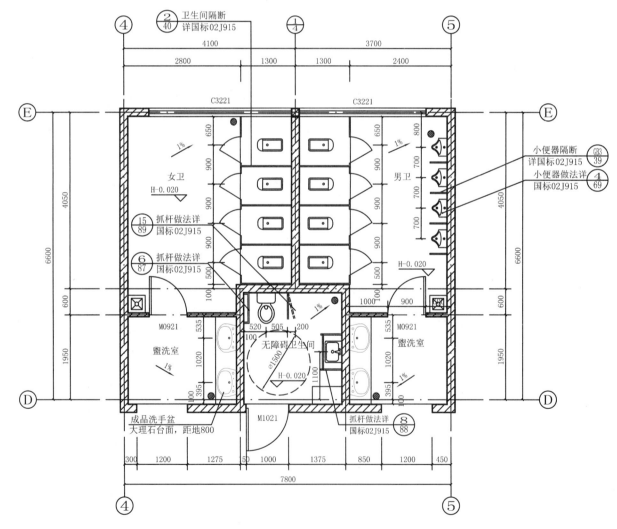

图4.4.2 公共建筑卫生间大样图

（11）关于浴厕隔间的平面尺寸，在各地设计实践和标准设计中，一般厕所隔间为0.9m×1.20(1.40)m，淋浴隔间为1.00(1.10)m×1.20m。根据选用和建立通用产品标准的原则，考虑了人的使用空间及卫生设备的安装、维护。厕所和浴室隔间的平面尺寸不小于如图4.4.3所示的规定。

类 别	平面尺寸 （宽度m×深度m）
外开门的厕所隔间	0.90×1.20
内开门的厕所隔间	0.90×1.40
医院患者专用厕所隔间	1.10×1.40
无障碍厕所隔间	1.40×1.80(改建用1.00×2.00)
外开门淋浴隔间	1.00×1.20
内设更衣凳的淋浴隔间	1.00×(1.00+0.60)
无障碍专用浴室隔间	盆浴（门扇向外外启）2.00×2.25
	淋浴（门扇向外外启）1.50×2.35

图4.4.3 厕所和浴室隔间平面尺寸

（12）卫生设备间距应符合下列规定：
1) 洗脸盆或盥洗槽水嘴中心与侧墙面净距不宜小于0.55m。
2) 并列洗脸盆或盥洗槽水嘴中心间距不应小于0.70m。
3) 单侧并列洗脸盆或盥洗槽外沿至对面墙的净距不应小于1.25m。
4) 双侧并列洗脸盆或盥洗槽外沿之间的净距不应小于1.80m。
5) 浴盆长边至对面墙面的净距不应小于0.65m，无障碍盆浴间短边净宽度不应小于2m。
6) 并列小便器的中心距离不应小于0.65m。
7) 单侧厕所隔间至对面墙面的净距：当采用内开门时，不应小于1.10m；当采用外开门时，不应小于1.30m。双侧厕所隔间之间的净距：当采用内开门时，不应小于1.10m；当采用外开门时，不应小于1.30m。
8) 单侧厕所隔间至对面小便器或小便槽外沿的净距：当采用内开门时，不应小于1.10m；当采用外开门时，不应小于1.30m。
（13）卫生设备间距规定的设置依据：
1) 考虑靠侧墙的洗脸盆旁留有下水管位置或靠墙活动无障碍距离。
2) 弯腰洗脸左右尺寸所需。
3) 一人弯腰洗脸，一人捧洗脸盆通过所需。
4) 一人捧洗脸盆通过所需。
5) 开时两人可同时通过：门外开时，一边开门另一人通过，或两边门同时外开，均留有安全间隙；双侧内开门隔间在4.20m开间中能布置，外开门在3.90m开间中能布置。
6) 此外沿指小便器的外边缘或小便槽踏步的外边缘。内开门时两人可同时通过，均能在3.60m开间中布置。
（14）无障碍厕所的无障碍设计应符合下列规定：
1) 位置宜靠近公共厕所，应方便乘轮椅者进入和进行回转，回转直径不小于1.50m。
2) 面积不应小于4.00m²。
3) 当采用平开门，门扇宜向外开启，如向内开启，需在开启后留有直径不小于1.50m的轮椅回转空间，门的通行净宽度不应小于800m，平开门应设高900mm的横扶把手，在门扇里侧应采用门外可紧急开启的门锁。
4) 内部应设坐便器、洗手盆、多功能台、挂衣钩和呼叫按钮。
5) 入口应设置无障碍标志。

第五节　外墙节点详图

一、外墙节点详图的概述

外墙节点详图主要表达建筑物地面、楼面、屋面与墙体的关系，排水沟、散水、勒脚、窗台、窗檐、女儿墙、天沟、排水口等位置及构造做法，其剖切位置一般设在门窗洞口及墙身特殊构造部位处，按照建筑剖面图的绘图要求，采用较大的比例绘制建筑局部大样图，将细部构造、形状大小、材料做法、构配件等表达清楚，墙身节点详图是建筑施工的重要依据。

外墙节点详图的绘制比例通常有1∶10、1∶20、1∶50。

二、外墙节点详图的识读要点

（1）剖切位置的墙体厚度及墙与轴线的关系。
（2）各层梁、板的位置及与墙身的关系。
（3）标注各层地面、楼面、屋面的构造做法，可在详图上直接标出做法或者选用图集，也可以在建筑设计说明中注明做法。
（4）标注各主要部位的标高，在建筑施工图图纸中标注的标高称为建筑标高，标注的高度位置是建筑物部位装修完成面的上表面或下表面的高度，与结构施工图的标高不同，结构施工图中的标高称为结构标高，标注结构构件未装修前的上表面或下表面的高度，与建筑标高相差在建筑面层的厚度。
（5）反映门窗与墙身的关系，在建筑工程中，门窗框的立樘位置有三种方式，即门窗平内墙面、居墙中、平外墙面，如图4.5.1所示的节点大样1中窗框是居墙中方式。
（6）各部位的细部装修及防水防潮做法，例如排水沟、散水、防潮层、窗台、窗檐、天沟等的细部做法，可用索引方式选用相关图集做法。
（7）特殊部位说明，如图4.5.1所示的节点大样2中防火材料封堵为无窗槛墙的玻璃幕墙与各层楼板间的间隙，采用岩棉等材料封堵，其厚度不小于100，并应填实。

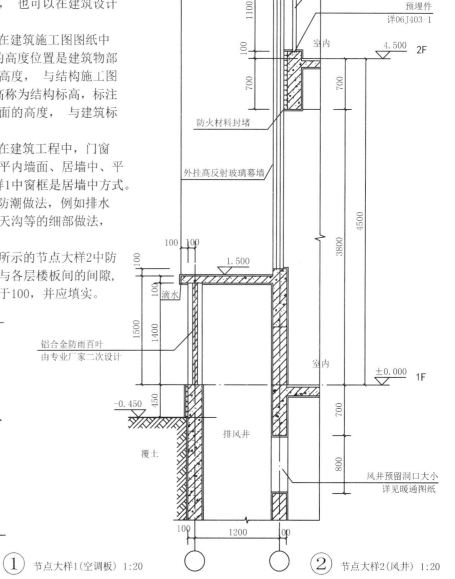

① 节点大样1(空调板) 1:20　　② 节点大样2(风井) 1:20

图4.5.1 墙身节点

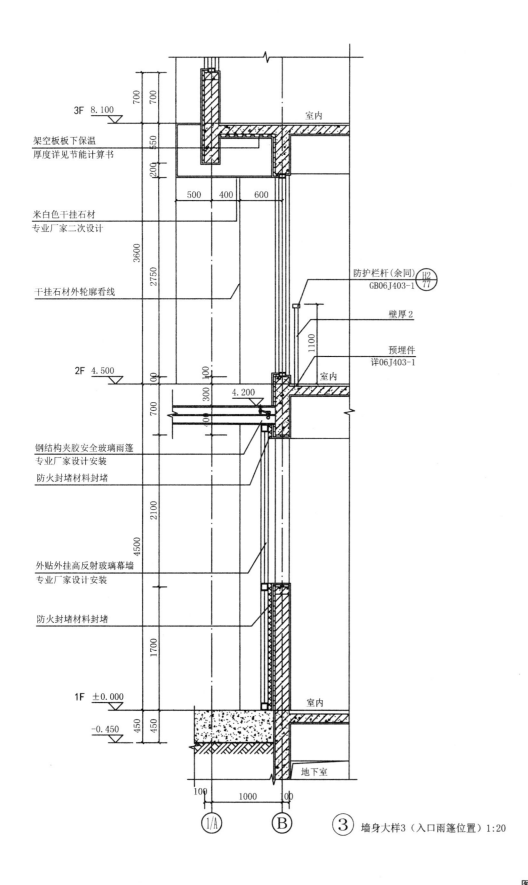

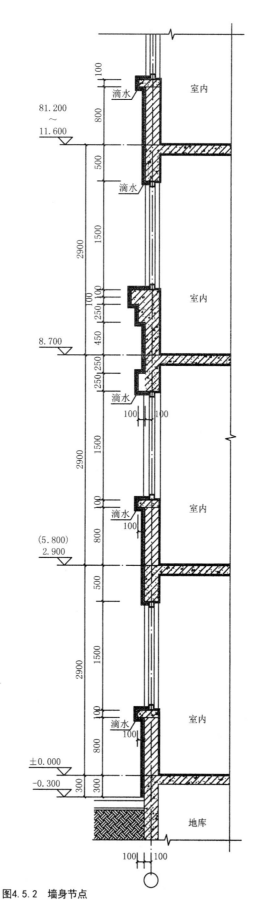

三、外墙节点详图的识读注意事项

（1）墙身节点详图相对应在平面图上的剖切位置应做到清晰明确，建筑墙身的不同构造做法均应表达。

（2）图中应分层表示构造做法，如表示地面的做法，绘图时文字注写的顺序应与图形的分层顺序对应。这种表示方法常用于地面、楼面、屋面和墙面等装修做法。

（3）楼板与梁、墙的关系，具体做法应参照相应的结构施工图阅读，注意建筑标高与结构标高的区别。

（4）结合建筑设计总说明，查阅相关国标图集，掌握细部的构造做法。

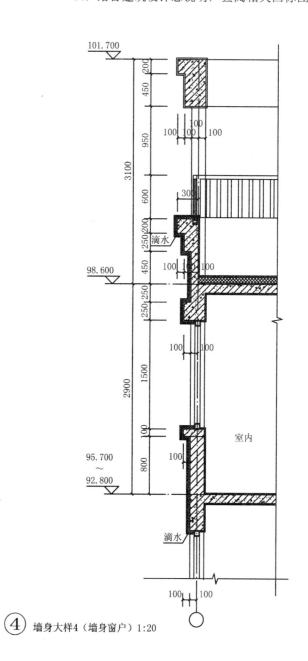

③ 墙身大样3（入口雨篷位置）1:20

④ 墙身大样4（墙身窗户）1:20

图4.5.2　墙身节点

第五章 建筑工程常用术语及标准

第一节 建筑工程常用指标

建设用地面积（单位：m²）

指城市规划行政主管部门确定的建设用地界线所围合的用地水平投影面积，不包括代征地的面积，一般包括建筑区内的道路面积、绿地面积、建筑物所占面积、运动场地，等等。

总建筑面积（单位：m²）

指在建设用地范围内单栋或多栋建筑物地面以上及地面以下各层建筑面积之总和。

建筑面积（单位：m²）

指建筑物各屋外墙（或外柱）外围以内水平投影面积之和，包括阳台、挑廊、地下室、室外楼梯等，且具备上盖，结构牢固，层高2.20m以上（含2.20m）的永久性建筑。

基地面积（单位：m²）

指根据用地性质和使用权属确定建筑工程项目的使用场地，该场地的面积称为基地面积。

建筑密度

在一定范围内，建筑物的基底面积总和与占用地面积的比例（%）。

容积率

在一定范围内，建筑面积总和与用地面积的比值。公式：容积率=建筑面积总和/总用地面积（与占地面积不同）。

绿地率

居住区用地范围内各类绿地面积的总和占居住区用地面积的比率（%）。绿地应包括公共绿地、宅旁绿地、公共服务设施所属绿地和道路绿地（即道路红线内的绿地），其中，包括满足当地植树绿化覆土要求、方便居民出入的地下或者半地下建筑的屋顶绿地，不包括其他屋顶、晒台的人工绿地。

日照间距系数

根据日照标准确定的房屋间距与遮挡房屋檐高的比值。

公摊面积（单位：m²）

（1）公共门厅、过道、电梯井、楼梯间、垃圾道、变电室、设备房等为整座楼服务的公共用房和管理用房的建筑面积；

（2）各单元与楼宇公共建筑空间之间的分隔以及外墙墙体水平投影面积的50%。

使用面积（单位：m²）

建筑物各层平面中直接为生产生活使用的净面积的总和。

使用面积系数

用百分率表示，等于总套内使用面积之和除以总建筑面积。

辅助面积（单位：m²）

建筑物各层平面楼梯、走道所占净面积的总和。

停车位数量（单位：个）

规划建筑用地内停车位的数量，每个地方有当地的技术规定要求，不同类型的停车位数量要求也不同。

导热系数［单位：W/(m²·K)］

1m厚物体，两侧表面温差为1K(1℃)，单位时间内通过单位面积由导热方式传递的热量。

可见光透射比

透过玻璃（或其他透明材料）的可见光光通量与投射在其表面上的可见光光通量之比。

围护结构传热系数［单位：W/(m²·K)］

在稳定传热条件下，围护结构两侧空气温差为1K，在单位时间内通过单位面积围护结构的传热量，为围护结构传热系数。

外墙平均传热系数［单位：W/(m²·K)］

外墙包括外墙主体部位（承重墙体及框架、剪力墙填充墙）和周边混凝土剪力墙、异形框架柱、抗震构造柱、圈梁、混凝土过梁、窗台板等热桥部位在内，按面积加权平均求得的传热系数。

第二节 建筑工程常用术语

一、总平面规划

居住小区

指被城市道路或自然分界线所围合，并与居住人口规模（10000～15000人）相对应，配建有一套能满足该区居民基本的物质与文化生活所需的公共服务设施的居住生活聚居地。

居住区用地（R）

居住小区、居住街坊、居住组团和单位生活区等各种类型的成片或者零星的用地，分有一、二、三、四类居住用地，主要包括住宅用地、公共服务设施用地、道路用地和绿地4项内容。

住宅用地（R01）

住宅建筑基底占地及其他四周合理间距内的用地（含宅间绿地和宅间小路等）的总称。

公共服务设施用地（R02）

一般称公共建筑用地，是与居住人口规模相对应配建的、为居民服务和使用的各类设施用地，应包括建筑基底占地及其所属场院、绿地和配建停车场等。

道路用地（R03）

居住区道路、小区路、组团路及非公共建筑配建的居民汽车地面停放场地。

公共绿地（R04）

满足规定的日照要求、适合于安排游憩活动设施的、供居民共享的集中绿地，包括居住区公园、小游园和组团绿地及其他块状带状绿地等。

配建设施

与人口规模或与住宅规模相对应配套建设的公共服务设施、道路和公共绿地的总称。

其他用地（E）

　　规划范围内除居住区用地以外的各种用地，应包括非直接为本区居民配建的道路用地、其他单位用地、保留的自然村或不可建设用地等。

公共活动中心

　　配套公共建筑相对集中的居住区中心、小区中心和组团中心等。

道路红线

　　城市道路（含居住区级道路）用地的规划控制线。

建筑控制线

　　有关法规或详细规划确定的建筑物、构筑物的基底位置不得超出的界线。

住宅平均层数

　　住宅总建筑面积与住宅基底总面积的比值（层）。

住宅建筑面积毛密度

　　也称容积率，是每公顷居住区用地上拥有的各类建筑的建筑面积（万㎡/h㎡）或以居住区总建筑面积（万㎡）与居住区用地（万㎡）的比值表示。

地面停车率

　　居民汽车的地面停车位数量与居住户数的比率（%）。

停车率

　　指住区内居民汽车的停车位数量与居住户数的比率（%）。

海绵城市

　　是新一代城市雨洪管理概念，是指城市在适应环境变化和应对雨水带来的自然灾害等方面具有良好的"弹性"，也可称之为"水弹性城市"。国际通用术语为"低影响开发雨水系统构建"。下雨时吸水、蓄水、渗水、净水，需要时将蓄存的水"释放"并加以利用。

绿色建筑

　　在全寿命期内，最大限度地节约资源（节能、节地、节水、节材）、保护环境、减少污染，为人们提供健康、适用和高效的使用空间，与自然和谐共生的建筑。

日照标准

　　根据建筑物所处的气候区、城市大小和建筑物的使用性质确定的，在规定的日照标准日（冬至日或大寒日）的有效日照时间范围内，以底层窗台面为计算起点的建筑外窗获得的日照时间。

二、单体建筑

住宅建筑

　　供家庭居住使用的建筑（含与其他功能空间处于同一建筑中的住宅部分），简称住宅。

配建设施

　　与人口规模或与住宅规模相对应配套建设的公共服务设施、道路和公共绿地的总称。

老年人住宅

　　供以老年人为核心的家庭居住使用的专用住宅。老年人住宅以套为单位，普通住宅楼栋中可设置若干套老年人住宅。

住宅单元

　　由多套住宅组成的建筑部分，该部分内的住户可通过共用楼梯和安全出口进行疏散。

套

　　由使用面积、居住空间组成的基本住宅单位。

无障碍通路

　　住宅外部的道路、绿地与公共服务设施等用地内的适合老年人、体弱者、残疾人、轮椅及童年等通行的交通设施。

入口平台

　　在台阶或坡道与建筑入口之间的水平地面。

无障碍住房

　　在住宅建筑中，设有乘轮椅者可进入和使用的住宅套房。

轮椅坡道

　　坡度、宽度及地面、扶手、高度等方面符合乘轮椅者通行要求的坡道。

地下室

　　房间地平面低于室外地平面的高度超过该房间净高的1/2者为地下室。

半地下室

　　房间地平面低于室外地平面的高度超过房间净高的1/3，且不超过1/2者为半地下室。

附建公共用房

　　附于住宅主体建筑的公共用房，包括物业管理用房、符合噪声标准的设备用房、中小型商业用房、不产生油烟的餐饮用房等。

商业服务网点

　　设置在住宅建筑的首层或首层及二层，每个分隔单元建筑面积不大于300㎡的商店、邮政所、储蓄所、理发店等小型营业性用房。

设计使用年限

　　设计规定的结构或结构构件不需进行大修即可按其预定目的使用的时期。

作用

　　引起结构或结构构件产生内力和变形效应的原因。

非结构构件

　　连接于建筑结构的建筑构件、机电部分及其系统。

高层建筑

　　建筑高度大于27m的住宅建筑和建筑高度大于24m的非单层厂房、仓库和其他民用建筑。

裙房
在高层建筑主体投影范围外，与建筑主体相连且建筑高度不大于24m的附属建筑。

耐火极限
在标准耐火试验条件下，建筑构件、配件或结构从受到火的作用时起，至失去承载能力、完整性或隔热性时止所用时间，用小时表示。

防火墙
防止火灾蔓延至相邻建筑或相邻水平防火分区且耐火极限不低于3.00h的不燃性墙体。

避难层（间）
建筑内用于人员暂时躲避火灾及其烟气危害的楼层（房间）。

安全出口
供人员安全疏散用的楼梯间和室外楼梯的出入口或直通室内外安全区域的出口。

封闭楼梯间
在楼梯间入口处设置门，以防止火灾的烟和热气进入的楼梯间。

防烟楼梯间
在楼梯间入口处设置防烟的前室、开敞式阳台或凹廊（统称前室）等设施，且通向前室和楼梯间的门均为防火门，以防止火灾的烟和热气进入的楼梯间。

防火间距
防止着火建筑在一定时间内引燃相邻建筑，便于消防扑救的间隔距离。

防火分区
在建筑内部采用防火墙、楼板及其他防火分隔设施分隔而成，能在一定时间内防止火灾向同一建筑的其余部分蔓延的局部空间。

层高
建筑各层之间以楼、地面面层（完成面）计算的垂直距离，屋顶层由该层楼面面层（完成面）至平屋面的结构面层或至坡顶的结构面层与外墙外皮延长线的交点计算的垂直距离。

室内净高
从楼、地面面层（完成面）至吊顶或楼盖、屋盖底面之间有效使用空间的垂直距离。

设备层
建筑物中为设置暖通、空调、给水排水和配变电等的设备和管道且供人员进入操作用的空间层。

避难层
建筑高度超过100m的高层建筑，为消防安全专门设置的供人们疏散避难的楼层。

架空层
仅有结构支撑而无外围护结构的开敞空间层。

抗震设防烈度
按国家规定的权限批准作为一个地区抗震设防依据的地震烈度。一般情况，取50年内超越概率10%的地震烈度。

抗震设防标准
衡量抗震设防要求高低的尺度，由抗震设防烈度或设计地震动参数及建筑抗震设防类别确定。

抗震措施
除地震作用计算和抗力计算以外的抗震设计内容，包括抗震构造措施。

抗震构造措施
根据抗震概念设计原则，一般不需计算而对结构和非结构各部分必须采取的各种细部要求。

套型
由居住空间和厨房、卫生间等共同组成的基本住宅单位。

居住空间
卧室、起居室（厅）的统称。

卧室
供居住者睡眠、休息的空间。

起居室（厅）
供居住者会客、娱乐、团聚等活动的空间。

厨房
供居住者进行炊事活动的空间。

卫生间
供居住者进行便溺、洗浴、盥洗等活动的空间。

使用面积 （单体建筑中）
房间实际能使用的面积，不包括墙、柱等结构构造的面积。

阳台
附设于建筑物外墙设有栏杆或栏板，可供人活动的空间。

平台
供居住者进行室外活动的上人屋面或由住宅底层地面伸出室外的部分。

过道
住宅套内使用的水平通道。

凸窗
凸出建筑外墙面的窗户。

台阶
在室外或室内的地坪或楼层不同标高处设置的供人行走的阶梯。

坡道
连接不同标高的楼面、地面，供人行或车行的斜坡式交通道。

栏杆
高度在人体胸部至腹部之间，用以保障人身安全或分隔空间用的防护分隔构件。

楼梯
由连续行走的梯级、休息平台和维护安全的栏杆（或栏板）、扶手以及相应的支托结构组成的作为楼层之间垂直交通用的建筑部件。

变形缝
为防止建筑物在外界因素作用下，结构内部产生附加变形和应力，导致建筑物开裂、碰撞甚至破坏而预留的构造缝，包括伸缩缝、沉降缝和抗震缝。

跃层住宅
套内空间跨越两个楼层且设有套内楼梯的住宅。

壁柜
建筑室内与墙壁结合而成的落地贮藏空间。

走廊
住宅套外使用的水平通道。

联系廊
联系两个相邻住宅单元的楼、电梯间的水平通道。

建筑幕墙
由金属构架与板材组成的，不承担主体结构荷载与作用的建筑外围护结构。

吊顶
悬吊在房屋屋顶或楼板结构下的顶棚。

管道井
建筑物中用于布置竖向设备管线的竖向井道。

烟道
排除各种烟气的管道。

通风道
排除室内蒸汽、潮气或污浊空气以及输送新鲜空气的管道。

采光
为保证人们生活、工作或生产活动具有适宜的光环境，使建筑物内部使用空间取得的天然光照度满足使用、安全、舒适、美观等要求的技术。

采光系数
在室内给定平面上的一点，由直接或间接地接受来自假定和已知天空亮度分布的天空漫射光而产生的照度与同一时刻该天空半球在室外无遮挡水平面上产生的天空漫射光照度之比。

采光系数标准值
室内和室外天然光临界照度时的采光系数值。

车库
停放机动车、非机动车的建筑物，一般分为机动车库和非机动车库。

地下车库
室内地坪低于室外地坪高度超过该层净高1/2的车库。

独立式车库
单独建造的，具有独立完整的建筑主体结构与设备系统的车库。

附建式车库
与其他建筑物或构筑物结合建造，并共用或部分共用建筑主体结构与设备系统的车库。

敞开式机动车库
任一层车库外墙敞开面积超过该层四周外墙体总面积的25%，且敞开区域均匀布置在外墙上且其长度不小于车库周长的50%的机动车库。

机械式机动车库
采用机械式停车设备存取、停放机动车的车库。

停车位
车库中为停放车辆而划分的停车空间或机械式停车设备中停放车辆的独立单元，由车辆本身的尺寸加四周所需的距离组成。

坡道式出入口
机动车库中通过坡道进行室内外车辆交通联系的部位。

升降梯式出入口
机动车库中通过升降梯进行室内外车辆交通联系的部位。

平入式出入口
机动车库中由室外场地直接出入停车区域的部位。

车道
在车行道路上供单一纵列车辆行驶的部分。

机动车最小转弯半径
机动车回转时，当转向盘转到极限位置，机动车以最低稳定车速转向行驶时，外侧转向轮的中心平面在支承平面上滚过的轨迹圆半径，表示机动车能够通过狭窄弯曲地带或绕过不可越过的障碍物的能力。

机动车道道路转弯半径
能够保持机动车辆正常行驶与转弯状态下的弯道内侧道路边缘处半径。

自行车停车架
停放自行车以便于管理、存取的构架。

复式自行车停车架
在同一楼层内停放两层或两层以上自行车的构架。

第三节　建筑设计常用规范标准

（1）国家规范

《民用建筑设计通则》GB 50352—2005

《房屋建筑制图统一标准》GB/T 50001—2010

《城市居住区规划设计规范》GB 50180—93（2002年版）

《建筑设计防火规范》GB 50016—2014

《无障碍设计规范》GB 50763—2012

《商店建筑设计规范》JGJ 48—2014

《旅馆建筑设计规范》JGJ 62—2014

《文化馆建筑设计规范》JGJ/T 41—2014

《汽车库、修车库、停车场设计防火规范》GB 50067—2014

《住宅设计规范》GB 50096—2011

《住宅建筑规范》GB 50368—2005

《宿舍建筑设计规范》JGJ 36—2005

《中小学建筑设计规范》GB 50099—2011

《办公建筑设计规范》JGJ 67—2006

《剧场建筑设计规范》JGJ 57—2000

《图书馆建筑设计规范》JGJ 38—99

《综合医院建筑设计规范》GB 51039—2014

《急救中心建筑设计规范》GB/T 50939—2013

《养老设施建筑设计规范》GB 50867—2013

《老年人建筑设计规范》JGJ 122—99

《博物馆建筑设计规范》JGJ 66—2015

《档案馆建筑设计规范》JGJ 25—2010

《汽车库建筑设计规范》JGJ 100—2015

《体育建筑设计规范》JGJ 31—2003

《公园设计规范》CJJ 48—92

《建筑工程建筑面积计算规范》GB/T 50353—2013

《城市公共厕所设计标准》CJJ 14—2005

《建筑采光设计标准》GB 50033—2013

《民用建筑室内环境污染控制规范》GB 50325—2010

《建筑地面设计规范》GB 50037—2013

《屋面工程技术规范》GB 50345—2012

《民用建筑绿色设计规范》JGJ/T 229—2010

《绿色建筑评价标准》GB/T 50378—2014

《公共建筑节能设计标准》GB 50189—2015

《严寒和寒冷地区居住建筑节能设计标准》JGJ 26—2010

《夏热冬冷地区居住建筑节能设计标准》JGJ 134—2010

《夏热冬暖地区居住建筑节能设计标准》JGJ 75—2012

《城市用地竖向设计规范》CJJ 83—99

《城市道路绿化规划与设计规范》CJJ 75—97

《锅炉房设计规范》GB 50041—2008

《建筑幕墙》GB/T 21086—2007

《建筑玻璃采光顶》JG/T 231—2007

《铝合金门窗》GB 8478—2008

《塑料门窗工程技术规程》JGJ 103—2008

《建筑用安全玻璃第3部分：夹层玻璃》GB 15763.3—2009

《建筑用安全玻璃第2部分：钢化玻璃》GB 15763.2

《中空玻璃》GB/T 11944

《建筑用安全玻璃第1部分：防火玻璃》GB 15763—2009

《住宅厨房及相关设备基本参数》GB 11228—2008

《电梯主参数及轿厢、井道、机房的型式与尺寸》GB 7025

（2）常用国标图集

《平屋面构造》GB 12J201

《室外工程》GB 12J003

《工程做法》GB 05J909

《外墙保温建筑构造》GB 11J122

《铝合金门窗》GB 02J603—1

《楼梯、栏杆、栏板》GB 15J403—1

《建筑设计防火规范》图示 GB 50016—2014

《坡屋面建筑构造一》GB 09J202—1

《钢雨篷（一）玻璃面板》GB 07J501—1

《地方传统建筑—徽州地区》GB 03J922—1

《防火门、窗及卷帘门》GB 04J709

《地下建筑防水构造》GB 10J301

《体育场场地与设施（一）》GB 08J933—1

《变形缝建筑构造（一）》GB 04CJ01—1

《建筑节能门窗（一）》GB 06J607—1

《建筑无障碍设计》GB 12J926

《外装修（一）》GB 06J505—1

《钢梯》GB 02J(03)401

《建筑常用色》GB 02J503—1

《钢筋混凝土雨篷》GB 03J501—2

《内装修—室内吊顶》GB 12J502—2

《内装修—墙面装修》GB 13J502—1

《内装修—楼(地)面装修》GB 13J502—3

《种植屋面建筑构造》GB 14J206

《玻璃采光顶》GB 07J205

《楼地面建筑构造》GB 12J304

《地沟及盖板》GB 02J331

《电梯 自动扶梯 自动人行道》GB 13J404

《防火门窗》GB 12J609

《不锈钢门窗》GB 13J602—3

《住宅设计规范》图示 GB 13J815

《民用建筑工程建筑施工图设计深度图样》 GB 09J801

《民用建筑工程建筑初步设计深度图样》 GB 09J802

《木结构建筑》 GB 14J924

《公共厨房建筑设计与构造》 GB 13J913—1

《中小学校设计规范》图示 GB 11J934—1

《住宅建筑构造》 GB 11J930

《建筑太阳能光伏系统设计与安装》 GB 10J908—5

《建筑专业设计常用数据》 GB 08J911

《压型钢板、夹芯板屋面及墙体建筑构造（三）含压型铝合金板》 GB 08J925—3

《机械式汽车库建筑构造》 GB 08J927—2

《公共建筑节能构造—夏热冬冷和夏热冬暖地区》 GB 06J908—2

《公共建筑节能构造—严寒和寒冷地区》 GB 06J908—1

《传统特色小城镇住宅》系列 GB 05SJ918

《医疗建筑》系列 GB 07J902

第六章　建筑节能与绿色建筑

第一节　建筑节能的基本概念及设计原理

一、建筑节能的基本概念

建筑节能，指在建筑材料生产、房屋建筑和构筑物施工及使用过程中，满足同等需要或达到相同目的的条件下，尽可能降低能耗。具体指在建筑物的规划、设计、新建[改(扩)建]、改造和使用过程中，执行节能标准，采用节能型的技术、工艺、设备、材料和产品，提高保温隔热性能和采暖供热、空调制冷制热系统效率，加强建筑物用能系统的运行管理，利用可再生能源，在保证室内热环境质量的前提下，增大室内外能量交换热阻，以减少供热系统、空调制冷制热、照明、热水供应因大量热消耗而产生的能耗。

二、建筑节能设计原理

中国地域广阔，各地气候条件差别很大，建筑物的采暖与遮阳的需求各有不同。因而，从建筑节能设计角度，必须对不同气候区域的建筑进行有针对性的设计。《民用建筑热工设计规范》(GB50176—93)将全国划分为5个气候分区：严寒地区、寒冷地区、夏热冬冷地区、夏热冬暖地区以及温和地区，如图6.1.1所示。

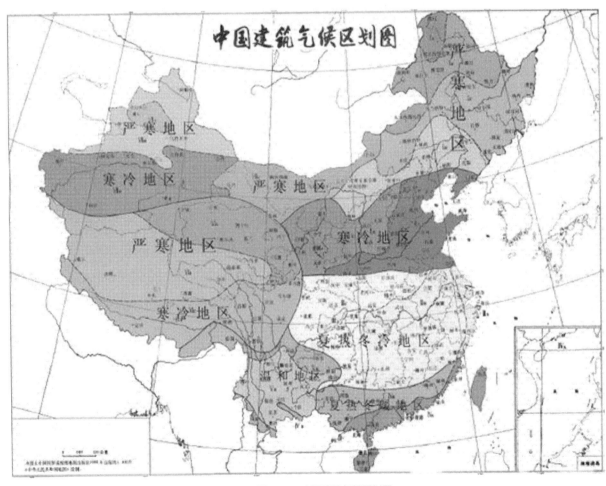

图6.1.1　中国建筑气候区划图

第二节　围护结构节能设计

一、围护结构概述

围护结构是指建筑物和房间各面的围挡物。围护结构可分为不透明和透明两类，按是否与室外空气直接接触，围护结构又可分为外围护结构和内围护结构。围护结构节能技术就是通过改善建筑物的热工性能使建筑物室内温度尽可能舒适，以减少采暖、制冷设备的负荷，实现能源节约。

二、墙体节能

（一）墙体节能概述

建筑物外墙体的保温隔热性能是影响冬夏两季室内热环境和采暖、空调能耗大小的重要因素。不同的气候分区条件下，对于建筑的保温和隔热要求均不同，尤其在夏热冬冷地区，墙体保温则需要兼顾保温与隔热。目前常见的外墙保温系统主要有外墙外保温系统、外墙内保温系统和外墙自保温系统。

（二）外墙外保温系统

外墙外保温系统是由保温层、保护层和固定材料（胶黏剂、锚固剂）等构成并复合在外墙外表面的非承重保温构造的总称，简称外保温系统。外保温系统对保温板采用的固定方式主要有黏结、钉固以及两者相结合三种方式。

目前应用较为广泛的外墙外保温系统主要有聚苯板（EPS、XPS）薄抹灰外墙外保温系统、胶粉聚苯颗粒保温浆料外墙外保温系统、硬泡聚氨酯喷涂外墙外保温系统、保温装饰板外墙外保温系统、无机保温砂浆外墙外保温系统、泡沫玻璃外墙外保温系统和岩（矿）棉板外墙外保温系统等，后三种能达到不燃性的要求。

以下重点介绍几种常见的外墙外保温系统。

1. 聚苯板薄抹灰外墙外保温系统

膨胀聚苯板薄抹灰外墙外保温系统是以膨胀聚苯板为保温材料，用胶黏剂固定在基层墙面上，以玻纤网格布增强薄抹灰面层和外饰面涂层作为保护层且保护层厚度小于6mm的外墙外保温系统。聚苯板薄抹灰外墙外保温系统的基本构造如图6.2.1所示。

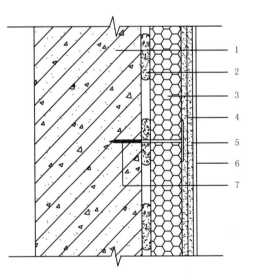

1—基层；2—胶黏剂；3—EPS板或XPS板；
4—玻纤网；5—薄抹面层；6—饰面涂层；
7—锚栓

图6.2.1 EPS/XPS板薄抹灰外墙外保温系统

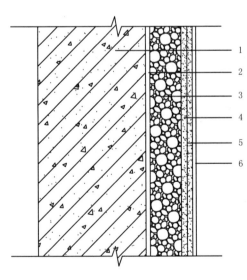

1—基层；2—界面砂浆；3—胶粉聚苯颗粒保温砂浆；
4—抗裂砂浆薄抹面层；5—耐碱玻纤网布玻纤网+弹性底层涂料；
6—饰面层（柔性耐水腻子+涂料或粘贴面砖）

图6.2.2 胶粉聚苯颗粒保温浆料外墙外保温系统

EPS板及XPS板的燃烧性能达不到A级，易引发火灾事故，住建部2012年3月19日发布了《墙体保温系统与墙体材料推广应用和限制、禁止使用技术公告》，对低于B2级保温材料限制其适用的建筑高度。

2. 胶粉聚苯颗粒保温浆料外墙外保温系统

胶粉聚苯颗粒保温浆料外墙外保温系统是设置在外墙外侧，由界面层、胶粉聚苯颗粒保温层、抗裂防护层和饰面层构成，起保温隔热、防护和装饰作用的构造系统。

胶粉聚苯颗粒保温浆料外墙外保温系统执行国家建筑工业行业标准《胶粉聚苯颗粒外墙外保温系统材料》（JG/T 158—2013），其基本构造如图6.2.2所示。适用于夏热冬冷地区和夏热冬暖地区混凝土和砌体结构外墙。由于胶粉聚苯颗粒需要现场配料施工，原建设部在《建设事业"十一五"推广应用和限制禁止使用技术（第一批）》（原建设部第659号公告）中将其列入限制使用的材料。

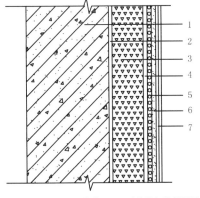

1—基层；2—防潮底漆；3—喷涂聚氨酯保温层；
4—界面砂浆；5—胶粉聚苯颗粒浆料找平层；
6—抗裂砂浆+耐碱网布（抗裂砂浆复合热镀锌电焊网，
并用锚固件固定+面砖黏结砂浆）；
7—柔性耐水腻子+外墙涂料（粘贴面砖）
（注：括号内为采用面砖饰面时构造）

图6.2.3 硬泡聚氨酯喷涂外墙外保温系统

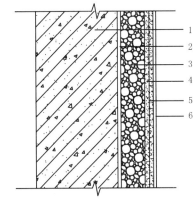

1—基层；2—界面砂浆；3—无机保温砂浆；
4—抗裂砂浆薄抹面层（内置耐碱网格布）；
5—弹性底层涂料（柔性耐水腻子+涂料或粘贴面砖）；
6—饰面层
（注：粘贴面砖时，应有锚栓作耐碱网布与基墙的连接固定）

图6.2.4 无机保温砂浆外墙外保温系统

3. 硬泡聚氨酯喷涂外墙外保温系统

硬泡聚氨酯是以A组分料和B组分料混合反应形成的具有防水和保温隔热等功能的硬质泡沫塑料，其构造如图6.2.3所示。

硬泡聚氨酯泡沫是固体材料中绝热性能最好的材料之一，保温效能好，黏结强度高，防水性能好，其产品在建筑节能保温上的应用越来越广泛，但是不满足不燃性的要求。

4. 无机保温砂浆外墙外保温系统

无机保温砂浆是以改性膨胀珍珠岩、膨胀蛭石、玻化微珠或其他轻质骨料以及胶凝材料为主要成分，掺加其他功能组分制成的用于建筑物墙体绝热的干拌混合物。无机保温砂浆外墙外保温系统的构造与胶粉聚苯颗粒保温浆料外墙外保温系统相似，见图6.2.4。

由于无机保温砂浆的导热系数偏大，且需要在施工现场配制浆料，其施工质量难以得到保证。原建设部发布的《建设事业"十一五"推广应用和限制禁止使用技术（第一批）》（原建设部第659号公告）中将其列入限制使用的材料当中，其限用范围为"除楼梯间墙、地下室及架空层顶板外不得用于寒冷地区和严寒地区内、外保温，夏热冬冷地区不宜用于内保温"。

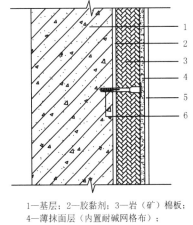

1—基层；2—胶黏剂；3—岩（矿）棉板；
4—薄抹面层（内置耐碱网布）；
5—饰面层（涂料）；6—锚栓

图6.2.5 岩（矿）棉板外墙外保温系统

5. 岩（矿）棉板外墙外保温系统

岩（矿）棉板外墙外保温系统，是以岩（矿）棉板为保温隔热层材料，采用黏、钉结合工艺与基层墙体连接固定，并由抹面胶浆和增强用玻纤网布复合而成的抹面层以及装饰砂浆饰面层或涂料构成的不燃型建筑节能保温系统。系统构造主要包括黏结层、保温层、抹面层、饰面层及配件，见图6.2.5。

（三）外墙内保温系统

外墙内保温就是在外墙结构内侧加做保温层。外墙内保温系统的构造主要有空气层、绝热材料层和覆面保护层。目前应用较多的外墙内保温系统主要有粘贴型和龙骨干挂内填型。

1. 增强粉刷石膏聚苯板外墙内保温系统

该系统由黏质石膏层、聚苯板保温层、粉刷石膏层及饰面层构成，见图6.2.6。

2. 龙骨干挂内填矿物棉制品外墙内保温系统

该系统主要由龙骨、保温层和硬质面板组成，保温层可用半硬质矿（岩）棉板、矿（岩）棉毡或其他性能良好的使用材料；龙骨可采用石膏龙骨或木龙骨；硬质面板可采用纸面石膏板、无石棉硅酸钙板或无石棉大幅面水泥纤维加压板，见图6.2.7。

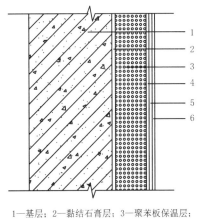

1—基层；2—黏结石膏层；3—聚苯板保温层；
4—粉刷石膏层；5—胶黏剂·网布；6—饰面层

图6.2.6 增强粉刷石膏聚苯板外墙内保温系统

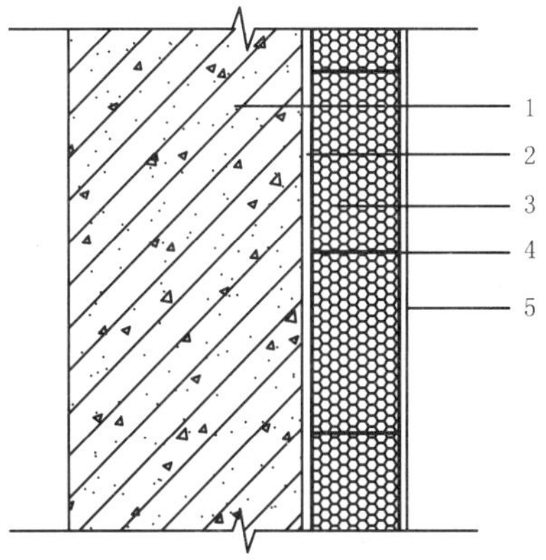

1—基层；2—空气层；3—保温材料层；
4—龙骨；5—石膏板

图6.2.7 龙骨干挂内填矿物棉制品外墙内保温系统

（四）外墙自保温系统

外墙自保温系统是利用轻质多孔的自保温墙体材料，增大围护结构的热阻值，辅以节点保温构造措施，使其具有良好保温隔热性能，以减少建筑物与环境的热交换。外墙自保温复合墙体是以绝热材料、新型墙体材料为主，或分别与传统墙体材料复合构成的外墙保温体系。新型墙体材料主要有蒸压加气混凝土砌块、烧结保温空心砖等；应用的绝热材料主要有聚苯乙烯泡沫塑料等。

但外墙自保温系统也存在着一定的缺点，由于其主要用于填充墙或低层建筑承重墙，墙体厚度也较大，不能用于既有建筑的墙体节能改造，适用范围一定程度受限。

三、门窗节能

门窗相对较薄且是透明围护材料，还存在各种缝隙，因此其热性能远较其他围护结构要差。门窗的热工性能可用传热系数、外窗综合遮阳系数、气密性、可见光投射比这几个参数来衡量，门窗的节能主要都是通过对这几个指标的改进实现的。

在多数建筑中，尽管窗户面积一般只占建筑外围护结构表面积的1/5～1/3，但通过窗户损失的采暖和制冷能量，往往占到建筑围护结构能耗的一半以上，因而窗户是建筑节能的关键部位。窗节能主要是在窗框和玻璃材料的选取以及组合方式上目前应用较多的是PVC塑料窗和断热铝合金窗，以及玻璃钢窗、木复合型材窗、隔热钢型材窗等。窗框多采用多腔结构，以提高窗框的热工性能。玻璃的节能主要是利用双层玻璃中间抽成真空和充入惰性气体，或对玻璃表面进行处理，镀上金属介质的涂层以反射或吸收特定波长的光线，以此降低玻璃的传热系数。在建筑中应用较广的节能玻璃主要有中空/真空玻璃、热反射玻璃、Low-e玻璃、吸热玻璃和热镜中空玻璃等。

门主要有户门与阳台门两种，户门多为金属门板，采用玻璃棉板或岩棉板为保温隔声材料。阳台门的保温隔热性能的处理与外窗节能的处理方式较为接近。

四、遮阳

太阳辐射通过窗进入室内的热量是造成夏季室内过热的主要原因，遮阳是获得舒适温度、减少夏季空调能耗的有效方法。建筑遮阳的类型很多，按照构件遮挡阳光的特点来区分主要可归纳为以下几种。

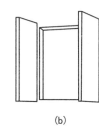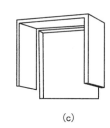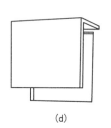

(a)   (b)   (c)   (d)

图6.2.8 建筑遮阳的类型

图6.2.9 固定式遮阳

图6.2.10 活动式遮阳

(一)水平式遮阳

能遮挡高度角较大、从窗户上方照射下来的阳光，适用于南向的窗口和处于北回归线以南低纬度地区的北向窗口，见图6.2.8(a)。

(二)垂直式遮阳

能遮挡高度角较小、从窗口两侧斜射过来的阳光，适用于东北、西北向的窗口，见图6.2.8(b)。

(三)综合式遮阳

为水平和垂直式遮阳的综合，能遮挡高度角中等、从窗口上方和两侧斜射下来的阳光，适用于东南和西南向附近的窗口，见图6.2.8(c)。

(四)挡板式遮阳

能遮挡高度角较小、从窗口正面照射来的阳光，适用于东西向窗口，见图6.2.8(d)。

按照外遮阳设施的构造特点，可分为固定式外遮阳装置和活动式外遮阳装置。固定式外遮阳形式优点是简单、造价低廉和维护成本低，见图6.2.9；活动式外遮阳装置优点在于可利用手动或电动的方式控制遮阳的效果，如百叶式电动窗和电动卷帘窗，但造价和维护成本相对较高，见图6.2.10。

五、楼地面节能

(一)概述

地面是指地下室底层地面或建筑一层非架空地面。楼面包括与室外接触的架空或外挑楼面、层间楼面、底部自然通风或不通风架空楼面。建筑围护结构中，楼地面耗散的热量所占比重较小，但由于楼地面是人们生活、工作和生产时直接接触部分，其性能对人的舒适感和健康都有重要影响。

(二)地面节能

在严寒及寒冷地区，地面保温对独立建筑的采暖有显著效果，地面热阻小，地表面则易结露或冻脚。常见的地面保温做法有以下几种。

(1)地面下铺设碎石、灰土保温层。

(2)结合装修处理，如使用浮石混凝土面层、珍珠岩砂浆面层或木地板铺装等。

(3)根据不同地面面层的构造在面层下设置保温层。

(三)架空(外挑)楼板保温

架空或外挑楼板的保温层做法主要有正置法和倒置法。

1. 正置法

保温层直接承受荷载，选用吸水率小、抗压强度较高的材料，如挤塑聚苯板、泡沫玻璃等，见图6.2.11。

2. 倒置法

可选用多种保温材料，并可使用和外墙保温系统相同或类似的材料及系统进行处理，见图6.2.12。

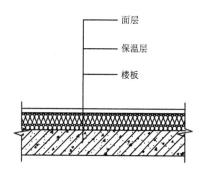

面层
保温层
楼板

图6.2.11 正置式楼板保温

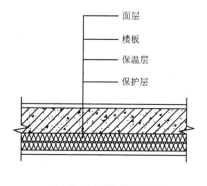

面层
楼板
保温层
保护层

图6.2.12 倒置式楼板保温

六、屋面节能

(一)概述

屋面由于室内外温差,所耗散的热量大于任何一面外墙或地面,提高屋面的保温隔热性能,对提高建筑抗夏季室外热作用的能力尤其重要,这也是减少空调能耗、改善室内热环境的一个重要措施。屋面保温做法绝大多数为外保温构造,这种构造受周边热桥影响较小。

(二)常见屋面节能做法

1.平屋面保温系统

平屋面保温系统的构造方式有正置式与倒置式两种。平屋面找坡可采用轻集料混凝土、水泥加气混凝土碎料(1:8)实铺。檐口最薄处找坡厚度取30mm,找坡层平均厚度一般为80mm,屋面排水坡度一般取 $i=2\%\sim5\%$。

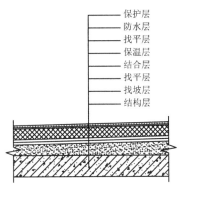
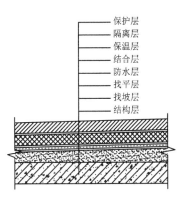

图6.2.13 平屋面正置式保温做法   图6.2.14 平屋面倒置式保温做法

1)正置式屋面

正置式保温屋面是将保温层设在屋面防水层之下、结构层之上,形成多种材料和构造层次结合的封闭保温做法,其构造如图6.2.13所示。但此种做法易使保温层受潮,降低保温效果,且需要在保温层下设置隔汽层或排气孔等。

2)倒置式屋面

倒置式保温屋面是将防水层设在保温层下面,即在结构找坡层上先做好防水层,然后再做保温层的屋面,其构造如图6.2.14所示。

倒置式屋面能减弱阳光、紫外线等对防水层的侵蚀,同时也能有效防止各种外力的伤害,延长防水层的寿命。倒置式屋面要求保温材料具有低吸水率,并需要在保温层上做刚性保护层,以防保温层老化损坏。目前挤塑聚苯板是运用于倒置式屋面的理想保温材料。保护层若不上人可铺碎石,上人屋面则铺地砖、细石混凝土等。

2.坡屋面保温系统

坡屋面分为瓦材钉挂、瓦材粘铺以及有无细石混凝土整浇层等4种构造类型,如图6.2.16所示。坡屋面必须设置保温隔热层。以钢筋混凝土为结构层的坡屋面,保温层应设置在基层上;以轻钢结构为基层的,保温层宜分别设置在基层上、下两侧;采用蒸汽加气混凝土屋面板并满足厚度要求,可不另设保温层。

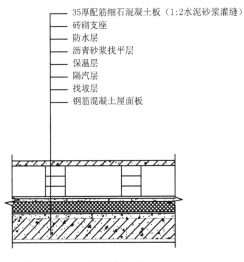

图6.2.15 架空通风屋面做法

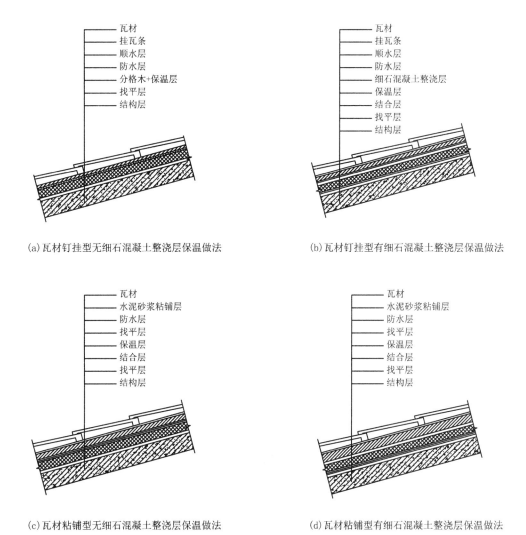

(a)瓦材钉挂型无细石混凝土整浇层保温做法   (b)瓦材钉挂型有细石混凝土整浇层保温做法

(c)瓦材粘铺型无细石混凝土整浇层保温做法   (d)瓦材粘铺型有细石混凝土整浇层保温做法

图6.2.16 坡屋面保温系统做法

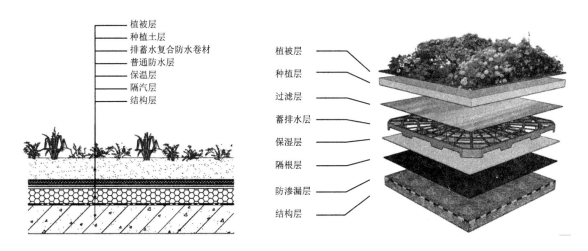

图6.2.17 种植屋面构造及示意图

3. 架空通风屋面

架空通风屋面的原理是在屋顶架设通风间层。利用两次传热、风压和热压作用，提高屋面的隔热能力。在我国夏热冬冷地区应用广泛。架空屋面一般是由隔热构件（架空板）、通风间层、支撑构件和基层（结构层、保温层、防水层）构成，其构造如图6.2.15所示。

4. 种植屋面

种植屋面是在屋顶种植花卉、草皮等植物，阻挡太阳辐射热的同时利用植物的光合作用、蒸腾作用和呼吸作用，来达到降温隔热的目的。种植屋面分为覆土种植屋面和无土种植屋面。种植屋面一般由结构层、保温隔热层、找坡层、普通防水层、耐根穿刺防水层、排（蓄）水层、过滤层、种植土、植被层等构造组成，如图6.2.17所示。

5. 蓄水屋面

蓄水屋面是在平屋顶上蓄积一定高度的水层来提高屋顶的隔热能力。水的比热较大，蒸发时吸收大量热量，而且水面对阳光也有一定的反射能力。此外，水层对防水层能起到保护作用。但是屋面防水等级为Ⅰ、Ⅱ级时不宜采用蓄水屋面。图6.2.18为蓄水屋面构造示意图。

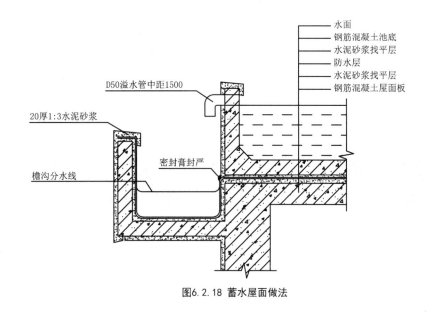

图6.2.18 蓄水屋面做法

第三节 绿色建筑

一、绿色建筑的基本概念

绿色建筑是在全寿命期内，最大限度地节约资源（节能、节地、节水、节材）、保护环境、减少污染，为人们提供健康、适用和高效的使用空间，与自然和谐共生的建筑。建筑节能是绿色建筑的重要内容，是绿色建筑标识评价的主要技术指标。

我国现行的绿色建筑评价标准为2015年1月1日正式实施的《绿色建筑评价标准》（GB/T 50378—2014）。

二、绿色建筑施工图设计

根据《绿色建筑评价标准》中对绿色建筑设计的划分，可分为节地与室外环境、节能与能源利用、节水与水资源利用、节材与材料资源利用、室内环境质量、施工管理和运营管理7个章节。由于本书篇幅有限，故只介绍与施工图相关的部分内容。

（一）合理开发利用地下空间

开发利用地下空间是城市节约集约用地的重要措施之一。地下空间的开发利用与地上建筑及其他相关城市空间紧密结合、统一规划，但从雨水渗透及地下水补给，减少径流外排等生态环保要求出发，地下空间也应利用有度、科学合理。如图6.3.2所示。

地下空间的设计应坚持"安全空间、舒适空间、绿色空间、效益空间"的设计理念。

地下空间的设计应遵循以下原则：一是符合城市总体规划，功能定位准确，建设规模适度，总体布局协调；二是内部功能分区合理，交通组织顺畅，空间设计人性；三是工法适应地质环境，结构设计合理，安全保障可靠；四是机电系统配置合理，运营管理方便；五是内外环境设计友好，资源利用节约；六是周边设施衔接顺畅，民防结合科学。

（二）无障碍设计

场地内人行通道及场地内外联系的无障碍设计是绿色出行的重要组成部分，是保障各类人群方便、安全出行的基本设施。无障碍设计应符合《无障碍设计规范》（GB 50763—2012）的规定。

公共建筑与高层、中高层居住建筑入口设台阶时，必须设轮椅坡道和扶手，应符合规范的相关规定；建筑入口轮椅平台宽度应符合规范3.3.4规定，如图6.3.1右图所示。

在公共建筑中配备电梯时，必须设无障碍电梯，并应满足规范3.7条的规定。

公共厕所、观众厕所、大型观演与体育建筑的贵宾室厕所必须设置无障碍专用厕所，并应符合规范3.9条规定，如图6.3.1左图所示。

残疾人专用停车位应靠近建筑入口及车库最近的位置，停车车位一侧应设宽度不小于1.5m的轮椅通道，并能直接进入人行通道到达建筑入口。

供残疾人使用的门应采用自动门，也可采用推拉门、折叠门、平开门，不应采用力度大的弹簧门，在旋转门一侧应设残疾人使用的门。

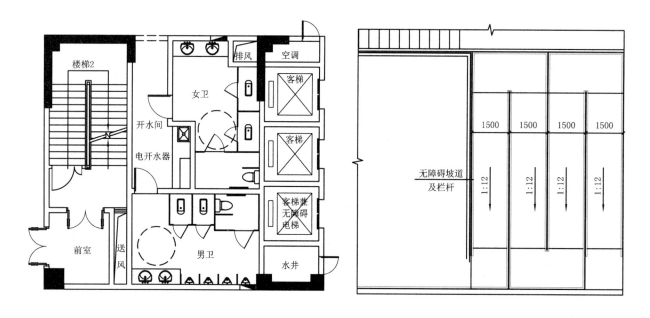

图6.3.1 无障碍设计

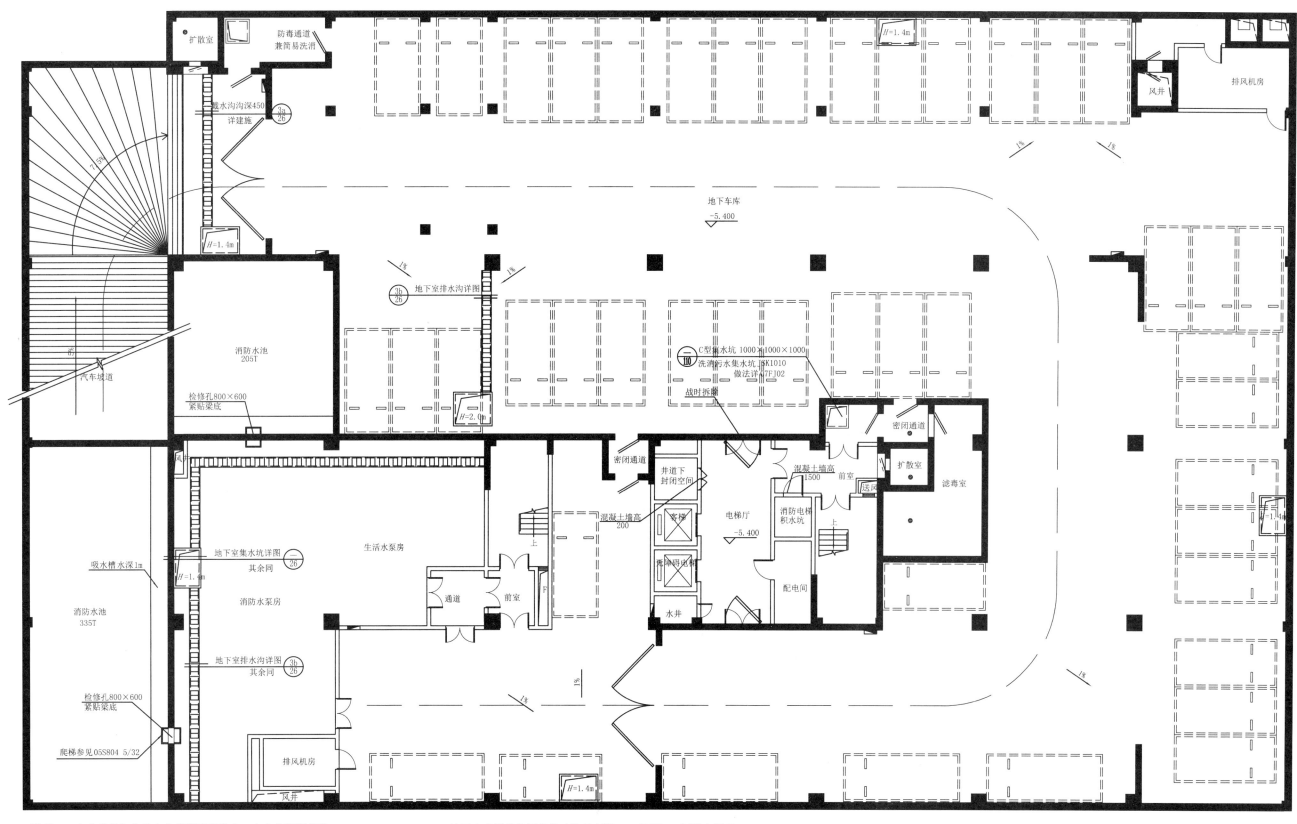

图6.3.2 地下空间利用

说明：1.自动喷淋与自动火灾报警系统详水、电专业图纸部分。

2.砖墙留洞详核心筒详图，混凝土墙留洞详施工图纸。

3.地下车库车挡见GB05J927—1，其他不详之处见GB05J927—1。

4.地下室底板结构标高比建筑标高低200，面层C20混凝土厚度200。

5.车库内排水沟做法详建施，截水沟详建施定位详平面图。

6.本段汽车停车位43辆。

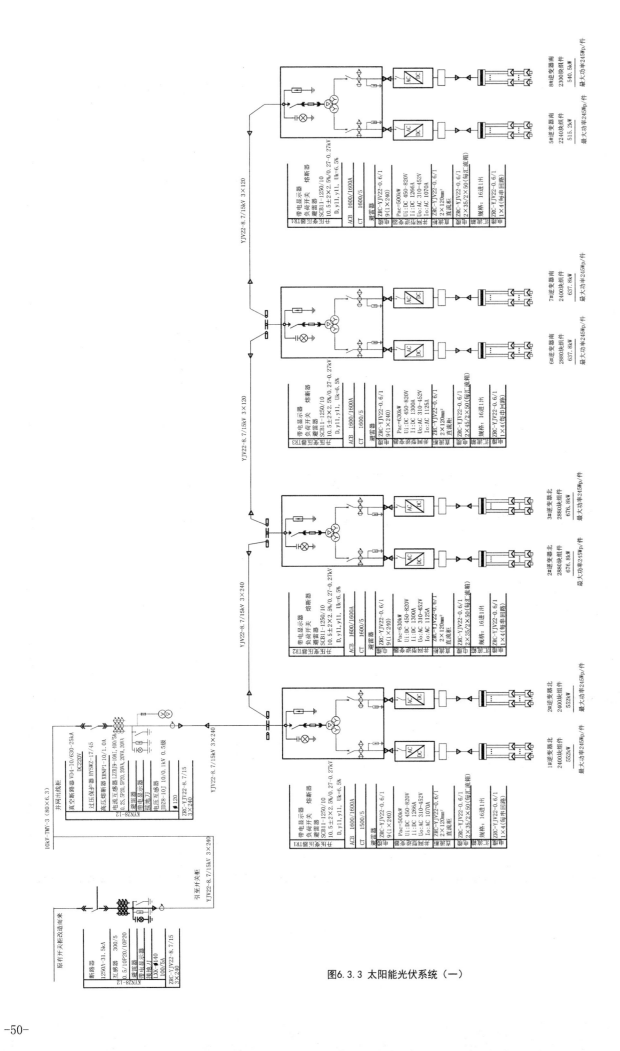

图6.3.3 太阳能光伏系统（一）

（三）太阳能光伏系统

太阳能光伏系统在建筑上的应用是属于有分布式发电的一种，是拓展国内光伏市场的一个重要方向。光伏板工作原理为当太阳光照射到P、N型两种不同导电类型的同质半导体材料构成的太阳能电池上时，一部分光被反射，一部分光线被吸收，还有一部分光线透过电池片。被吸收的光能激发被束缚的高能级状态下的电子，光子照在P-N结内形成电子-空穴对，电子在P-N结内建电场的作用下向电池负极移动，经过外电路到达正极形成电流，如图6.3.3所示。

太阳能光伏建筑一体化（简称BIPV），即将太阳能发电（光伏）产品集成或结合到建筑上的技术，他不但具有外围护结构的功能，同时又能产生电能供建筑使用。光伏系统附着在建筑物上主要完成发电任务，与建筑物功能不发生冲突。一体化建筑除要求美观外，还要求通过科学的机选和设计，满足建筑构件所要求的强度、防雨、热工、防雷、防火等技术条件。这也符合建筑产业化的发展趋势，如图6.3.4所示。

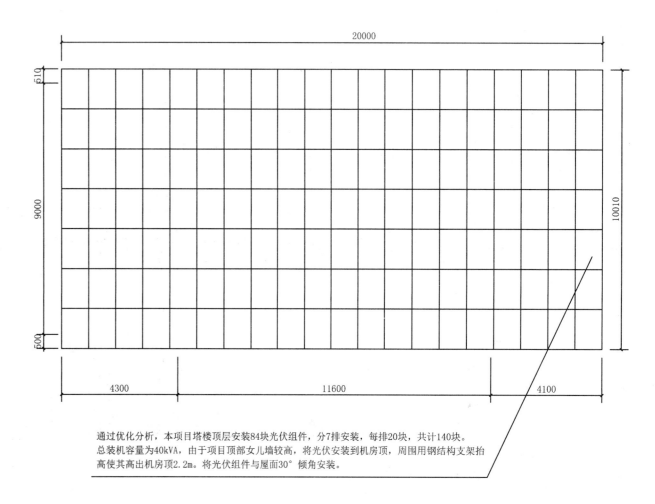

通过优化分析，本项目塔楼顶层安装84块光伏组件，分7排安装，每排20块，共计140块。

总装机容量为40kVA，由于项目顶部女儿墙较高，将光伏安装到机房顶，周围用钢结构支架抬高使其高出机房顶2.2m。将光伏组件与屋面30°倾角安装。

图6.3.4 太阳能光伏系统（二）

（四）太阳能热水系统

太阳能热水系统是利用太阳能集热器，收集太阳辐射能把水加热的一种装置，是目前太阳热能应用发展中最具经济价值、技术最成熟且已商业化的一项应用产品。太阳能热水系统的分类以加热循环方式可分为自然循环式太阳能热水系统、强制循环式太阳能热水系统、直流式太阳能热水系统等三种。

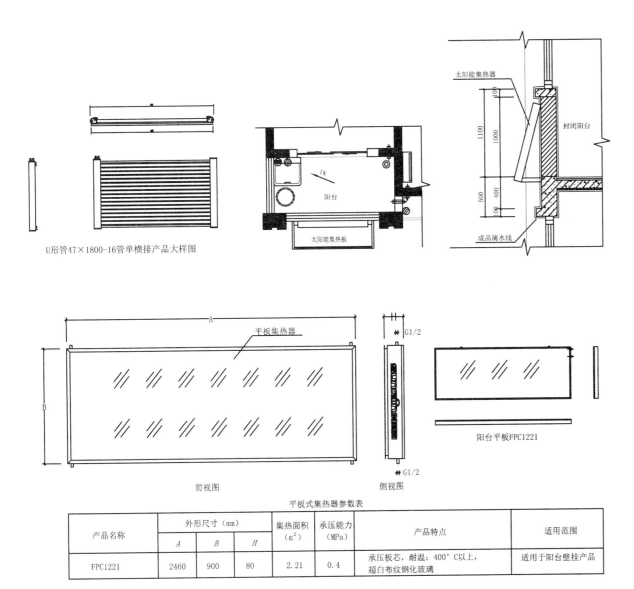

U形管47×1800-16管单横排产品大样图

平板式集热器参数表

产品名称	外形尺寸（mm）			集热面积（m²）	承压能力（MPa）	产品特点	适用范围
	A	B	H				
FPC1221	2460	900	80	2.21	0.4	承压板芯，耐温：400°C以上，超白布纹钢化玻璃	适用于阳台壁挂产品

注：表中字母A为集热器长度，B为集热器宽度，H为集热器高度。

图6.3.5 太阳能光热系统

（五）水资源的综合利用

在进行绿色建筑设计前，应充分了解项目所在区域的市政给排水条件、水资源状况、气候特点等实际情况，通过全面的分析研究，制定水资源利用方案，提高水资源循环利用率，减少市政供水量和污水排放量。

屋面雨水和道路雨水是建筑场地产生径流的重要源头，易被污染并形成污染源，故宜合理引导其进入地面生态设施进行调蓄、下渗和利用，并在雨水进入生态设施前后采取相应截污措施，保证雨水在滞蓄和排放过程中有良好的衔接关系，保障自然水体和景观水体的水质、水量安全。地面生态设施是指下凹式绿地、植草沟、树池等，即在地势较低的区域种植植物，通过植物截流、土壤过滤滞留处理小流量径流雨水，达到径流污染控制目的。

雨水下渗也是消减径流和径流污染的重要途径之一。通常停车场、道路和室外活动场地等多为硬质铺装，采用石材、砖、混凝土、砾石等为铺地材料，透水性能较差，雨水无法入渗，形成大量地面径流，增加城市排水系统的压力。透水铺装是采用如植草砖、透水沥青、透水混凝土、透水地砖等透水铺装系统，

既能满足路用及铺地强度和耐久性要求，又能使雨水通过本身与铺装下基层相通的渗水路径直接渗入下部土壤的地面铺装。

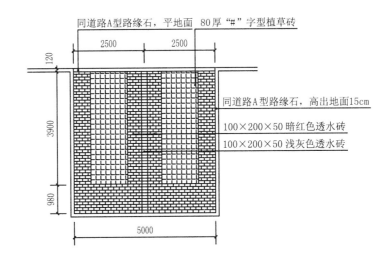

图6.3.6 停车位透水铺装

绿化用水采用雨水、再生水等非传统水源是节约市政供水的重要方面。不缺水地区宜优先考虑采用雨水进行绿化灌溉，缺水地区应优先考虑采用雨水或再生水进行灌溉。景观环境用水应结合水环境规划、周边环境、地形地貌及气候特点，提出合理的建筑水景规划方案，水景用水优先考虑采用雨水、再生水。其他非饮用水如洗车用水、消防用水、浇洒道路用水等均可合理采用雨水等非传统水源。采用雨水、再生水等作为绿化、景观用水时，水质应达到相应标准，且不应对公共卫生造成威胁。

三、海绵城市和低影响开发雨水系统

（一）海绵城市

海绵城市，新一代城市雨洪管理概念，是指城市在适应环境变化和应对雨水带来的自然灾害等方面具有良好的"弹性"，也可称之为"水弹性城市"。城市能够像海绵一样，在适应环境变化和应对自然灾害等方面具有良好的"弹性"，下雨时吸水、蓄水、渗水、净水，需要时将蓄存的水"释放"并加以利用。

海绵城市建设应遵循生态优先等原则，将自然途径与人工措施相结合，在确保城市排水防涝安全的前提下，最大限度地实现雨水在城市区域的积存、渗透和净化，促进雨水资源的利用和生态环境保护。在海绵城市建设过程中，应统筹自然降水、地表水和地下水的系统性，协调给水、排水等水循环利用各环节，并考虑其复杂性和长期性。

海绵城市的建设途径主要有以下几方面，一是对城市原有生态系统的保护。最大限度地保护原有的河流、湖泊、湿地、坑塘、沟渠等水生态敏感区，留有足够涵养水源，应对较大强度降雨的林地、草地、湖泊、湿地，维持城市开发前的自然水文特征，这是海绵城市建设的基本要求。二是生态恢复和修复。对传统粗放式城市建设模式下已经受到破坏的水体和其他自然环境，运用生态的手段进行恢复和修复，并维持一定比例的生态空间。三是低影响开发。按照对城市生态环境影响最低的开发建设理念，合理控制开发强度，在城市中保留足够的生态用地，控制城市不透水面积比例，最大限度地减少城市原有水生态环境的破坏；同时，根据需求适当开挖河湖沟渠，增加水域面积，促进雨水的积存、渗透和净化。

海绵城市建设应统筹低影响开发雨水系统、城市雨水管渠系统及超标雨水径流排放系统。低影响开发雨水系统可以通过对雨水的渗透、储存、调节、转输与截污净化等功能，有效控制径流总量、径流峰值和径流污染；城市雨水管渠系统即传统排水系统，应与低影响开发雨水系统共同组织径流雨水的收集、转输与排放。超标雨水径流排放系统，用来应对超过雨水管渠系统设计标准的雨水径流，一般通过综合选择自

然水体、多功能调蓄水体、行泄通道、调蓄池、深层隧道等自然途径或人工设施构建。以上三个系统并不是孤立的，也没有严格的界限，三者相互补充、相互依存，是海绵城市建设的重要基础元素。

（二）低影响开发雨水系统

低影响开发（Low Impact Development，LID）指在场地开发过程中采用源头、分散式措施维持场地开发前的水文特征，也称为低影响设计或低影响城市设计和开发。其核心是维持场地开发前后水文特征不变，包括径流总量、峰值流量、峰现时间等，如图6.3.7所示。

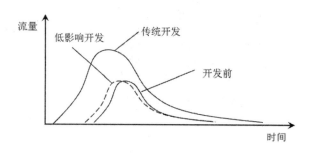

图6.3.7　低影响开发水文原理示意图

低影响开发指在城市开发建设过程中采用源头削减、中途转输、末端调蓄等多种手段，通过渗、滞、蓄、净、用、排等多种技术，实现城市良性水文循环，提高对径流雨水的渗透、调蓄、净化、利用和排放能力，维持或恢复城市的"海绵"功能。

（三）海绵城市——低影响开发雨水系统构建途径

海绵城市——低影响开发雨水系统构建需统筹协调城市开发建设各个环节。在城市各层级、各相关规划中均应遵循低影响开发理念，明确低影响开发控制目标，结合城市开发区域或项目特点确定相应的规划控制指标，落实低影响开发设施建设的主要内容。设计阶段应对不同低影响开发设施及其组合进行科学合理的平面与竖向设计，在建筑与小区、城市道路、绿地与广场、水系等规划建设中，应统筹考虑景观水体、滨水带等开放空间，建设低影响开发设施，构建低影响开发雨水系统。低影响开发雨水系统的构建与所在区域的规划控制目标、水文、气象、土地利用条件等关系密切，因此，选择低影响开发雨水系统的流程、单项设施或其组合系统时，需要进行技术经济分析和比较，优化设计方案。低影响开发设施建成后应明确维护管理责任单位，落实设施管理人员，细化日常维护管理内容，确保低影响开发设施运行正常。低影响开发雨水系统构建途径示意图，如图6.3.8所示。

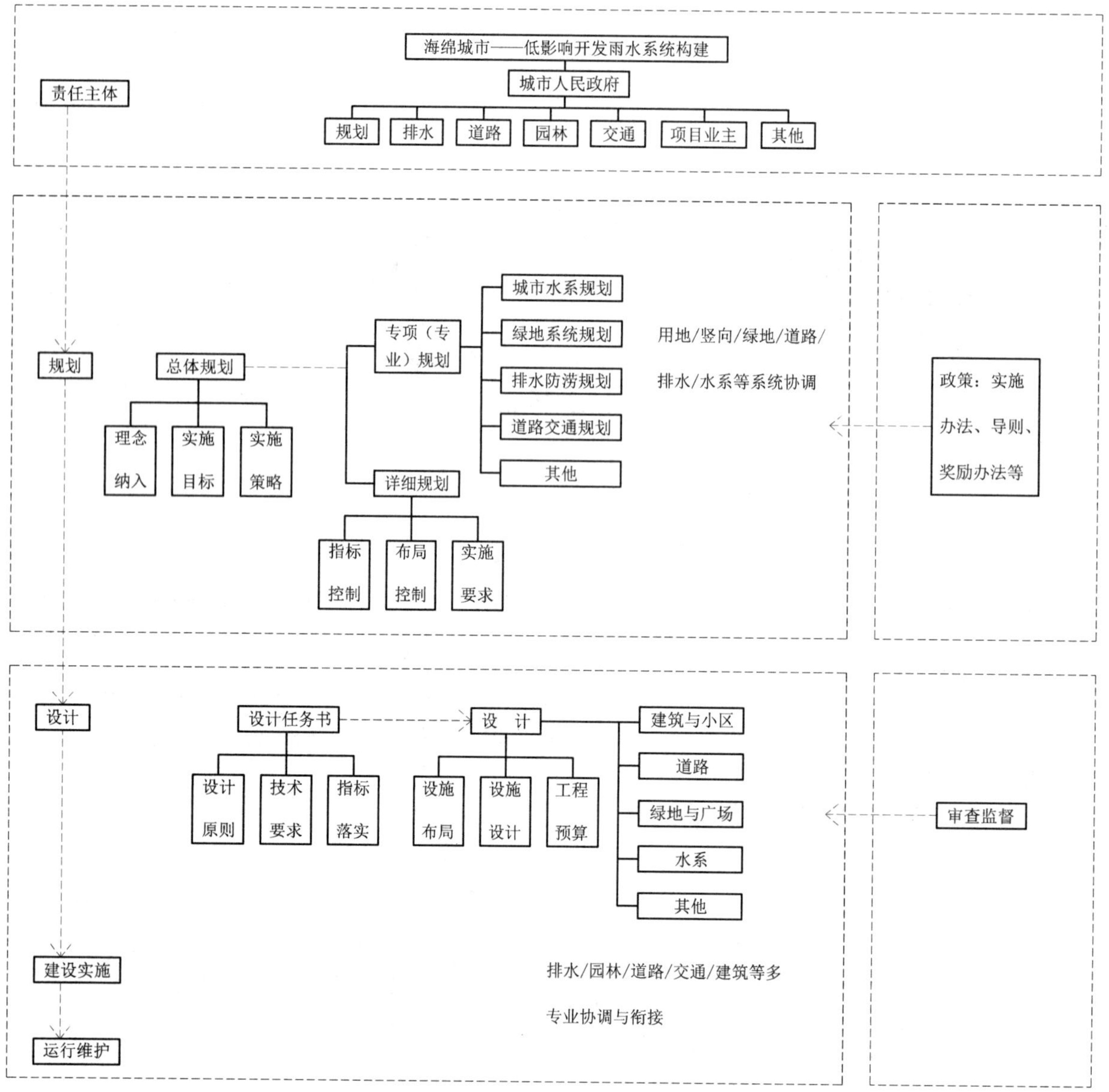

图6.3.8　低影响开发雨水系统构建途径示意图

第七章　建筑产业现代化

第一节　概　述

一、建筑产业现代化的概念及基本内容

建筑产业现代化是指采用标准化设计、工业化生产、装配式施工和信息化管理等方式来建造和管理建筑，将建筑的建造和管理全过程联结为完整的一体化产业链。就现阶段而言，建筑产业现代化的基本内涵是：以转型升级为目标，以技术创新为先导，以管理创新为支撑，以信息技术为手段，以新型建筑工业化为核心，对建筑的全产业链进行更新、改造和升级，实现传统生产方式向现代化工业生产方式转变，从而全面提升建筑工程的质量、效率和效益。

建筑工业化是指通过现代化的制造、运输、安装和科学管理的大工业的生产方式，来代替传统建筑业中分散的、低水平的、低效率的手工业生产方式。它的主要标志是建筑设计标准化、构配件生产工厂化、施工机械化和组织管理科学化。

建筑产业现代化生产方式使得传统建筑业由高污染、高能耗、低效率、低品质的传统粗放模式向低污染、低能耗、高品质、高效率的现代集约方式转变，在建筑的全寿命周期内实现了绿色发展。

建筑产业现代化的特点如下。

1.设计简化

当所有的设计标准、手册、图集建立起来以后，建筑物的设计不再是像现在一样每次设计都要对所有细节进行逐一计算、画图，而是可以像机械设计一样尽量选择标准件满足功能要求。

2.施工速度快

由于构配件采用工厂预制的方式，建筑过程可以同时在现场和工厂展开，绝大部分工作已经在工厂完成，现场安装的时间很短。尤其是对天气依赖较大的混凝土施工过程，工厂预制混凝土构件生产采用快速养护的方法（一般十几个小时），较现浇方式养护（一般14天以上）时间大大压缩。国外成熟的经验表明，预制装配式建造方式与现场现浇方式相比，节约工期30%以上。

3.施工质量提高

工厂化预制生产的构配件，机械化程度高、工艺完善、工人熟练、质量控制容易，产品质量大大提高。例如：一般现浇混凝土结构的尺寸偏差会达到10mm，而预制装配式混凝土结构的施工偏差在5mm以内。

4.施工环境改善

由于大部分工作在工厂完成，并且工厂根据现场需要陆续提供构配件，因此现场施工环境大大改善，噪声、垃圾、粉尘等污染大大降低，能做到绿色施工。既保护了工程施工人员，也保护了工地周围的人员。

5.劳动条件改善

在工厂上班的建筑工人劳动条件会比现场好很多。由于机械化、自动化程度提高，建筑工人的劳动强度降低，卫生条件提高，劳动保护加强。

6.资源能源节约

据工业化实验楼建设过程的统计数据显示，与传统施工方式相比，工业化方式每平方米建筑面积的水耗降低64.75%，能耗降低37.15%，人工减少47.35%，垃圾减少58.89%，污水减少64.75%。

7.成本节约

上述优点直接或间接地体现在节约成本上。通过大规模、标准化生产，预制构件的成本可以大大降低，再加上建造过程时间、人工、能源的节约，后续质量成本的降低，工业化的建造方式可以比传统的施工方式节约成本，从而为开发商、客户和建造公司带来经济利益。

二、建筑产业现代化的发展现状

建筑产业现代化在美国、日本和新加坡等工业发达国家已有近50年的发展历史，其建筑工业化的程度也达到了相当高的水平，一栋住宅有一半用预制构件组装完成，预制构件率最高达到80%。我国的建筑产业化研究起步比较晚，由于受整个社会经济发展水平的限制和市场不成熟、没有形成规模、产业集中度不高等方面因素的影响，建筑产业化的发展程度不高。

2013年12月，全国住房城乡建设工作会议提出了加快推进建筑节能工作、促进建筑产业现代化的要求。2014年5月，国务院印发了《2014～2015年节能减排低碳发展行动方案》，明确提出"以住宅为重点，以建筑工业化为核心，加大对建筑部品生产的扶持力度，推进建筑产业现代化"。2014年7月，住房和城乡建设部出台《关于推进建筑业发展和改革的若干意见》，明确提出了"转变建筑业发展方式，推动建筑产业现代化"的发展目标。

近两年，各级领导高度重视，各地政府都从各方面提出了一系列的发展要求，试点效果显著。自2006年开始设立国家住宅产业化基地以来，目前，全国先后批准了8个产业化试点城市、48个国家住宅产业化基地，试点城市和产业化基地的实施引领了产业化的发展。装配式混凝土结构技术、生产工艺、施工技术等日趋成熟。以国家标准《装配式混凝土机构技术规程》为代表的一系列技术标准和相关配套的标准设计陆续发布，装配式混凝土结构标准体系初步建立，全国建筑产业现代化呈现出良好发展态势。据初步调查统计，2012、2013年全国的建设量大约在1300万平方米，2014年达到2400万平方米。

第二节　住宅产业化

一、住宅产业化概述

（一）住宅产业化的概念

住宅产业化具体来说是以住宅市场需求为导向，以建材、轻工等行业为依托，以工厂化生产各种住宅构配件、成品、半成品，然后以现场装配为基础，人才科技为手段，将住宅生产全过程的设计、构配件生产、施工建造、销售和售后服务等诸环节联结为一个完整的产业系统，从而实现住宅产供销一体化的生产经营组织形式。随着社会的发展信息化程度和环境意识的不断提高，信息化与低碳环保概念也逐渐融入住宅产业化的内涵之中。

以日本为例，日本积水化学工业株式会社设在埼玉县的一座住宅工厂，是用工业流水线的方式生产房子，他们把住宅分拆成一个个盒子式的构件，在生产线上制造完成一栋住宅所需要的全部构件，只需要花费40多分钟，然后运到施工现场，在一天之内组装完毕。

从以上概念可以看出，住宅产业化不仅仅是住宅工业化，不完全是将住宅构件通过工厂生产然后运到现场组装这样简单的过程。工业化实际上是住宅产业现代化的一环，是住宅产业化的必要条件。住宅产业化的内涵包括了工业化、市场化、信息化、低碳化等更多丰富的内容，并涵盖到建筑物的全生命周期，从开始建造到最终被拆除。由于篇幅的限制，本文主要对住宅产业化中的设计与建造阶段做初步的介绍。

（二）目前我国住宅产业化发展现状

自1999年国务院办公厅颁布《关于推进住宅产业现代化提高住宅量的若干意见的通知》（国办发[1997]72号），原建设部成立了住宅产业化促进中心，建立了住宅性能认定和住宅部品认证制度，设立国家住宅产业现代化综合试点城市（区），推进住宅产业化基地和住宅国家康居示范工程建设。到目前为止，全国已设立了3个产业化试点城市、2个产业化基地城区、36个住宅开发和部品部件生产企业为产业化基地，评定了320多个国家康居示范工程项目，960多个住宅项目获得A级性能认定，600多个建筑部品、产品获得认证标识。

深圳首个住宅产业化项目于2012年落成。龙悦居三期项目是深圳第一个大规模采用工业化方式建造的项目，为公共租赁保障性用房，本项目为精装修楼栋，开工日期为2010年9月15日，交工日期为2012年9月1日，合同总工期为717天。该项目为深圳市住宅产业化试点小区，采用工业化技术，按B级体系实施，B级体系说明：外墙、楼梯、阳台为预制，结构主体现浇混凝土，即内浇外挂体系。工业化生产改变了混凝土构件的生产、养护方式，生产过程能源利用效率更高，并且模具、养护用水可以循环使用。相比传统的施工方式，工业化建造方式极大程度减少了建筑垃圾的产生、建筑污水的排放、建筑噪声的干扰、有害气体及粉尘的排放，从而实现节能、节水、节地、节材，建造过程也更加环保。

二、住宅产业化中的建筑设计与建造方法

作为整个住宅产业化过程中核心之一的设计阶段，其重要性不言而喻。通过合理的设计预制模块，并通

过模块之间的组合构建出建筑物。而住宅产业化的模块设计，主要有标准模块、可变模块以及结构模块。在工厂中对这些模块进行生产加工及组装，在施工过程中通过重型机械吊装设备对模块进行"搭建"。

由于是预制化生产组装，住宅的各部件需建立统一的模数标准，其设计应符合现行国家相关建筑模数及模数协调标准的规定。

BIM作为设计管理软件贯穿了包括设计、生产、施工、装修和管理的整个建筑的全生命周期，通过BIM软件对住宅产业化这一系列流程的信息化集成，在现代化住宅建设过程中提高效率、降低成本、减少碳排放等。

（一）模数协调

工业化生产和部品集成必须建立统一的模数标准，装配式住宅的设计应符合现行国家相关建筑模数及模数协调标准的规定。模数和模数协调在装配式住宅中非常重要，通过建筑模数不仅能协调预制构件与构件之间、住宅部品与部品之间以及预制构件与住宅部品之间的尺寸关系，减少、优化部件或组合件的尺寸，使设计、生产、安装等环节的配置简单、精确，基本实现土建、机电设备和装修的"集成"和大部分装修部品部件的"工厂化制造"。而且还能在预制构件的构成要素（如钢筋网、预埋管线、点位等）之间形成合理的空间关系，避免交叉和碰撞。

（二）模块化设计

模块化设计是住宅产业化中最为重要的环节之一。利用标准模块、可变模块和核心筒模块的多种组合可形成多种住宅组合方案，模块的组合方式如图7.2.1所示。

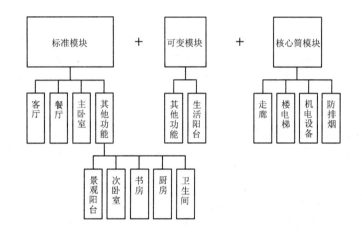

图7.2.1　模块组合示意图

1. 标准模块

装配式住宅的标准模块即是根据模数协调的标准，按照住宅套型的设计方案，确定套型的开间与进深尺寸，形成可通过工厂加工制作的独立模块。每一个标准模块可以包含客厅、主卧和次卧，也可以是客厅、餐厅、主卧、卫生间和厨房所共同组成，见图7.2.2与图7.2.3。标准模块的特点是平面尺寸一般较为规则，模块外部以装配式剪力墙构建起承重结构，模块内部采用轻质隔墙进行灵活划分。

2. 可变模块

可变模块是标准模块和核心筒模块共同的补充模块，平面尺寸相对自由，可根据项目需求定制，如图7.2.4所示，便于调整尺寸进行多样化组合；可变模块与标准模块组成了完整套型模块。

3. 核心筒模块

核心筒模块主要由住宅的走廊、电梯、楼梯、机电管井和防排烟管等组成，位于平面的中心位置。

4. 套型的多样化组合

通过标准模块内部空间布置的调整，结合核心筒模块、可变模块的多种变化，能够形成多样化的楼栋标准层组合平面，满足不同的套型和规划需求。套型内部采用可实现空间灵活划分的轻质隔墙，满足不同居住者对于空间的多样化需求，如图7.2.5所示。

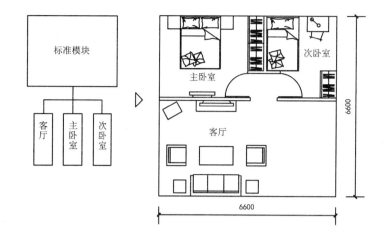

图7.2.2　标准模块组合方案（一）

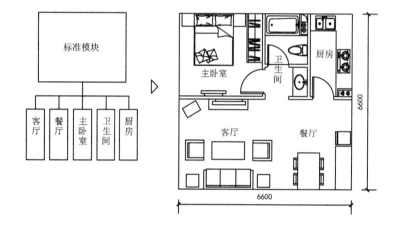

图7.2.3　标准模块组合方案（二）

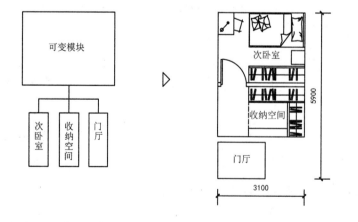

图7.2.4　可变模块组合方案

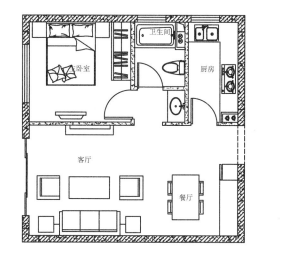

(a)标准模块

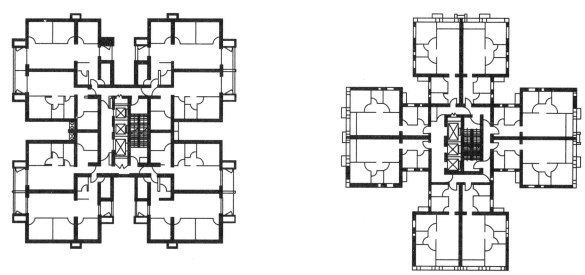

(b)由标准模块组合成多种标准层平面

图7.2.5 标准模块组合成多种标准层平面示意图

在公共交通核模块中集中设置管井管线，易于进行日常维护、检修以及日后设备管线更新、优化的需求。厨房、卫生间等部分可作为独立功能模块置于不同套型中，为工业化建造提供条件，如图7.2.6和图7.2.7所示。

图7.2.8为某产业化住宅设计方案，A、B两种套型是由标准模块结合可变模块构成，从该住宅的标准层平面可以看出，标准模块、可变模块以及中间部位的核心筒模块构成住宅的标准平面。

5.部品的模块化标准化设计

整体厨房、整体卫生间内部空间净尺寸应是基本模数的倍数，优先选用的尺寸、净面积及平面净尺寸应符合《住宅厨房模数协调标准》（JGJ/T 262—2012）和《住宅卫生间模数协调标准》（JGJ/T 263—2012）的规定，可插入模数M/2或M/5。

采用模块化设计的整体厨房、整体卫浴和整体收纳，是最能展现工业化工艺水准的部分，见图7.2.9所示。结合套型功能空间布局，卫生间可采用干湿分离式整体卫浴系统；整体厨房所有柜体均在工厂内一次切割成型、成套配备设施设备；并可按照居住功能空间需求的动线轨迹灵活设置收纳空间。不仅空间得到最大的优化，并且工业化生产可以保证部品模块的质量，如图7.2.10和图7.2.11所示，是某住宅小区的阳台与卫生间模块。

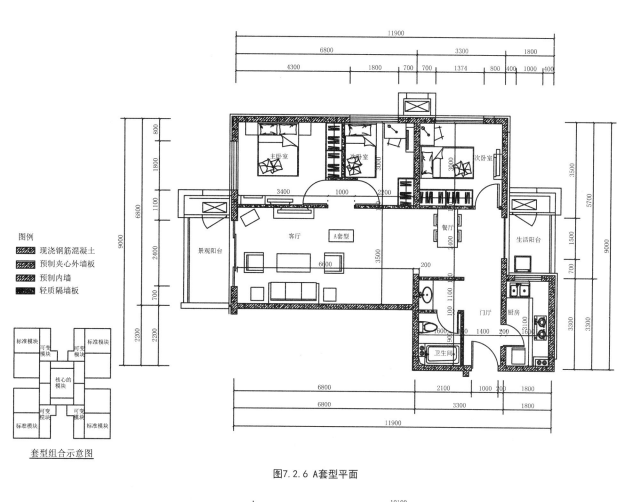

图7.2.6 A套型平面

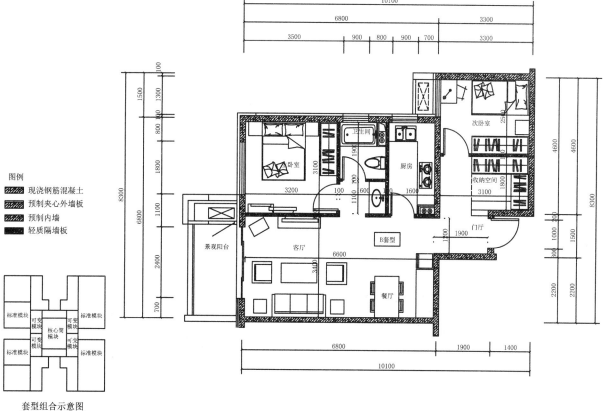

图7.2.7 B套型平面

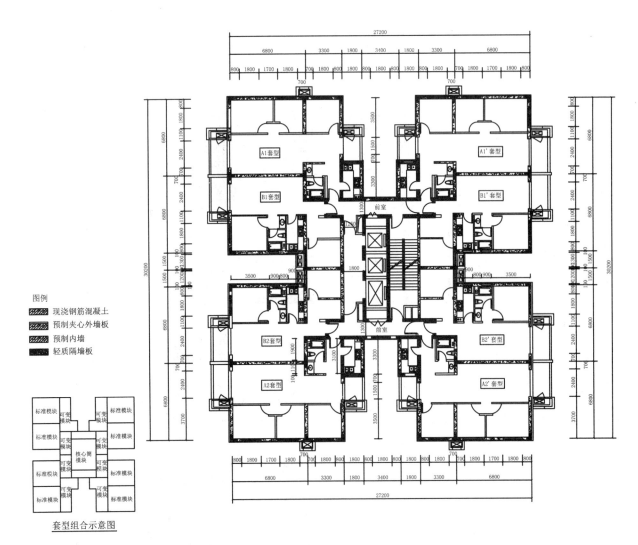

图例
现浇钢筋混凝土
预制夹心外墙板
预制内墙
轻质隔墙板

套型组合示意图

图7.2.8 标准层平面

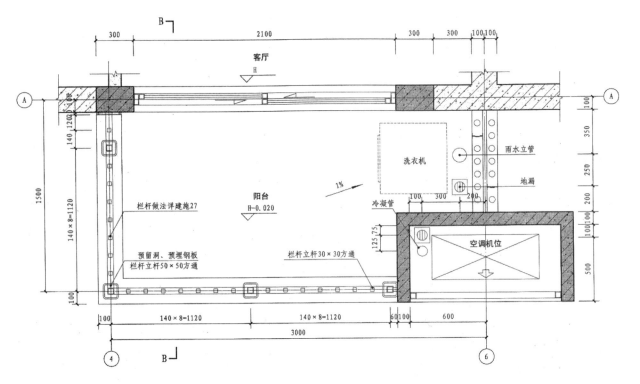

图7.2.10 阳台模块平面

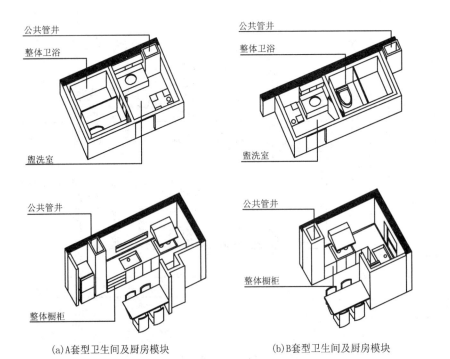

(a)A套型卫生间及厨房模块   (b)B套型卫生间及厨房模块

图7.2.9 卫生间及厨房模块设计

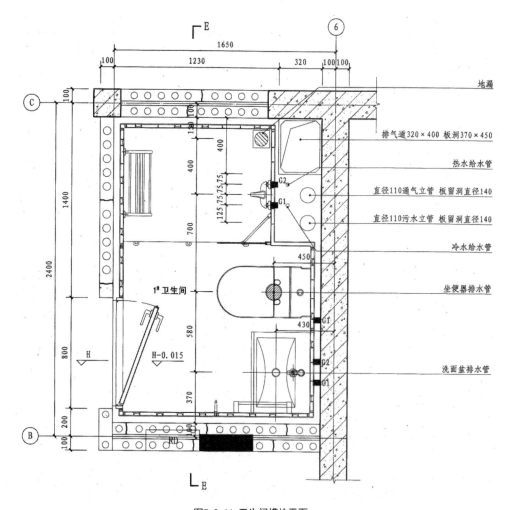

图7.2.11 卫生间模块平面

（三）细部设计

利用工业化的优势，可以促进科技创新成果向生产转化，利于建筑制品的长寿化、品质优良化、绿色低碳化，将这些集成技术综合应用于住宅之中，改善居住的品质。以下主要介绍架空地板、双层顶板、双层贴面墙和轻质隔墙的构造做法。

1. 架空地板

地板下采用树脂或金属地脚螺栓支撑，架空空间内部敷设给排水等设备管线。在管线接头处安装分水器地板，设置方便管道检查的检修口，如图7.2.12所示；采暖地面的设计可以采用直铺和空铺两种方式，如图7.2.13和图7.2.14所示。

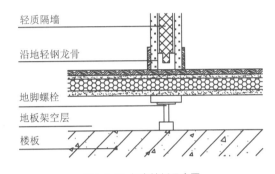

图7.2.12 架空地板示意图

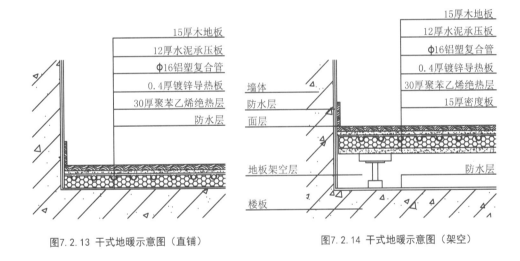

图7.2.13 干式地暖示意图（直铺）　　　　图7.2.14 干式地暖示意图（架空）

2. 双层顶板

采用具有保温隔声性能的装饰吊顶板，吊顶空间用来敷设电气管线、通风管线、灯具设备等，如图7.2.15所示。

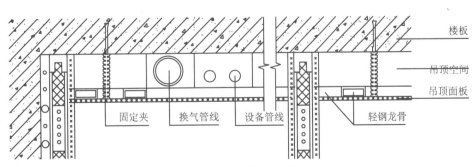

图7.2.15 双层顶板示意图

3. 双层贴面墙和轻质隔墙

双层贴面墙是采用龙骨石膏板双层结构，在墙体表层采用树脂螺栓或轻钢龙骨，外贴石膏板实现双层墙体。内设保温夹层，不会因气温变化产生结露，双层墙体间用来铺设电气管线、开关和插座等，如图7.2.16所示。坐落在架空地板上的轻质隔墙是可以灵活划分空间的装配式分隔墙，并采用环保型的壁纸，如图7.2.17所示。

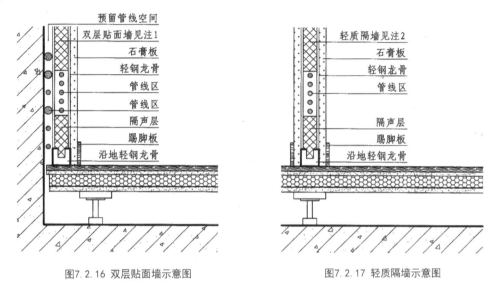

图7.2.16 双层贴面墙示意图　　　　图7.2.17 轻质隔墙示意图

（四）立面设计

立面设计要体现装配式住宅的工厂化生产和装配式施工的典型特征，着重发掘其建构特色和材料特性。由于标准化设计限定了主体结构、套型空间的几何尺寸，相应也固化了外墙的几何尺寸，设计将其视为不变部分，但其构件和部品外表面的色彩、质感、纹理、凹凸、构件组合和前后顺序等是可变的，因此装配式住宅的立面在一定程度上能体现出自身的特点。

第三节　BIM技术与建筑产业化

一、BIM技术的定义

建筑信息模型（Building Information Modeling）是以建筑工程项目的各项相关信息数据作为模型的基础，进行建筑模型的建立，通过数字信息仿真模拟建筑物所具有的真实信息。它具有可视化、协调性、模拟性、优化性和可出图性五大特点。

二、BIM技术与建筑产业化的关系

建筑产业化的核心是建筑生产工业化，而信息化技术在建筑生产及施工过程中应用越来越广泛，信息化和建筑工业化在发展过程中互相推进。信息化的发展现阶段主要表现在全流程信息化管理和建筑信息模型（BIM）技术在建筑工业化中的应用。BIM技术作为信息化技术的一种，已随着建筑产业化的推进在我国建筑业逐步推广应用。

采用BIM技术可以比较容易实现模块化设计和构件的零件化、标准化，在建筑工业化中的应用有天然的优势。建筑工业化的管理要求，与BIM技术所擅长的全生命周期管理理念不谋而合。工业化住宅建设过程中也有对BIM技术的实际需求，如住宅设计过程中的空间优化、减少错漏碰缺、深化设计需求、施工过程的优化和仿真、项目建设中的成本控制等。

信息化技术对建筑工业化的推动大致可概括为以下三个方面。

（一）设计标准化

这是建筑工业化的前提。要求设计标准化与多样化相结合，构配件设计要在标准化的基础上做到系列化、通用化。

产业流程是指产品的生产全过程。建筑业的产业流程被人为地分开——作为建筑产品最为关键的初始环节，"建筑设计"被列为独立行业，与建筑施工处于不同的过程之中。在具体工程实践中，施工方必须严格地执行设计文件，按图施工。如果设计本身并无明显错误，施工方一般不可以按照自己的意图提出相应的设计变更。每一个建设工程的设计方都可能是不同的，对于具体建筑物的理解也千差万别，所确定的工艺做法也就会不一样，因此施工方以固定的、程序化、工业化的施工工艺或零部件来应对不同的建设项目是难以实现的。

而利用BIM技术可以进行土建设计、结构设计、安装设计，还可以利用BIM进行建筑物的性能分析，如日照性能分析、采光性能分析、能耗性能分析、结构性能分析，还可以利用BIM软件进行碰撞检测等。使建筑物在还没有施工前就解决现场可能出现的各种问题，这样利用BIM出的图可以达到无错设计。通过BIM模型自动生成平立剖专业施工图，这样不仅可以避免重复工作，还可以完全避免错误的产生。

（二）构件标准化

经过多年的发展，建筑设计已经形成完整的规范化体系，除非如水立方、鸟巢等特定的项目，大量的普通建筑，如办公楼、教学楼等的跨度、层高、荷载模式、使用材料、结构体系等关键参数已经趋于标准化或至少是准标准化。采用装配式结构，预先在工厂生产出各种构配件运到工地进行装配，混凝土构配件实行工厂预制、现场预制和工具式钢模板现浇相结合，发展构配件生产专业化、商品化，有计划、有步骤地提高预制装配程度。

利用BIM技术，将组成工程的每个部分分解成为尺寸、形状都标准化，可以定型生产的构件。在BIM中根据构件的特点，建立构件库，构件库可以包括建筑材料库，预制构件库（预制梁、预制板、柱、栏杆、门、窗等），家具库（桌椅、厨卫、洁具、灯具等）等。建立BIM模型时可以利用构件库搭建整个建筑工程。

利用BIM技术解决工程构件标准化的问题，彻底解决构件不规则、不规范的情况，从而实现构配件的生产专业化、商品化，实现工程装配式施工，推进建筑产业化向标准化、精细化方向发展。

（三）管理信息化

运用计算机等信息化手段，从设计、制作到施工现场安装，全过程实行科学化组织管理，这是建筑工业化的重要保证。全面、快捷的沟通与交流，减少信息沟通中的障碍、偏差与损失是至关重要的。

BIM模型是虚拟的建筑，通过这个虚拟建筑，可以把工程现场在计算机里展现出来。在计算机里面进行模拟和分析，如果发现问题可以方便解决，这样可以减少施工过程中的返工次数，避免资源的浪费，还可以对不同的施工方案进行对比选出最优。这些过程由于只是计算机计算模拟，所以不会浪费太多时间，更不会浪费资源。在3D的基础上用4D可以更进一步模拟施工，4D是指在BIM的3D模型的基础上增加时间的维度，可以对施工方案和工序进行检测，确保工程正常有序地进行。BIM模型不光可以进行4D的施工模拟，还可以在4D模型的基础上增加成本的维度，建立5D模型。通过5D模型可以实现精细化的预算和项目成本的可视化，通过对工程项目进行5D仿真模拟，得到所有建筑构件的准确工程量，实现造价控制。

同时在施工组织中，通过信息集成与编码控制系统，实现从实体建筑的拆解、标准化构件的成组化、委托加工，到零部件的验收、工作包拆分到构配件在具体建筑上的还原过程中，对于相关零部件、构配件的全过程跟踪与监测的全过程信息化管理。

第八章 传统建筑

中国传统建筑是指从先秦到19世纪中叶以前的建筑，是一个独立形成的建筑体系。中国传统建筑风格的形成经过了一个漫长的历史过程，是数千年来中华民族经过实践逐渐形成的特色文化之一，也是中国各个时期的劳动人民创造和智慧的积累。

中国传统建筑并不是一成不变的，各种类型的建筑在不同的时期，随着建筑材料和建筑技术的改进，都会有不同的变化，这些变化又与各个时期政治、经济、文化、审美等意识形态密切相关。从建筑功能及形态上看，中国的建筑大体可分为城墙、宫殿、礼制坛庙、园林、民居、祠堂、陵墓、寺庙、道观、塔、牌坊、桥梁等几大类型。这些建筑类别大多结构奇巧、装饰精美，形成了自己的独特形态和风格。

简要介绍几例具有代表性的传统建筑类型。

第一节 北京四合院

北京四合院，因为这种民居有正房(北房)、倒座房(南房)、东厢房和西厢房四座房屋在四面围合，形成一个口字形，里面是一个中心庭院，所以这种院落式民居被称为四合院。其特点如下。

(1) 北京四合院的中心庭院从平面上看基本为一个正方形，其他地区的民居有些就不是这样。譬如山西、陕西一带的四合院民居，院落是一个南北长而东西窄的纵长方形；而四川等地的四合院，庭院又多为东西长而南北窄的横长方形。

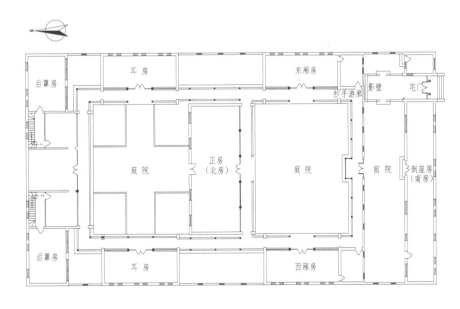

图8.1.1 传统北京四合院平面示意图

(2) 北京四合院的东、西、南、北四个方向的房屋各自独立，东西厢房与正房、倒座房的建筑本身并不连接，而且正房、厢房、倒座房等所有房屋都为一层，没有楼房，连接这些房屋的只是转角处的游廊，起居十分方便，在院中赏心悦目，十分适合活动。

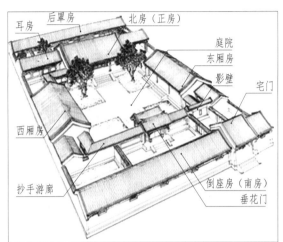

图8.1.2 传统北京四合院示意图

图8.1.3 传统北京四合院宅门示意图

(3) 而南方许多地区的四合院，因四面的房屋多为楼房，而且在庭院的四个拐角处，房屋相连，东西、南北四面房屋并不独立存在，所以将庭院称为"天井"，有的也称作"一颗印"。

(4) 北京四合院中有一道很讲究的门，它是内宅与外宅(前院)的分界线和唯一通道。旧时人们常说的"大门不出，二门不迈"，"二门"即指此垂花门。前院与内院用垂花门和院墙相隔。外院多用来接待客人，而内院则是自家人生活起居的地方，外人一般不得随便出入，它以端庄华丽的形象成为四合院的外院与内宅的分水岭，垂花门一般都在外院北侧正中。四合院是封闭式的住宅，对外只有一个街门即宅门，宅门辟于宅院东南角"巽"位。

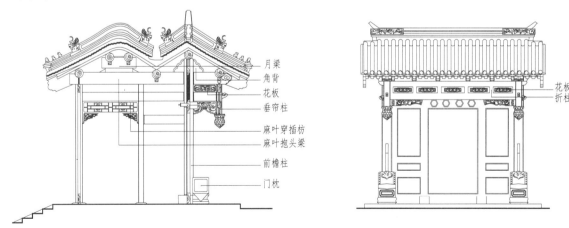

图8.1.4 传统北京四合院垂花门剖、立面图

第二节　福建土楼

福建土楼因其大多数为福建客家人所建，是客家文化的象征，故又称"客家土楼"。产生于宋元，成熟于明末、清代和民国时期。现今逾千座土楼分布于福建西南山区，主要分为圆楼、方楼及五凤楼等。土楼以土、木、石、竹为主要建筑材料，利用未经焙烧的按一定比例的沙质黏土和黏质沙土拌合而成，用夹墙板夯筑而成的两层以上的房屋，以建造外墙厚达一米至二米的土楼，非常坚固可以抵御野兽或盗贼攻击，亦有防火抗震及冬暖夏凉等功用。土楼是中原汉民即客家先民沿黄河、长江、汀江等流域历经多次辗转迁徙后，将远古的生土建筑艺术发扬光大并推向极致的特殊产物，福建土楼以分布广、保存完好而著称。

一座土楼就是一个家族的凝聚中心。客家土楼集体聚居的特殊性，反映了客家人强烈的家族伦理制度，主要是源于对中原传统文化的认同，土楼表现出向心性、匀称性和前低后高的特点，以及血缘性聚族而居的特征。在永定范围内，土楼中的祖堂是土楼客家人聚族而居的标志性建筑，处于全楼的核心地位。它的功能是多方面的，即是全楼居民祭祀列祖列宗的场所，又是进行宗教活动的中心。有限的生存空间是土楼客家人建造土楼、聚族而居的重要客观原因之一。

图8.2.1　福建土楼鸟瞰

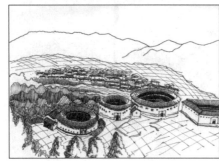

图8.2.2　福建土楼示意

闽西南山区，地势险峻，人烟稀少，一度野兽出没，盗匪四起。聚族而居既是根深蒂固的中原儒家传统观念要求，更是聚集力量、共御外敌的现实需要使然。福建土楼依山就势，布局合理，吸收了中国传统建筑规划的"风水"理念，适应聚族而居的生活和防御的要求，巧妙地利用了山间狭小的平地和当地的生土、木材、鹅卵石等建筑材料，是一种自成体系，具有节约、坚固、防御性强特点，又极富美感的生土高层建筑。型。

第三节　云南一颗印

一颗印正房、耳房毗连，正房多为三开间，两边的耳房，有左右各一间的，称"三间两耳"；有左右各两间的，称"三间四耳"。正房、耳房均高两层，占地很小，很适合当地人口稠密、用地紧张的需要。

大门居中，门内设倒座或门廊，倒座深八尺。"三间四耳倒八尺"是"一颗印"的最典型的格局。天井狭小，正房、耳房面向天井均挑出腰檐，正房腰檐称"大厦"，耳房腰檐和门廊腰檐称"小厦"，大小厦连通，便于雨天穿行。正房较高，用双坡屋顶，耳房与倒座均为内长外短的双坡顶。长坡向内，短坡向外，可提升外墙高度，有利于防风、防火、防盗，外观上磐墙高耸，宛如城堡。

建筑为穿斗式构架，外包土墙或土坯墙。正房、耳房、门廊的屋檐和大小厦在标高上相互错开，互不交接，避免在屋面做斜沟，减少了漏雨的薄弱环节。独门独户，高墙小窗，空间紧凑，体量不大，小巧灵便，无固定朝向，可随山坡走向形成无规则的散点布置。

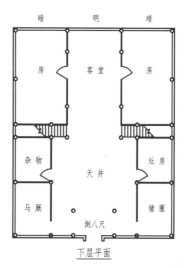
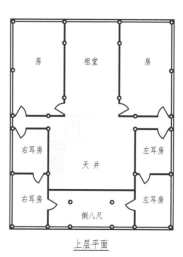

图8.3.1　云南一颗印平面示意图

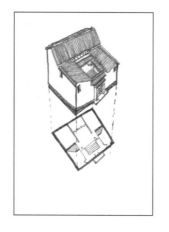

图8.3.2　云南一颗印示意图

第四节 陕西窑洞

陕西窑洞，是中国北方黄土高原上特有的汉族民居形式，分土窑洞、石窑洞、砖窑洞、土基子窑洞、柳椽柳巴子窑洞和接口子窑洞多种。

到了陕西，无论是延安，还是榆林地区，随处可见那傍山而建、平地而箍、沉入地下筑成大井式院落的窑洞，在天然土壁上，水平向里凿土挖洞，施工简便，便于自建，造价低廉。窑洞里温度在10～22℃之间，相对湿度为30%～75%，所以，温度、湿度宜人。保温隔热，冬暖夏凉，有利于节约能源、保护环境。又由于外界气候和大气中放射性物质对居住窑洞的人影响较小，哮喘、支气管炎、风湿和皮肤病等患病率明显减少，长期居住窑洞有益健康和长寿，直到今天，窑洞式房屋还广泛分布在黄土高原。

窑洞最具代表性的有三种类型：用石砌的叫石窑；用砖块砌的叫砖窑；在土崖上挖出窑洞，安上门窗而成的叫土窑。土窑有一种是在黄土断崖边，并列向里掘入，成为若干互不相通的单窑；另一种自平地掘入，先成一大平底四方阶，然后从四壁各自向里挖成若干单窑；更有自附外地面掘斜洞以通于阱中，成为过道。窑洞上可以行人走马，可以走载重大车。多数窑洞深7～8m，最深的可达20m，宽、高约3m。

图8.4.1 陕西窑洞示意图

图8.4.2 陕西窑洞外观

第五节 西藏碉楼

中国西藏碉楼民居一般建在山顶或河边，以毛石砌筑墙体，为了防御功能，房屋建成像碉堡的坚实块体。常为三层，首层贮藏及饲养牲畜，二至三层为居室，设平台及经堂，经堂是最神圣的地方，设在顶屋。由于少雨，木结构以石片及石块压边。

大型的西藏民居单独设置可以瞭望的碉楼，厨房和厕所也是单独设置的，厨房顶上有出气孔，厕所有时架高或悬空以便粪落下后收集积肥，做饭及取暖的燃料是牛粪。藏居的外观特征是在厚实的石块墙体上面挑出的木结构平顶挑廊。

图8.5.1 西藏碉楼示意图

第六节 徽州建筑

徽州建筑是汉族传统建筑最重要的流派之一，徽州建筑作为徽文化的重要组成部分，历来为中外建筑大师所推崇，流行于古徽州地区及金华、衢州、杭州等浙西地区。以砖、木、石为原料，以木构架为主。梁架多用料硕大，且注重装饰。还广泛采用砖、木、石雕，表现出高超的装饰艺术水平。历史上徽商在扬州、苏州等地经营，徽州建筑对当地建筑风格亦产生了相当大的影响。在此，我们就徽州建筑的形成、类型、特点及对现代建筑的影响简要概述。

一、徽州建筑形成

徽州地处皖南，境内绿水环绕，森林茂密，黄山、齐云山等名山竞秀，风光秀丽，山区交通闭塞，民风淳朴稳定，自古以来较少战事，被视为世外桃源，吸引了中原名门望族来此避乱定居。魏晋战乱，大批中原人南迁徽州，徽州较大规模的建设始于魏晋。唐末五代和两宋交替之际，中原望族又有两次南迁。中原世家带来中原先进的文化和先进的建筑工艺。南宋迁都临安，大兴土木，筑宫殿，建园林，不仅刺激了徽商从事竹木、漆经营，也培养了大批徽州工匠。徽州是"文化之邦"，徽商致富还乡，也争相在家乡建住宅、园林，修祠堂，立牌坊，兴道观、寺庙，从而开始并形成有徽州特色的建筑风格。

图8.6.1 黟县碧阳镇马道村

图8.6.2 黟县碧阳镇马道村

二、徽州建筑类型

传统徽州建筑狭义的说，就是指宅居；而广义的理解，还泛指聚落里的其他建筑类型，如祠堂、戏台、书院、商号、水口建筑、牌坊、古桥、古塔等。尽管徽州建筑类型很多，但其最基本的模式仍是宅居，其他均为派生和衍生的。这种情况在其他传统民居类型中也存在。在传统徽州建筑类型中，尤以宅居、祠堂、牌坊最为典型，并称为"徽州三绝"。

徽州建筑平面紧凑，基本布局形式多作内向矩形，厅堂、厢房、门屋、廊等基本单元围绕长方形天井形成封闭式内院。徽州建筑的基本单位和组合形式基本不变。以天井为连接点，以厅堂为主轴线，点线围合成多样组合的形式，这种形式具有向心性、整体性、封闭性和秩序性等特点。

(1) 徽州民居从形制上可分为独居式、三合式、四合式和自由组合式等形式。独居式多为三、五开间，大门正开，有的做门廊过渡，一般明间做客厅，为家庭聚会、会客所用，通过隔墙或皮门分隔出几个厢房，明间客厅后设置楼梯通往二层，供居住所用。三合式，俗称"一明两暗"（有厢房）或"明三间"（无厢房）。中型住宅中大量的是三合屋（亦称三间屋），它又分为大三合和小三合（亦称大三间、小三间）两类。大三合屋又称"大廊步三间"。大廊步三间通常为两层，是由上房三间、两厢各一间及天井组成。天井前面用高墙封闭起来，楼下明间为厅堂，两次间是卧室。如两个三合院背对背组合将中间厅堂分为前后两个空间，分别供两个院落使用。中间厅堂合一屋脊，当地俗称"一脊翻两堂"。四合式，俗称"上下对堂"。即与三间上房隔天井相对建三间两层高的下房，左右两侧各设一间两层厢房连接上下房，形成一个封闭的"口"字形，天井居中。自由组合式将独居式、三合式、四合式民居进行横向组合、纵向组合或自由组合。

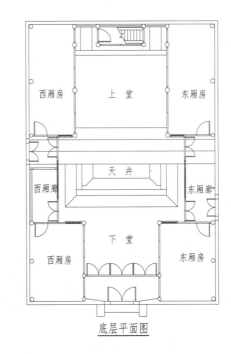

图8.6.3 徽州民居平面

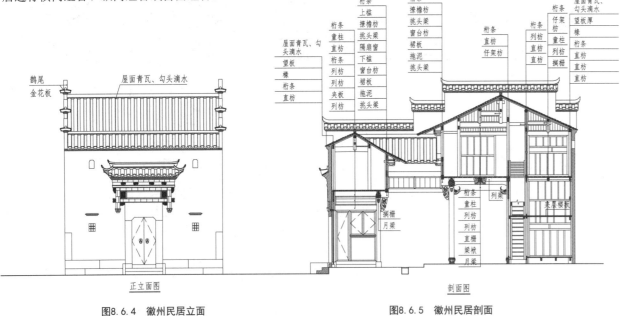

图8.6.4 徽州民居立面　　　　图8.6.5 徽州民居剖面

图8.6.6 程氏三宅

图8.6.6 程大位故居

(2) 徽州祠堂是"四时祭祀祖先或先圣的庙堂""后世封建宗族宗祠亦通称祠堂"。徽州祠堂建筑从宫室宅居之中独立出来并且大规模涌现，是在明代中期以后；也有考证认为祠堂建筑源于元代。总之，它是从场所到建筑，从家族到宗族，从单一祭祀到集宗族议事执法和礼仪祭祀等公共活动于一体的，是一个发展变迁的过程。应该说，把"祠堂建筑"的缘起定位在明代中期以后，是比较恰当的。

祠堂是封建宗法制度的载体，是族权自治的象征。除了宗祠、支祠、家祠之外，还有一些特殊形式的祠堂。如行祠、女祠、专祠、特祭祠等。祠堂是徽州人文思想的高度物化、徽州建筑艺术的典范。宗祠一般采三进七（或五）开间构造。一进为仪门（楼），由大门和过厅、仪厅组成，大多以重檐歇山式建成"五凤楼"，主要是祭祀时供鼓乐之用。大厅后是天井。二进享堂，为主体部分，是祭祀祖先和处理本族大事的场所，大的可容纳上千人。享堂中间正壁，悬挂祖宗容像或祖先牌位图。三进为寝室，为供奉祖先牌位及祠堂中贵重物品的地方。支祠一般比宗祠规模要少。但如果支族中出了大官，或经商暴富，可超出宗族总祠。

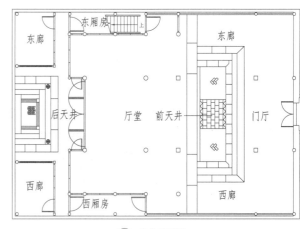

图8.6.6 程氏三宅底层平面图

家祠一般与居宅相连，设有寝室、仪门。祠堂建筑占地开阔，由低及高，立柱横梁，错落有致，翘檐走壁，空间饱满，给人以厚重威严感。祠堂的构架，为达到隆重目的，柱梁门窗均饰以"三雕"。"三雕"的点缀，使祠堂威严和审美达到了至高的境界。

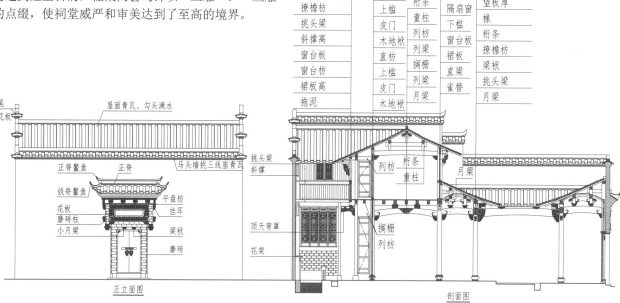

图8.6.9 徽州家祠立面　　　　图8.6.10 徽州家祠剖面

图8.6.11 胡氏宗祠入口

图8.6.12 胡氏宗祠内院

（3）徽州牌坊是徽州建筑中的一种独特类型。牌坊由"棂星门"演变而来，后来转化成牌坊，不仅置于祭祀建筑中，更多的是作为街口桥头和重要建筑物的入口标志，形式也逐渐演变成木制、砖制或石制的牌坊。徽州的牌坊数量众多，极盛时有1000多座。而且牌坊的功能作为提升建筑物的礼制和文化意义，远远高于作为建筑物入口大门的功能。

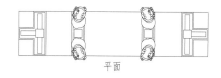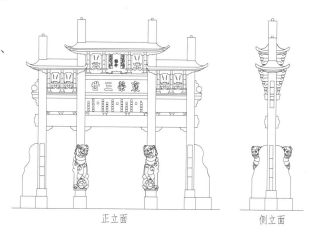

图8.6.13 四柱冲天式牌坊

徽州牌坊按材质、建筑形式、精神功能趋向分为几种类型：以材质分为木牌坊、石质牌坊；以建筑形式分为冲天柱式、屋宇式；以精神功能趋向分为忠、孝、节、义、科举坊。

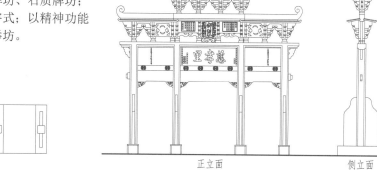

图8.6.14 四柱三间三楼式石牌坊

图8.6.15 四柱冲天式石牌坊　　　图8.6.16 四柱三间四楼式、双柱单间三楼式石牌坊

三、徽州建筑的特点

(1) 选址特点：徽州建筑在选址上，讲究枕山、环水、面屏、朝阳，以使房屋群落与周围环境巧妙结合。

图8.6.17 黟县渔亭镇团结村

(2) 外部造型特点：对于徽州建筑来说，其外部造型特征无疑是粉墙、黛瓦、马头墙这三者。徽州建筑以黑、白、灰的层次变化，组成统一的建筑色调，建筑高低错落，外实内虚，显得清新素雅，给人以强烈而独特的审美效果。

图8.6.18 建筑外实内虚、高低错落

(3) 立面主要特征：徽州建筑的正立面设计，强调左右对称，以门楼、马头墙、门窗突显徽州建筑的特征。作为出入口的门是徽州建筑立面设计中的重要组成部分，同时也是装饰重点，形成了简易的或复杂的门楼装饰，在实用功能上，门楼主要是防止雨水顺墙下溅到门上。徽州建筑门楼可大体分为门罩式、八字门楼式、牌楼式三类。

门罩式　　　牌楼式　　　八字门楼式

图8.6.19 徽州门楼种类

门罩式　　　牌楼式　　　八字门楼式

图8.6.20 徽州门楼种类实例

马头墙又称风火墙、防火墙、封火墙，是徽州建筑的重要特色。马头墙高低错落，一般为两叠式或三叠式，较大的民居，因有前后厅，马头墙的叠数可多至五叠。

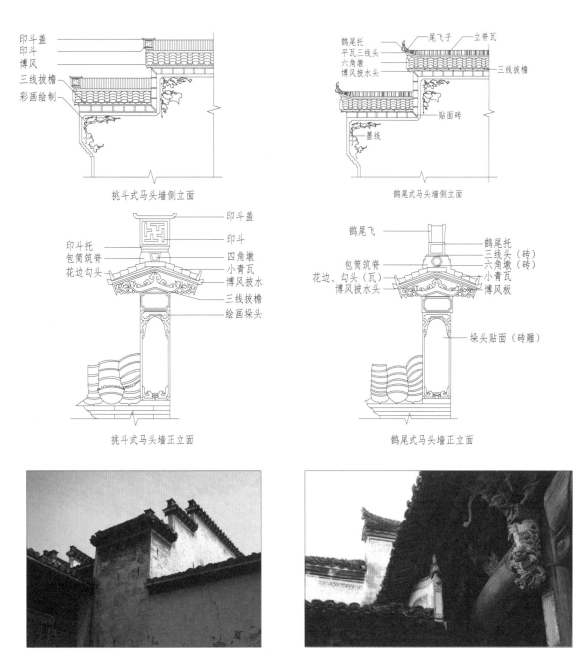

图8.6.21 挑斗式马头墙　　　　　图8.6.22 鹊尾式马头墙

徽州建筑外立面窗的开设不仅数量少，而且窗洞小而高，但装饰艺术丰富多彩，做工很考究。不仅有普通的水磨砖窗套上檐设砖窗楣，而且有在水磨砖窗套及石窗套上檐设砖雕窗罩，也有用木结构做窗拔水。

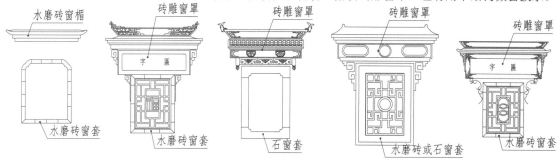

图8.6.23 徽州窗罩、窗套

（4）装修及装饰：徽州建筑还广泛采用砖、木、石雕，表现出高超的装饰艺术水平。砖、石雕不仅镶嵌在室外的门罩、窗楣、照壁上，室内也广泛地运用，极富装饰效果，而木雕在室内雕刻装饰中占主要地位，手法多样，有线刻、浅浮雕、高浮透雕、圆雕和镂空雕等。石雕主要表现在祠堂、寺庙、牌坊、塔、桥及民居的庭院、门额、栏杆、水池、花台、漏窗、照壁、柱础、抱鼓石、石狮等上面，主要采用浮雕、透雕、圆雕等手法，质朴高雅、浑厚潇洒。还有其他装饰艺术比如壁画及彩绘，徽州壁画就是当地百姓俗称的墙头画，集艺术性、对称性、思想性为一体，广泛描绘在徽州建筑的屋檐下和门楼、窗檐上下，和石雕、砖雕、木雕一样，是徽州建筑的一个重要组成部分。

图8.6.24 徽州砖雕　　　　　图8.6.25 徽州墙画

图8.6.26 石雕漏窗　　　　　图8.6.27 木雕梁

四、徽州建筑在现代建筑中的传承与发展

随着社会的进步与发展，城市发展中呈现出越来越多的建筑风格，包括欧式建筑、法式建筑、德式建筑、西班牙建筑等，几乎都是吸取了一些经典建筑艺术中最基本的外部特征，很难完美地显示出其建筑的精髓所在。徽州建筑以其地理环境为依托，以其自然文化作底蕴，历经千百年的锤炼和沉淀，无论从建筑美学还是从建筑功能上都精彩纷呈。徽州建筑风格在现代建筑及景观园林设计中的运用，都十分广泛。徽州建筑风格在现代建筑中通常体现在以下4个方面。

首先，徽州建筑以天井厅堂为中心，建筑主体对称布局，层层递进，瓦脊坡屋顶和马头墙围护四周，形成独立的围合空间，建筑主次有分、长幼有序，各个建筑单元又按同一规划原则形成更大的围合，现代建筑中，将这种"四水归堂"的紧凑型建筑布局特色和群体规划融合在大体量的建筑形体中，很融洽地引申了这种徽州聚族而居的文化特点。

图8.6.29 某博物馆入口

其次，徽州建筑的外观在现代建筑中的应用也很广泛，"白墙青瓦"的淡雅建筑特色和现代简约的建筑风格也在现代某些新徽州建筑中得到了很好的继承和延续。在现代城市建设中，大量的建筑依然追求含蓄平实的建筑风格，除了徽州建筑元素在现代建筑和园林中的广泛深入使用，其实很多外来的建筑风格也大量借鉴了徽州建筑特色，做了深入的人性化调整。

图8.6.30 某办公楼

第三，徽州建筑的朴素简洁也在现代建筑发展中得到了很好的传承，徽州建筑不事奢华、返璞归真的装饰理念正渐渐在现代建筑设计中回归，利用现代科技的优势，在建筑细部做足功夫，既尽显审美情趣又不过分张扬个性。

图8.6.31 某书院

最后，徽州建筑中的风水观念和现代建筑理念也很好地融会贯通，风水说乃是中国古代哲学、宗族伦理、宗教信仰、原始科学和巫术礼仪等的糅合，其核心内容是人们对建筑环境进行选择和处理的一门学问。围合式对称布置的建筑格局，目前依然是现代建筑的基本指导思想，只不过围合的密度大大降低，在大围合中更多地关注各居住单元相互之间的不干扰性，公共休闲广场的设计以及点缀式建筑小品和休闲健身小广场的考虑，其实就是"天井"和"厅堂"的现代表现形式。现代建筑设计中已经越来越多地关注到"建筑风水"的重要作用，在满足功能性要求的前提下，越来越多地考虑到舒适度的问题，徽州建筑给我们的启迪是无穷无尽的，其给予现代建筑的指导作用也是历久弥新的。

图8.6.32 某古村落

图8.6.33 某景区办公楼

第九章 高层住宅建筑设计

第一部分 概述

1. 工程概况

1.1 建设单位：××公司

工程名称：×× 子项名称：×× 建设地点：××

1.2 主要技术经济指标：

××住宅楼单栋建筑面积：20383㎡ 建筑占地面积：680㎡

建筑总高度：93.40m 建筑层数：地上32层 住宅户数：256（每栋楼）

1.3 建筑物耐火等级：一级 结构体系：剪力墙结构

建筑物设计使用年限：50年 建筑物抗震设防烈度：6度

本工程室内外高差为0.60m（黄海高程体系），住宅楼室内地坪±0.000，相当于绝对标高37.200m。

2. 设计依据

2.1 经有关部门审查同意的某安置区规划设计方案。

2.2 某安置区中标通知书。

2.3 设计合同书。

2.4 国家现行有关安全、防火、卫生、环保的强制性设计标准、规范、规程及2013版工程建设强制性条文。

2.5 国家和地方有关设计、建设的专项法令、法规、规定、标准、规范。

2.6 本工程设计应执行的主要国家规范：《民用建筑设计通则》（GB50352—2005）、《建筑设计防火规范》（GB50016—2014）、《无障碍设计规范》（GB50763—2012）、《住宅设计规范》（GB50096—2011）、《住宅建筑规范》（GB50368—2005）、《建筑内部装修设计防火规范》[GB50222—1995(2011版)]等，并应遵循"通用设计说明"《安徽省住宅工程质量通病防治技术措施》（试行）中设计部分相关条款。

3. 通用要求

3.1 本设计除注明外，图中尺寸，总图及标高以米（m）为单位，其余均以毫米（mm）为单位。所有尺寸均以图注数字为准，比例仅供参考，不得以量测图面尺寸作为施工尺寸。凡建筑图中大、小样不符时，以大样图为准；当建筑图与结构不符时，及时与设计人联系。本设计中，楼地面标高指到装饰完成面，屋顶标高指到混凝土结构面。

3.2 除图中注明外，卫生间、阳台标高均比相邻房间楼地面低50，厨房楼地面标高均比相邻房间楼地面低30。卫生间、阳台楼地面均设有地漏，并向地漏方向做出1%泛水坡度，以利排出积水。

3.3 墙身留洞：钢筋混凝土墙体预留洞及预埋套管见结构、设备图。施工中请各专业工种密切配合，做好烟道，上、下水，空调及电气管线穿墙身、楼板等结构构件时的预留孔洞、预埋管线或埋设预埋件的工作，不得在施工后开凿，以免影响工程质量。管线安装完成后，若管线与墙身、楼板间留有空隙，均应用砖、水泥砂浆、混凝土或防火堵料等不燃材料严密填实、封堵。

3.4 凡有设备管井且上、下层连通者，除通风、排气管井外，每层均应先绑扎钢筋，待桥架等安装好了之后再每层均采用与楼板相同耐火极限的不燃材料（混凝土、防火浇筑、封堵）。

3.5 凡需二次装修设计的部分应充分利用现有设计的墙体、设备管线、各种埋件，如有修改或补充需征得本项目设计组的同意。二次装修应保持原有结构的完好性和质量标准，严禁乱打乱砸，破坏或者改变原有结构体系及结构构件受力性能，以免影响工程质量。

3.6 施工时，除满足设计规定的要求外，尚应遵守国家现行的工程施工和质量验收规范及2013年版工程建设标准强制性条文的要求，施工中做好隐蔽工程验收记录。

3.7 严格按图施工，施工单位不得随意修改、变更设计，必要时由本院出具设计变更通知单，当发现设计文件中的错、漏、碰、缺等问题，请及时与本院设计人员联系，以便及时解决与处理。现场紧急处理特殊放行的应补办施工联络单并经设计签字、盖章认可。

第二部分 主要工程做法

1. 墙体部分

1.1 钢筋混凝土构造（墙、梁、柱）详见结构图。除图中注明者外住宅地上外墙、内墙及分户墙均为200/120厚煤矸石空心砌块。除图中注明外，墙身中心线均与轴线重合。

1.2 所有砖墙与混凝土墙柱连接处处均需预留钢筋拉结，详见结构图。内外墙体砌筑砂浆应饱满，墙身均砌筑至梁板底部并用1：3水泥砂浆填嵌严密。

1.3 混凝土墙、柱边遇门洞口，图示需设门垛时均设100宽小墙垛，混凝土标号同墙柱，一次成型；后浇时应采取可靠的连接措施。砖及其他墙门垛未注明时均为100宽或居中。

1.4 所有设备管道间门口，均设300高C15素混凝土门槛，厚同墙体。

1.5 凡门膀角、墙身阳角，均加粉18厚1：2.5水泥砂浆护角，宽80，离楼地面高2000。

1.6 墙身防潮层：±0.000以下60处做20厚1：2水泥砂浆（内掺5%防水剂）防潮层，当有地梁处可不做。

1.7 除图中注明外，所有窗台设80厚钢筋混凝土窗台板，窗台板内配3Φ6筋，用C20混凝土浇捣，出挑尺寸见门窗大样图中所注。

1.8 凡外凸外墙装饰线条及窗台板下侧均设成品滴水槽或滴水线，上侧做3%的坡度披水。

2. 门窗工程

2.1 所有住宅外窗均采用塑钢窗框，住宅外门窗采用（5+9A+5）中空玻璃，住宅底层电子对讲玻璃门及户内阳台门连窗和推拉门采用（6+12A+6）普通铝合金中空玻璃，其中门和低窗台、落地窗、面积大于1.5㎡以上的玻璃采用安全玻璃，其他采用普通玻璃。门窗框料尺寸及玻璃厚度最终由专业厂家根据有关规范计算确定。

2.2 门窗数量见门窗一览表及表注。

2.3 住宅户内门：户内木门，除图中注明外，卧室门洞900×2100，卫生间门洞800×2100，厨房门洞800×2100。

2.4 外门窗安装，除详图或图注有规定尺寸外，一般均为墙中安装；门窗框料与墙身连接处应采用弹性材料嵌填严密，外口与粉刷相接处，留8宽缝，缝内嵌填硅酮耐候密封胶防水，户内所有可开启外门窗均预留做防蚊蝇纱门窗位置。底层外门窗设钢质护栏由用户自理。

2.5 锚固措施：砖墙上装木门，可与预埋防腐木砖用钉子连接，塑钢外门窗与非承重煤矸石烧结空心砖相交处采用在墙上钻Φ50～80深100洞孔，用1：2.5水泥砂浆窝牢铁脚的方式连接，不得采用射钉固定。所有门窗与混凝土梁、柱、墙连接时，均采用胀锚螺栓固定。

2.6 锚点间距参照相应门窗标准图集的要求。

3. 防水工程

3.1 屋面防水：本工程屋面防水等级Ⅰ级，三道设防。

屋面一：上人保温平屋面

参照图集12J201—20，具体做法如下（构造层次自上而下）：

①40厚C20细石混凝土保护层加钢筋网片；②10厚低强度等级砂浆隔离层；③4厚SBS聚酯胎、-20℃改性沥青防水卷材；④3厚水性环保型SBS改性沥青防水涂膜（防水涂膜上设一道5厚水泥砂浆隔离层）；⑤20厚1：3水泥砂浆找平层；⑥90厚泡沫混凝土保温层兼找坡层；⑦钢筋混凝土屋面板。

屋面二：不上人保温平屋面

参照图集12J201—A17，具体做法如下（构造层次自上而下）：

①25厚1：2水泥砂浆保护层；②4厚SBS聚酯胎、-20℃改性沥青防水卷材；③3厚水性环保型SBS改性沥青防水涂膜（防水涂膜上设一道5厚水泥砂浆隔离层）；④20厚1：3水泥砂浆找平层；⑤90厚泡沫混凝土保温层兼找坡层；⑥钢筋混凝土屋面板。

屋面三：不上人不保温平屋面

参照图集12J201—A13，具体做法如下（构造层次自上而下）：

①25厚1：2水泥砂浆保护层；②4厚SBS聚酯胎、-20℃改性沥青防水卷材；③3厚水性环保型SBS改性沥青防水涂膜（防水涂膜上设一道5厚水泥砂浆隔离层）；④20厚1：3水泥砂浆找平层；⑤最薄处30厚泡沫混凝土找坡层（坡度1%）；⑥钢筋混凝土屋面板。

屋面泛水、屋面上穿屋面透气管、孔、雨水口及分仓缝等均严格按所选用标准图集中的相关节点做。下水口处一律加设阻挡垃圾杂物的成品罩子。屋面防水、保温施工，应由专业队伍按国家现行施工规程及相关产品性能操作要求，认真进行。

3.2 卫生间防水：卫生间比相邻房间地面低50，并从进门入口处向地漏方向做1%泛水坡，以利排出积水。卫生间室内楼地面楼面找平层上选用水性环保型SBS改性沥青防水涂膜，厚度2，卫生间墙身处做200高C20素混凝土反梁，防水层沿墙上翻300，有水溅的墙面上翻1800；并做好门口处、卫生洁具上下水管等处的防水附加层与防水封边。

3.3 雨篷、阳台防水：钢筋混凝土雨篷、阳台面，粉20厚1：2水泥防水砂浆（防水剂为水泥重量5%），砂浆内掺高强聚丙烯抗裂纤维。

3.4 凡层间退台屋面、顶层露台、平台、空调室外机搁板等靠墙面门洞外应向上设300高混凝土防水反梁，厚度同墙厚，要求与楼板同时浇注。

3.5 风井混凝土盖板顶面防水做法为：20厚1：2防水砂浆找坡1%（加水泥重5%防水剂）。

图名	住宅设计说明（一）	图号	9-23-1

4. 室外装修

4.1 外装修做法详见立面图注。

有保温外墙涂料饰面层做法参照皖2007J212图集有关节点,并按照《无机保温砂浆墙体保温系统应用技术规程》(DB34/T1503—2011)要求进行施工。无机保温砂浆墙体保温系统构造层次(从外到内):①饰面层;②耐碱网格布;③抗裂砂浆;④无机保温砂浆;⑤界面层;⑥砖墙面采用防水抗裂砂浆找平;⑦基层墙体。

保温外墙做法:⑤① 无保温外墙做法:⑥② 勒脚做法:⑨② 窗套做法:③④
空调搁板、水落管卡、雨篷做法:③③④⑤ 分格缝做法:③④ 飘窗做法:②⑧③ 女儿墙做法:③⑧

4.2 外墙部分,在混凝土梁柱与砌体交接处,加敷300宽钢板网一层(1厚、网眼尺寸不大于10×10);
内墙部分,在混凝土梁柱与砌体交接处,加敷300宽耐碱玻纤网格布一层。

5. 室内装修

5.1 内装修做法见室内装修一览表。

5.2 次装修时,不得破坏承重结构或降低结构构件质量。

5.3 所有吊平顶的房间,楼板内预留Φ10@1200×1200吊筋弯钩(锚入混凝土≥200,外露≥150)。

5.4 室内装修所用材料均应满足《民用建筑工程室内环境污染控制规范》(GB50325—2010)2013年版Ⅰ类民用建筑工程的要求,具体内容见右表。

污染物	Ⅰ类民用建筑工程
氡(Bq/m³)	≤200
甲醛(mg/m³)	≤0.08
苯(mg/m³)	≤0.09
氨(mg/m³)	≤0.2
TVOC(mg/m³)	≤0.5

6. 室外工程

6.1 室外散水宽1200选用12J003⑤,垫层改为100厚碎石垫层。散水下降至室外地坪下250,上覆土种植草坪。

6.2 台阶做法详见12J003图集第B2页节点5A。

6.3 挡墙做法详见12J003图集第B9页节点6,花池做法详见12J003图集第D1页节点1。

6.4 残疾人扶手做法详见13J926 ⑤ 残疾人坡道做法详见12J003⑥

6.5 图中所注室内外高差仅供参考,具体高差可根据景观现场调整。

7. 油漆及防腐

7.1 所有金属件,均应除锈后涂防锈漆一度,凡经焊接的铁件,应补做防锈漆。

7.2 所有预埋木砖,均浸涂氟化钠防腐剂处理。凡露明铁件,颜色除设备专业有要求外,均与墙、顶同色。外罩调和漆二道。

7.3 所有内门,除另有二次装修要求外,均满刮腻子打底磨光后,涂刷亚光树脂清漆一底二度中等做法。木质防火门面罩材料、油漆用料做法,均与相邻房间木门同。

8. 节能、环保设计

8.1 本工程所有外墙均采用无机保温砂浆外墙外保温(燃烧性能A级),外墙外保温、勒脚、女儿墙、窗口、变形缝等部分做法相应参照,并按照《无机保温砂浆墙体保温系统应用技术规程》要求进行施工。住宅执行标准:《夏热冬冷地区居住建筑节能设计标准》(JGJ134—2010);《安徽省居住建筑节能设计标准》(DB34/1466—2011)。

节能目标:采取节能措施后比未采取节能措施前相比,满足节能50%要求。节能措施如下:

1)外墙保温材料:40厚无机保温砂浆Ⅰ型(外)+20厚无机保温砂浆Ⅰ型(内)(燃烧性能A级)。Ⅰ型:密度300kg/m³,导热系数0.070,蓄热系数1.2,修正系数1.25。(合肥地区外墙限制使用保温砂浆)

2)屋面保温材料:屋面采用90厚泡沫混凝土(燃烧性能A级)。密度180kg/m³,导热系数0.080,蓄热系数1.2,修正系数1.5。

3)外门窗1:塑钢普通中空玻璃窗(5+9A+5),传热系数2.80W/(㎡·k);外门窗2:铝合金普通中空玻璃窗(6+12A+6),传热系数3.60W/(㎡·k)。

4)架空楼板保温材料:40厚无机保温砂浆。密度300kg/m³,导热系数0.056,蓄热系数1.8,修正系数1.25。

5)外门:节能门。传热系数2.0 W/(㎡·k)。

门窗性能气密性6级,水密性3级,抗风压4级,保温5级,隔声性能3级,采光性能3级。

节能计算采用中国建筑科学研究院PKPM节能设计分析软件进行电算。部分非强制性的规定性指标未满足,但采用软件,进行动态权衡计算,能耗均小于参照建筑的全年能耗,达到节能要求。(计算版本PKPM2012版)

结论:该工程达到节能要求。凡施工图中有与修改的节能专篇、节能一览表不符的,均以修改的专篇、一览表为准。

8.2 节能设计见夏热冬冷地区居住建筑节能设计一览表。

8.3 本工程所选用的一切内、外装修材料,均应符合《民用建筑工程室内环境污染控制规范》Ⅰ级(GB50325—2010)的要求。并由建筑、设计、监理等单位共同选择看样(或做样板)后定。

8.4 本图纸中大样所表示外墙节能材料做法仅为示意,具体做法应符合10J121的要求。

9. 安全防护

9.1 凡窗台低于900以下范围内的低窗台或落地窗均加安全护栏或安全玻璃。

9.2 安全玻璃的做法应满足发改运行[2003]2116号文及《建筑玻璃技术应用规程》的要求。

9.3 阳台内护栏杆做法参06J403—1第87页PA1型,护栏栏杆做法参06J403—1第77页H2型。

9.4 通向不上人屋面的外窗、阳台应设计净距不大于110的全封闭防护隔栅。

10. 其他构筑

10.1 厨房排烟道楼板处预留洞口530×430,做法详见07J916—1第A—1页A—CH型。安装节点及风帽详07J916图集相关节点。

10.2 与空调机板相接外墙预留洞,KD1Φ80(用于卧室),洞中心距楼面2200。KD2Φ80(用于起居室),洞中心距楼面200。MD表示厨房燃气热水器(强制式)排气洞穿墙管直Φ100套管,中心距地面2650,燃气热水器的排气管严禁接入排气道系统。(穿梁)

10.3 楼梯栏杆见06J403—1第75页K1型,荷载类别为二类栏杆,预埋件为⑤,栏杆在梯段转折处突出长度控制在距窗踏步50以内。且不应影响疏散宽度。

10.4 外墙变形缝详04CJ01—3—19—1、2节点,应为防火保温变形缝;屋面变形缝详12J201—A15—4节点,应为防火保温变形缝。

10.5 本工程空调机位处百叶的通风率均为0.4。

11. 消防设计

11.1 本工程为32层住宅楼,总面积20383㎡,建筑物总高度93.40m,属一类高层住宅,本工程消防设计按塔式住宅进行设计,住宅每层每单元为一个防火单元,每单元设有一部剪刀楼梯和一部消防电梯,合用前室面积均大于6㎡,前室面积大于4.5㎡,在底层有两个直接对外的入口,满足消防要求。结构类型为钢筋混凝土剪力墙结构,主要承重结构和墙体及吊顶为不燃性材料。耐火等级地上地下均为一级。

11.2 总体布置:沿建筑物南北侧长边均设有消防车道,沿消防车道及建筑物北侧满足消防登高操作地要求。

11.3 消防控制室由小区统一设置。

11.4 高层住宅每单元均设1000kg乘客电梯与800kg消防电梯各一部,速度2.0m/s,井道设有大于2.0m³集水井。

11.5 除风管井、正压送风井外,各电缆井、管道井应每层在楼板处用相当于楼板耐火极限的不燃烧体作防火分隔。具体做法为管井每层楼板处只预留钢筋,管道与设备安装后二次浇注混凝土楼板。

12. 电梯

12.1 本工程电梯选型详见电梯一览表。

12.2 电梯轿厢大小、按钮、轿厢装修等应满足无障碍的要求,按照新住宅规范实施指导手册上对于担架电梯设置的条文解释及要求,井道尺寸参照预选样本绘制,电梯选型最终确定后,应及时通知设计、施工单位,以便配合、调整。电梯留孔留洞详图详电梯样本。

12.3 1000kg电梯轿厢尺寸不得小于1600×1500,兼做担架电梯。

12.4 电梯底坑除防水混凝土外,外刷(粉)防水涂料2厚,确保不渗漏。

12.5 电梯与户内相邻部分设隔声防震措施,具体做法详见08J931第39、40页做法。

13. 无障碍设计

执行标准:《无障碍设计规范》GB 50763—2012,按规范要求设置以下内容。

13.1 本建筑公共入口设有无障碍坡道,坡度1:12,设无障碍专用扶手。其建筑入口平台宽度大于2000,入口处室内外高差不大于15。

13.2 本建筑设一部无障碍电梯,层层停靠,候梯厅深度1800,客梯无障碍设计见12J926的55~57页。无障碍电梯轿厢大小、按钮、轿厢装修等应满足无障碍的要求,担架电梯轿厢尺寸不小于1600(宽)×1500(深)。建筑入口门为平开门。

图名	住宅设计说明(二)	图号	9-23-2

夏热冬冷地区居住建筑(某小区住宅楼)节能设计一览表

附表J　　　安徽省居住建筑节能设计一览表表式

附表J.0.1　体形系数≤0.40　　计算日期：2014 年 10 月 20 日

项目名称：××小区住宅楼，建设地点：××县，建筑面积：地上20427.72m²/地下0.00m²，层数：32层，高度：92.80 m

序号	项目		标准限值K〔W/（㎡·K）〕	设计计算及选用							是否符合	
											标准	
1	体形系数	5～11层	≤0.40	体形系数 0.34,1～4层□，5～11层□，≥12层■							是■	否□
		≥11层	≤0.35									
2	窗墙面积比	Cm	K	SCw（东西向/南向）	计算窗墙比及相应指标限值			设计选用及可达到指标			是	否
					朝向	K限值	SCw限值	框料	玻璃品种、厚度、中空尺寸	SCw 设计K值		
		Cm≤0.20	K≤4.0	/	东	4.00	/	塑钢普通中空玻璃	5+9A+5	/ 2.70	■	□
		0.20＜Cm≤0.30	K≤3.6	≤0.45/0.50	南 0.38	3.20	0.45	塑钢普通中空玻璃	5+9A+5	0.61 2.70	■	□
		0.30＜Cm≤0.40	K≤3.2	≤0.40/0.45	西 0.23	/	/	塑钢普通中空玻璃	5+9A+5	0.76 2.70	■	□
		0.40＜Cm≤0.45	K≤2.8	≤0.35/0.40	北 0.23	3.60	/	塑钢普通中空玻璃	5+9A+5	0.76 2.70	■	□
		0.45＜Cm≤0.60	K≤2.5	≤0.25								
3	外门窗气密性等级	1～6层，4级，qₗ≤2.5,qₐ≤7.5	6 级								■	□
		≥7层，6级，qₗ≤2.5,qₐ≤7.5	6 级								■	□
4	屋顶透明部分	≤屋顶面积的4%,K≤3.6, SCw≤0.50	面积:屋顶面积的 / %,K= / ,SCw= /								■	□
5	屋顶	重质结构 K≤1.0 / 轻质结构 K≤0.8	平屋面:保温隔热材料 硅酸盐水泥无机发泡板 厚度 80, K 0.62 找坡层材料 轻集料混凝土 厚度 30 坡屋面:保温隔热材料 / 厚度 / , K /								■	□
6	外墙	重质结构 K≤1.5 / 轻质结构 K≤1.0	外保温□，自保温□，内保温□，保温材料 玻化微珠建筑保温砂浆，厚度 40，Km 1.36。主墙体材料煤干石砌体，厚度200								■	□
7	分户墙	K≤2.0	保温材料 / ，厚度 / ，K 1.64。主墙体材料 煤干石砌体，厚度200								■	□
	楼梯间隔墙		保温材料 / ，厚度 / ，K 1.64。主墙体材料 煤干石砌体，厚度200								■	□
	封闭外走廊隔墙		保温材料 / ，厚度 / ，K / 。主墙体材料 / ，厚度 /									
8	楼板	层间楼板 K≤2.0	保温材料 / ，板下保温□，保温材料 / ，厚度 / ，K 3.11								□	■
	地面接触室外空气的架空或外挑楼板	K≤1.5	板上保温□，板下保温□，保温材料 膨胀玻化微珠保温防火浆，厚度 40，K 1.30								■	□
9	户门	通往封闭空间 K≤3.0	钢化防盗保温门□，木防盗保温门□，低窗入口□，防盗保温对讲门□								■	□
		通往封闭空间或户外 K≤2.0	钢化防盗保温门□，木防盗保温门□，低窗入口□，防盗保温对讲门□								■	□
10	其他	建筑朝向 南偏东＜15°□，南偏东15～35°□，南偏西＜15°■	权衡判断 PBECA 2012 版本 1.00				是否达到节能指标				■	□
		外墙饰面 深色□，浅色■	权衡判断 能耗指标 设计建筑 36.00 KW·h/㎡									
		屋顶面层 深色□，浅色■，绿化种植□	参照建筑 36.03									

电 梯 一 览 表

电梯功能	井道尺寸	层数	载重量	速度	总提升高度	顶层高度	底坑深度	数量	备注
无障碍电梯	2200×2200	32	1000kg	2.0m/s	89.900m	5300	1900	2	(兼担架电梯)
消防电梯	2000×2200	32	800kg	2.0m/s	89.900m	5300	1900	2	(兼客梯)
说明	普通乘客电梯轿厢大小、按钮、轿厢装修等应满足无障碍的要求。电梯施工中必须与电梯厂提供的图纸相对照，图中未表示的预埋件等以电梯厂家的图纸为准。电梯控制方式采用集选控制。电梯施工图在施工前需征得厂家的确认，电梯的井道尺寸、机房留洞等应根据订货情况由厂家确认。图中预留孔洞大小、定位待电梯厂家一一确定								

室 内 装 修 一 览 表

部位	地面做法	楼面做法	踢脚做法	顶棚做法	墙面做法
住宅套内（厨卫除外）	地砖地面（地砖面层主二次装修做）①20厚1:2.5水泥砂浆找平层②水泥浆一道③100厚C15混凝土垫层④100厚碎石垫层⑤素土夯实	地砖楼面（地砖面层业主二次装修做）①20厚1:2.5水泥砂浆找平层②水泥浆一道③现浇钢筋混凝土楼板	地砖踢脚（块料面层业主二次装修做）①6厚1:2.5水泥砂浆抹平②14厚1:3水泥砂浆打底③混凝土墙面素水泥浆一道	普通乳胶漆饰面（乳胶漆业主二次装修做）①建筑环保胶水水泥腻子两遍②清水模板钢筋混凝土天棚（天棚面修整）	普通内墙乳胶漆饰面（装饰层业主二次装修做）①8厚1:0.5:2.5水泥石灰膏砂浆抹平②12厚1:0.5:3水泥石灰膏砂浆打底③混凝土墙面素水泥浆一道
厨房	地砖地面（地砖面层业主二次装修做）①20厚1:2.5水泥砂浆找平层②水泥浆一道③100厚C15混凝土垫层④100厚碎石垫层⑤素土夯实	地砖楼面（地砖面层业主二次装修做）①20厚1:2.5水泥砂浆找平层②水泥浆一道③现浇钢筋混凝土楼板		普通乳胶漆饰面（乳胶漆业主二次装修做）①建筑环保胶水水泥腻子两遍②清水模板钢筋混凝土天棚（天棚面修整）	面砖内墙面（块料面层业主二次装修做）①6厚1:2.5水泥砂浆抹平拉毛②14厚1:3水泥砂浆打底③混凝土墙面素水泥浆一道
卫生间	地砖地面（地砖面层业主二次装修做）①水泥基渗透结晶防水涂料翻边，上翻300(带淋浴间上翻1800)②20厚1:2.5水泥砂浆找平层③水泥浆一道④100厚C15混凝土垫层⑤100厚碎石垫层⑥素土夯实	地砖楼面（地砖面层业主二次装修做）①水泥基渗透结晶防水涂料翻边，上翻300(带淋浴间上翻1800)②20厚1:2.5水泥砂浆找平层③水泥浆一道④现浇钢筋混凝土楼板		普通乳胶漆饰面①建筑环保胶水水泥腻子两遍②清水模板钢筋混凝土天棚（天棚面修整）	面砖内墙面①6厚1:2.5水泥砂浆抹平拉毛②14厚1:3水泥砂浆打底③混凝土墙面素水泥浆一道
电梯前室1～2层楼梯间1层楼梯踏步1层门厅及走道	地砖地面①8～15厚地砖，干水泥擦缝②20厚1:3干硬性水泥砂浆结合层，表面撒水泥粉③水泥浆一道④100厚C15混凝土垫层⑤100厚碎石垫层⑥素土夯实	地砖楼面①8～15厚地砖，干水泥擦缝②20厚1:3干硬性水泥砂浆结合层，表面撒水泥粉③水泥浆一道④现浇钢筋混凝土楼板	地砖踢脚①地砖踢脚，水泥浆擦缝②8厚1:2水泥砂浆黏结层③20厚1:3水泥砂浆打底④混凝土墙面素水泥浆一道	普通乳胶漆饰面①普通内墙乳胶漆饰面两遍②建筑环保胶水水泥腻子两遍③清水模板钢筋混凝土天棚（天棚面修整）	普通内墙乳胶漆饰面①普通内墙乳胶漆饰面两遍②建筑环保胶水水泥腻子两遍③8厚1:0.5:2.5水泥石灰膏砂浆抹平④12厚1:0.5:3水泥石灰膏砂浆打底⑤混凝土墙面素水泥浆一道
电梯机房间3层及以上楼梯间负1层负2层楼梯间2层及以上楼梯踏步负1层负2层楼梯踏步		水泥砂浆楼面①20厚1:2.5水泥砂浆找平层②水泥浆一道③现浇钢筋混凝土楼板	水泥砂浆踢脚(内踢脚)①6厚1:2.5水泥砂浆抹平②14厚1:3水泥砂浆打底③混凝土墙面素水泥浆一道	普通乳胶漆饰面①普通内墙乳胶漆饰面两遍②建筑环保胶水水泥腻子两遍③清水模板钢筋混凝土天棚（天棚面修整）	普通内墙乳胶漆饰面①普通内墙乳胶漆饰面两遍②建筑环保胶水水泥腻子两遍③8厚1:0.5:2.5水泥石灰膏砂浆抹平④12厚1:0.5:3水泥石灰膏砂浆打底⑤混凝土墙面素水泥浆一道
电信间弱电间配电间电表间电井	水泥砂浆地面①20厚1:2.5水泥砂浆找平层②水泥浆一道③100厚C15混凝土垫层④100厚碎石垫层⑤素土夯实	水泥砂浆楼面①20厚1:2.5水泥砂浆抹光②水泥浆一道③现浇钢筋混凝土楼板	水泥砂浆踢脚(内踢脚)①6厚1:2.5水泥砂浆抹平②14厚1:3水泥砂浆打底③混凝土墙面素水泥浆一道	白水泥腻子饰面①建筑环保胶水水泥腻子两遍②清水模板钢筋混凝土天棚（天棚面修整）	白水泥腻子饰面①建筑环保胶水水泥腻子两遍②8厚1:0.5:2.5水泥石灰膏砂浆抹平③12厚1:0.5:3水泥石灰膏砂浆打底④混凝土墙面素水泥浆一道
水井	水泥防水砂浆地面①20厚1:2.5水泥防水砂浆抹光②100厚C15混凝土垫层③100厚碎石垫层④素土夯实	水泥防水砂浆楼面①20厚1:2水泥防水砂浆抹光②现浇钢筋混凝土楼板	白水泥腻子饰面①建筑环保胶水水泥腻子两遍②清水模板钢筋混凝土天棚（天棚面修整）		水泥防水砂浆饰面①20厚1:2水泥防水砂浆抹光
备注	1.选用图集：图集号05J909 2.室内混凝土墙、柱、梁与砖墙交接处，采用宽度300的纤维网格布加强 3.在阳台板面粉20厚1:2水泥防水砂浆（防水剂为水泥重量的5%），砂浆内掺高强聚丙烯防裂纤维				

图名	住宅设计说明（三）	图号	9-23-3

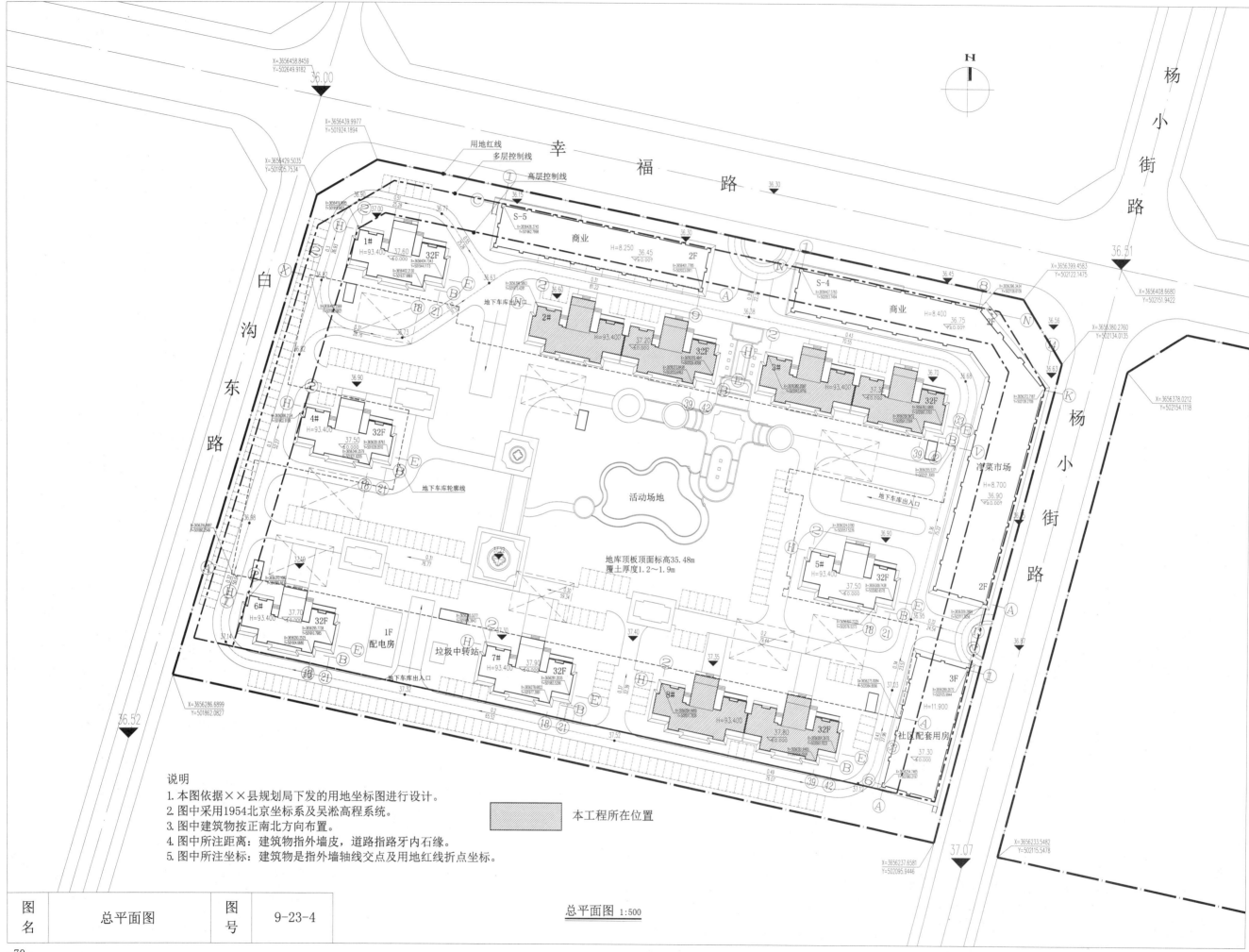

说明
1. 本图依据××县规划局下发的用地坐标图进行设计。
2. 图中采用1954北京坐标系及吴淞高程系统。
3. 图中建筑物按正南北方向布置。
4. 图中所注距离：建筑物指外墙皮，道路指路牙内石缘。
5. 图中所注坐标：建筑物是指外墙轴线交点及用地红线折点坐标。

本工程所在位置

| 图名 | 总平面图 | 图号 | 9-23-4 | | 总平面图 1:500 |

说明

1.七层及七层以上的住宅建筑入口、入口平台、候梯厅、公共走道等部位应有无障碍设计，并符合以下规定：

1)建筑入口设台阶时，应设轮椅坡道和扶手。坡道的坡度，当坡道高度为0.60m时，坡度应≤1：10；高度为0.75m时，坡度应≤1：12；高度为1.00m时，坡度应≤1：16。

2)供轮椅通行的门净宽不应小于0.80；门把手一侧的墙面不应小于0.50m，门扇应安装视线观察玻璃、横执手和关门拉手，在门扇的下方应安装高0.35m的护门板；门内外地面高差不应大于15，并应以斜坡过渡。

3)七层及七层以上住宅建筑入口平台宽度不应小于2.00m；候梯厅深度不应小于多台电梯中最大轿厢深度，并不得小于1.8m。

4)供轮椅通行的走道净宽不应小于1.2m。

2.住宅的公共出入口位于阳台、外廊及开敞楼梯平台下部时，应设置有雨罩等防止物体坠落伤人的安全措施。

3.住宅公共部位的通道和走廊应满足净宽不小于1.20m，局部净高不应低于2.00m的规定。

4.高层住宅每单元应尽量设置两个疏散出口，设置一个疏散出口时应满足2014版防火规范相关要求。

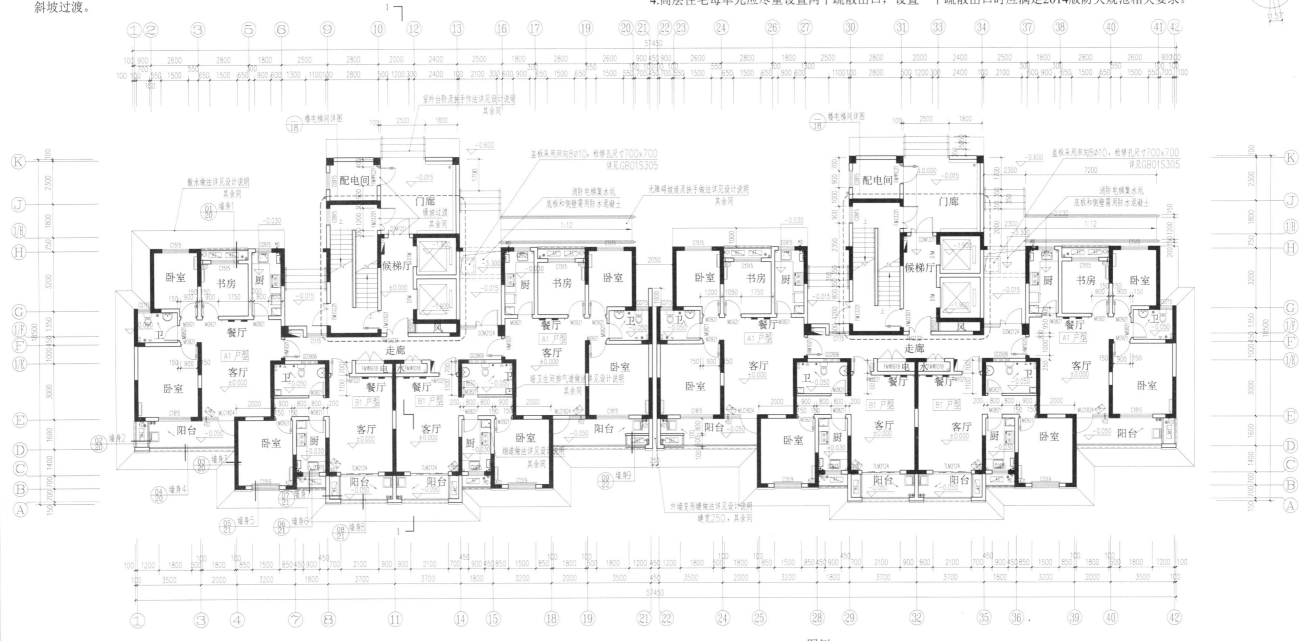

注：剪力墙、构造柱布置以结构施工图为准。

1.图中除注明外所有墙体墙厚均为200或120（卫生间），采用煤矸石空心砖砌筑。

2. 未注明的泛水坡度为1%，方向坡向地漏；阳台、卫生间的地面标高为H-0.050，厨房的地面标高为H-0.030。

3. 厨房排烟道楼板处预留洞口530×430，做法详见《住宅排气道（一）》07J916-1第A-1页A-CH型；卫生间排气道楼板处预留洞口380×330，做法详见《住宅排气道（一）》07J916-1第A-5页A-WL型；

4. 水、电管井门口设门槛尺寸为200×300（宽×高），水电管井待设备完成后，每层用C20细石混凝土封堵。

5. 窗台高小于900处，做护窗栏杆，做法详见《楼梯 栏杆 栏板（一）》

06J403-1第77页H2型，栏杆高度1100，栏杆竖向间距≤110。

6. KD1表示φ80空调预留孔，中心距地面2200，距墙边150或见图注，并注意避开雨水管；KD2表示Φ80空调预留孔，中心距地面200，距墙边150或见图注，并注意避开雨水管；MD表示厨房燃气热水器（强制式）排气管穿墙管留Φ100套管，中心距地面2650，距墙边150或见图注，燃气热水器的排气管严禁接入排气道系统。

7. 空调预留孔在砖墙处预埋UPVC套管，在混凝土处预留钢套管，外墙有雨水管处应避让开。

8. 平面图中门定位尺寸（门垛尺寸）除注明者外，靠砖砌体墙一侧为100。

9. 图中阳台用1:2防水水泥砂浆（掺5%防水剂）向地漏找i=1%坡；图中空调板用1:2防水水泥砂浆（掺5%防水剂）或地漏(外侧)找i=1%坡。

图例

空调室外机（单机）
空调室外机（双机）
空调室内柜机
壁挂式燃气热水器
厨房排烟道
卫生间排气道
消防立管
消火栓
客厅室外空调机 950×700×450
主卧室室外空调机 850×550×350
小卧室室外空调机 750×450×300

一层平面图 1:100
本层建筑面积：680m²

楼层	H	楼层	H	楼层	H	楼层	H	楼层	H	楼层	H
1	0.000	7	17.400	13	34.800	19	52.200	25	69.600	31	87.000
2	2.900	8	20.300	14	37.700	20	55.100	26	72.500	32	89.900
3	5.800	9	23.200	15	40.600	21	58.000	27	75.400		
4	8.700	10	26.100	16	43.500	22	60.900	28	78.300		
5	11.600	11	29.000	17	46.400	23	63.800	29	81.200		
6	14.500	12	31.900	18	49.300	24	66.700	30	84.100		

图名	住宅一层平面图	图号	9-23-5

说明（续）

5.住宅防火构造重点注意以下各点：

1）住宅建筑上下相邻套房开口部位间应设置高度不低于1.20m 的窗槛墙，或设置耐火极限不低于1.00h 的不燃性实体挑檐，其出挑宽度不应小于1.00m，长度不应小于开口宽度。

2）楼梯间窗口与套房窗口最近边缘之间的水平间距不应小于1.00m。

3）住宅建筑外墙上相邻户开口之间的墙体宽度不应小于1.0m,小于1.0m时，应在开口之间设置突出外墙不小于0.6m的隔板。

4）电缆井、管道井、排烟排气等竖井应独立设置，其井壁应采用耐火极限不低于1.00h的不燃体构件，电缆井、管道井在每层楼板处应采用不低于楼板耐火的不燃性材料或防火封堵，电缆井、管井设置在防烟楼梯间前室合用前室时，其井壁上的检查门应采用丙级防火门。

5）当住宅建筑中的楼梯、电梯直通住宅楼层下部的汽车库时，楼梯、电梯在汽车库内的出入口部位应采取防火分隔措施。

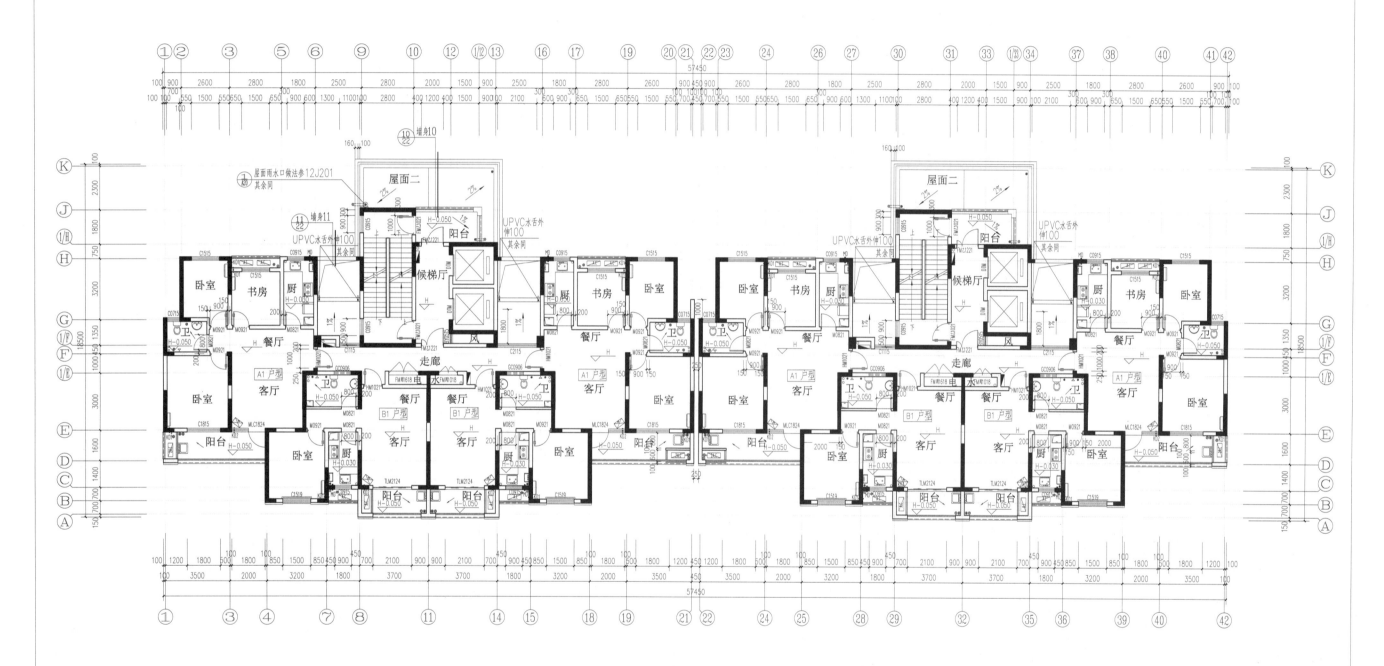

二层平面图 1:100

本层建筑面积：635m²

楼层	H	楼层	H	楼层	H	楼层	H	楼层	H	楼层	H
1	0.000	7	17.400	13	34.800	19	52.200	25	69.600	31	87.000
2	2.900	8	20.300	14	37.700	20	55.100	26	72.500	32	89.900
3	5.800	9	23.200	15	40.600	21	58.000	27	75.400		
4	8.700	10	26.100	16	43.500	22	60.900	28	78.300		
5	11.600	11	29.000	17	46.400	23	63.800	29	81.200		
6	14.500	12	31.900	18	49.300	24	66.700	30	84.100		

图名	住宅二层平面图	图号	9-23-6

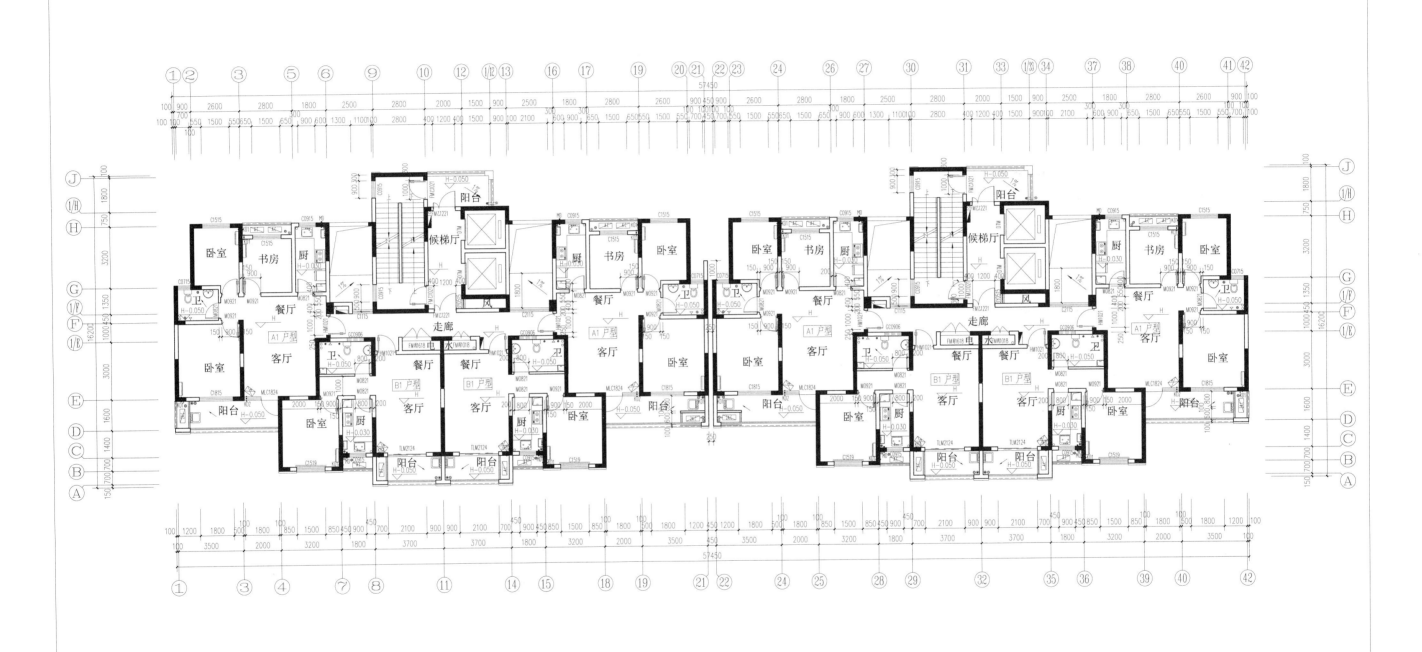

三层、六至二十九层平面图 1:100

本层建筑面积：635m²

楼层	H	楼层	H	楼层	H	楼层	H	楼层	H	楼层	H
1	0.000	7	17.400	13	34.800	19	52.200	25	69.600	31	87.000
2	2.900	8	20.300	14	37.700	20	55.100	26	72.500	32	89.900
3	5.800	9	23.200	15	40.600	21	58.000	27	75.400		
4	8.700	10	26.100	16	43.500	22	60.900	28	78.300		
5	11.600	11	29.000	17	46.400	23	63.800	29	81.200		
6	14.500	12	31.900	18	49.300	24	66.700	30	84.100		

图名	住宅三层、六至二十九层平面图	图号	9-23-7

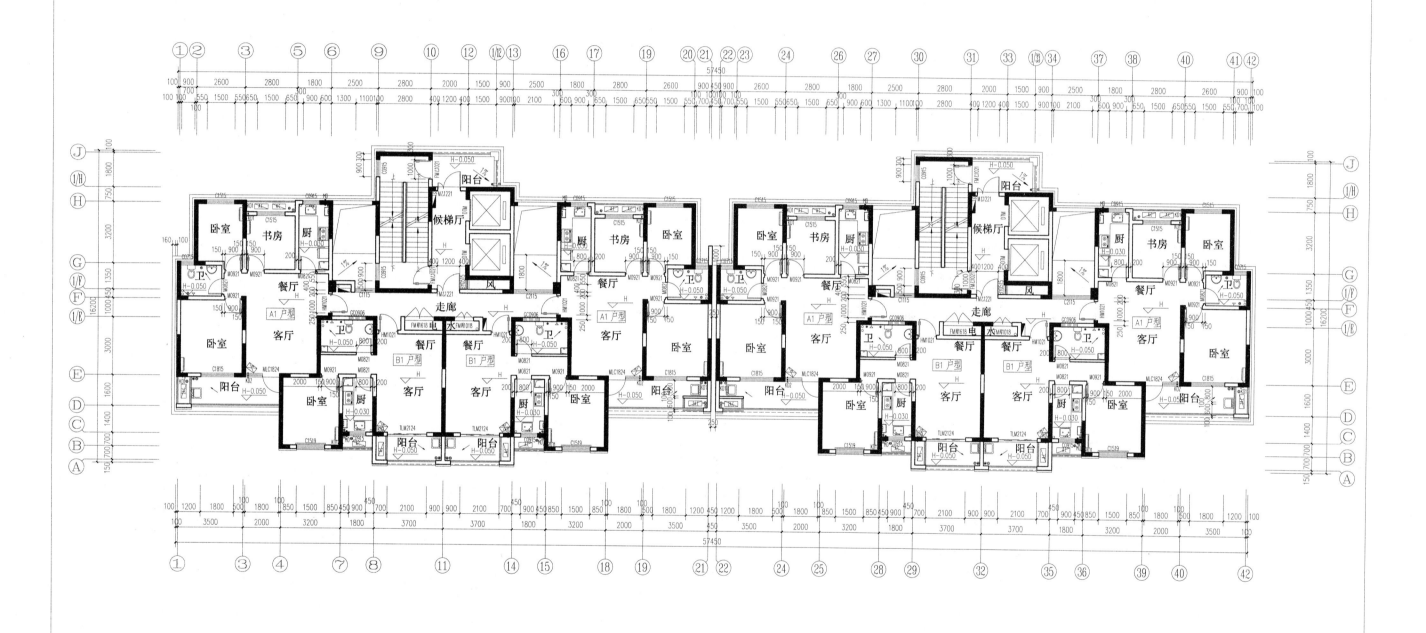

四层平面图 1:100

本层建筑面积：635㎡

楼层	H	楼层	H	楼层	H	楼层	H	楼层	H	楼层	H
1	0.000	7	17.400	13	34.800	19	52.200	25	69.600	31	87.000
2	2.900	8	20.300	14	37.700	20	55.100	26	72.500	32	89.900
3	5.800	9	23.200	15	40.600	21	58.000	27	75.400		
4	8.700	10	26.100	16	43.500	22	60.900	28	78.300		
5	11.600	11	29.000	17	46.400	23	63.800	29	81.200		
6	14.500	12	31.900	18	49.300	24	66.700	30	84.100		

图名	住宅四层平面图	图号	9-23-8

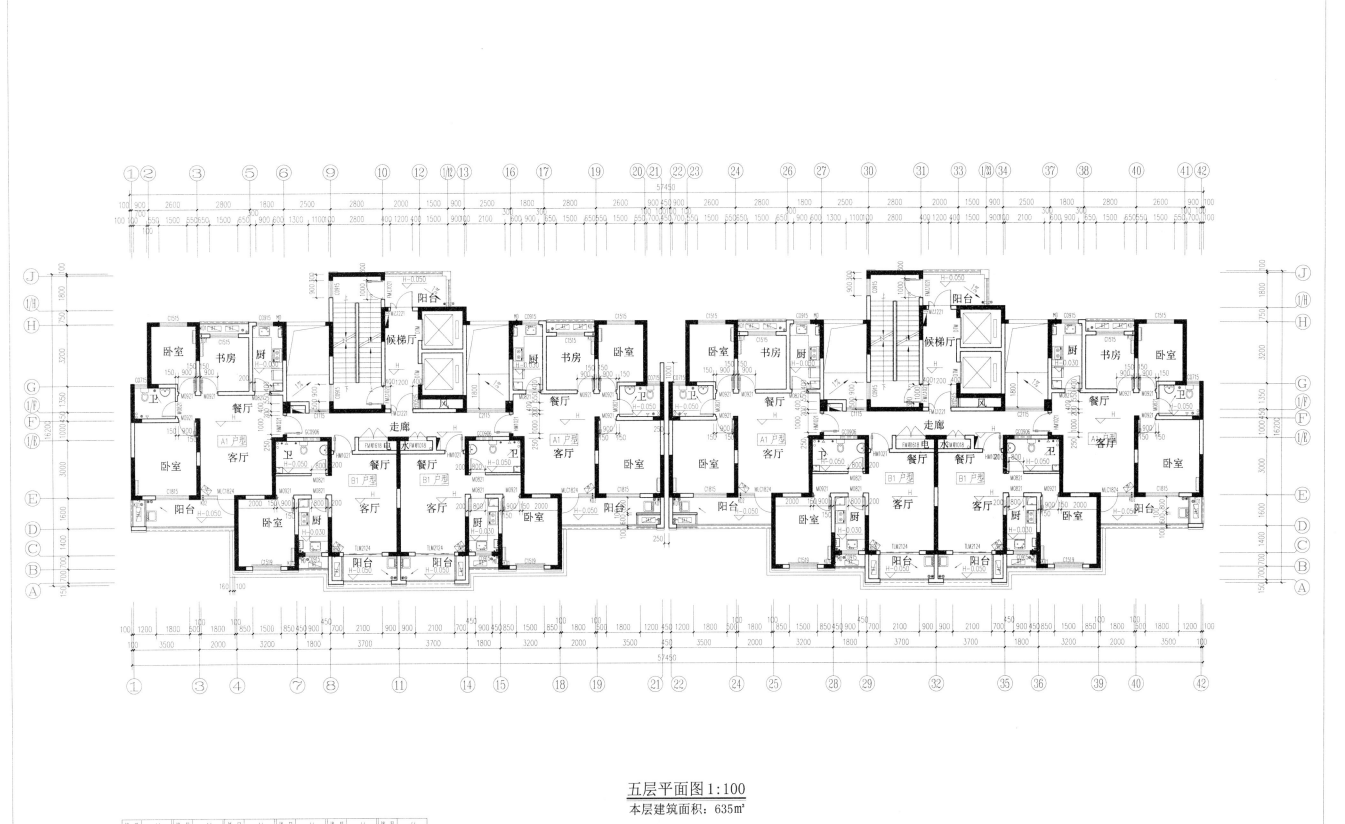

五层平面图1:100
本层建筑面积：635m²

楼层	H	楼层	H	楼层	H	楼层	H	楼层	H	楼层	H
1	0.000	7	17.400	13	34.800	19	52.200	25	69.600	31	87.000
2	2.900	8	20.300	14	37.700	20	55.100	26	72.500	32	89.900
3	5.800	9	23.200	15	40.600	21	58.000	27	75.400		
4	8.700	10	26.100	16	43.500	22	60.900	28	78.300		
5	11.600	11	29.000	17	46.400	23	63.800	29	81.200		
6	14.500	12	31.900	18	49.300	24	66.700	30	84.100		

图名	住宅五层平面图	图号	9-23-9

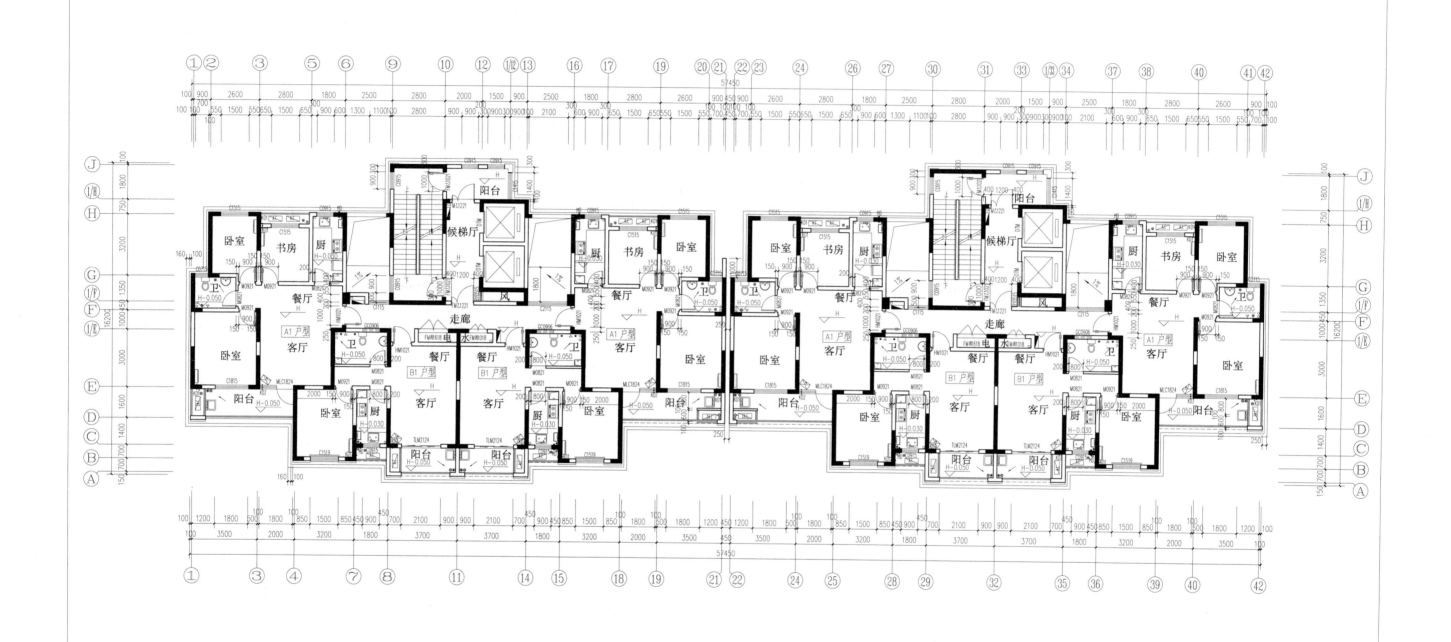

三十层平面图1:100

本层建筑面积：641㎡

楼层	H	楼层	H	楼层	H	楼层	H	楼层	H	楼层	H
1	0.000	7	17.400	13	34.800	19	52.200	25	69.600	31	87.000
2	2.900	8	20.300	14	37.700	20	55.100	26	72.500	32	89.900
3	5.800	9	23.200	15	40.600	21	58.000	27	75.400		
4	8.700	10	26.100	16	43.500	22	60.900	28	78.300		
5	11.600	11	29.000	17	46.400	23	63.800	29	81.200		
6	14.500	12	31.900	18	49.300	24	66.700	30	84.100		

图名	住宅三十层平面图	图号	9-23-10

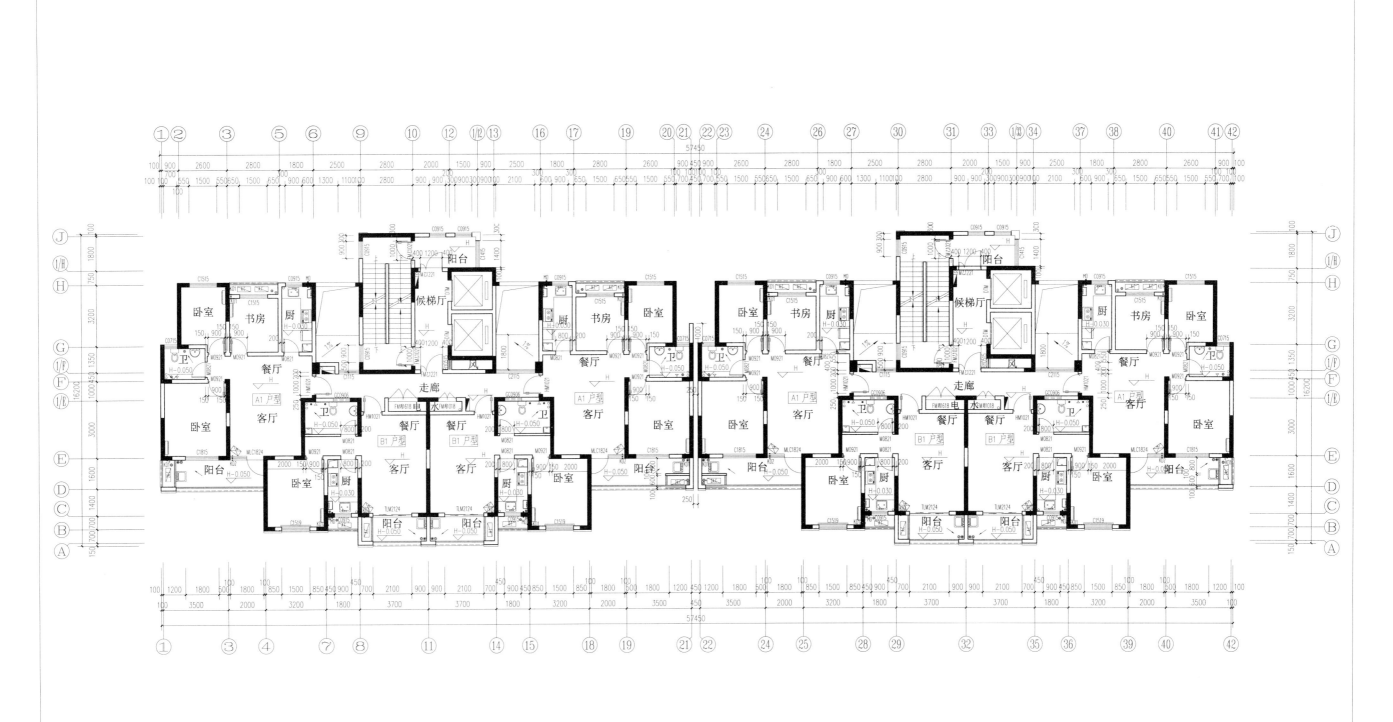

三十一、三十二层平面图 1:100

本层建筑面积：641m²

楼层	H	楼层	H	楼层	H	楼层	H	楼层	H	楼层	H
1	0.000	7	17.400	13	34.800	19	52.200	25	69.600	31	87.000
2	2.900	8	20.300	14	37.700	20	55.100	26	72.500	32	89.900
3	5.800	9	23.200	15	40.600	21	58.000	27	75.400		
4	8.700	10	26.100	16	43.500	22	60.900	28	78.300		
5	11.600	11	29.000	17	46.400	23	63.800	29	81.200		
6	14.500	12	31.900	18	49.300	24	66.700	30	84.100		

图名	住宅三十一、三十二层平面图	图号	9-23-11

说明(续)

6.屋面雨水管布置应注意尽量放置在建筑阴角处或阳台和空调机位侧边,以免影响立面效果。

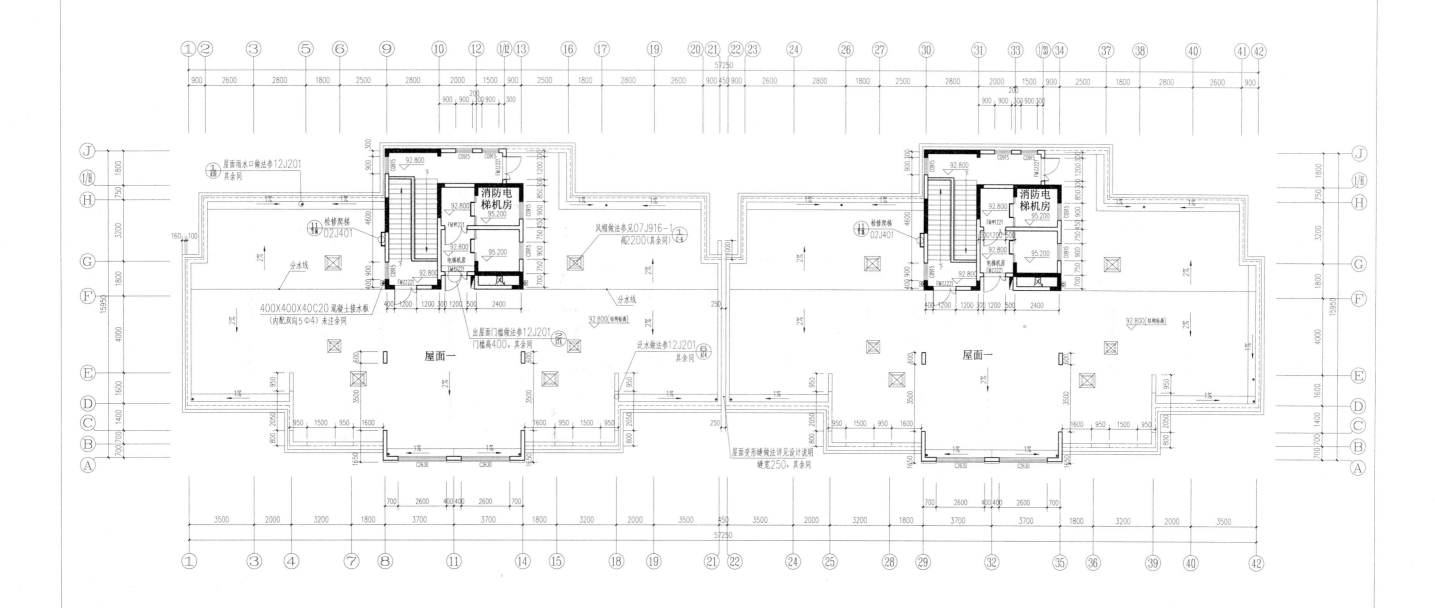

机房层平面图 1:100

| 图名 | 住宅机房层平面图 | 图号 | 9-23-12 |

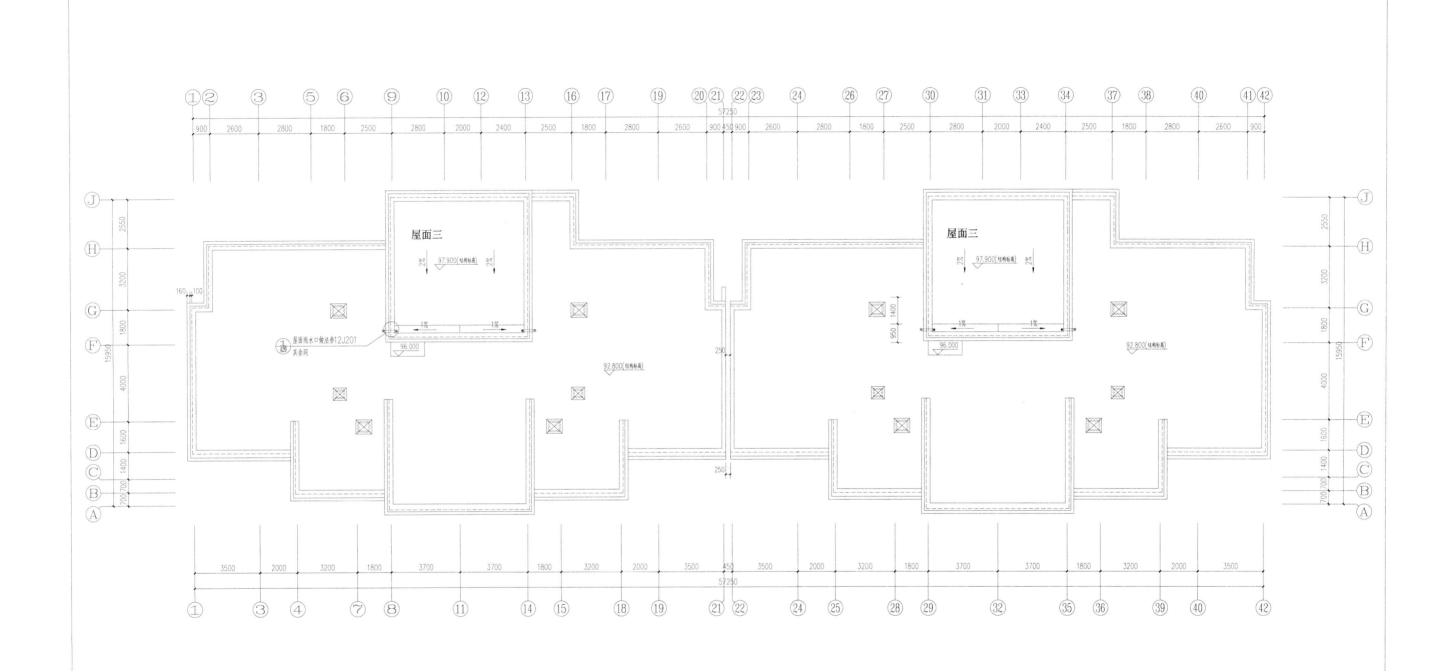

屋顶层平面图 1:100

图名	住宅屋顶层平面图	图号	9-23-13

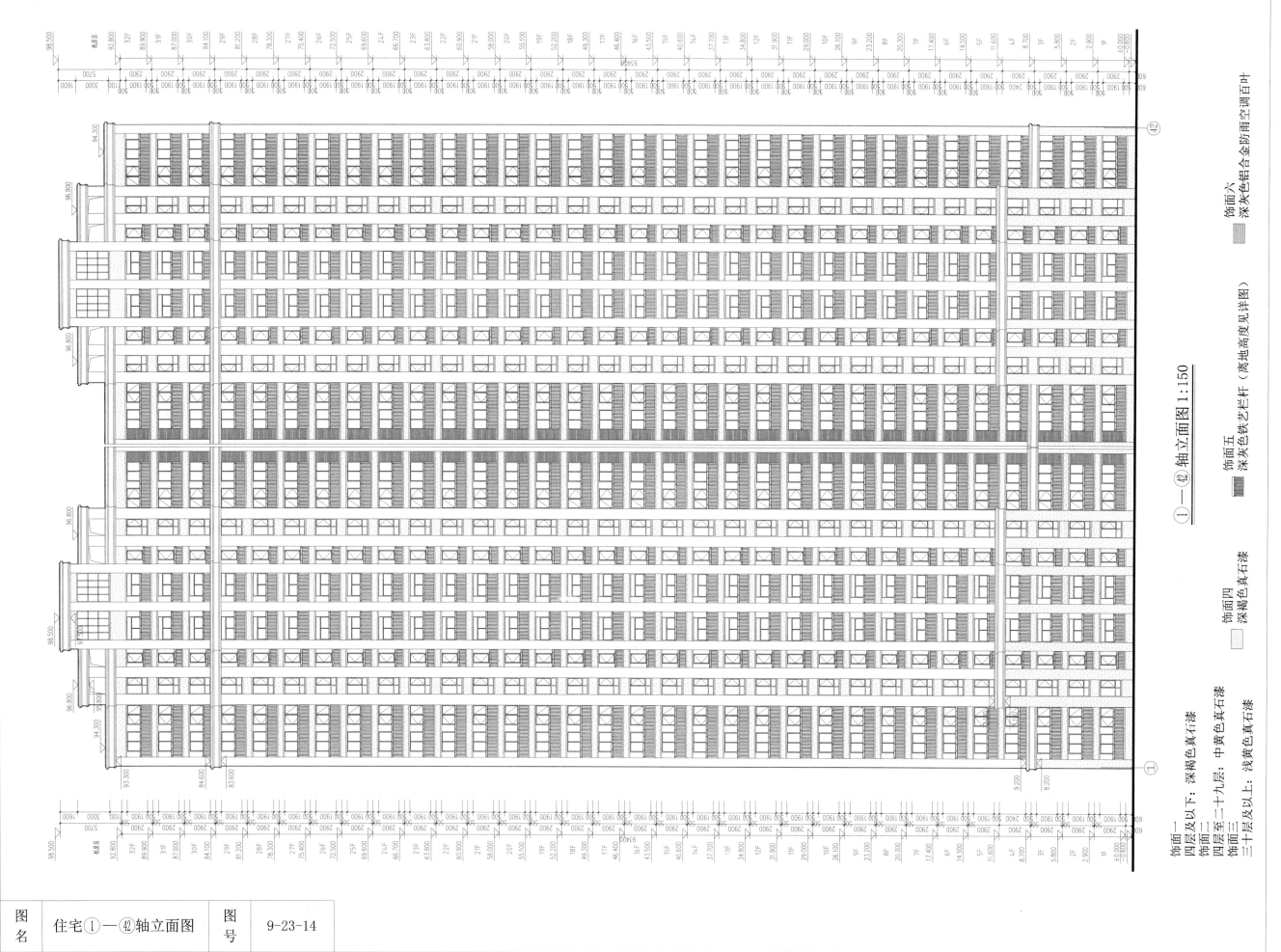

①—㊷轴立面图 1:150

饰面一
四层及以下：深褐色真石漆
饰面二
四层至二十九层：中黄色真石漆
饰面三
三十层及以上：浅黄色真石漆

饰面四
深褐色真石漆

饰面五
深灰色铁艺栏杆（离地高度见详图）

饰面六
深灰色铝合金防雨空调百叶

图名	住宅①—㊷轴立面图	图号	9-23-14

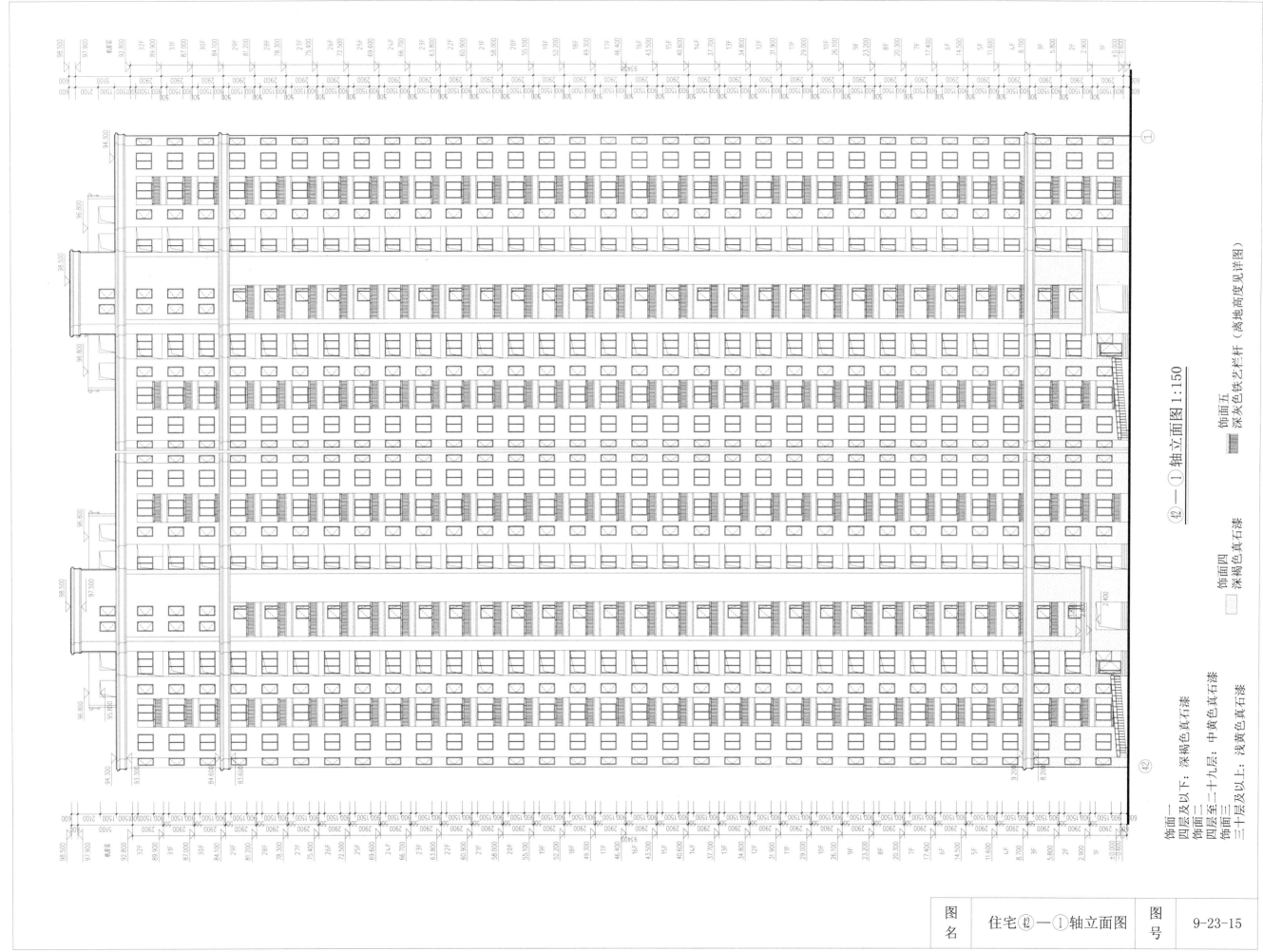

㊷—①轴立面图 1:150

饰面一
四层及以下：深褐色真石漆
饰面二
四层至二十九层：中黄色真石漆
饰面三
三十层及以上：浅黄色真石漆

饰面四
深褐色真石漆

饰面五
深灰色铁艺栏杆（离地高度见详图）

图名	住宅㊷—①轴立面图	图号	9-23-15

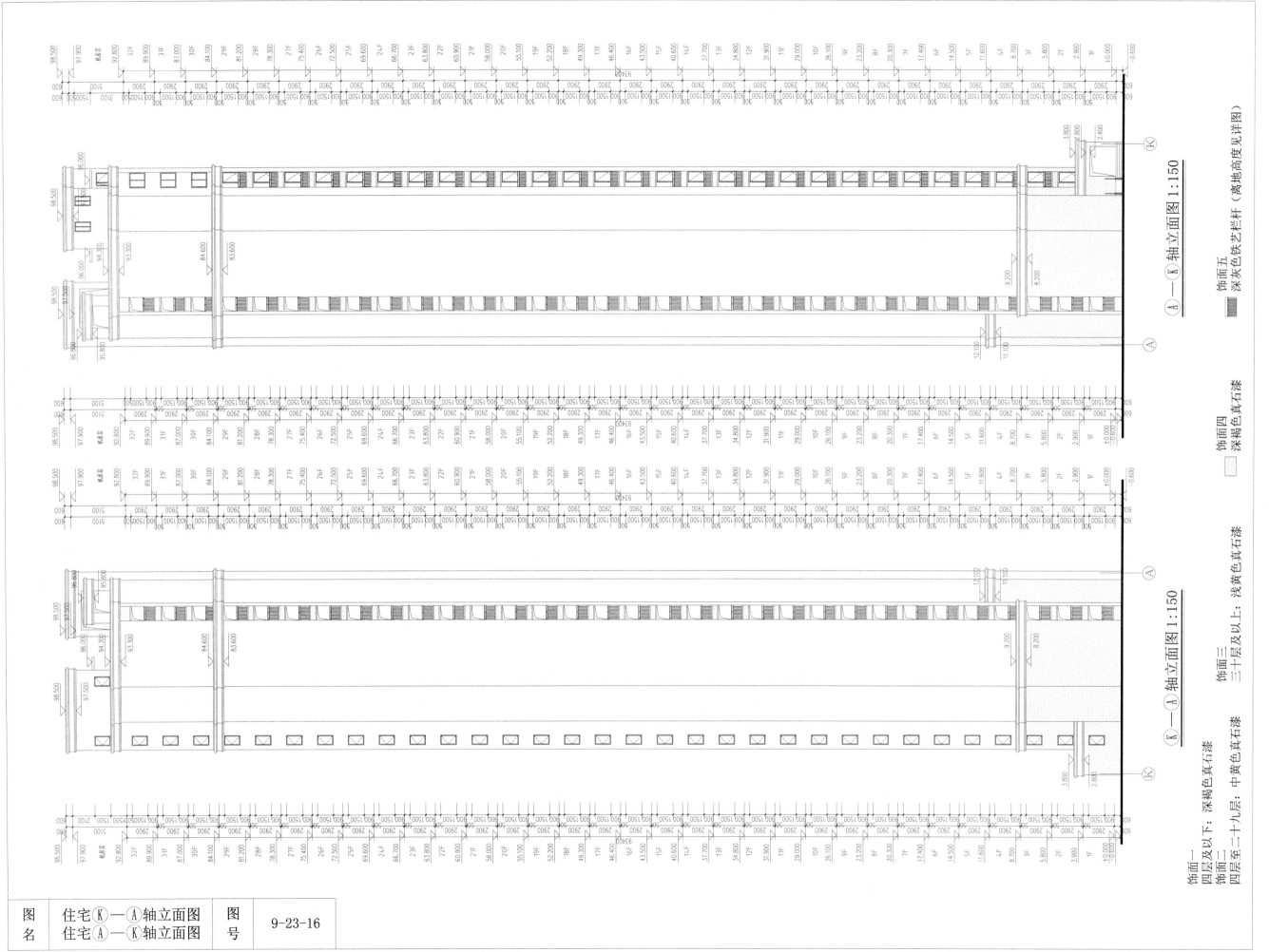

饰面五 深灰色铁艺栏杆（离地高度见详图）

(A)——(K)轴立面图 1:150

饰面四 深褐色真石漆

(K)——(A)轴立面图 1:150

饰面一 四层及以下：深褐色真石漆
饰面二 四层至二十九层：中黄色真石漆
饰面三 三十层及以上：浅黄色真石漆

图名	住宅(K)—(A)轴立面图 住宅(A)—(K)轴立面图	图号	9-23-16

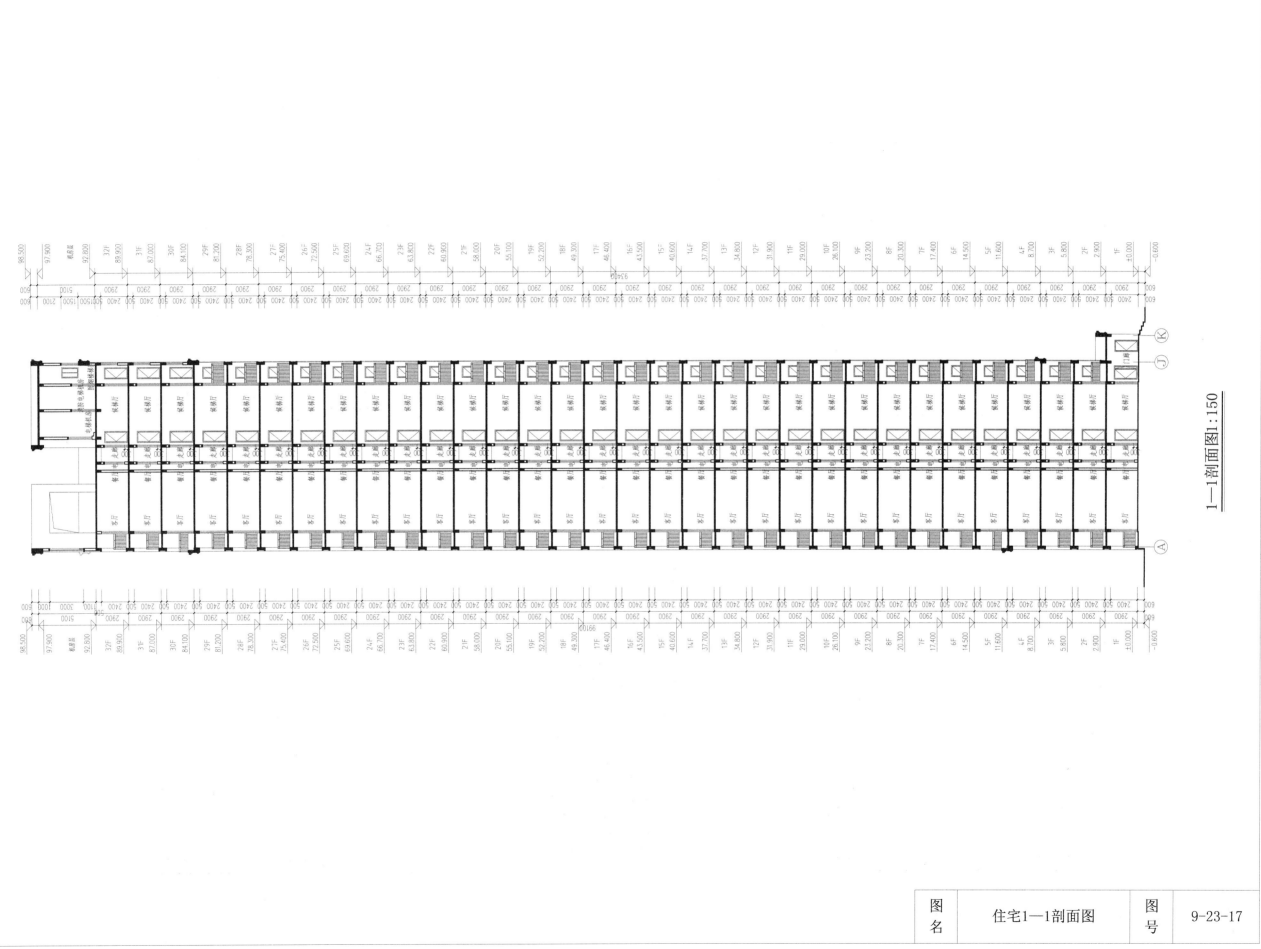

1—1剖面图1:150

| 图名 | 住宅1—1剖面图 | 图号 | 9-23-17 |

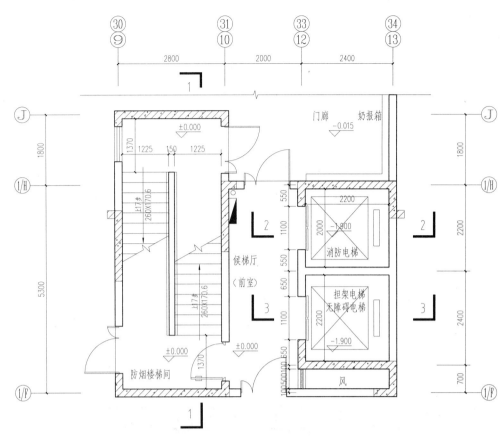

楼电梯间一层平面图 1:50

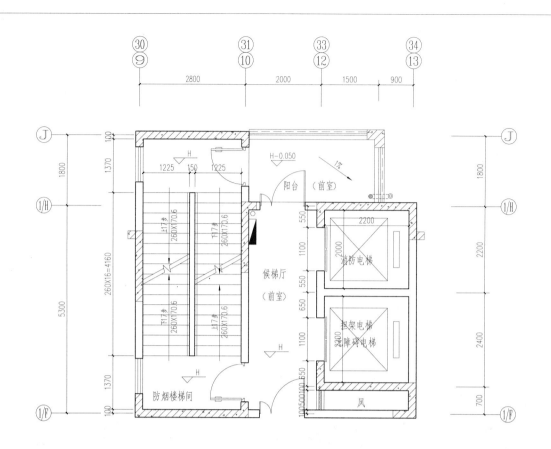

楼电梯间二至二十九层平面图 1:50

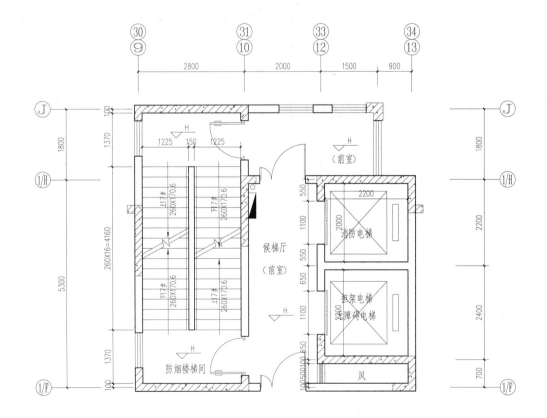

楼电梯间三十至三十二层平面图 1:50

说明(续P78)

7. 楼楼梯梯段净宽、楼梯踏步和栏杆高度应符合以下规定：楼梯段净宽不应小于1.10m，楼梯踏步宽度不应小于0.26m，踏步高度不应大于0.175m；扶手高度不应小于0.90m，水平段栏杆长度大于0.50m 时其扶手高度不应小于1.05m。

8. 楼梯井净宽大于0.11m 时必须采取防止儿童攀爬滑落的措施。

9. 消防电梯的前室宜靠外墙设置。首层应直通室外或经过长度不超过30m 的通道通向室外。10. 消防电梯井、机房应与其他部位隔开且隔墙耐火极限不小于2.0h；消防电梯的行驶速度，应按从首层到顶层的运行时间不超过60s计算确定。

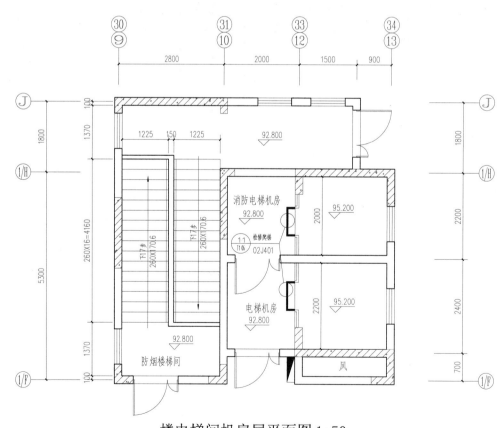

楼电梯间机房层平面图 1:50

| 图名 | 住宅楼梯大样图（一） | 图号 | 9-23-18 |

改造后担架示意图

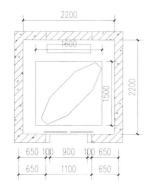

担架电梯轿厢示意图

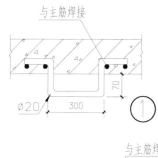

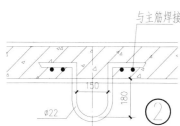

电梯机房维修吊钩 1:10

楼层	H	楼层	H	楼层	H	楼层	H	楼层	H	楼层	H
1	0.000	7	17.400	13	34.800	19	52.200	25	69.600	31	87.000
2	2.900	8	20.300	14	37.700	20	55.100	26	72.500	32	89.900
3	5.800	9	23.200	15	40.600	21	58.000	27	75.400		
4	8.700	10	26.100	16	43.500	22	60.900	28	78.300		
5	11.600	11	29.000	17	46.400	23	63.800	29	81.200		
6	14.500	12	31.900	18	49.300	24	66.700	30	84.100		

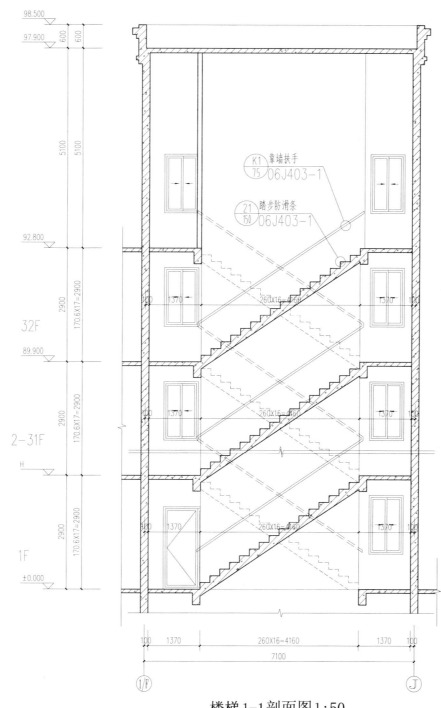

楼梯 1-1 剖面图 1:50

说明
1. 本工程选用800kg消防电梯及1000kg无障碍电梯(兼担架电梯)各两台,速度为2.0m/s。
2. 无障碍电梯轿厢大小、按钮、轿厢装修等应满足无障碍的要求;担架电梯轿厢尺寸不小于1600(宽)×1500(深)。
3. 电梯施工中必须与电梯厂提供的图纸相对照,图中未表示的预埋件等以电梯厂家的图纸为准。
4. 电梯控制方式采用集选控制。
5. 电梯施工图应在施工前征得厂家的确认,电梯的井道尺寸、机房留洞等应根据订货情况由厂家一一确认。
6. 图中预留孔洞大小、定位待电梯厂家一一确定。

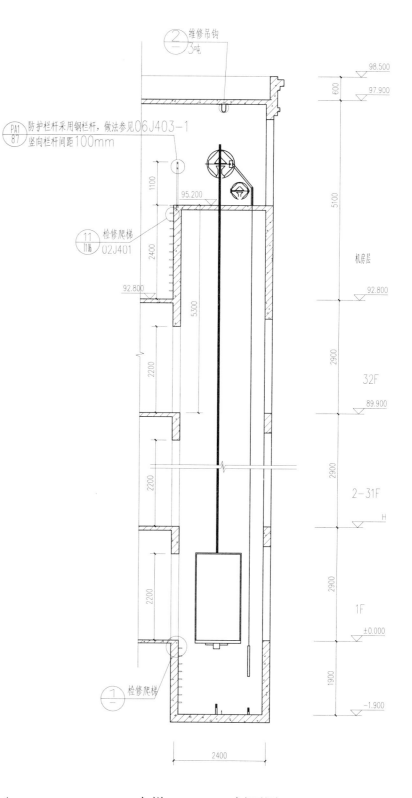

电梯 2-2、3-3 剖面图 1:50

图名	住宅楼梯大样图(二)	图号	9-23-19

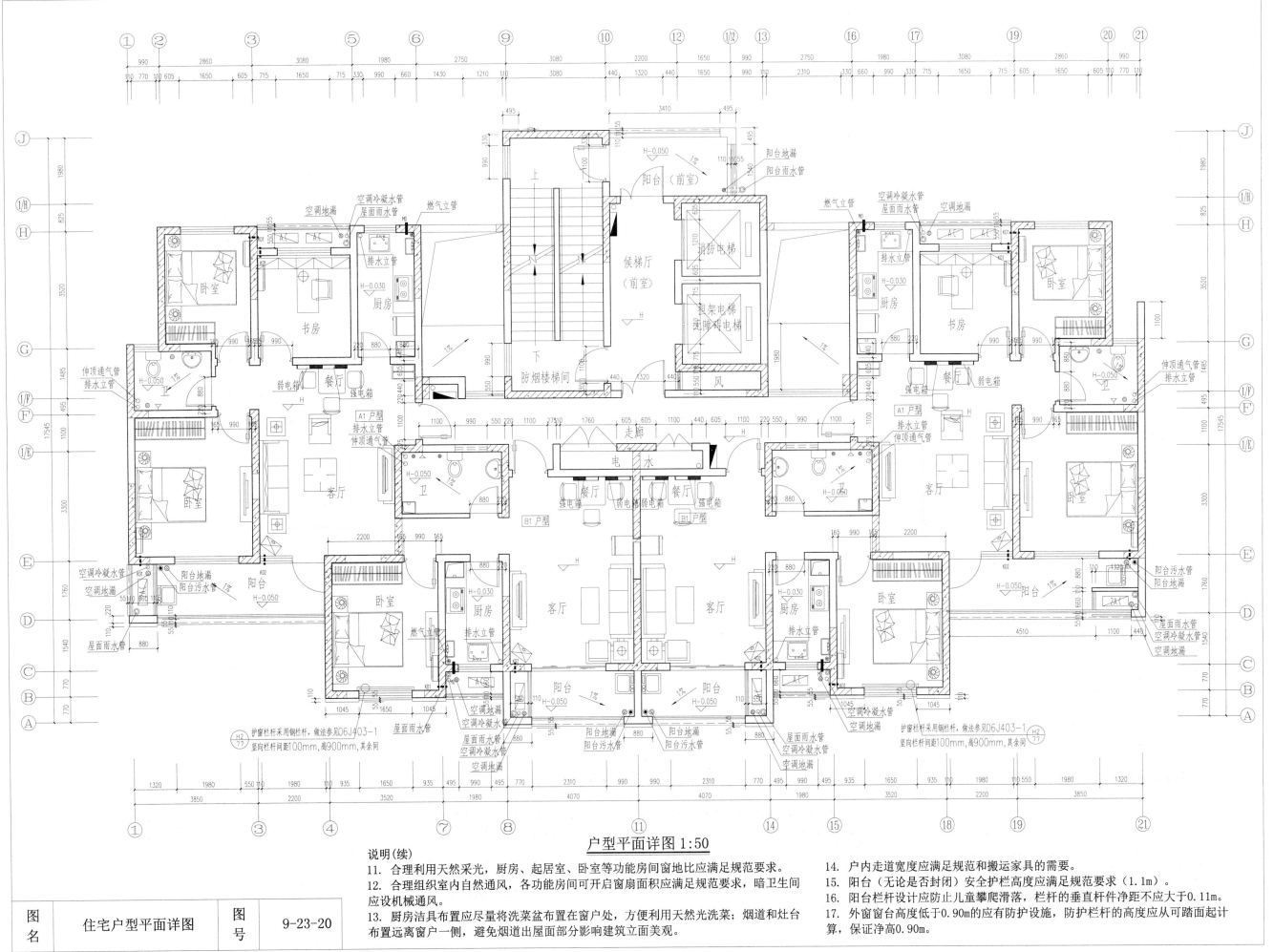

<u>户型平面详图 1:50</u>

说明(续)

11. 合理利用天然采光，厨房、起居室、卧室等功能房间窗地比应满足规范要求。

12. 合理组织室内自然通风，各功能房间可开启窗扇面积应满足规范要求，暗卫生间应设机械通风。

13. 厨房洁具布置应尽量将洗菜盆布置在窗户处，方便利用天然光洗菜；烟道和灶台布置远离窗户一侧，避免烟道出屋面部分影响建筑立面美观。

14. 户内走道宽度应满足规范和搬运家具的需要。

15. 阳台（无论是否封闭）安全护栏高度应满足规范要求（1.1m）。

16. 阳台栏杆设计应防止儿童攀爬滑落，栏杆的垂直杆件净距不应大于0.11m。

17. 外窗窗台高度低于0.90m的应有防护设施，防护栏杆的高度应从可踏面起计算，保证净高0.90m。

图名	住宅户型平面详图	图号	9-23-20

门 窗 表

类别	设计编号	洞口尺寸 宽	洞口尺寸 高	樘数 一层	樘数 二至二十九层	樘数 三十至三十二层	樘数 机房层	总计	备注
门	DZM1221	1200	2100	2				2	电子对讲门
	DZM2124	2100	2400	2				2	电子对讲门(6+12A+6 普通铝合金中空玻璃门)
	DTM	1100	2200	4	4×28=112	4×3=12		128	电梯门
	FM甲1021	1000	2100	2				2	甲级防火门(木制)
	FM甲1221	1200	2100				2	2	甲级防火门(木制)
	FM乙1221	1200	2100	6	4×28=112	4×3=12	6	136	乙级防火门(木制)
	FM乙1021	1000	2100	2	4×28=112	4×3=12		126	乙级防火门(木制)
	FM丙1618	1600	1800	2	2×28=56	2×3=6		64	丙级防火门(木制)
	FM丙1018	1000	1800	2	2×28=56	2×3=6		64	丙级防火门(木制)
	HM1021	1000	2100	8	8×28=224	8×3=24		256	成品钢制保温防盗入户门
	M0921	900	2100	16	16×28=448	16×3=48		512	成品木门
	M0821	800	2100	16	16×28=448	16×3=48		512	成品木门
	TLM2124	2100	2400	4	4×28=112	4×3=12		128	普通铝合金中空玻璃门 (6+12A+6)
	MLC1824	1800	2400	4	4×28=112	4×3=12		128	普通铝合金中空玻璃门联窗 (6+12A+6)
窗	C1515	1500	1500	8	8×28=224	8×3=24		256	塑钢中空玻璃窗 (6+9A+6)
	C0915	900	1500	12	12×28=336	12×3=36	12	396	塑钢中空玻璃窗 (6+9A+6)
	C1115	1100	1500	2	2×28=56	2×3=6		64	塑钢中空玻璃窗 (6+9A+6)
	C0715	700	1500	4	4×28=112	4×3=12		128	塑钢中空玻璃窗 (6+9A+6)
	C1815	1800	1500	4	4×28=112	4×3=12		128	塑钢中空玻璃窗 (6+9A+6)
	C1519	1500	1900	4	4×28=112	4×3=12		128	塑钢中空玻璃窗 (6+9A+6)
	C2115	2100	1500		2×28=56	2×3=6		62	塑钢中空玻璃窗 (6+9A+6)
	GC0906	900	600	4	4×28=112	4×3=12		128	塑钢中空玻璃窗 (6+9A+6) (采用磨砂玻璃)
	C1415	1400	1500			2×3=6		6	塑钢中空玻璃窗 (6+9A+6)
	BY0515	500	1500	2	2×28=56	2×3=6		64	成品通风百叶
	C2630	2600	3000				4	4	普通铝合金单层夹胶钢化玻璃窗(6+0.76+6)

注:
1. 门窗应由具有专业资质的单位承担设计和施工,门窗构造及玻璃厚度等应根据工程项目的使用要求和国家的规范要求进行设计确定。
2. 设计图中所示门窗尺寸为洞口尺寸,门窗加工一般考虑厚度每边为20,当设计图外粉刷材料有专门要求时,门窗加工尺寸应符合专门粉刷材料的厚度要求。
3. 住宅底层单元门为成品电子保温安全门,住宅入户门为保温金属安全门(有防火要求时增加防火功能)。
4. 外墙门窗采用普通塑钢中空玻璃(6+9A+6)和普通铝合金中空玻璃(6+12A+6),门窗的立面形式详见门窗大样。其中窗面积大于1.5㎡的门窗玻璃或玻璃底边离最终装修面小于500的窗均为安全中空玻璃,所有住宅外窗均加纱窗。
5. 外门窗物理性能指标:气密性能等级:6级;抗风压性能等级:4级;采光性能等级:3级;保温能性能等级:5级;空气声隔声性能:3级;水密性能等级:3级。
6. 门窗分隔为示意,不作为施工依据。
7. 所有外窗凡窗台高不足900均设距可踏面900高的铁艺护栏。
8. 7层及层以上建筑物内开窗、阳台门、面积大于1.5m²的窗玻璃或玻璃底边离最终装修面小于600的落地窗、楼梯、阳台、平台走廊的栏板和中庭内挡板,公共的出入口、门厅等部位,均采用按《建筑玻璃应用技术规程》和发改运行[2003]2116号《建筑安全玻璃管理规定》选用安全玻璃。
9. 住宅室内所有门:如户内壁柜门、储藏柜门、厨卫卧室等的推拉门、平开门仅预留门洞,门框及中门芯由用户自理。

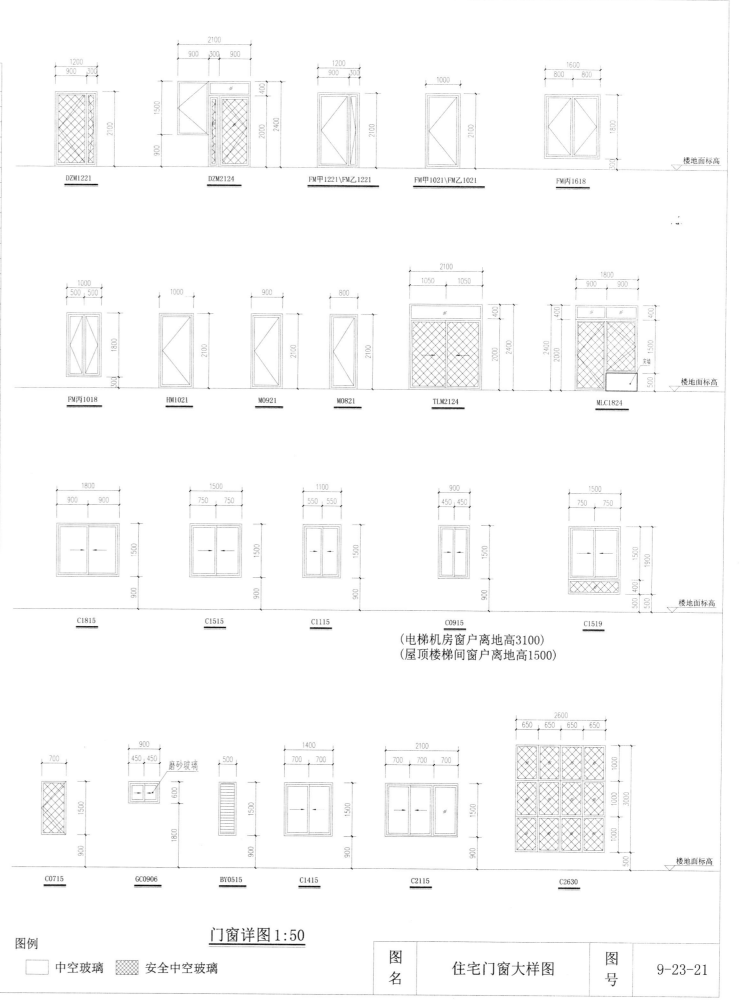

(电梯机房窗户离地高3100)
(屋顶楼梯间窗户离地1500)

门窗详图 1:50

图例
☐ 中空玻璃   ▨ 安全中空玻璃

图名	住宅门窗大样图	图号	9-23-21

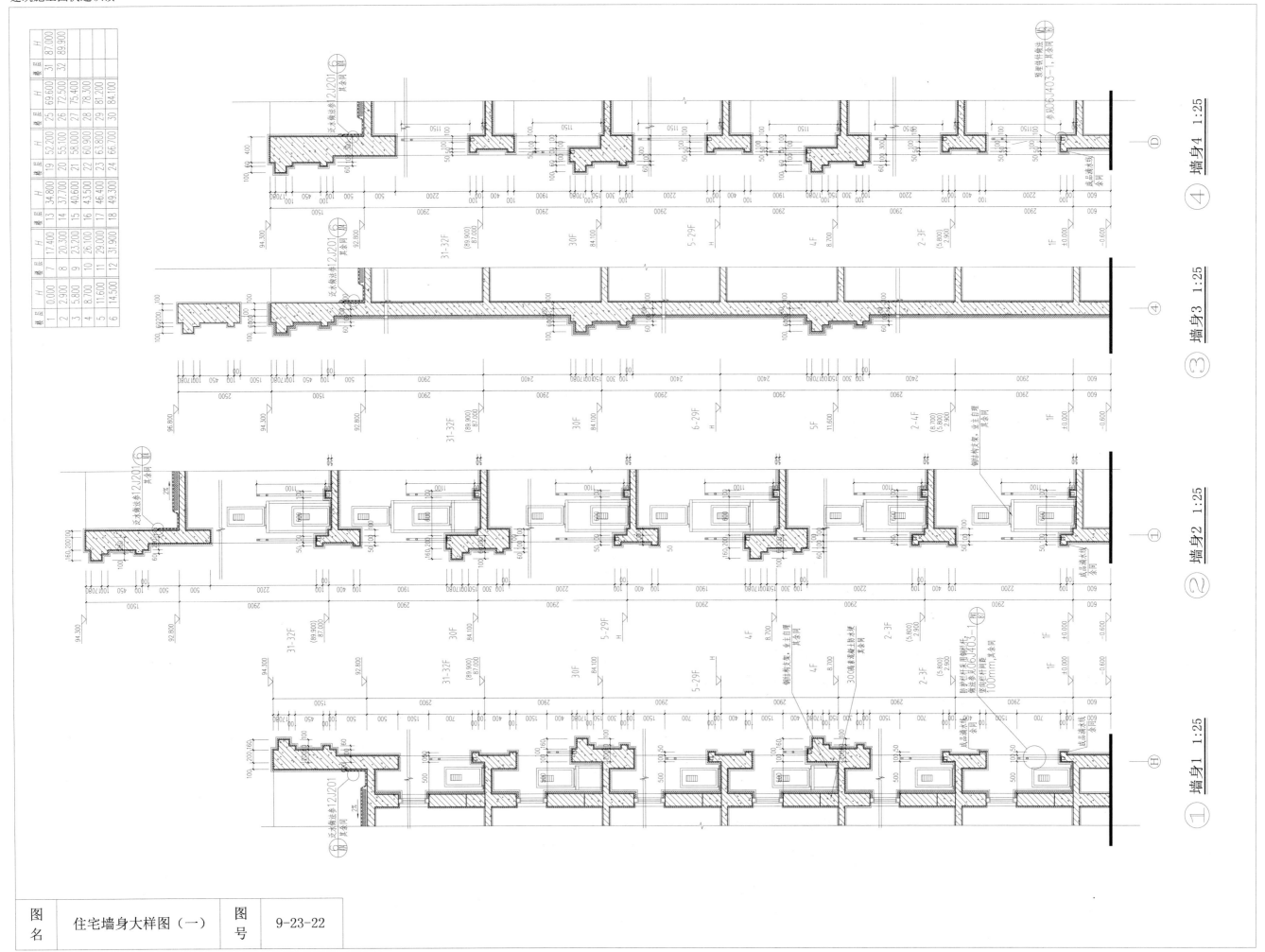

层数	H	层数	H	层数	H	层数	H	层数	H
1	0.000	7	17.400	13	34.800	19	52.200	25	69.600	31	87.000
2	2.900	8	20.300	14	37.700	20	55.100	26	72.500	32	89.900
3	5.800	9	23.200	15	40.600	21	58.000	27	75.400
4	8.700	10	26.100	16	43.500	22	60.900	28	78.300
5	11.600	11	29.000	17	46.400	23	63.800	29	81.200
6	14.500	12	31.900	18	49.300	24	66.700	30	84.100

墙身4 1:25

墙身3 1:25

墙身2 1:25

墙身1 1:25

图名	住宅墙身大样图（一）	图号	9-23-22

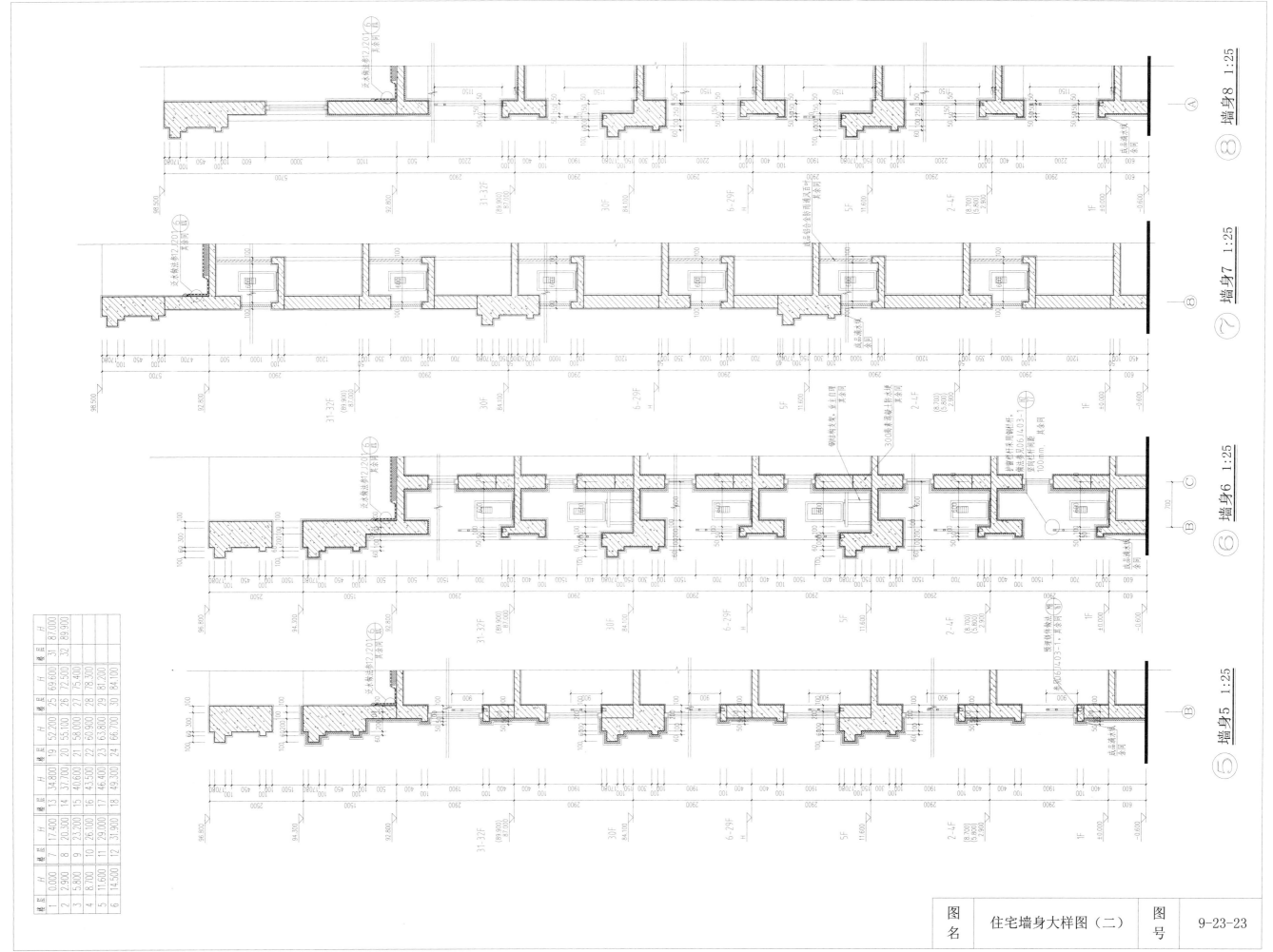

楼层	H	楼层	H	楼层	H
1	0.000	7	17.400	13	34.800	19	52.200	25	69.600	31	87.000
2	2.900	8	20.300	14	37.700	20	55.100	26	72.500	32	89.900
3	5.800	9	23.200	15	40.600	21	58.000	27	75.400
4	8.700	10	26.100	16	43.500	22	60.900	28	78.300
5	11.600	11	29.000	17	46.400	23	63.800	29	81.200
6	14.500	12	31.900	18	49.300	24	66.700	30	84.100

图名	住宅墙身大样图（二）	图号	9-23-23

第十章　医院建筑施工图案例

建筑设计说明

一、设计依据

1. 双方签订的《建筑工程设计合同》
2. 城市规划局批准的规划与单体设计方案
3. 甲方提供的地质勘探报告资料及设计文件
4. 所采用现行国家设计规范与地方标准

《建筑设计防火规范》（GB50016－2014）　　　　《民用建筑设计通则》（GB50352－2005）
《无障碍设计规范》（GB50763－2012）　　　　 《汽车库、修车库、停车场设计防火规范》（GB50067－2014）
《公共建筑节能设计标准》（GB50189－2015）　　《屋面工程技术规范》（GB50345－2012）
《建筑内部装修设计防火规范》（GB50222－2001）《建筑外墙防水工程技术规范》（JGJ/T235－2011）
《民用建筑工程室内环境污染控制规范》（GB50325－2010）《综合医院建筑设计规范》（GB51039－2014）

二、工程概况

1. 项目名称：××市人民医院门诊综合楼；　　　 建设地点：市区干道南侧；　　　 建设单位：××市立医疗集团。
2. 建筑使用功能：地下室为设备用房和车库，地上为门诊综合用房；　　　建筑工程设计等级：一级；
　　设计使用年限：50年；　　抗震设防烈度：6度；　　建筑结构形式：框架结构；　　结构安全等级：一级。
3. 总建筑面积：14786 m²；　　地下建筑面积：2031 m²；　　地上建筑面积：12755 m²；　　建筑基底面积：2038.4 m²。
4. 建筑层数：地上8层、地下1层；　　建筑高度33.90m，建筑最高点36.00m。
5. 防火设计建筑分类：一类高层建筑；　　耐火等级：地上为一级、地下为一级。
6. 屋面防水等级：Ⅰ级。
7. 室内环境污染控制：Ⅰ类 。
8. 设计标高与定位
1）本工程定位详见总平面图 。
2）本工程室内地坪设计标高±0.000相对于黄海高程8.40m，室内外高差0.300m。
3）楼地面标高以建筑面层为准，屋面标高-坡屋面以檐口处为准，平屋面以结构面层为准；当无特殊说明时，
　　楼地面建筑面层按30厚度计算，卫生间等用水房间结构板底低相应楼地面的结构板面50，完成面低20。
4）尺寸单位：总平面图中所注尺寸、标高均以"m"为单位，其余以"mm"为单位。

三、一般说明

1. 墙体工程
1）所有内外墙－0.060标高处设20厚1：2防水水泥砂浆（加5%防水剂）防潮层遇混凝土梁或剪力墙结构可不设。
2）墙体在不同材料交接处须铺设300宽金属网再做面层，如墙体一侧为混凝土，则须预留柱接钢筋。
3）凡风道烟囱竖井内壁砌筑灰需饱满，并随砌随浆抹平，有检修门之管道井内壁做混合砂浆粉刷。
4）上下水道、电气照明、通风管道穿墙、穿楼板须预埋套管或预留孔，避免打洞影响工程质量，凡木料与砌体
　　接触部位均须满涂环保型防腐油。
5）所有外墙预留孔均应做由内向外的防倒灌水坡度（2%）。
6）各层平面图（或各设备专业图纸）标明位置的消火栓箱、开关箱埋以及其他孔洞均应预留，不得对砌体工
　　程或结构构件进行破坏性开凿。
7）墙砌体的构造柱设置，墙砌体与构造柱、框架的拉结等做法见结构专业图纸。
8）卫生间墙体下部靠楼地面处浇筑200高混凝土防水墙槛，厚度同墙体与楼板同时浇筑，遇门断开。
2. 楼地面工程
1）地面工程质量应符合《建筑地面工程施工质量验收规范》（GB50209－2010）的规定。
2）钢筋混凝土地面施工时应结合柱网、变形缝设置分格缝。
3）凡室内经常有水房间（包括外走廊、阳台等）均应设地漏。
4）过水房间穿楼板需穿管的，各管道穿楼板处应注意加设止水套管与防护涂膜的施工质量，杜绝渗漏。
5）建筑电缆井、管道井待管道安装后同楼层标号的混凝土封堵。
3. 门窗、玻璃

1）建筑门窗应满足《建筑门窗工程检测技术规程》（JGJ/T205－2010）的规定。
2）下列情况中必须采用安全玻璃
　　地弹簧门用玻璃；窗单块玻璃面积大于1.5 m²，有框门单块玻璃面积大于0.5 m²玻璃底边离最终装修面小于500的
　　落地窗；无框门窗玻璃；公共建筑出入口门；倾斜窗、天窗；七层及七层以上建筑的外窗。
3）建筑外门窗物理性能
　　建筑外门窗物理性能应符合《建筑外门窗气密、水密、抗风压性能分级及检测方法》（GB/T7106－2008）及《建
　　筑门窗空气隔声性能分级及检测方法》（GB/T8485－2008）的规定。
　　（a）外窗抗风压性能：6级。　　　　　　　　　（b）建筑外门窗气密性不应低于6级。
　　（c）建筑幕墙的物理性能《建筑幕墙》（GB/T21086－2007）的规定，建筑幕墙：气密性不低于3级。
　　（d）建筑外门窗水密性不应低于4级。　　　　（e）建筑外门窗空气隔声性能，不应低于3级。
　　（f）建筑外门窗保温性能，不应低于5级。
4）本工程门窗表上所注尺寸均为洞口尺寸，加工制作时，应扣除不同厚度的粉刷面层或贴面厚度。
5）落地窗，应在室内设护窗栏杆，高度不小于1100，做法详二次室内设计，防护栏杆最薄弱处承受的最小水平推力
　　应不小于1.5kn/m。
6）门窗预埋在墙或柱内的木材、金属构件，应做防腐防锈处理，当窗固定在非承重墙砌块上时，应在固定位置设置
　　混凝土块，加强锚固强度。
7）建筑外窗防雷设计应符合《建筑物防雷设计规范》（GB50057）的规定。
8）门窗所选用的玻璃厚度应由门窗供应商经计算后得出，并满足节能隔声设计要求。
9）门窗五金配件、紧固件、密封材料均应符合相关标准要求。
4. 抹灰工程
1）砂浆宜为预拌商品砂浆
　　（a）当为砌块基层时，先清洗干净，刷界面剂，洒水湿润，再用M7.5水泥砂浆抹灰。
　　（b）当为混凝土基层时，先凿毛刷水灰比为0.4的水泥砂浆一道，混凝土界面剂，再用M7.5水泥砂浆抹灰。
　　（c）当为加气混凝土基层时，先清扫干净，洒水湿润，刷界面剂封闭基层毛细孔，再用M7.5水泥砂浆抹灰。
　　（d）当为砖基层时，先清洗干净，刷界面剂，洒水湿润，再用M7.5水泥砂浆抹灰。外墙在墙体与梁柱相交时，基层处
　　理为：居缝中钉400宽0.8厚10×10镀锌钢丝网，刷素水泥浆一道，再做抹灰。
2）质量要求
　　当为加气混凝土基层时，先清扫干净，洒水湿润，刷界面剂封闭基层毛细孔，再用M7.5水泥砂浆抹灰。
　　（a）对于无粘贴饰面砖的外墙，底层抹灰砂浆宜比基体材料高一个强度等级或等于基体材料强度。
　　（b）对于无粘贴饰面砖的内墙，底层抹灰砂浆宜比基体材料低一个强度等级。
　　（c）对于有粘贴饰面砖的内墙和外墙，中层抹灰砂浆宜比基体材料高一个强度等级且不宜低于M15，并宜选用水泥抹
　　灰砂浆。
① 孔洞填补和窗台、阳台抹面等宜采用M15或M20水泥抹灰砂浆。
② 对于需要做二次装修的房间其楼地面、墙面仅做抹灰层，面层暂不施工。
③ 抹灰层与基层之间及各抹灰层之间必须结合牢固，抹灰层应无脱层、空鼓，面层应无爆灰和裂缝。
④ 抹灰表面应光滑、洁净、颜色均匀、无抹纹，外墙分隔缝和灰线应清晰美观。
⑤ 抹灰工程应按《建筑装饰装修工程质量验收规范》（GB50210－2011）进行施工及验收。
5. 油漆工程
1）内门、隔断等木制品正反面做一底二度调和漆（颜色由业主现场定）。
2）除不锈钢、铜和电镀者外，其余室内金属制品露明部分均做防锈打底，灰色调和漆二度，所有不露明的金属刷防
　　锈漆二度，不刷面漆。所有刷漆金属制品在刷漆前应先除油去锈。
3）采用厚型防火涂料，喷涂防火涂料前钢材表面应进行除锈处理，并1～2遍底漆涂装，底漆成分性能不应与防火涂
　　料产生化学反应。当防火涂料同时有防锈功能时，可采用喷射除锈后直接喷涂防火涂料，涂料不应对钢结构有腐
　　蚀作用。
6. 无障碍设计
1）本工程无障碍设计按《无障碍设计规范》（GB50763－2012）有关规定执行，具体详见施工图。
2）地面有高差时应设坡道，当有高差时，高差不应大于15mm，并以斜面过渡。
3）供轮椅者开启的门扇，应安装视线观察玻璃、横拉把手和关门把手，在门扇的下方应安装高0.35m的护门板，在门
　　把手一侧的墙面，应留有不小于0.5m的墙面宽度。
4）本工程因主要服务对象为残疾人，凡残疾人所须到达的所有用房（如出入口、电梯、楼梯、走道、走廊等功能用
　　房，卫生间等）按无障碍要求设计。
5）本项目室外景观进行二次设计时，应对室外公共绿地及活动空间进行无障碍设计。

图名	医院门诊综合楼 设计说明（一）	图号	10-21-1

7. 屋面工程
1）本工程屋面防水等级为Ⅰ级：屋面防水工程设计应符合《屋面工程技术规范》（GB50345－2012）的规定。施工应符合《屋面工程质量验收规范》（GB50207－2012）的规定。
2）钢筋混凝土檐沟、天沟净宽不应小于300，分水线处最小深度不应小于100，沟内纵向坡度不应小于1%，沟底水落差不得超过200。檐沟、天沟排水不得流经变形缝和防火墙。
3）如卷材防水层，凡泛水阴角处及其他转角处均需附加铺垫卷材一层，基层应做成 R100 圆角。檐沟及层面局部找坡坡度为1%，找坡范围详见屋面平面图。
4）凡有翻口的雨篷直接向侧面排水，面层排水坡度为1%，在图示排水口位置采用直径7.5UPVC管，伸出雨篷侧面装饰面层100。
5）保护层的细石混凝土层及找平层应纵横向间距＜6m设分格缝，缝中钢筋必须切断，缝宽20，与女儿墙之间留缝30，并与保温层连通，缝上加铺300宽卷材一层，单边粘贴，上加铺一层胎体增强材料附加层，宽900。
6）卷材防水层屋面在卷材铺贴前对阴阳角、天沟、檐沟排水口、出屋面管子根部等易发生渗漏的复杂部位，应增铺附加层再用密封膏进行封边处理。
7）在做屋面防水材料之前，所有出屋面的留孔留洞，经核实无遗漏后方可施工。
8）屋面排水雨水口和穿女儿墙雨水斗均选用通用标准图制作，屋面找坡坡向及雨水口，雨水口位置及坡向详见屋顶平面图。
8. 其他零星工程
1）室内管道除各类设备机房、库房、地下车库等空间外，均不允许有露明管道出现。确实无法避免者，应用钢板网包裹，并与墙面有一定的搭接长度，粉刷做法与相邻墙面一致，色彩相同。管线安装要求就位精确，排列紧凑，注意美观，并按明装和暗装验收标准施工。
2）所有出屋面的门均设300高门槛。
3）本工程钢结构雨篷，钢结构屋顶屋架和钢结构连廊图中均有控制性尺寸，由专业厂家另行深化设计出图。
4）图中未注的质量要求应严格遵照国家建设部颁布的《现行施工操作规程和验收规范》施工及建设地区。
5）室内外表面装饰材料的选择，包括形式、色彩、质量等必须征求建设方意见，并经设计人员认可后方能施工。
6）本工程景观场地设计另见景观施工图，土建施工时应与景观图纸密切配合。
7）本图经报政府相关部门审批后方能施工，施工过程中如有变更或矛盾应当由设计人员会同有关单位协同解决，因情况特殊需做必要修改时，应由建设、施工、设计三方共同研究决定。
8）本说明与图纸具有同等效力，解释权归设计单位。
9. 电梯
电梯井道以及扶梯开洞土建施工及预埋件应待甲方订货后，由电梯生产厂家提供电梯土建设计图，经建筑设计人员重新出图后方可施工，无障碍电梯轿厢应满足《无障碍设计规范》（GB50763－2012），电梯轿厢的内装及门套要求，根据甲方的需要和建筑室内装修要求确定。

本工程电梯参数

编　号	吨位（T）	提升高度（m）	速度（m/s）	停站（站）	数量（台）	备　　注
无障碍型客梯	1	34.6	1.5	9	1	有机房电梯，无障碍设施
无障碍型客梯	1.6	30.6	1.5	8	3	有机房电梯，无障碍设施

四、消防设计
1. 本工程消防防火依据《建筑设计防火规范》（GB50016-2014）及《汽车库、修车库、停车场设计防火规范》（GB50067－2014）进行设计。
2. 灭火器为手提式磷酸铵盐干粉式，两具（MF/ABC）一处，具体设置见给排水施工图。
3. 防火墙及防火分隔墙必须砌至梁底，不留缝隙。　　4. 本工程地下为全自动喷淋灭火和自动报警系统。
5. 本工程消防设计
1）本工程火灾危险性：一类高层建筑。
2）耐火等级：地上为二级、地下为一级。
3）防火分区：地下室为一个防火分区，地上每层各为一个防火分区。
4）安全疏散：2部封闭楼梯间直通室外。地上部分1～5层每层为一防火分区，设3部封闭楼梯疏散，六层为一防火分区，设有2部封闭楼梯间并直通屋顶，在屋顶连通，各层疏散宽度、疏散距离均符合防火规范要求。
5）各层电缆井、管道井在楼板处用相当于楼板结构的混凝土填塞密实。　　6）消防控制室设在首层且直通室外。
7）防火间距：多层与多层间距≥6.0m；与原有办公楼贴临，满足防火距离不限的消防规范要求。四周设有环形消防车道。

五、防水、抗裂和防渗漏工程设计专篇
1. 地下室防水工程
1）应执行《地下工程防水技术规范》（GB50108－2008）和地方有关规程和规定。
2）根据地下室使用功能和有无侵蚀介质设附加防水层，做法见施工图设计说明。
3）临空且具有厚覆土层的地下室顶板，其防水做法（防水塑料夹层板）应参照相关图集。
4）本地下建筑工程埋置深度超过3m，防水混凝土抗渗等级为6级。
5）防水保护层，顶板上细石混凝土保护层厚度，当人工回填土为50，当机械回填为70；底板细石混凝土保护层厚度≥50；200厚非黏砖砌筑保护墙，与主体结构之间留30～50缝隙，并用细沙填实。
6）防水混凝土的施工缝、穿墙管道预留洞、转角、坑槽、后浇带等部位和变形缝等地下工程薄弱环节应按《地下防水工程质量验收规范》（GB50208）要求办理。
2. 楼地面工程
1）卫生间有防水要求的楼（地）面应比室内其他房间楼地面低30，应设防水层。
2）下沉式卫生间应在结构下沉部位和回填填充部位分别设置防水层。　　3）防水层沿墙上翻至天棚顶。
3）管道穿楼地面应设套管，套管高出楼地面50，套管周边300范围设加强层。
3. 墙体工程
1）外墙粉刷层必须设置分割缝，外墙贴面砖应采用水泥基黏结材料，面砖饰面设变形缝。
2）外外墙干挂饰面板的预埋件和连接件应设一道防水层。
3）外除门洞口外，卫生间四周墙体浇注200高C20混凝土墙基，宽同墙体；所有露台、平台等外墙四周墙体，除门洞口外浇注300高C20混凝土墙基，宽同墙体。
4. 外门窗工程
1）外门窗与墙体交接处，除用聚氨酯发泡剂填充严实外，外侧用防水耐候胶密封。
2）对施工图所选标准图集，不仅要看节点构造做法，还应看图集说明及其他相关做法，如材料的相容性、出气孔、雨水排水口等节点构造和说明。
5. 屋面工程
1）应遵守《屋面工程技术规范》（GB50345－2012），施工应执行《屋面工程质量验收规范》（GB50207－2012）。
2）对施工图所选标准图集，应看图集说明及其他相关做法，如出气孔、雨水排水口等节点构造和说明。
3）屋面排水组织见屋面平面图，内排雨水管见给水施工图，外排雨水斗、雨水管采用UPVC水落管，除图中另有明者外，雨水管的公称直径均为DN110雨水管；阳台排水与屋面排水分别设置排水管。雨水管落在屋面上时，加混凝土水簸。
4）平屋面采用材料找坡泛水坡度2%；采用结构找坡泛水坡度3%；屋面纵向排水明沟坡度1%，排水采用87型雨水斗、钢制出水口直径110（UPVC）落水管有组织排水。

六、建筑工程施工构造做法一览表（注：建筑内装饰见装潢专业图纸）

<table>
<tr><td rowspan="9">屋面做法</td><td></td><td colspan="2">屋面：平屋面Ⅰ级防水</td><td rowspan="9">说明：
屋顶与外墙交界处、屋顶开口部位四周的保温层，使用耐火等级为A级的40厚泡沫玻璃板，防火隔离带宽度不小于500。依据《民用建筑外保温系统及外墙装饰防火暂行规定》（公通字[2009]46号）</td></tr>
<tr><td>1</td><td colspan="2">40厚C20水泥细石混凝土随捣随抹光，内配φ14@100双向钢筋网片（要求6m×6m分格，缝宽20，密封胶嵌缝）</td></tr>
<tr><td>2</td><td colspan="2">隔离层：干铺玻纤布</td></tr>
<tr><td>3</td><td colspan="2">防水层：1.5厚合成高分子防水卷材+1.5厚合成高分子防水涂膜</td></tr>
<tr><td>4</td><td colspan="2">20厚1：3水泥砂浆找平</td></tr>
<tr><td>5</td><td colspan="2">保温层：40厚挤塑聚苯板保温层</td></tr>
<tr><td>6</td><td colspan="2">泡沫混凝土找坡（最薄处30厚）</td></tr>
<tr><td>7</td><td colspan="2">刷基层处理剂一道</td></tr>
<tr><td>8</td><td colspan="2">现浇钢筋混凝土屋面板</td></tr>
<tr><td rowspan="7">内墙做法</td><td></td><td colspan="2">内墙1：防霉乳胶漆墙面（地下室）</td><td rowspan="7">地下室做法</td><td></td><td>地下室外墙（由外至内）</td></tr>
<tr><td>1</td><td colspan="2">刷防霉乳胶漆两道</td><td>1</td><td>2：8灰土分层夯实</td></tr>
<tr><td>2</td><td colspan="2">封底漆一道（干燥后再做面涂）</td><td>2</td><td>30厚聚苯乙烯泡沫板保护层</td></tr>
<tr><td>3</td><td colspan="2">刷1：0.5：2.5水泥石膏砂浆抹平</td><td>3</td><td>防水层：1.5厚合成高分子防水卷材+1.5厚合成高分子防水涂膜</td></tr>
<tr><td>4</td><td colspan="2">9厚1：0.5：3水泥石灰膏砂浆打底扫毛</td><td>4</td><td>P6密实性钢筋混凝土自防水外墙板300厚</td></tr>
<tr><td>5</td><td colspan="2">刷界面剂一道</td><td>5</td><td>20厚1：3水泥砂浆找平</td></tr>
<tr><td>6</td><td colspan="2">基层墙体（钢筋混凝土）
注：地上部分内墙饰面装潢专业图纸</td><td>6</td><td>刷防霉涂料两道</td></tr>
<tr><td rowspan="6">顶棚做法</td><td></td><td colspan="2">顶棚1：乳胶漆顶棚（地下室顶棚）</td><td rowspan="6">顶棚做法</td><td></td><td>顶棚2：（架空楼板部分）</td></tr>
<tr><td>1</td><td colspan="2">现浇钢筋混凝土楼板</td><td>1</td><td>钢筋混凝土楼板</td></tr>
<tr><td>2</td><td colspan="2">刷界面剂一道</td><td>2</td><td>刷界面剂一道</td></tr>
<tr><td>3</td><td colspan="2">3厚1：0.5：3水泥石灰膏砂浆打底扫毛</td><td>3</td><td>45厚岩棉板，专用黏结剂固定</td></tr>
<tr><td>4</td><td colspan="2">3厚1：0.5：2.5水泥石灰膏砂浆抹平</td><td>4</td><td>3～6厚聚合物抗裂砂浆压入耐碱玻纤网格布，专用锚栓固定</td></tr>
<tr><td>5</td><td colspan="2">封底漆一道（干燥后再做面涂）</td><td>5</td><td>刮柔性腻子</td></tr>
<tr><td>6</td><td colspan="2">刷乳胶漆两道
注：地上部分顶棚见装饰装潢专业图纸</td><td>6</td><td>涂料饰面</td></tr>
</table>

图名	医院门诊综合楼设计说明（二）	图号	10-21-2

地下室做法			外墙做法		
	地下室底板（由上至下）（消防水泵房）			1	建筑反射隔热涂料层
	1	50厚C25细石混凝土面层随打随抹光		2	底涂层两道（封闭底漆涂层）
	2	C15素混凝土找坡250～200厚		3	刮柔性耐水腻子两遍打磨平整
	3	P6密实性钢筋混凝土自防水底板400厚		4	6厚抗裂砂浆并压入耐碱玻纤网格布
	4	50厚C20细石混凝土保护层		5	13厚保温胶泥保温层
	5	隔离层干铺玻纤布一道		6	5厚聚合物水泥防水砂浆
	6	防水层为1.5厚合成高分子防水卷材+		7	6厚1:2水泥砂浆打底扫毛
		1.5厚合成高分子防水涂膜		8	刷界面剂一道（仅用于混凝土墙面）
	7	100厚C15混凝土垫层		9	喷湿墙面
	8	素土分层夯实		10	基层墙体（200厚煤矸石空心砖）

七、建筑节能设计专项说明

1.项目概况

1）项目名称：市人民医院门诊综合楼。

2）建设地点：市区干道南侧。

3）建设单位：市立医疗集团。

4）总建筑面积：14786 m²，　建筑节能的建筑面积：12588 m²，　建筑体积：38443 m²。

5）本项目地处气候分区：夏热冬冷地区。

6）建筑性质：公共建筑。

建筑层数：地上八层，地下一层；　建筑体形系数：0.3。

2.设计依据与节能目标

1）《公共建筑节能设计标准》（GB 50189－2015）。

2）《安徽省公共建筑节能设计标准》（DB34/1467－2011）。

3）根据以上标准，按照夏热冬冷地区建筑热工性能应符合的各项规定的要求进行节能设计和计算，本工程在保证相同的室内环境参考条件下，与未采取节能措施前相比总能耗达到减少50%的目标。

3.节能措施

1）屋面：40厚挤塑聚苯板＋30厚泡沫混凝土。

2）外墙：外墙建筑反射隔热保温防水涂料（1.0厚）＋保温胶泥（13.0厚），反射隔热涂料外墙保温系统。

3）架空或外挑楼板：45厚岩棉板。

4）外门窗：断热铝合金普通中空玻璃窗（5+9A+5）。

5）冷热桥部门的节能构造：详细参见《外墙外保温建筑构造》（10J121）中相关节点。

4.夏热冬冷地区乙类公共建筑节能设计一览表

导读 ⟹　　医院普通门诊楼设计要点

1.设置位置：门诊楼应设置在靠近医院交通入口处，与急诊楼、医疗楼相临近，并应该有直通医院内部的联系通道。出入口处应为无障碍设计。

2.交通流线：门诊楼应与急诊楼、医疗楼、住院楼有直接联系的通道；门诊楼内部各部门的相互联系应简洁、明了，使患者尽快到达就诊位置。避免往返迂回，防止交叉感染。

3.用房的组成

1）必须配置的公共用房：门厅、挂号、问询、病历室、预检分析、记账、收费、药房、候诊处、采血室、检验室、输液室、注射室、门诊办公室、厕所等为病人服务的公共设施。

2）各普通科室配备用房：诊查室、治疗室、护士站、更衣室、污洗室、杂物储藏室、厕所等，外科还需设置换药室、处置室、清创室。

4.特殊科室设置要求

1）儿科：应自成一区，宜设单独出入口，并增设预检处、候诊处、儿科专用厕所、隔离检查室、隔离厕所；隔离区应有单独对外出口。

2）妇科产科和计划生育：应自成一区，有条件时，宜设单独出入口。妇科应增设隔离诊室、妇科检查室、手术室、休息室及专用厕所。产科和计划生育应增设人流手术室、休息室及专用厕所，宜设置咨询室，各室应有阻隔外界视线的措施。

3）耳鼻喉科：应增设内镜检查室、器械室、治疗室、测听室、前庭功能室等。

4）眼科：应增设初检室（视力、眼力、屈光）、诊查室、治疗室、检查室、暗室等。初检室和诊查室宜具备明暗转换装置。

5）预防保健科：应增设宣教室、档案室、儿童保健室、妇女保健室、免疫接种室、更衣室、办公室等，宜设置心理咨询室、优生优育咨询室等。

安徽省乙类公共建筑节能设计一览表

项目名称　康复疗养院　　建设地点　××省××市　　建筑面积　22.70 m²　　层数　6 层　　建筑高度　22.70 m　　计算日期　＿＿年＿月＿日

项目		标准限制值				设计选用									结论是否符合标准	
		传热系数K' [W/(m²·K)]	综合遮阳系数SCw （东、西向/南向）	可见光透射比	可开启面积	计算窗墙比及相应指标限值				设计选用及可达到指标					是	否
						朝向	Cm	K'限值	SCw值	可见光透射比	可开启面积	框料	玻璃品种、厚度、中空尺寸	K'值 SCw值 可见光透射比		
窗墙面积比（包括透明幕墙）	Cm≤0.2	≤4.0	/	0.4											□	■
	0.2＜Cm≤0.3	≤3.5	0.45/—	0.4	30%	东向	0.19	≤4.0	/	0.40	≥30%	断热铝	5+9A+5	3.3　0.89　0.4	□	■
	0.3＜Cm≤0.4	≤3.0	0.40/0.60	0.4		南向	0.28	≤3.5	0.45	0.40	≥30%	断热铝	5+9A+5	3.3　0.89　0.4	□	■
	0.4＜Cm≤0.5	≤2.8	0.35/0.55	/		西向	0.12	≤4.0	/	0.40	≥30%	断热铝	5+9A+5	3.3　0.89　0.4	■	□
	0.5＜Cm≤0.7	≤2.5	0.25	/		北向	0.17	≤4.0	/	0.40	≥30%	断热铝	5+9A+5	3.3　0.89　0.4	□	■
外门窗、幕墙气密性等级		外门窗6级	a₁≤1.5 每米缝长≤1.5 每平方米面积≤1.2 a₁≤4.5			外窗　6　级　　　幕墙　/　级									■	□
屋顶透明部分		屋顶透明面积/屋顶总面积≤20% K'≤2.5　SCw≤0.4				屋顶透明面积/屋顶总面积　/　% K=　/　SCw=　/　窗框料　玻璃									□	□
平屋顶		K'≤0.7				保温隔热材料　挤塑聚苯板　厚度40 mm　K' 0.67　找坡层材料　泡沫混凝土　厚度　30　mm									■	□
坡屋顶		K'≤0.7				保温隔热材料　　　厚度　　mm　K'									■	□
外墙（包括非透明幕墙）		Km≤1.0			设计选用	外保温■　内保温□　自保温□　保温材料　外墙建筑反射隔热保温防水涂料 保温胶泥/反射隔热涂料外墙保温系统　厚度 1+13　Km 0.98									■	□
						主墙体材料　煤干石砌体　厚度　200　mm									■	□
底层架空或外挑楼板		K'≤1.0				上保温□　下保温■　材料　岩棉板　厚度　45　mm　K' 0.95									■	□
地面、无采暖空调的地下室顶板		热阻≥1.2				上保温□　下保温□　材料　　　厚度　　mm　R 0.33									□	□
地下室外墙		热阻≥1.2				保温材料　　　　　R　/									□	□
其他	建筑朝向	南偏东或西＜15°■　南偏东15°～35°□　南偏西＜15°□　其他　/				软件名称　PKPM PBECA2014　版本 1.00版				权衡判断	能耗指标 kWh/m²	设计建筑		46.80	是否达到节能目标	■ □
	外遮阳	有□　无■　中庭通风□　机械通风□　自然通风□　幕墙通风□　有开启扇□　机械通风□														
	外门	有门斗□　旋转门□　中庭玻璃□　其他■				屋顶通风□　浅色饰面■　深色饰面□　绿化种植□						参照建筑		47.14		
						外墙饰面　　浅色饰面■　深色饰面□										

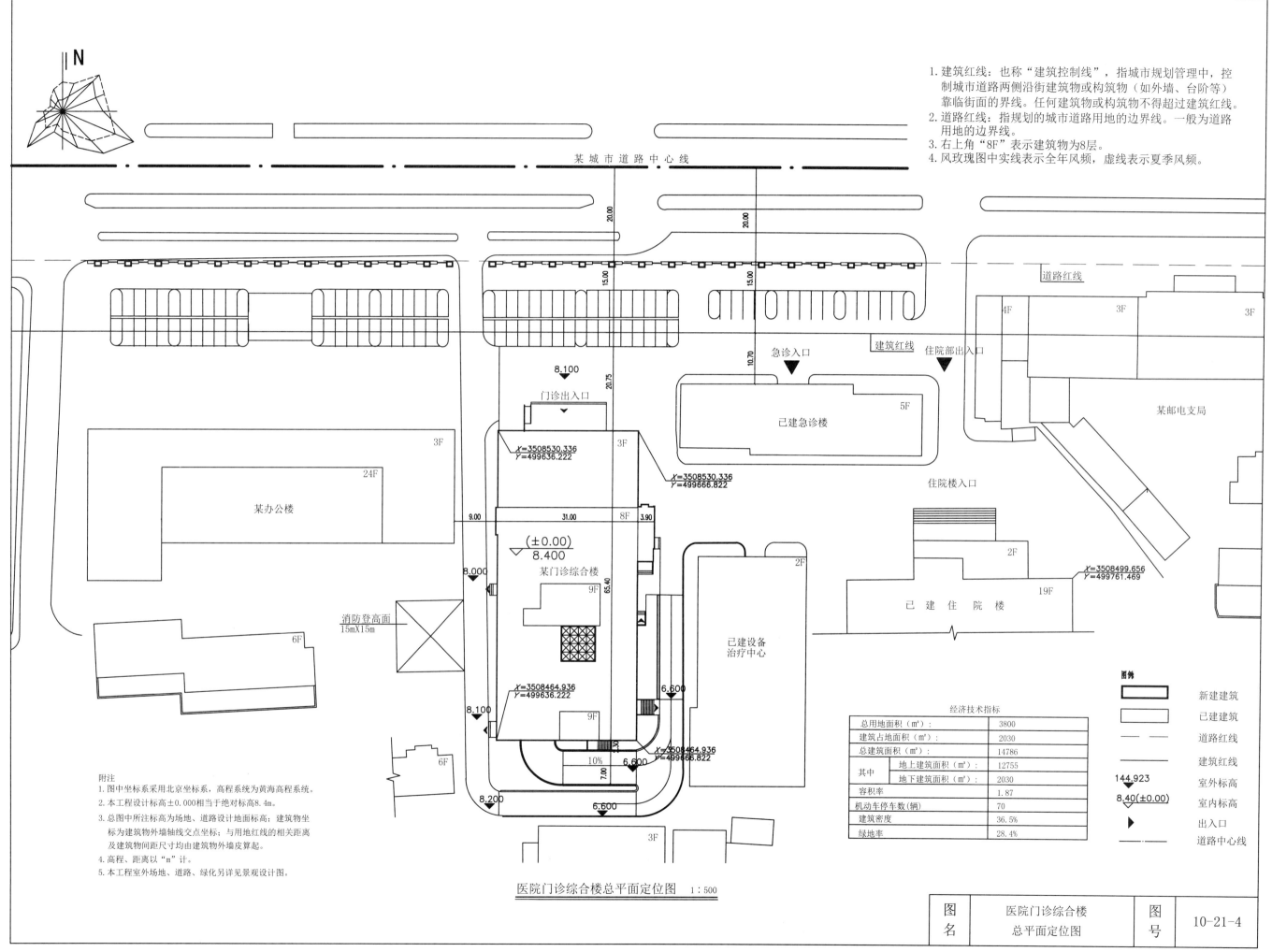

1. 建筑红线：也称"建筑控制线"，指城市规划管理中，控制城市道路两侧沿街建筑物或构筑物（如外墙、台阶等）靠临街面的界线。任何建筑物或构筑物不得超过建筑红线。
2. 道路红线：指规划的城市道路用地的边界线。一般为道路用地的边界线。
3. 右上角"8F"表示建筑物为8层。
4. 风玫瑰图中实线表示全年风频，虚线表示夏季风频。

医院门诊综合楼总平面定位图　1:500

经济技术指标

总用地面积（m²）：	3800
建筑占地面积（m²）：	2030
总建筑面积（m²）：	14786
其中 地上建筑面积（m²）	12755
地下建筑面积（m²）	2030
容积率	1.87
机动车停车数(辆)	70
建筑密度	36.5%
绿地率	28.4%

图例

	新建建筑
	已建建筑
	道路红线
	建筑红线
144.923	室外标高
8.40(±0.00)	室内标高
▶	出入口
	道路中心线

附注
1. 图中坐标系采用北京坐标系，高程系统为黄海高程系统。
2. 本工程设计标高±0.000相当于绝对标高8.4m。
3. 总图中所注标高为场地、道路设计地面标高；建筑物坐标为建筑物外墙轴线交点坐标；与用地红线的相关距离及建筑物间距尺寸均由建筑物外墙皮算起。
4. 高程、距离以"m"计。
5. 本工程室外场地、道路、绿化另详见景观设计图。

图名	医院门诊综合楼总平面定位图	图号	10-21-4

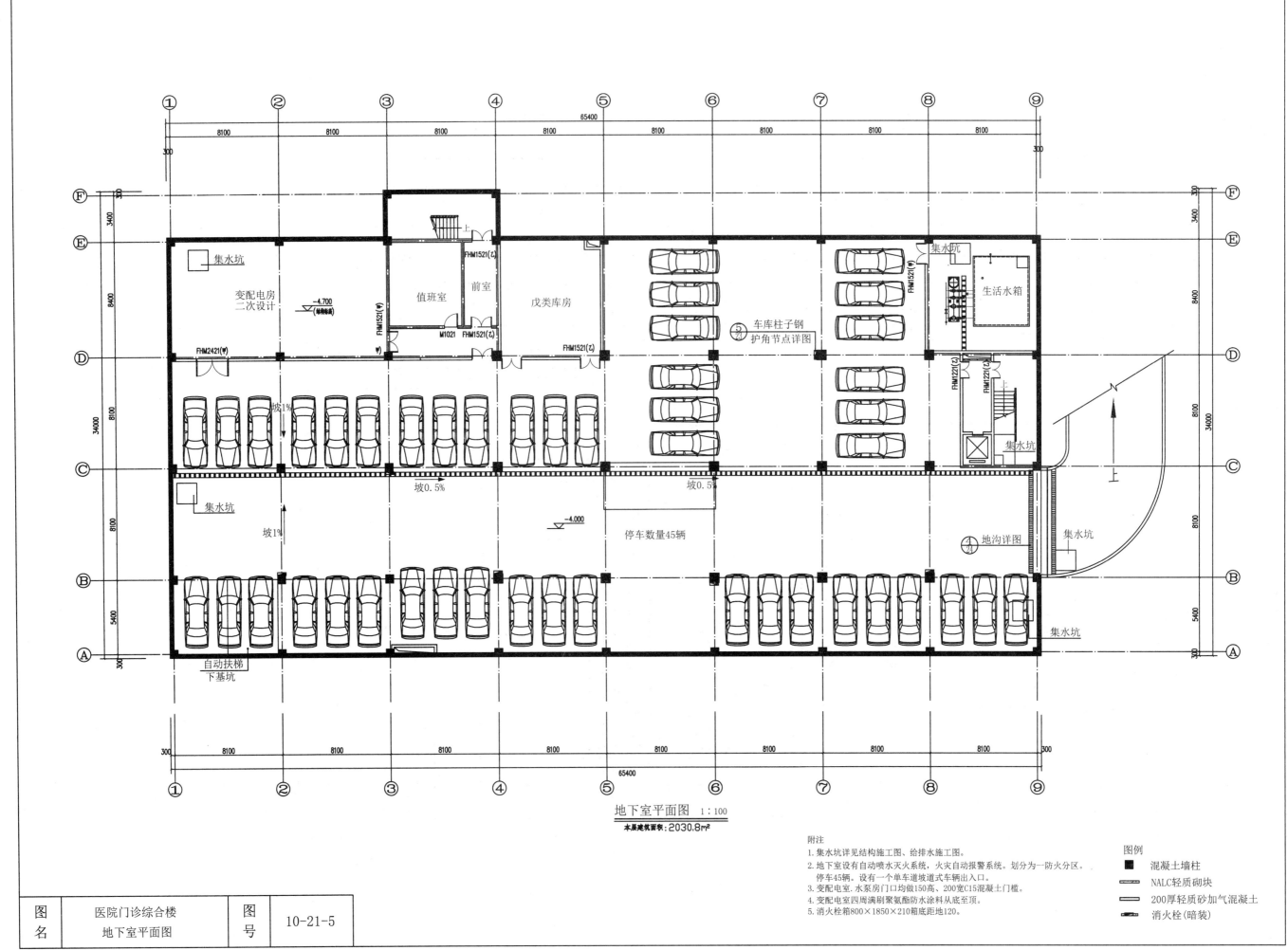

地下室平面图 1:100

本层建筑面积:2030.8m²

附注
1. 集水坑详见结构施工图、给排水施工图。
2. 地下室设有自动喷水灭火系统,火灾自动报警系统。划分为一防火分区。
   停车45辆。设有一个单车道坡道式车辆出入口。
3. 变配电室、水泵房门口均做150高、200宽C15混凝土门槛。
4. 变配电室四周满刷聚氨酯防水涂料从底至顶。
5. 消火栓箱800×1850×210箱底距地120。

图例
■ 混凝土墙柱
▨ NALC轻质砌块
▭ 200厚轻质砂加气混凝土
▱ 消火栓(暗装)

图名	医院门诊综合楼 地下室平面图	图号	10-21-5

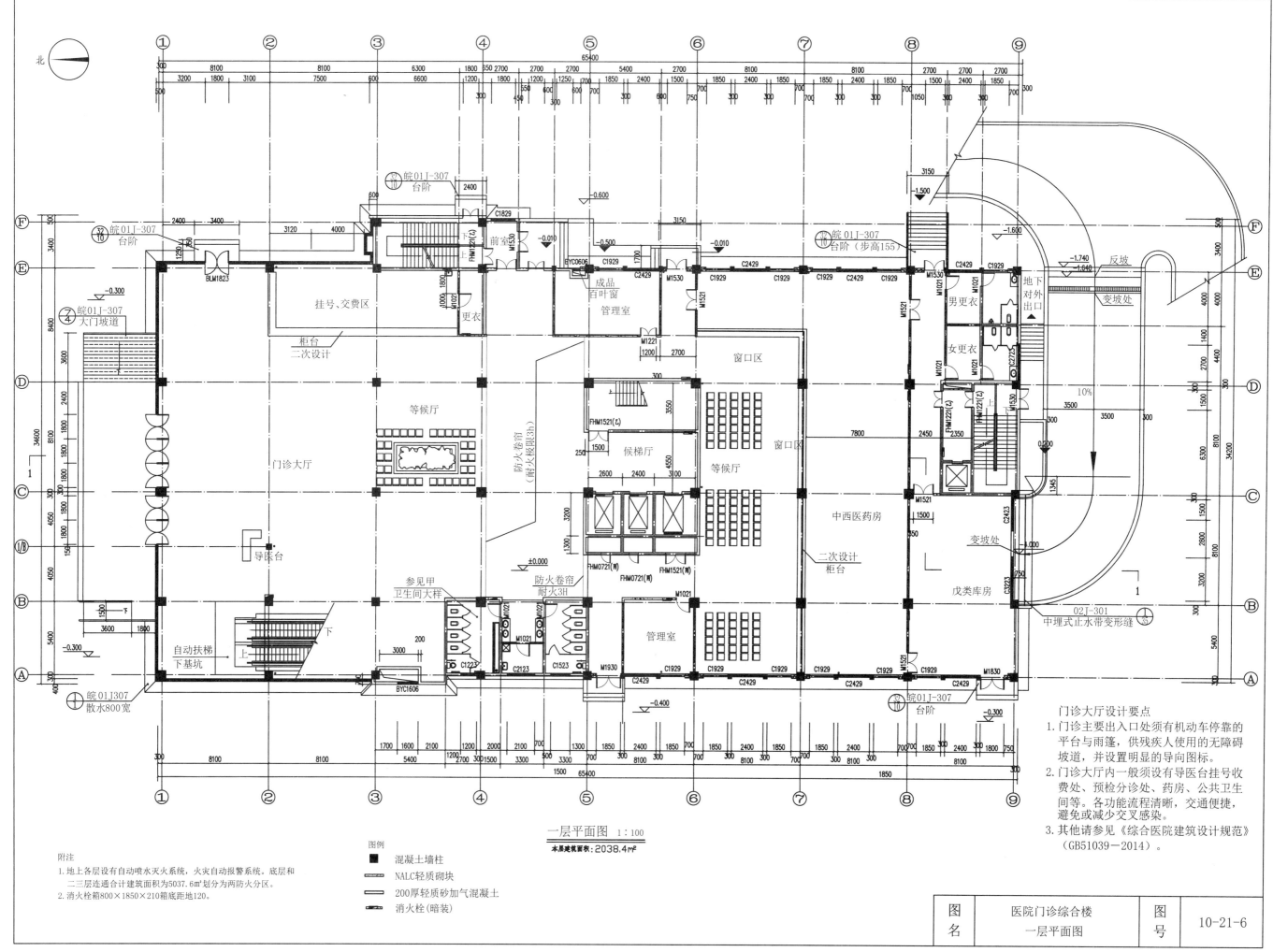

一层平面图　1:100

本层建筑面积:2038.4㎡

门诊大厅设计要点

1. 门诊主要出入口处须有机动车停靠的平台与雨篷,供残疾人使用的无障碍坡道,并设置明显的导向图标。

2. 门诊大厅内一般须设有导医台挂号收费处、预检分诊处、药房、公共卫生间等。各功能流程清晰,交通便捷,避免或减少交叉感染。

3. 其他请参见《综合医院建筑设计规范》(GB51039—2014)。

附注

1. 地上各层设有自动喷水灭火系统,火灾自动报警系统。底层和二三层连通合计建筑面积为5037.6㎡划分为两防火分区。

2. 消火栓箱800×1850×210箱底距地120。

图例

■　混凝土墙柱

NALC轻质砌块

200厚轻质砂加气混凝土

消火栓(暗装)

图名	医院门诊综合楼 一层平面图	图号	10-21-6

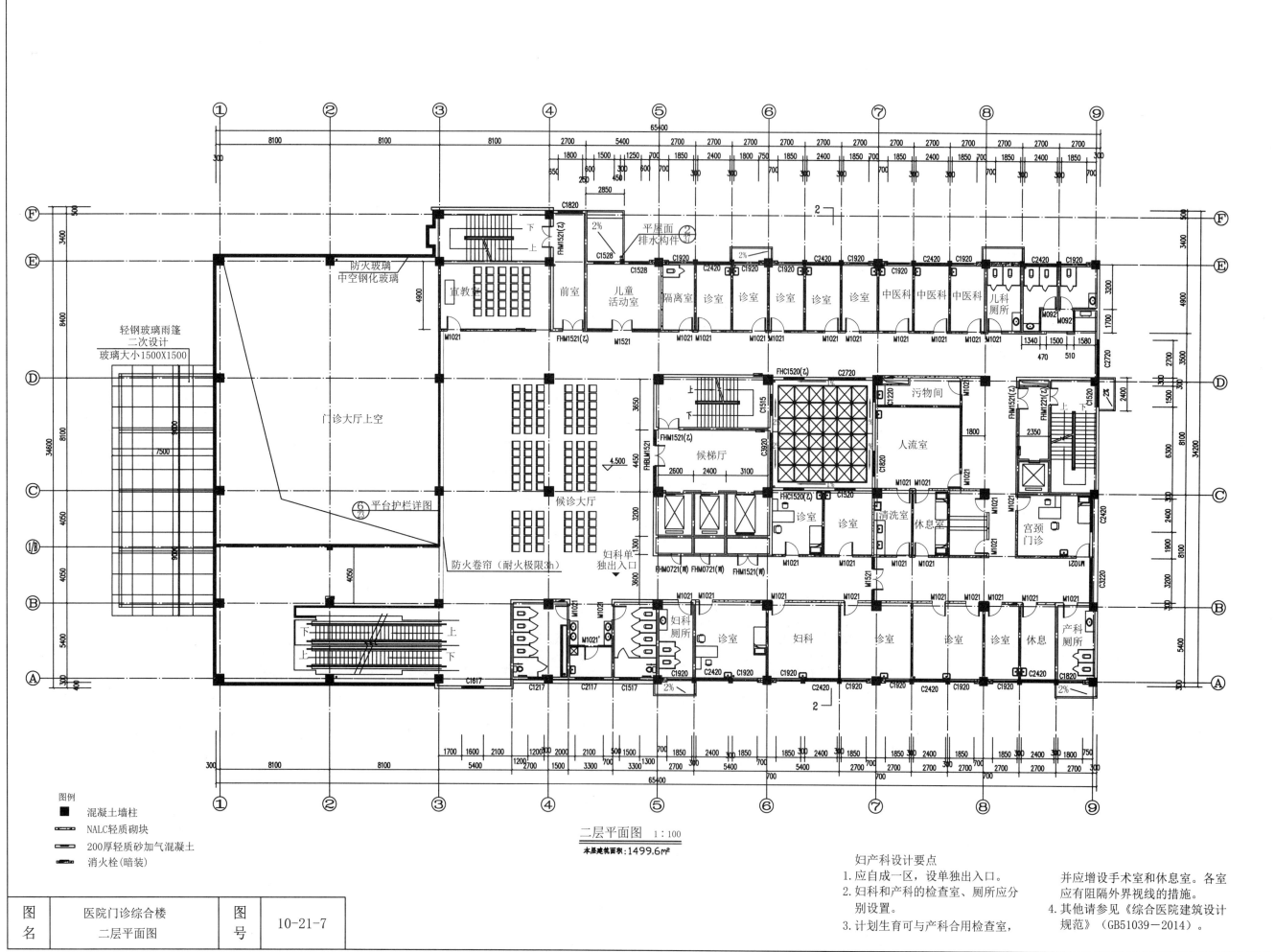

二层平面图 1:100

本层建筑面积:1499.6m²

图例

■ 混凝土墙柱

NALC轻质砌块

200厚轻质砂加气混凝土

消火栓(暗装)

妇产科设计要点

1. 应自成一区,设单独出入口。

2. 妇科和产科的检查室、厕所应分别设置。

3. 计划生育可与产科合用检查室,并应增设手术室和休息室。各室应有阻隔外界视线的措施。

4. 其他请参见《综合医院建筑设计规范》(GB51039-2014)。

图名	医院门诊综合楼二层平面图	图号	10-21-7

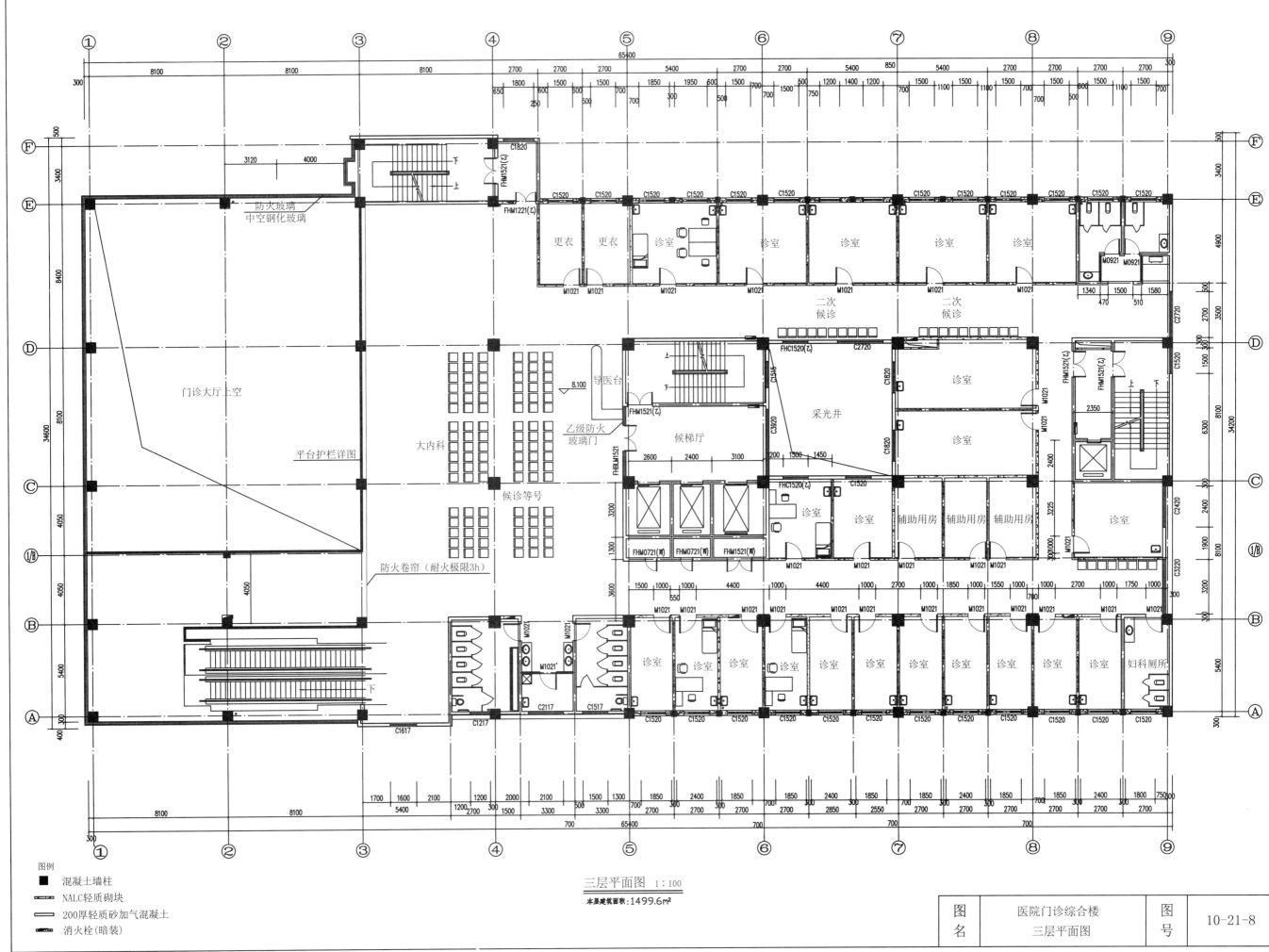

三层平面图 1:100

本层建筑面积:1499.6m²

图例

■ 混凝土墙柱

▬▬ NALC轻质砌块

▭ 200厚轻质砂加气混凝土

▬▬ 消火栓(暗装)

| 图名 | 医院门诊综合楼 三层平面图 | 图号 | 10-21-8 |

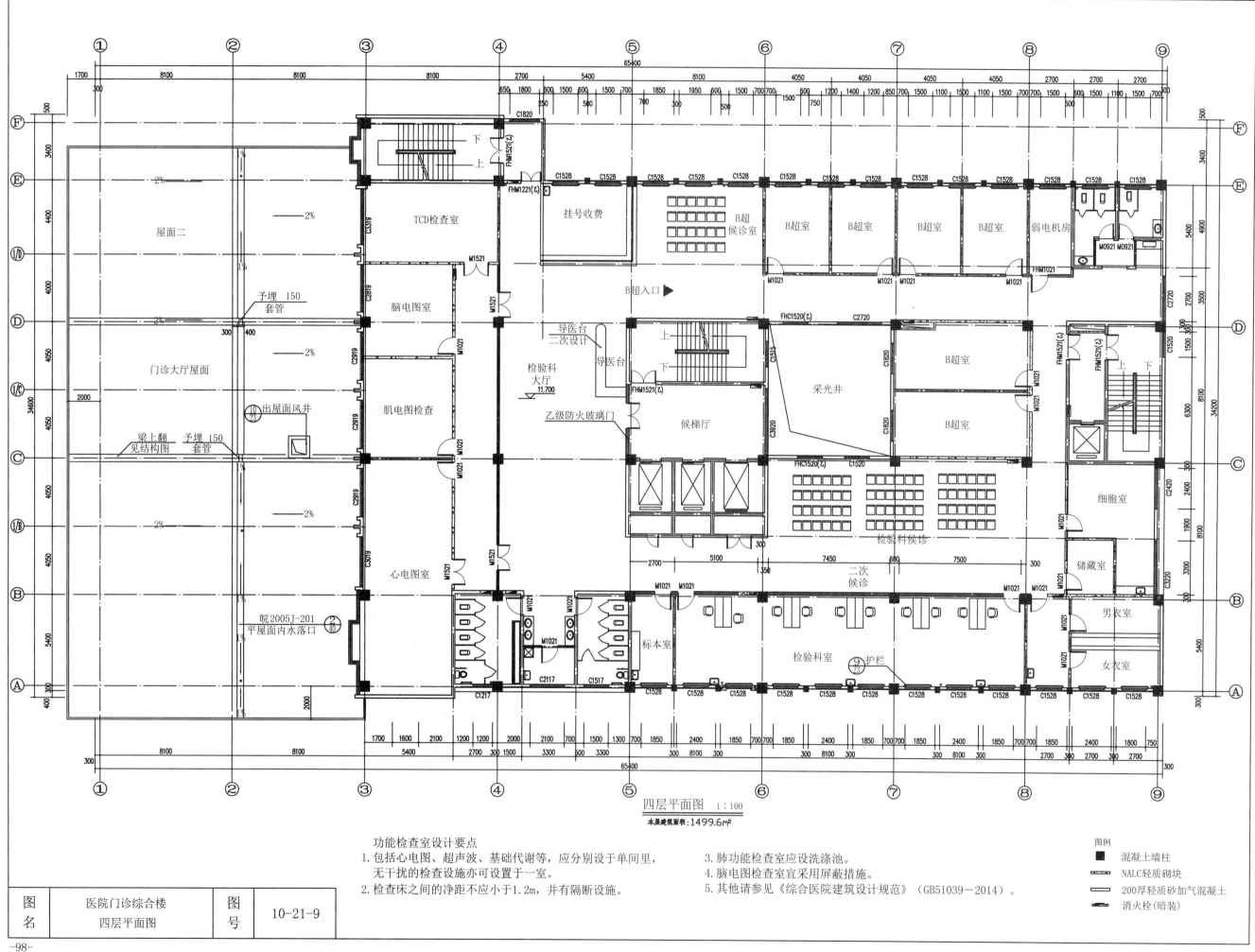

四层平面图 1:100

本层建筑面积:1499.6m²

功能检查室设计要点
1. 包括心电图、超声波、基础代谢等，应分别设于单间里，
   无干扰的检查设施亦可设置于一室。
2. 检查床之间的净距不应小于1.2m，并有隔断设施。
3. 肺功能检查室应设洗涤池。
4. 脑电图检查室宜采用屏蔽措施。
5. 其他请参见《综合医院建筑设计规范》（GB51039—2014）。

图例
■ 混凝土墙柱
▭ NALC轻质砌块
▭ 200厚轻质砂加气混凝土
▦ 消火栓(暗装)

图名	医院门诊综合楼 四层平面图	图号	10-21-9

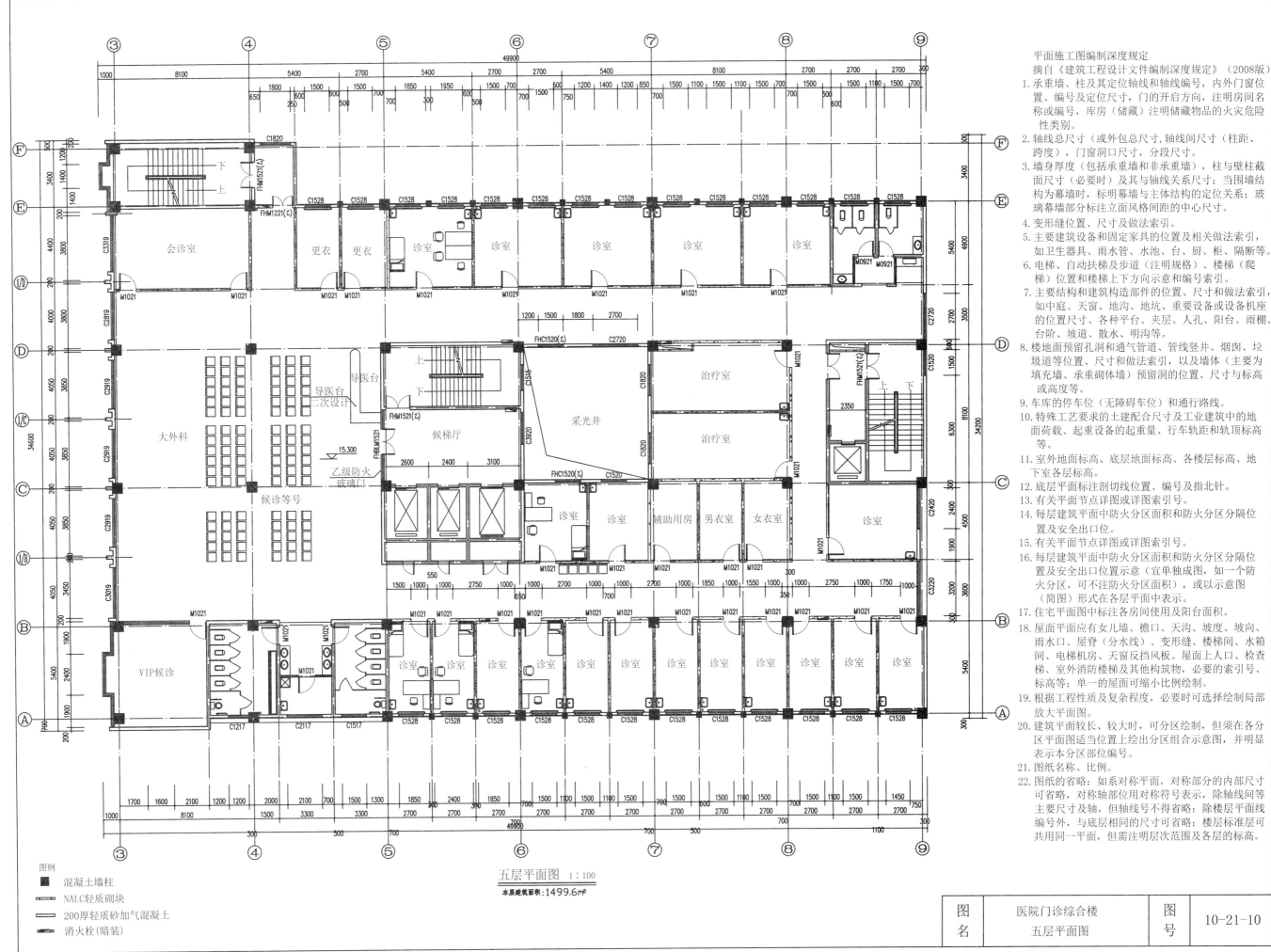

五层平面图 1:100

本层建筑面积:1499.6㎡

平面施工图编制深度规定

摘自《建筑工程设计文件编制深度规定》（2008版）

1. 承重墙、柱及其定位轴线和轴线编号，内外门窗位置、编号及定位尺寸，门的开启方向，注明房间名称或编号，库房（储藏）注明储藏物品的火灾危险性类别。
2. 轴线总尺寸（或外包总尺寸），轴线间尺寸（柱距、跨度），门窗洞口尺寸，分段尺寸。
3. 墙身厚度（包括承重墙和非承重墙），柱与壁柱截面尺寸（必要时）及其与轴线关系尺寸；当围墙结构为幕墙时，标明幕墙与主体结构的定位关系；玻璃幕墙部分标注立面风格间距的中心尺寸。
4. 变形缝位置、尺寸及做法索引。
5. 主要建筑设备和固定家具的位置及相关做法索引，如卫生器具、雨水管、水池、台、厨、柜、隔断等。
6. 电梯、自动扶梯及步道（注明规格）、楼梯（爬梯）位置和楼梯上下方向示意及索引。
7. 主要结构和建筑构造部件的位置、尺寸和做法索引，如中庭、天窗、地沟、地坑、重要设备或设备机座的位置尺寸，各种平台、夹层、人孔、阳台、雨棚、台阶、坡道、散水、明沟等。
8. 楼地面预留孔洞和通气管道、管线竖井、烟囱、垃圾道等位置、尺寸和做法索引，以及墙体（主要为填充墙、承重砌体墙）预留洞的位置、尺寸与标高或高度等。
9. 车库的停车位（无障碍车位）和通行路线。
10. 特殊工艺要求的土建配合尺寸及工业建筑中的地面荷载、起重设备的起重量、行车轨距和轨顶标高等。
11. 室外地面标高、底层地面标高、各楼层标高、地下室各层标高。
12. 底层平面标注剖切线位置、编号及指北针。
13. 有关平面节点详图或详图索引号。
14. 每层建筑平面中防火分区面积和防火分区分隔位置及安全出口位。
15. 有关平面节点详图或详图索引号。
16. 每层建筑平面中防火分区面积和防火分区分隔位置及安全出口位置示意（宜单独成图，如一个防火分区，可不注防火分区面积），或以示意图（简图）形式在各层平面中表示。
17. 住宅平面图中标注各房间使用面积和阳台面积。
18. 屋面平面应有女儿墙、檐口、天沟、坡度、坡向、雨水口、屋脊（分水线）、变形缝、楼梯间、水箱间、电梯机房、天窗及挡风板、屋面上人口、检查梯、室外消防楼梯及其他构筑物，必要的索引号、标高等；单一的屋面可缩小比例绘制。
19. 根据工程性质及复杂程度，必要时可选择绘制局部放大平面图。
20. 建筑平面较长、较大时，可分区绘制，但须在各分区平面图适当位置上绘出分区组合示意图，并明显表示本分区部位编号。
21. 图纸名称、比例。
22. 图纸的省略：如系对称平面，对称部分的内部尺寸可省略，对称轴部位用对称符号表示，除轴线间等主要尺寸及轴，但轴线号不得省略；除楼层平面线编号外，与底层相同的尺寸可省略；楼层标准层可共用同一平面，但需注明层次范围及各层的标高。

图例
■ 混凝土墙柱
▨ NALC轻质砌块
□ 200厚轻质砂加气混凝土
▨ 消火栓(暗装)

图名	医院门诊综合楼 五层平面图	图号	10-21-10

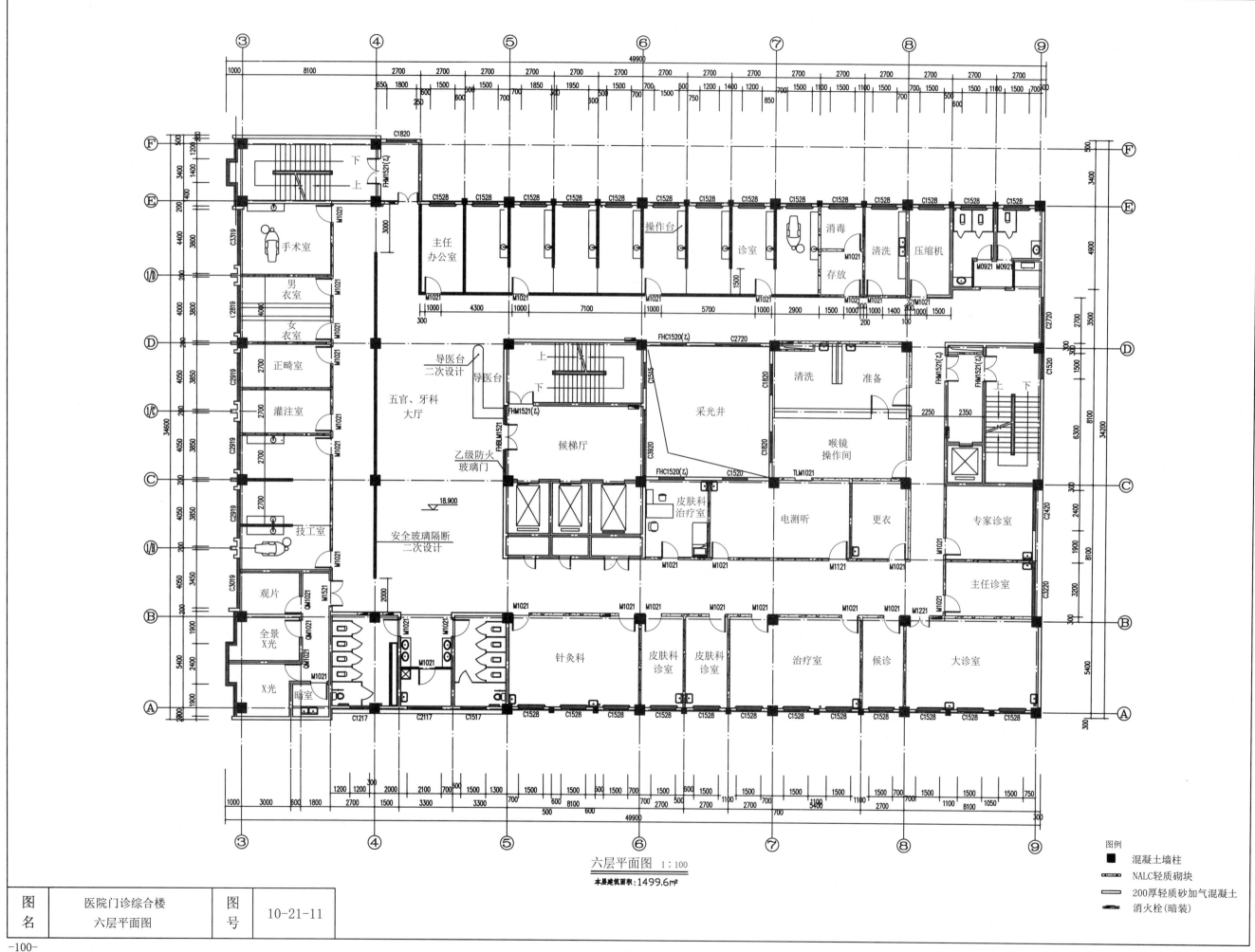

六层平面图 1:100

本层建筑面积:1499.6m²

图名	医院门诊综合楼 六层平面图	图号	10-21-11

图例

■ 混凝土墙柱

NALC轻质砌块

200厚轻质砂加气混凝土

消火栓(暗装)

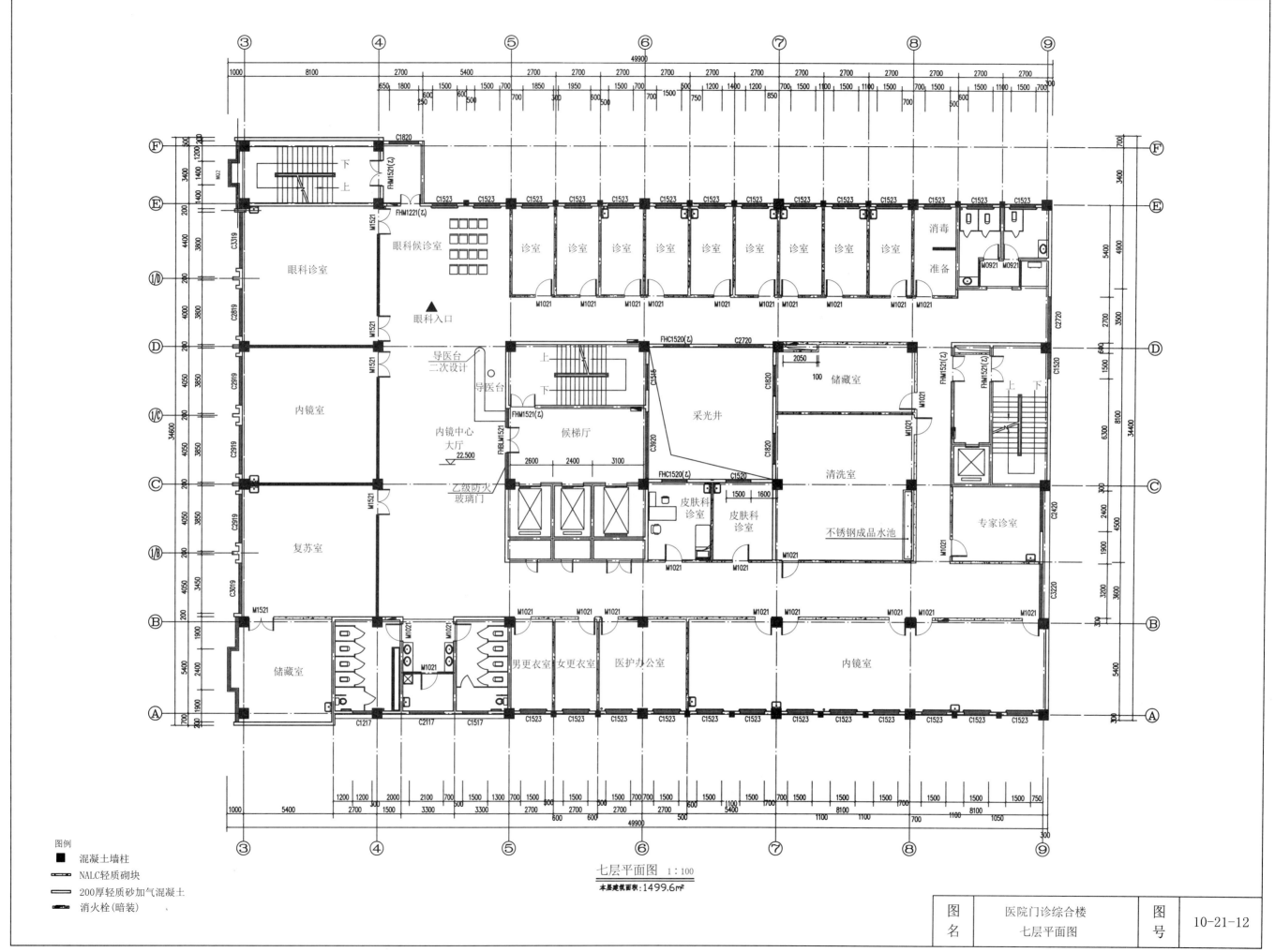

七层平面图　1:100

本层建筑面积:1499.6m²

图例
■ 混凝土墙柱
NALC轻质砌块
200厚轻质砂加气混凝土
消火栓(暗装)

图名	医院门诊综合楼 七层平面图	图号	10-21-12

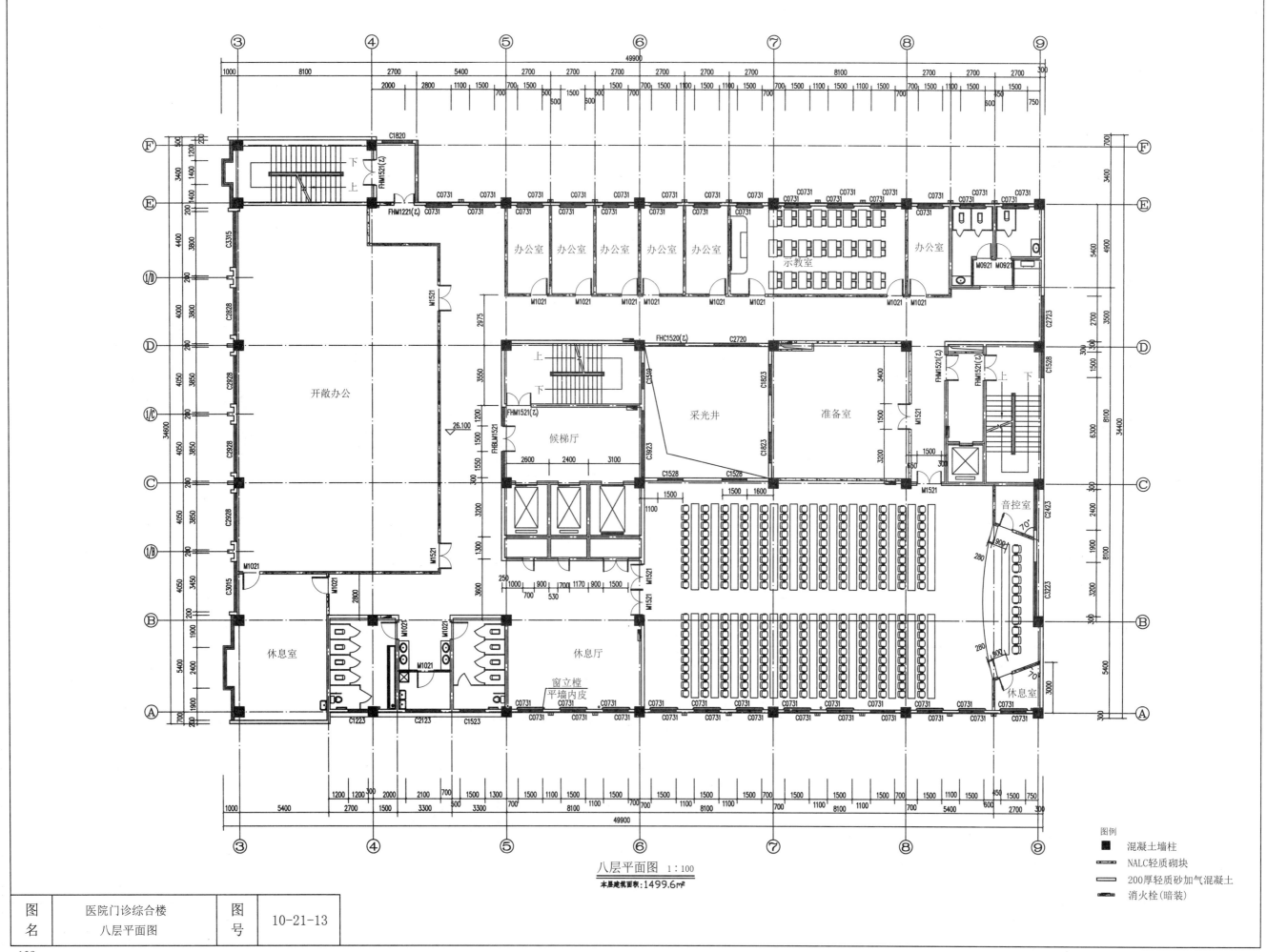

八层平面图 1:100

本层建筑面积:1499.6m²

图例
■ 混凝土墙柱
▨ NALC轻质砌块
▭ 200厚轻质砂加气混凝土
▦ 消火栓(暗装)

图名	医院门诊综合楼 八层平面图	图号	10-21-13

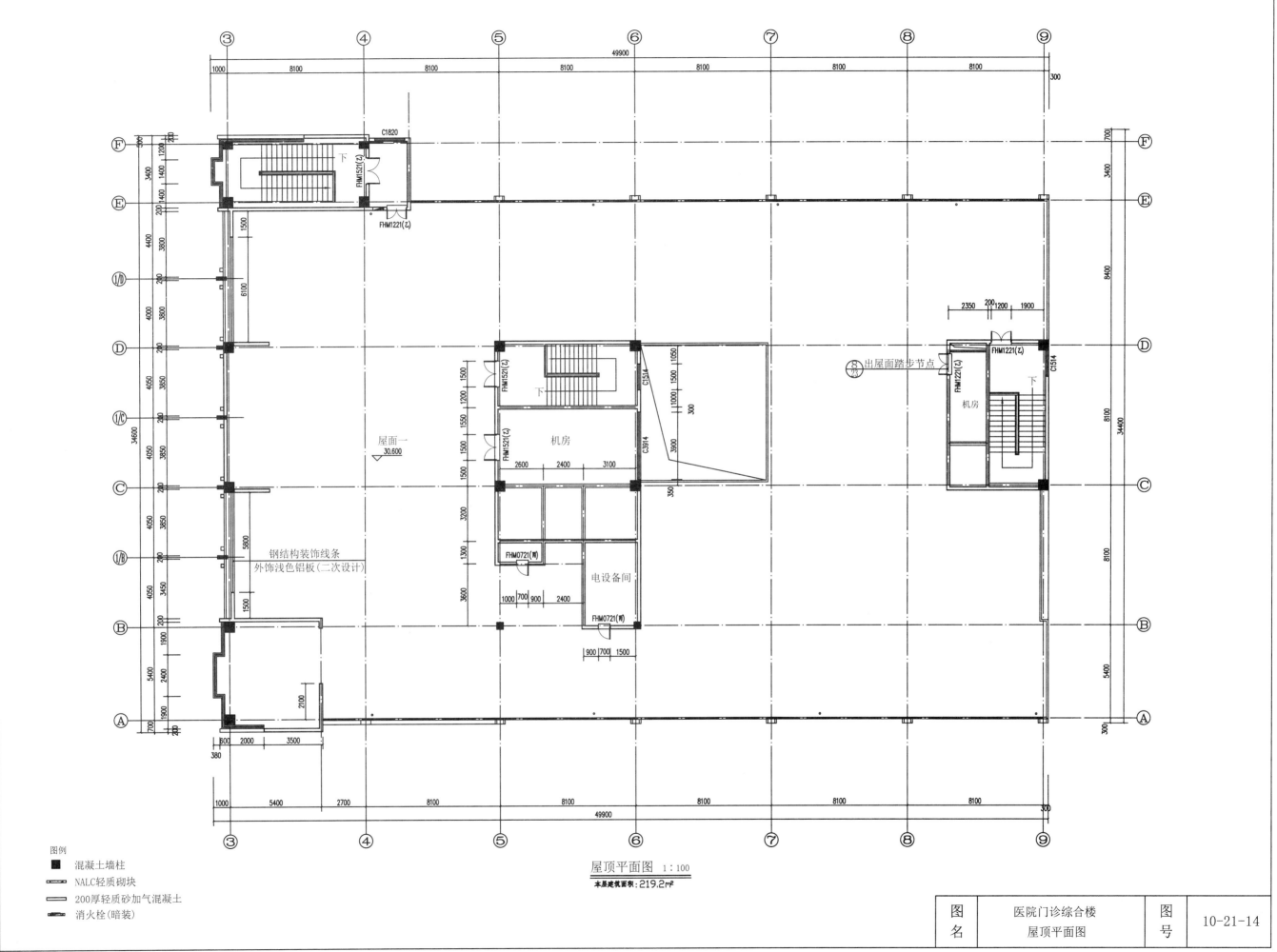

屋顶平面图 1:100

本层建筑面积：219.2㎡

图例
■ 混凝土墙柱
NALC轻质砌块
200厚轻质砂加气混凝土
消火栓(暗装)

图名	医院门诊综合楼 屋顶平面图	图号	10-21-14

立面施工图编制深度规定
摘自《建筑工程设计文件编制深度规定》（2008版）

1. 两端轴线编号，立面转折较复杂时可用展开立面表示，但应准确注明转角处的轴线编号。

2. 立面外轮廓及主要结构和建筑构造部件的位置，如女儿墙顶、檐口、柱、变形缝、室外楼梯和垂直爬梯、室外空调机搁板、外遮阳构件、阳台、栏杆、台阶、坡道、花台、雨棚、烟囱、勒脚、门窗、幕墙、洞口、门头、雨水管，以及其他装饰构件、线脚和粉刷分格线等。

3. 建筑的总高度、楼层位置辅助线、楼层和标高以及关键控制标高的标注，如女儿墙或檐口标高等；外墙留洞应标注尺寸与标高或高度尺寸（宽×高×深及定位关系尺寸）。

4. 平、剖面图未能表示出来的屋顶、檐口、女儿墙，窗台以及其他装饰构件、线脚等的标高或尺寸。

5. 在平面图上表达不清的窗编号。

6. 各部分装饰用料名称或代号，剖面图上无法表达的构造节点详图索引。

7. 图纸名称、比例。

8. 各个方向的立面应绘齐全，但差异小，左右对称的立面或部分不难推定的立面可简略；内部院落或看不到的局部立面，可在相关剖面图上表示，若剖面图未能表示完全时，则需单独绘出。

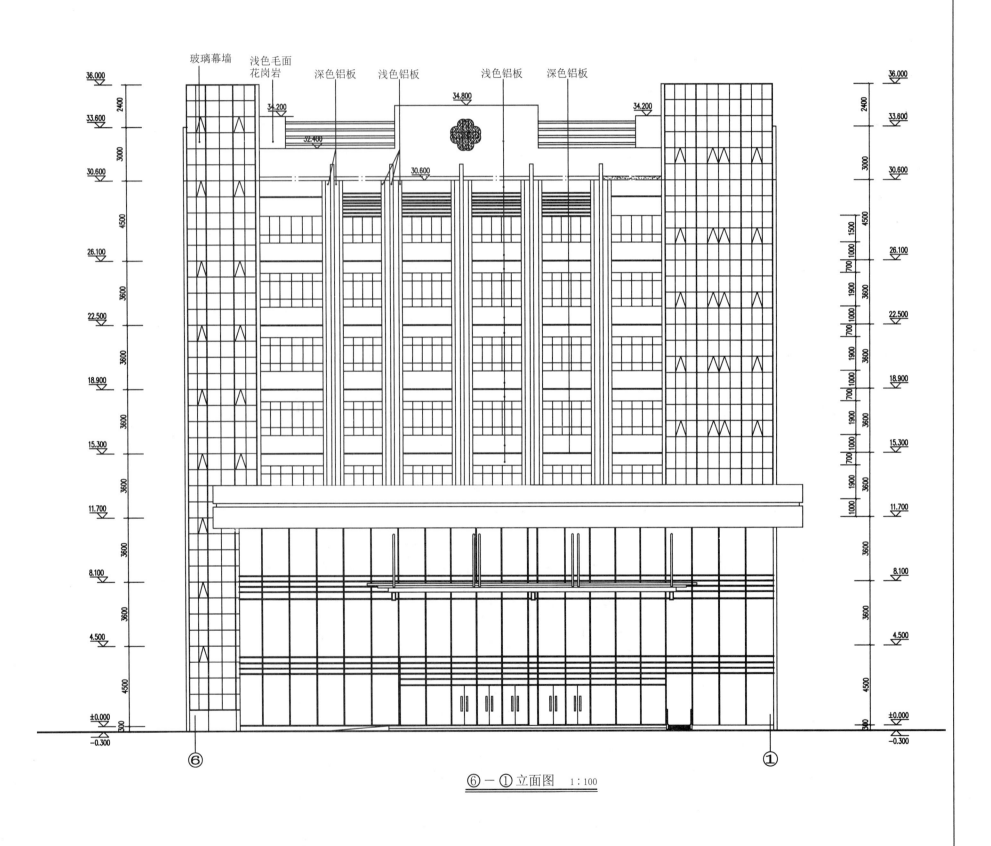

⑥－①立面图　1:100

| 图名 | 医院门诊综合楼
⑥－①立面图 | 图号 | 10-21-15 |

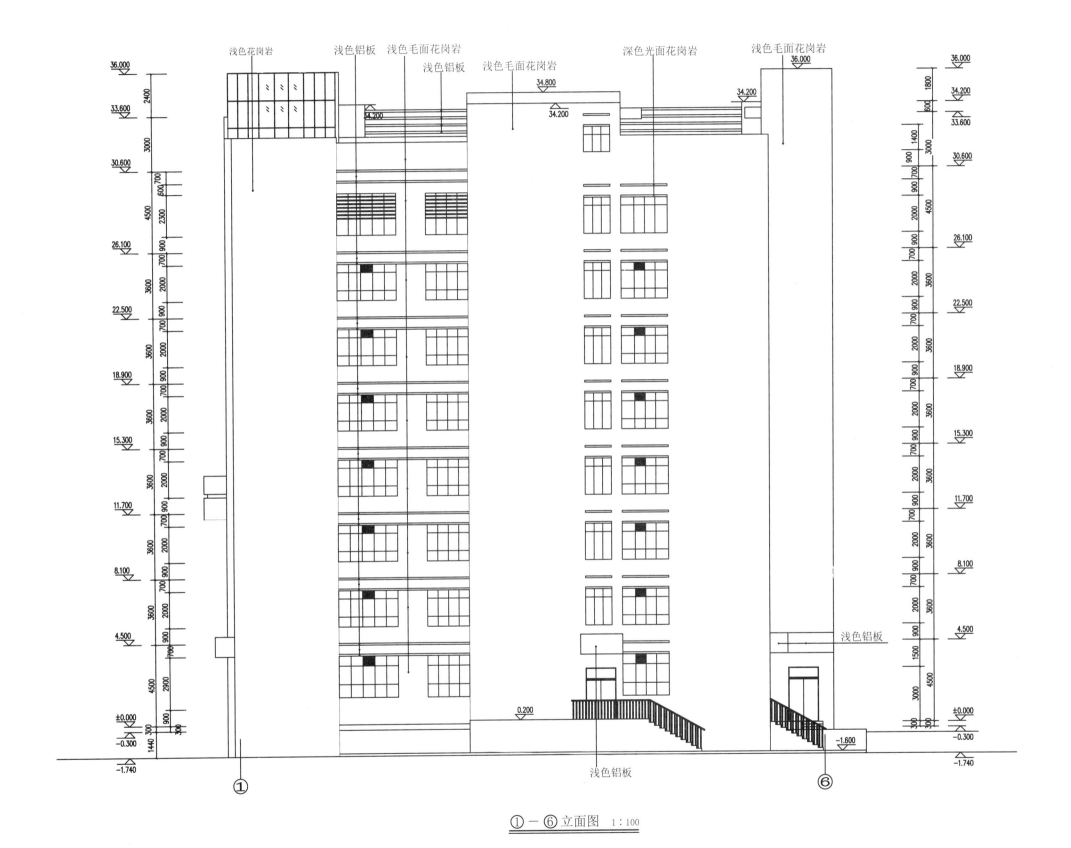

①—⑥立面图 1:100

| 图名 | 医院门诊综合楼
①—⑥立面图 | 图号 | 10-21-16 |

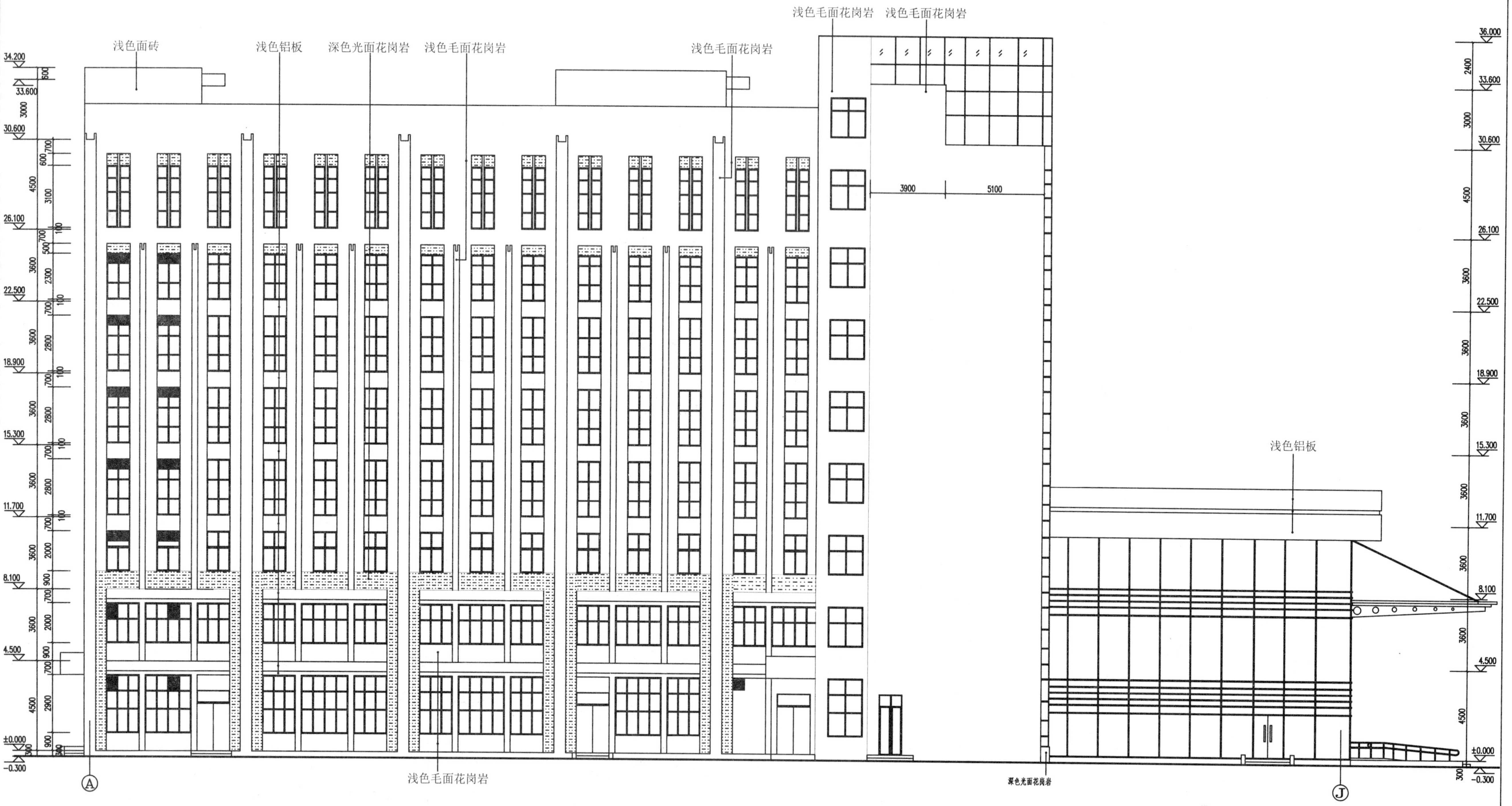
浅色面砖
浅色铝板
深色光面花岗岩
浅色毛面花岗岩
浅色毛面花岗岩
浅色毛面花岗岩
浅色毛面花岗岩
浅色铝板
浅色毛面花岗岩
深色光面花岗岩
3900
5100
36.000
34.200
33.600
30.600
26.100
22.500
18.900
15.300
11.700
8.100
4.500
±0.000
-0.300
A
J

Ⓐ—Ⓙ立面图 1∶100

图名	医院门诊综合楼 Ⓐ—Ⓙ立面图	图号	10-21-17

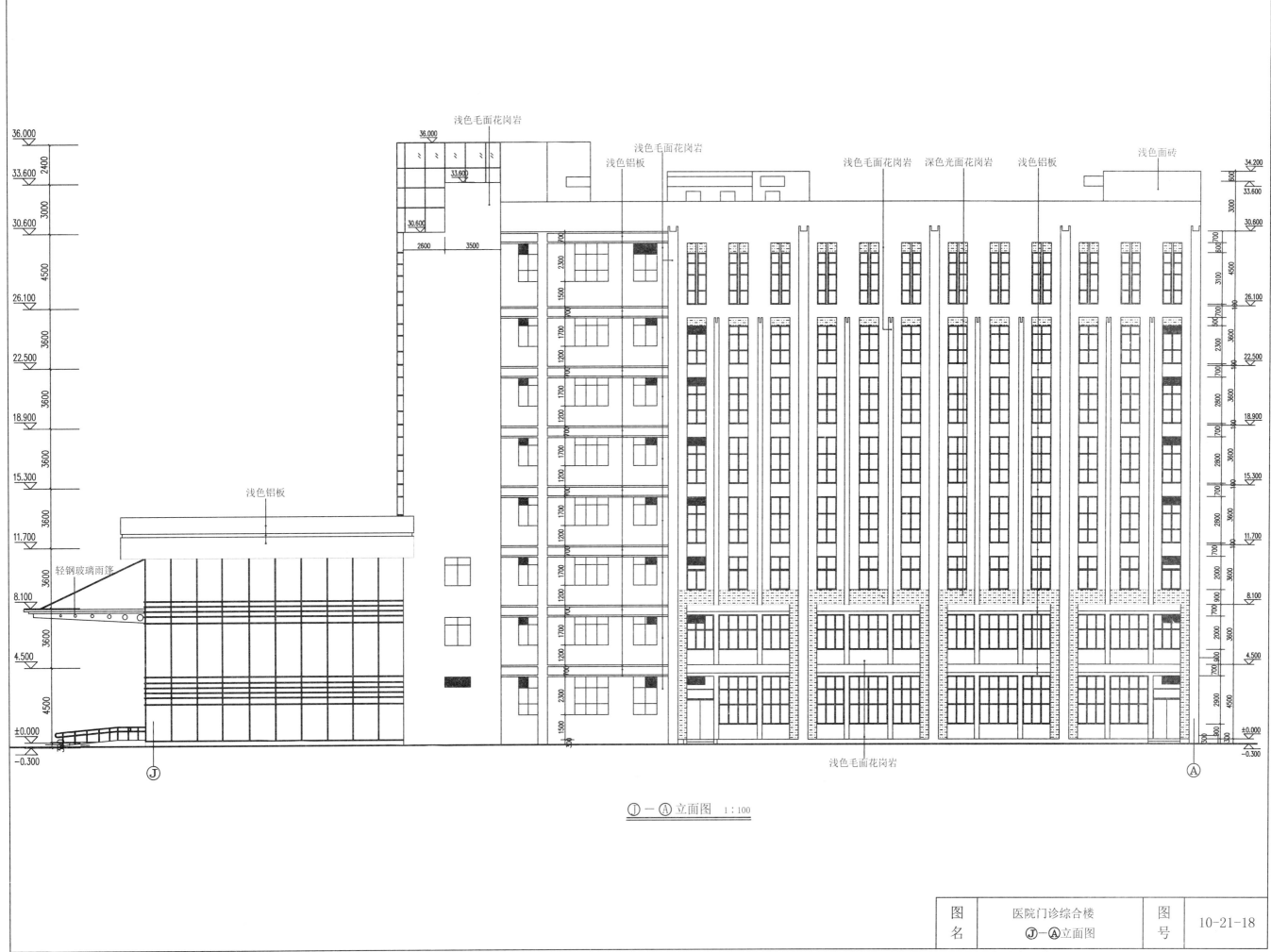

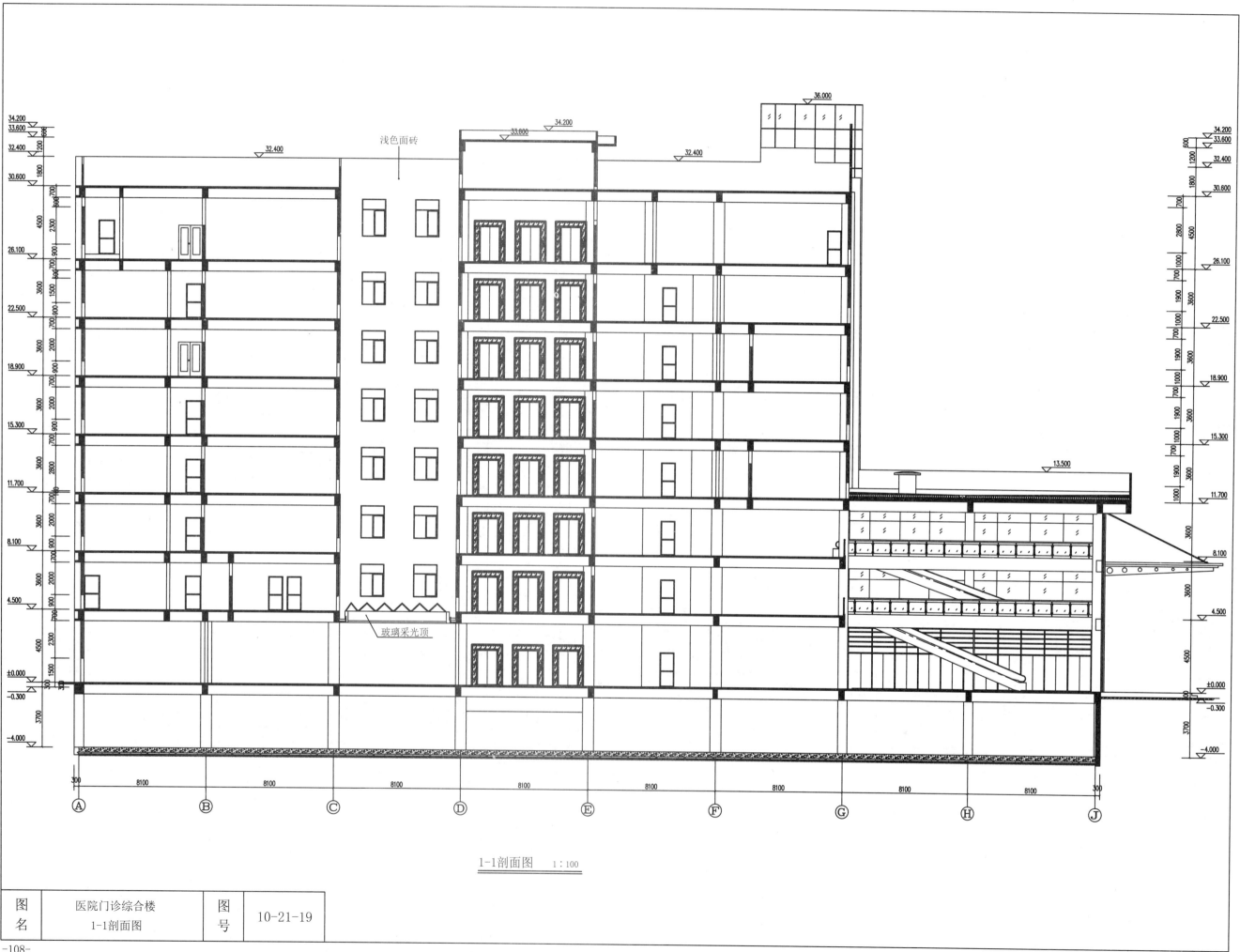

浅色面砖

玻璃采光顶

1-1剖面图   1:100

图名	医院门诊综合楼 1-1剖面图	图号	10-21-19

剖面施工图编制深度规定
摘自《建筑工程设计文件编制深度规定》（2008版）

1. 剖视位置应选在层高不同、层数不同、内外部空间比较复杂、具有代表性的部位；建筑空间局部不同处以及平面、立面均表达不清的部位，可绘制局部剖面。

2. 墙、柱、轴线和轴线编号。

3. 剖切到或可见的主要结构和建筑构造部件，如室外地面、底层地（楼）面、地坑、地沟、各层楼板、夹层、平台、吊顶、屋架、山屋顶烟囱、天窗、挡风板、檐口、女儿墙、爬梯、门、窗，外遮阳构件、楼梯、台阶、坡道、散水、平台、阳台、雨篷、洞口及其他装修等可见的内容。

4. 高度尺寸。外部尺寸：门、窗、洞口高度、层间高度、室内外高差、女儿墙高度、阳台栏杆高度、总高度。
   内部尺寸：地坑（沟）深度、隔断、内窗、洞口、平台、吊顶等。

5. 标高：主要结构和建筑构造部件的标高，如室内地面、楼面（含地下室）、平台、雨篷、吊顶、屋面板、屋面檐口、女儿墙顶、高出屋面的建筑物、构筑物及其他屋面特殊构件等的标高，室外屋面地面标高。

6. 节点构造详图索引号。

7. 图纸名称、比例。

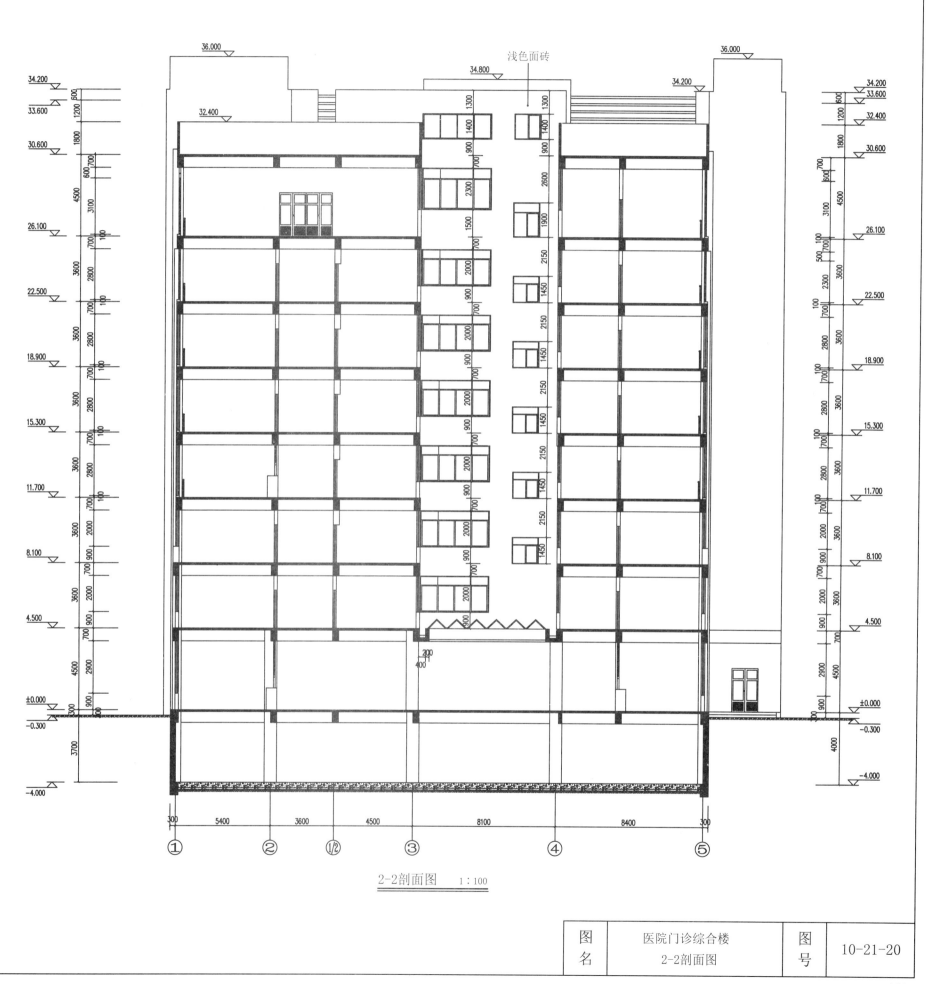

2-2剖面图　　1：100

图名	医院门诊综合楼 2-2剖面图	图号	10-21-20

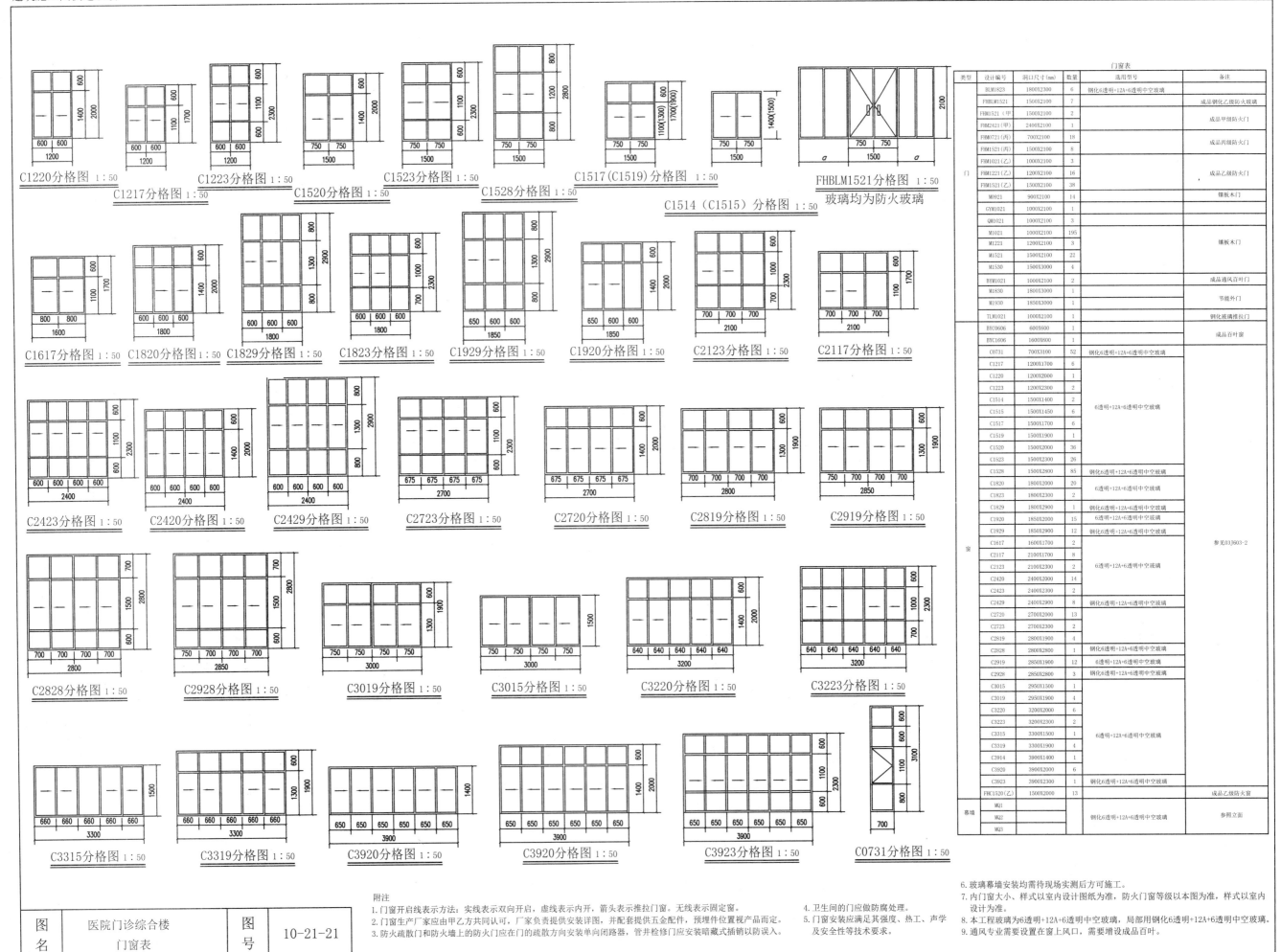

门窗表

类型	设计编号	洞口尺寸(mm)	数量	选用型号	备注
门	BLM1823	1800X2300	6	钢化6透明+12A+6透明中空玻璃	
	FHBLM1521	1500X2100	7		成品钢化乙级防火玻璃
	FHM1521(甲)	1500X2100	2		成品甲级防火门
	FHM2421(甲)	2400X2100	1		
	FHM0721(丙)	700X2100	18		成品丙级防火门
	FHM1521(丙)	1500X2100	8		
	FHM1021(乙)	1000X2100	3		成品乙级防火门
	FHM1521(乙)	1200X2100	16		
	FHM1521(乙)	1500X2100	38		
	M0921	900X2100	14		镶板木门
	GYM1021	1000X2100	1		
	QM1021	1000X2100	3		
	M1021	1000X2100	195		镶板木门
	M1221	1200X2100	1		
	M1521	1500X2100	22		
	M1530	1500X3000	4		
	BYM1021	1000X2100	1		成品通风百叶门
	M1830	1800X3000	2		节能外门
	M1930	1850X3000	1		
	TLM1021	1000X2100	1		钢化玻璃推拉门
窗	BYC0606	600X600	1		成品百叶窗
	BYC1606	1600X600	1		
	C0731	700X3100	52	钢化6透明+12A+6透明中空玻璃	
	C1217	1200X1700	6		
	C1220	1200X2000	1		
	C1223	1200X2300	4		
	C1514	1500X1400	2	6透明+12A+6透明中空玻璃	
	C1515	1500X1450	1		
	C1517	1500X1700	1		
	C1519	1500X1900	1		
	C1520	1500X2000	36		
	C1523	1500X2300	26		
	C1528	1500X2800	85	钢化6透明+12A+6透明中空玻璃	
	C1820	1800X2000	20	6透明+12A+6透明中空玻璃	
	C1823	1800X2300	2		
	C1829	1800X2900	3	钢化6透明+12A+6透明中空玻璃	
	C1920	1850X2000	15	6透明+12A+6透明中空玻璃	
	C1929	1850X2900	12	钢化6透明+12A+6透明中空玻璃	
	C1617	1600X1700	1		参见03J603-2
	C2117	2100X1700	8	6透明+12A+6透明中空玻璃	
	C2123	2100X2300	2		
	C2420	2400X2000	14		
	C2423	2400X2300	2		
	C2429	2400X2900	8	钢化6透明+12A+6透明中空玻璃	
	C2720	2700X2000	13	6透明+12A+6透明中空玻璃	
	C2723	2700X2300	2		
	C2819	2800X1900	4		
	C2828	2800X2800	1	钢化6透明+12A+6透明中空玻璃	
	C2919	2850X1900	12	6透明+12A+6透明中空玻璃	
	C2928	2850X2800	2	钢化6透明+12A+6透明中空玻璃	
	C3015	2950X1500	1		
	C3019	2950X1900	4		
	C3220	3200X2000	1		
	C3223	3200X2300	2		
	C3315	3300X1500	1	6透明+12A+6透明中空玻璃	
	C3319	3300X1900	4		
	C3914	3900X1400	1		
	C3920	3900X2000	6		
	C3923	3900X2300	2	钢化6透明+12A+6透明中空玻璃	
	FHC1520(乙)	1500X2000	13		成品乙级防火窗
幕墙	MQ1			钢化6透明+12A+6透明中空玻璃	参照立面
	MQ2				
	MQ3				

附注
1.门窗开启线表示方法:实线表示双向开启,虚线表示内开,箭头表示推拉门窗。无线表示固定窗。
2.门窗生产厂家应由甲乙方共同认可,厂家负责提供安装详图,并配套提供五金配件,预埋件位置视产品而定。
3.防火疏散门和防火墙上的防火门应在门的疏散方向安装单向闭路器,管井检修门应安装暗藏式插销以防误入。
4.卫生间的门应做防腐处理。
5.门窗安装应满足其强度、热工、声学及安全性等技术要求。
6.玻璃幕墙安装均需待现场实测后方可施工。
7.内门窗大小、样式以室内设计图纸为准,防火门窗等级以本图为准,样式以室内设计为准。
8.本工程玻璃为6透明+12A+6透明中空玻璃,局部用钢化6透明+12A+6透明中空玻璃。
9.通风专业需要设置在窗上风口的,需要增设成品百叶。

图名	医院门诊综合楼 门窗表	图号	10-21-21

第十一章 学校建筑施工图案例

建筑设计说明

一 设计依据

1.1 项目批文及国家现行建筑设计规范
1.2 本工程建设场地地形图及规划图
1.3 建设单位委托设计单位设计本工程的设计合同书

二 工程概况

2.1 地理位置 见总图
2.2 使用功能 高一至高三年级教学楼（共50座标准教室40个，1个290座阶梯教室。）
2.3 建筑面积 9996.43㎡
2.4 建筑层数 5层

2.5 建筑性质

	结构类型	设计使用年限	基底面积	耐火等级	抗震设防烈度	总高度
2.6 公共建筑	框架结构	50年	2238.85㎡	二级	七度	18.45m

三 一般说明

3.1 本工程图中尺寸除标高以m（米）计外，其余尺寸均以mm（毫米）计。
3.2 图中标高为相对标高，高一年级教学楼相对标高±0.000相当于吴淞高程标高25.65,高二年级教学楼相对标高±0.000,相当于吴淞高程标高25.55,高三年级教学楼相对标高±0.000,相当于吴淞高程标高24.80, 施工前应通知设计单位现场验证。
3.3 墙身防潮层设于室内地坪下一皮砖处及有高差地面的墙面的迎水面上，用1：2水泥砂浆掺5%的防水剂粉20厚。
3.4 砌体做法：外墙除标注外均采用煤矸石空心砖砌块，砌体厚度除标注外均为200。
内墙除标注外均采用煤矸石空心砖砌块，砌体厚度除标注外均为200。
所有120厚内填充墙采用煤矸石空心砖砌块。

四 工程做法

室外工程	散水做法：详见国标11J930-1住宅建筑构造图集第A9页节点10，散水宽1200
	（耐根穿刺层采用高密度聚乙烯土工膜）
	台阶做法：详见图集《室外工程》（02J003）第8页节点5B。　　防滑地砖
	基座做法：详见图集《住宅建筑构造》（03J930-1）第67页节点9。深灰色光面花岗岩
	坡道做法：详见图集《住宅建筑构造》（11J930）第A13页坡1
	残疾人坡道及扶手做法：详见图集《住宅建筑构造》（11J930）第A15页节点9
	栏杆做法：详见图集《住宅建筑构造》（11J930）第a24页节点2

卫防水	地漏、管道穿楼板构造：详参见皖2005J112-B-2住宅防火型烟气集中排放系统
	卫生间四周墙体均做200高C20防渗反梁，厚度同墙厚
	卫生间与相邻设备间隔墙防水层为1.5厚聚合物水泥基复合防水涂料防水层，隔墙两面防水

地面做法	使用范围
水泥砂浆地面：详参见国标12J304楼地面建筑构造图集第8页DA1	未注明房间
现浇水磨石地面：详见国标12J304楼地面建筑构造图集第12页DA12（800×800,1.5厚铜条分格）	教室、教师办公室、走廊
防滑地砖地面：详见国标12J304楼地面建筑构造图集第59页DB17（规格为600×600×8）	米色　楼梯间
防滑地砖地面（有防水层）：详见国标12J304楼地面建筑构造图集第60页DB20（规格为300×300×7）	米色　学生卫生间、教师卫生间

楼面做法	使用范围
水泥砂浆楼面：详参见国标12J304楼地面建筑构造图集第8页LA1	未注明房间
现浇水磨石楼面：详见国标12J304楼地面建筑构造图集第12页LA12（800×800,1.5厚铜条分格）	教室、教师办公室、走廊
防滑地砖楼面：详见国标12J304楼地面建筑构造图集第59页LB17（规格为600×600×8）	米色　楼梯间
防滑地砖楼面：详见国标12J304楼地面建筑构造图集第60页LB20（规格为300×300×7）	米色　学生卫生间、教师卫生间

屋面防水：本工程屋面属二级防水，二道防水设防，位置见平面图。

屋面做法	不上人保温平屋面：a）鹅卵石颗粒料保护层一道；b）40厚C20混凝土内配 ∅6@200×200钢筋网片保护层；c）3厚油毡保护层；d）PVC防水卷材4厚；e）1：8水泥加气混凝土碎料找坡（最薄处厚30）；f）保温层 g）3厚聚氨酯涂抹防水；h）屋面结构层（防水等级为一级）
	坡屋面保温：a）3厚黑色油毡瓦面层（规格1000×333，厚度3.0,每平方米用量7片）；b）40厚C20细石混凝土找平层（内配∅6@150×150钢筋网）；c）2道高聚物改性沥青防水卷材（每道4厚）；d）20厚1：3水泥砂浆找平层；e）保温层；f）屋面结构层。详见图集《坡屋面建筑构造（一）》（09J202-1）第L3页L8节点
	坡屋面做法：屋面四（不上人不保温）：a）20厚绿豆砂保护层；b）40厚C20细石混凝土内配φ6@200×200钢筋网片保护层；c）3厚油毡保护层；d）PVC防水卷材4厚；e）1：8水泥加气混凝土碎料找坡（最薄处厚30）；f）3厚聚氨酯涂抹防水；g）屋面结构层（防水等级为一级）
	檐沟做法：a）防水垫层；b）附加防水层；c）20厚1：2.5水泥砂浆找平层；d）1：6水泥焦渣最低最薄处30厚；e）找2%坡度振捣密实，表面抹光；f）钢筋混凝土檐沟。

外墙粉刷	墙裙（有保温）（功能房间处外走廊）：a）　300×300×7釉面砖，素水泥浆勾缝（H=1800）；b）15厚聚合物水泥砂浆；c）镀锌钢丝网；d）保温层；e）界面剂；f）15厚1：3水泥砂浆找平（内掺5%防水剂）；f）墙体墙裙
	墙裙（不保温）（外廊）：a）300×300×7釉面砖，白水泥浆勾缝（H=1800）；b）1：0.1：2.5水泥细砂结合层；c）10厚1：3水泥砂浆打底扫毛或划出纹道；d）墙体
	外墙乳胶漆（墙裙以上部位无保温）（功能房间处外走廊）：a）外墙涂料；b）6厚1：2.5水泥砂浆抹平；c）12厚1：3水泥砂浆打底扫毛或划出纹道。详见图集《工程做法》（05J909）第57页WQ9
	外墙乳胶漆（墙裙以上部位有保温）（功能房间处外走廊）：a）外墙涂料；b）镀锌钢丝网+弹性底涂；c）保温层；d）界面剂；e）15厚1：3水泥砂浆找平（内掺5%防水剂）；f）墙体
	饰面砂浆（有保温）：a）饰面砂浆；b）镀锌钢丝网+弹性底涂；c）保温层；d）界面剂；e）15厚1：3水泥砂浆找平（内掺5%防水剂）；f）墙体

顶棚做法	毛坯顶棚 a）20厚1：1：6水泥石灰砂浆底；b）白水泥腻子两遍（设备间、未特别注明的顶棚）
	微孔铝板吊顶：挂钩式金属方板吊顶，做法采用图集《内装修-室内吊顶》（03J502-2）第C20页 面层为600×600白色微孔铝板，穿孔率20%；材质：AA级铝合金。（学生卫生间、教师卫生间）
	乳胶漆顶棚 a）素水泥砂浆一道（内掺建筑胶）（教室、走廊、办公室、楼梯间）；b）5厚1：0.5：3水泥石灰膏砂浆打底扫毛或划出纹道；c）3厚1：0.5：2.5水泥石灰膏砂浆找平；d）封底漆一道（干燥后再做面涂）；e）树脂乳液涂料面层两道（每道间隔2h）
	轻钢龙骨纸面石膏板吊顶 a）钢筋混凝土板预留φ10钢筋吊环（钩），中距横向≤800纵向≤429（预留混凝土可在板缝内预留吊环）；b）10号镀锌低碳钢丝（或6钢筋）吊杆，中距横向≤800纵向≤429，吊杆上部与预留吊环固定；c）U型轻钢次龙骨CB60×27（或CB50×20）中距429；d）U型轻钢龙骨CB60×27（或CB50×20）中距1200（顶层教室）；e）9.5（12）厚纸面横铺石膏板，用自攻螺丝与龙骨固定，中距≤1200；f）满刷氯偏乳液（或乳化光油）防潮涂料两道，横纵向各刷一道（防水石膏板无此道工序）；g）满刮2厚耐水腻子找平；h）涂料面层

图名	教学楼设计说明(一)	图号	11-15-1

内墙粉刷	**乳胶漆墙面** (a) 树脂乳液涂料两道饰面(教室、走廊、楼梯间上部墙体); (b) 封底漆一道(未特别注明的内墙); (c) 5厚1:0.5:2.5水泥石灰膏砂浆抹平(卫生间、开水间); (d) 9厚1:0.5:3水泥石灰膏砂浆打底扫毛 **贴瓷砖墙面**(卫生间H=3100,规格300×300×7,梁上100) (a) 1:1彩色水泥细砂砂浆勾缝; (b) 7厚面砖; (c) 4厚强力胶粉泥黏结层,揉挤压实(设备间); (d) 1.5厚聚合物水泥基复合防水涂料防水层; (e) 9厚1:3水泥砂浆打实压实抹平 **水泥砂浆墙面** (a) 5厚1:2.5防水砂浆抹平; (b) 9厚1:3水泥砂浆打底扫毛
墙裙做法	**釉面砖墙裙**(H=1800,400×300×7) (a) 1:3水泥砂浆打底扫毛(教室、教师办公室、楼梯间); (b) 1:0.1:2.5彩色水泥细砂砂结合面贴釉面砖,白水泥擦缝(走廊 H=1800)
油漆做法	木材面油漆:详见皖07J301饰面图集第68页节点15。(磁漆)(深灰色 所有木门) 金属面油漆:详见皖07J301饰面图集第69页节点1。(调和漆)(深灰色 室外露明金属件) 金属面油漆:详见皖07J301饰面图集第69页节点5。(磁漆)(黑 色 楼梯、平台、护窗钢栏杆) 凡檐口、雨篷、阳台底、外廊底均应做滴水线,内墙阳角门膀角均应做护角 凡预埋木砖均需满涂防腐剂 凡雨篷板面均为20厚1:2防水水泥砂浆
构配件做法	所有卫生间、阳台、平台、外廊均比相应的楼地面低30 平面图中门定位尺寸(门垛尺寸)除注明者外,靠砖砌体墙一侧为100,靠框架柱边 外窗窗台用1:3水泥砂浆15厚打底,并将窗框安装后的缝隙填充密实;窗台泛水内高外低大于10 阳台栏板、扶手应与墙体拉结,墙体中预埋钢筋入墙300,外伸300,与栏板、扶手的水平钢筋绑扎 屋面排水构件组合见省标屋面2005J201-1.2/37 外墙墙面上的框架梁、柱与填充墙间钉400宽钢板网,1:2水泥砂浆掺5%防水剂,分两次粉刷,每遍10厚。外墙变形缝做法详见国标变形缝建筑构造(一)04CJ01-1中22页1节点。楼地面变形缝做法详见国标变形缝建筑构造(一)04CJ01-1第6页1节点

五 备注

5.1 室内外装饰材料的规格、色彩、质地的选样确定。

5.2 铝合金幕墙、铝板幕墙及石材幕墙,应选择有相应设计。

5.3 室内环境污染控制类别为一类。

六 说明

6.1 本图中 □ 符号为本工程采用的做法。

6.2 本设计图应同各有关专业图纸密切配合施工,在未征及设计单位同意时,不得在各构件上任意凿孔开洞。

6.3 施工中各工种应密切配合,凡遇设备基础、电梯等安装工程时,应对到货样本或实物核实无误后方可进行施工。

6.4 本说明中未尽事宜按国家现行有关施工规范及规程执行。

6.5 防护栏杆未表示做法的详见楼梯栏杆栏板(一)06J403-1图集第23页B11节点,为不锈钢栏杆,所有承受水平荷载力不小于1.5kN/m。

七 室内污染控制类别及主要污染物浓度控制指标

7.1 需达到《民用建筑工程室内环境污染控制规范》(GB50325-2010)中I类,相应的污染物浓度、活度需满足:
氡不大于200Bq/m³;甲醛不大于0.08mg/m³;苯不大于0.09mg/m³;氨不大于0.2mg/m³;总挥发性有机化合物(TVOG)不大于0.5mg/m³。

7.2 室内环境污染控制类别为一类。

八 消防设计

设计依据:《建筑设计防火规范》(GB50016-2014)
《建筑内部装修设计防火规范》(GB50222-2001)

8.1 总体布局:建筑物四周消防车均可到达,满足规范要求。
本工程每层为一个防火分区建筑面积2238m²,均满足规范要求。

8.2 设有四部封闭楼梯,每层总人数为400人,每层疏散总宽度为7.2m,疏散均满足规范要求。

8.3 走道长度大于30m采取机械排风措施。所有通风预留洞口、通风口百叶尺寸及定位请详见暖通施工图。

8.4 灭火器、消火栓位置详见水施。

九 保温节能设计

9.1 外墙外保温做法:具体做法详见国标图集外墙外保温建筑构造(一)02J121-1中A型外墙外保温做法。

9.2 所有外窗均采用透明中空玻璃断热铝合金框料;6+12A+6中空玻璃窗(K=3.0),其中门和在防护高度范围内的固定窗(见窗大样)采用钢化玻璃,其余采用普通玻璃;门窗框料及玻璃厚度最终由专业厂家根据有关规范计算确定;所有向外开平窗扇玻璃均采用钢化玻璃。
门窗性能:气密性6级,水密性3级,抗风压4级,保温性4级,隔声性能3级。

9.3 饰面砖应采用轻质功能性面砖,重量不大于16kg/m²,单块面积不大于0.01m²。
外墙粘贴饰面砖的建筑总高度不应超过40m,否则应经有关部门专项论证审查通过后方可实施。

9.3 本工程各类建筑材料必须满足《民用建筑工程室内环境污染控制规范》(GB50325-2010)建筑的要求.

十 无障碍设计

10.1 主要出入口设为无障碍出入口,设有1:12残疾人坡道。

10.2 楼梯均为无障碍楼梯。踏面的前缘设计成圆弧形,扶手的下方要设高50mm的混凝土安全挡台,扶手要保持连贯,在起点和终点处要水平延伸0.30m以上,在扶手面层贴上盲文说明牌。

10.3 踏步起点前和终点0.30m处,应设置宽0.30~0.60m宽的提示盲道。

10.4 电梯为无障碍电梯,且应满足《无障碍设计规范》(GB50763-2012)相关要求。

10.5 入口无障碍门做法参见公共建筑卫生间02J915第92页。

夏热冬冷地区公共建筑节能设计一览表

项目		标准限值 K			设计选用								结论是否符合标准	
		传热系数 [W/(m²·K)]	综合遮阳系数 SCw(东、西向/南向)	可见光可开启面积	计算窗墙比及相应指标限值				设计选用及可达到指标				是	否
						朝向	K限值	SCw限值	可见光透射比	框料	玻璃品种、厚度、中空尺寸	K值	SCw值	可见光透射比		
窗墙面积比	Cm≤0.20	4.0	——	0.40	30%	东	0.09	4.00	1.00	0.30	断热铝合金普通中空玻璃窗	6+12A+6	3.00	0.66	0.40	■	□
	0.20<Cm≤0.30	3.5	0.45/0.50	0.40		南	0.22	3.50	0.50	0.30	断热铝合金普通中空玻璃窗	6+12A+6	3.00	0.66	0.40	□	■
	0.30<Cm≤0.40	3.0	0.40/0.45	0.40		西	0.05	4.00	1.00	0.30	断热铝合金普通中空玻璃窗	6+12A+6	3.00	0.66	0.40	■	□
	0.40<Cm≤0.45	2.8	0.35/0.40	——		北	0.26	3.50	——	0.30	断热铝合金普通中空玻璃窗	6+12A+6	3.00	0.66	0.40	■	□
	0.45<Cm≤0.70	2.5	0.25														

外门窗、幕墙气密性等级	外门窗6级:q1≤1.5, q2≤4.5; 幕墙3级,每米缝长≤1.5,每平方米面积≤1.2		外窗6级;幕墙一级	■	□
屋顶透明部分	K≤3.0, SCw≤0.40	屋顶透明面积/屋顶总面积≤20%, K≤3.0, SCw≤0.40	屋顶透明面积/屋顶面积=一%, SCw=窗框料一玻璃一	■	□
屋顶	K≤0.70	保温隔热材料 硅酸盐水泥无机发泡板 厚度 70.00mm, K 0.69。找坡层材料 粉煤灰陶粒混凝土,厚度 最薄处不小于30mm。		■	□
外墙(包括非透明幕墙)	Km≤1.0	外保温墙 自保温□ 内保温□ 保温材料 无机保温砂浆 Ⅱ型, 厚度 40/15mm, Km 1.00。主墙体材料 煤干空心砖, 厚度 200mm;隔热高窗度一, 厚度一。		■	□
底层架空或外挑楼板	K≤1.0	上保温□,下保温□ 保温材料 改性无机保温材料, 厚度 20.00mm, K 0.92。		■	□
地面、无采暖空调的地下室顶板	热阻≥1.2	保温材料 一,厚度一, R 0.35。		□	□
地下室外墙	热阻≥1.2	保温材料一,厚度一, R 一。		□	□

其他	建筑朝向	南偏东或西≤15°□,南偏东15~35°□,南偏东≤15° ■,其他 一□。			软件名称	PBECA 2012	版本 1.00	是否达到节能指标	■	□
	外遮阳	有□,无□ 机械通风□,自然通风□ 幕墙通风□ 有开启扇□,机械通风□		权衡判断	能耗指标 KW·h/m²	设计建筑	116.03			
	外门	有门斗□ 旋转□ 中庭玻璃□,其他 一□。 屋顶面层 浅色饰面□,深色饰面□。				参照建筑	117.27			

图名	教学楼设计说明(二)	图号	11-15-2

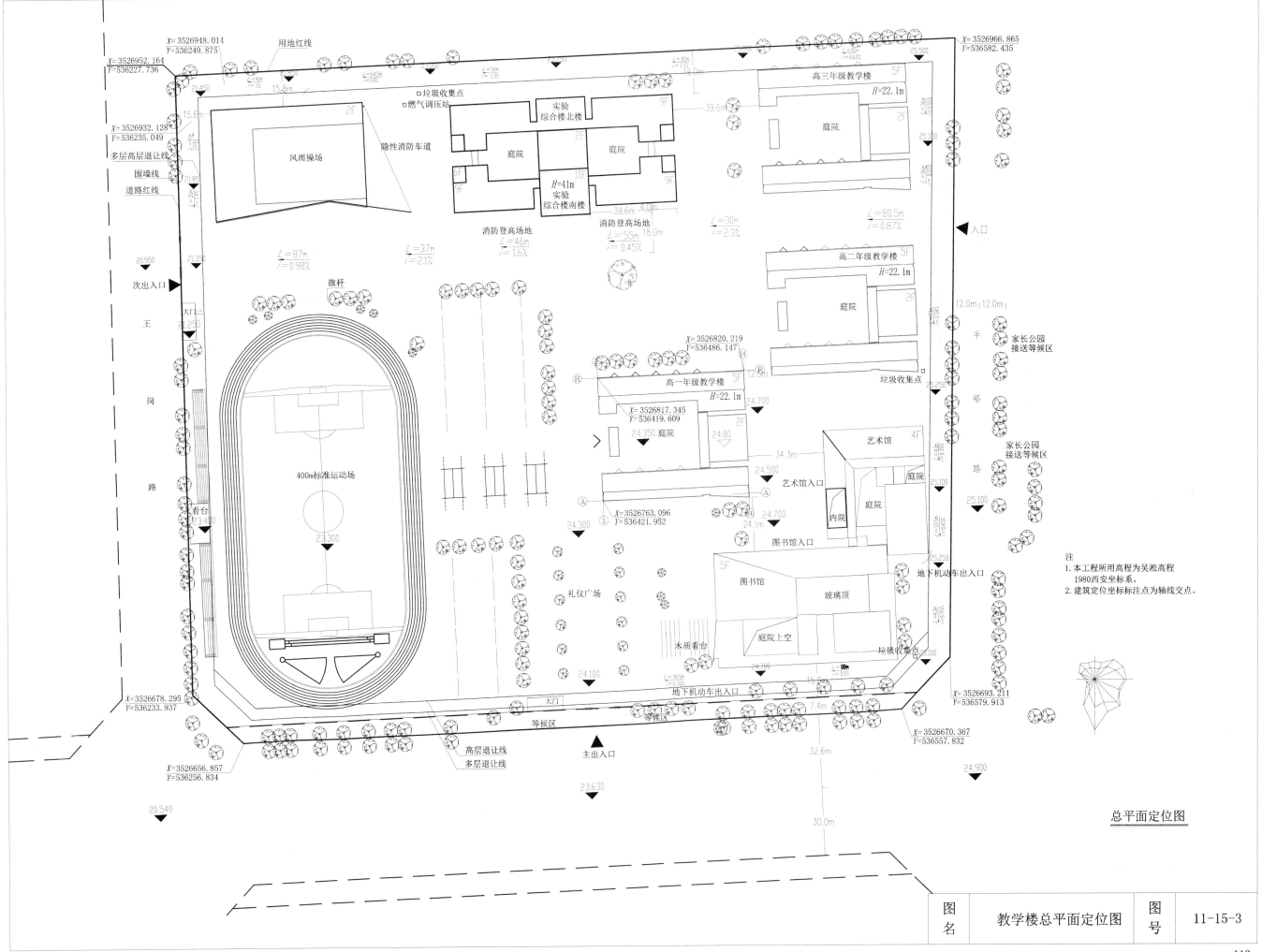

总平面定位图

注
1. 本工程所用高程为吴淞高程
   1980西安坐标系。
2. 建筑定位坐标标注点为轴线交点。

| 图名 | 教学楼总平面定位图 | 图号 | 11-15-3 |

中学教学楼设计要点

1. 各类中学的主要教学用房不应设在五层以上。
2. 普通教室冬至日满窗日照不应少于2h。
3. 各类教室的外窗与相对的教学用房或室外运动场地边缘间的距离不应小于25m。
4. 校园内除建筑面积不大于200m²、人数不超过50人的单层建筑外，每栋建筑应设置2个出入口。
5. 教学用房在建筑的主要出入口处宜设门厅。
6. 教学用建筑物出入口净通行宽度不得小于1.40m，门内与门外各1.50m范围内不宜设置台阶。
7. 教学用建筑物的出入口应设置无障碍设施，并应采取防止上部物体坠落和地面防滑的措施。
8. 每间教学用房的疏散门均不应少于2个，疏散门的宽度应通过计算；同时，每樘疏散门的通行净宽的的通行净宽度不应小于0.90m。当教室处于袋形走道尽端时，若教室内任一处距教室门不超过15.00m，且门的通行净宽度不小于1.50m时，可设1个门。

注

1. 图中墙体为煤矸石空心砖，未注明墙体厚度为200。
2. 图中阳台、卫生间楼地面标高除注明外均比相邻楼地面标高低30。
3. 除图中注明者外，门垛除注明外均为100或紧靠柱边；强弱电井门槛砖砌高300，宽同墙体。
4. 各层构造柱位置及尺寸详见结构施工图。
5. 管道井、电缆井的井壁应采用耐火极限不低于1.00h的不燃烧体。
6. 管道井每层用耐火材料不低于2.0h的防火材料进行封堵。
7. 图中阳台、空调板用1：2防水水泥砂浆（防水剂为水泥重量5%），向地漏或排水口 i=1%。
8. 图中给排水管、冷凝水管、雨水管、地漏等定位详见水专业图纸。
9. 所有给排水管定位均以给排水施工图为准。

留洞表

编号	直径	洞底距楼面	备注
ⓐ	Ø80	2800	空调洞，PVC套管

空调预留洞与水落管重叠处洞距墙边200，
其余洞边距墙边50，均向外倾斜20mm

图例

◎ 雨水管	• 空调冷凝管
■ 地漏	⊠ 空调室外机
○ 阳台管	▭ 空调室内机
▭ 消火栓	

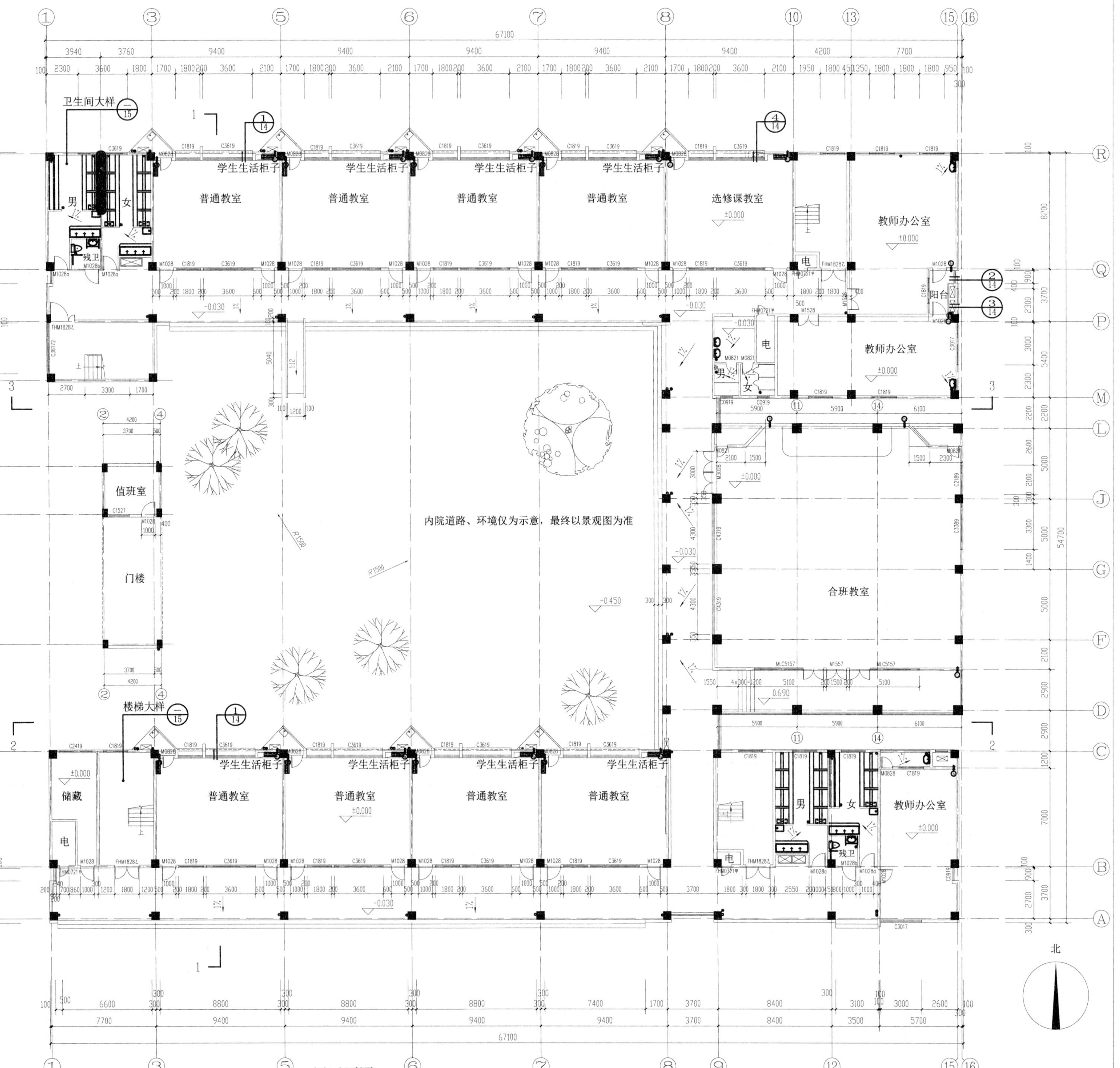

一层平面图 1:150
本层建筑面积：2238.85m²

图名	教学楼一层平面图	图号	11-15-4

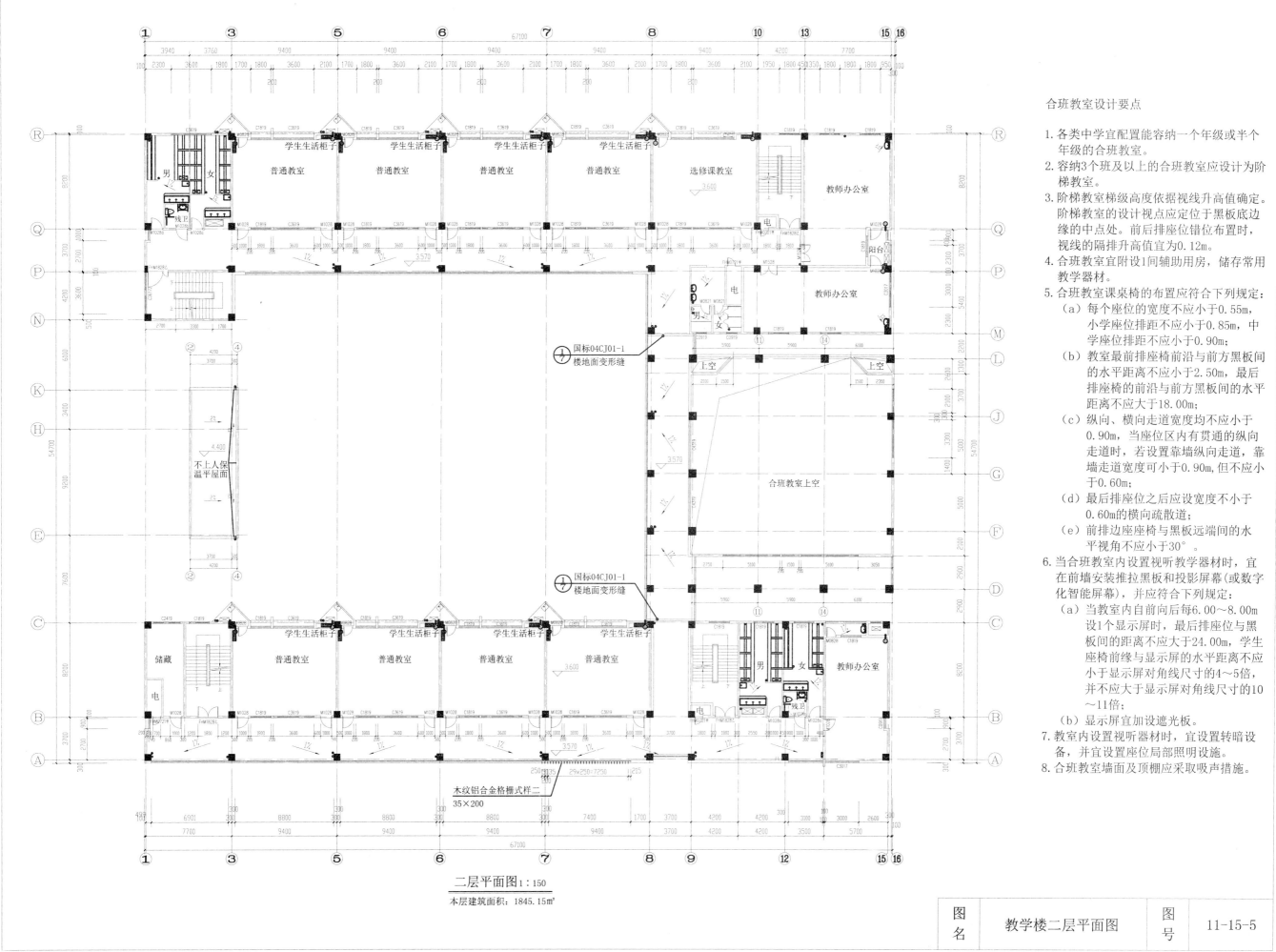

二层平面图 1：150

本层建筑面积：1845.15㎡

合班教室设计要点

1. 各类中学宜配置能容纳一个年级或半个
年级的合班教室。
2. 容纳3个班及以上的合班教室应设计为阶
梯教室。
3. 阶梯教室梯级高度依据视线升高值确定。
阶梯教室的设计视点应定位于黑板底边
缘的中点处。前后排座位错位布置时，
视线的隔排升高值宜为0.12m。
4. 合班教室宜附设1间辅助用房，储存常用
教学器材。
5. 合班教室课桌椅的布置应符合下列规定：
（a）每个座位的宽度不应小于0.55m，
小学座位排距不应小于0.85m，中
学座位排距不应小于0.90m；
（b）教室最前排座椅前沿与前方黑板间
的水平距离不应小于2.50m，最后
排座椅的前沿与前方黑板间的水平
距离不应大于18.00m；
（c）纵向、横向走道宽度均不应小于
0.90m，当座位区内有贯通的纵向
走道时，若设置靠墙纵向走道，靠
墙走道宽度可小于0.90m，但不应小
于0.60m；
（d）最后排座位之后应设宽度不小于
0.60m的横向疏散道；
（e）前排边座座椅与黑板远端间的水
平视角不应小于30°。
6. 当合班教室内设置视听教学器材时，宜
在前墙安装推拉黑板和投影屏幕（或数字
化智能屏幕），并应符合下列规定：
（a）当教室内自前向后每6.00～8.00m
设1个显示屏时，最后排座位与黑
板间的距离不应大于24.00m，学生
座椅前缘与显示屏的水平距离不应
小于显示屏对角线尺寸的4～5倍，
并不应大于显示屏对角线尺寸的10
～11倍；
（b）显示屏宜加设遮光板。
7. 教室内设置视听器材时，宜设置转暗设
备，并宜设置座位局部照明设施。
8. 合班教室墙面及顶棚应采取吸声措施。

| 图名 | 教学楼二层平面图 | 图号 | 11-15-5 |

教学用房及教学辅助用房设计要点

1. 中小学校的教学及教学辅助用房应包括普通教室、
专用教室、公共教学用房及其各自的辅助用房。

2. 中小学校的普通教室与专用教室、公共教学用房
间应联系方便。

3. 各教室前端侧窗窗端墙的长度不应小于1.00m，窗
间墙宽度不应大于1.20m。

4. 教学用房的门应符合下列规定：

（a）除音乐教室外，各类教室的门均宜设置上亮
窗；

（b）除心理咨询室外，教学用房的门扇均宜附设
观察窗。

5. 教学用房的地面应有防潮处理。在严寒地区、寒
冷地区及夏热冬冷地区，教学用房的地面应设保
温措施。

6. 教学用房的楼层间及隔墙应进行隔声处理，走道
的顶棚宜进行吸声处理。

7. 教学用房及学生公共活动区的墙面宜设置墙裙，
墙裙高度应符合下列规定：

（a）各类小学的墙裙高度不宜低于1.20m；

（b）各类中学的墙裙高度不宜低于1.40m；

（c）舞蹈教室、风雨操场墙裙高度不应低于
2.10m。

8. 教学用房内设置黑板或书写白板及讲台时，其材
质及构造应符合下列规定：

（a）小学黑板的宽度不宜小于3.60m，中学黑板
宽度不宜小于4.00m；

（b）黑板的高度不应小于1.00m；

（c）黑板下边缘与讲台面的垂直距离，小学宜为
0.8～0.90m，中学宜为1.00～1.10m；

（d）黑板表面应采用耐磨且光泽度低的材料；

（e）讲台长度应大于黑板长度，宽度不应小
0.80m，高度宜为0.20m；其两端边缘与黑板两端
边缘的水平距离分别不应小于0.40m。

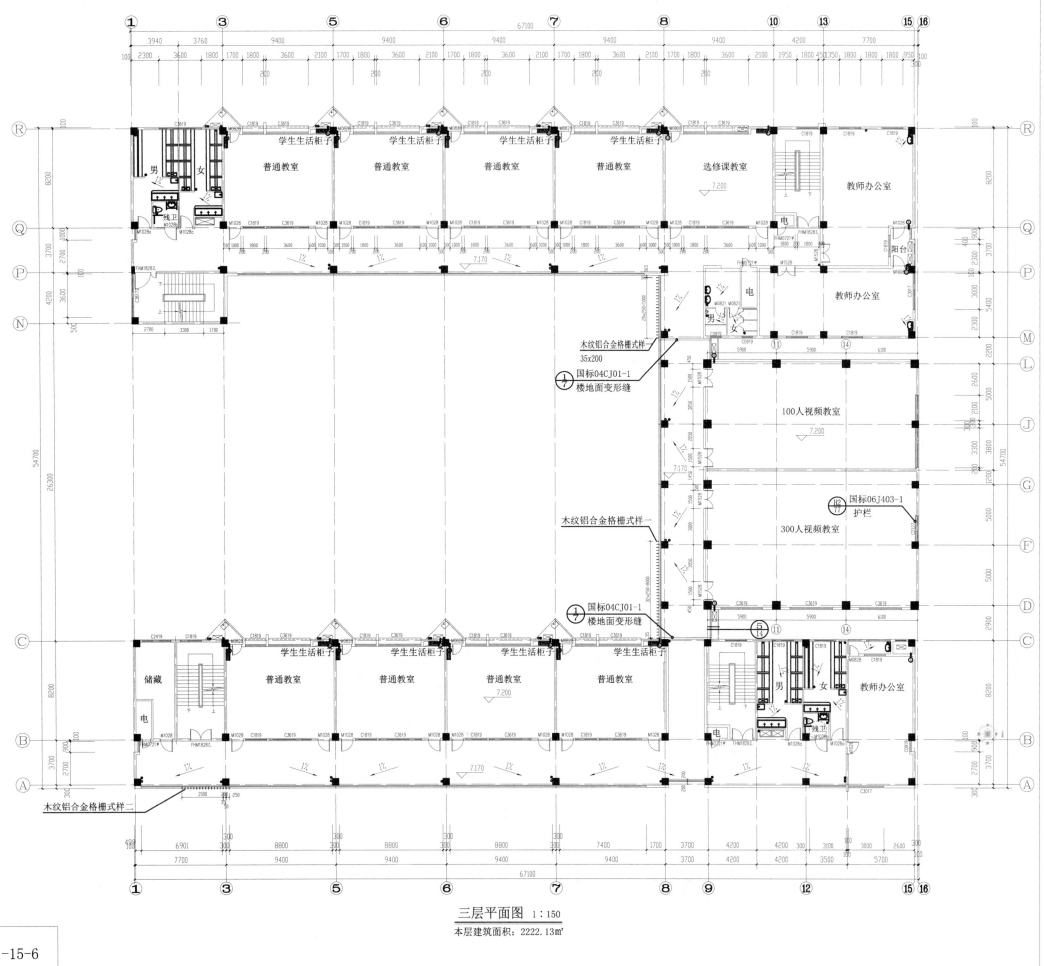

三层平面图 1:150

本层建筑面积：2222.13m²

| 图名 | 教学楼三层平面图 | 图号 | 11-15-6 |

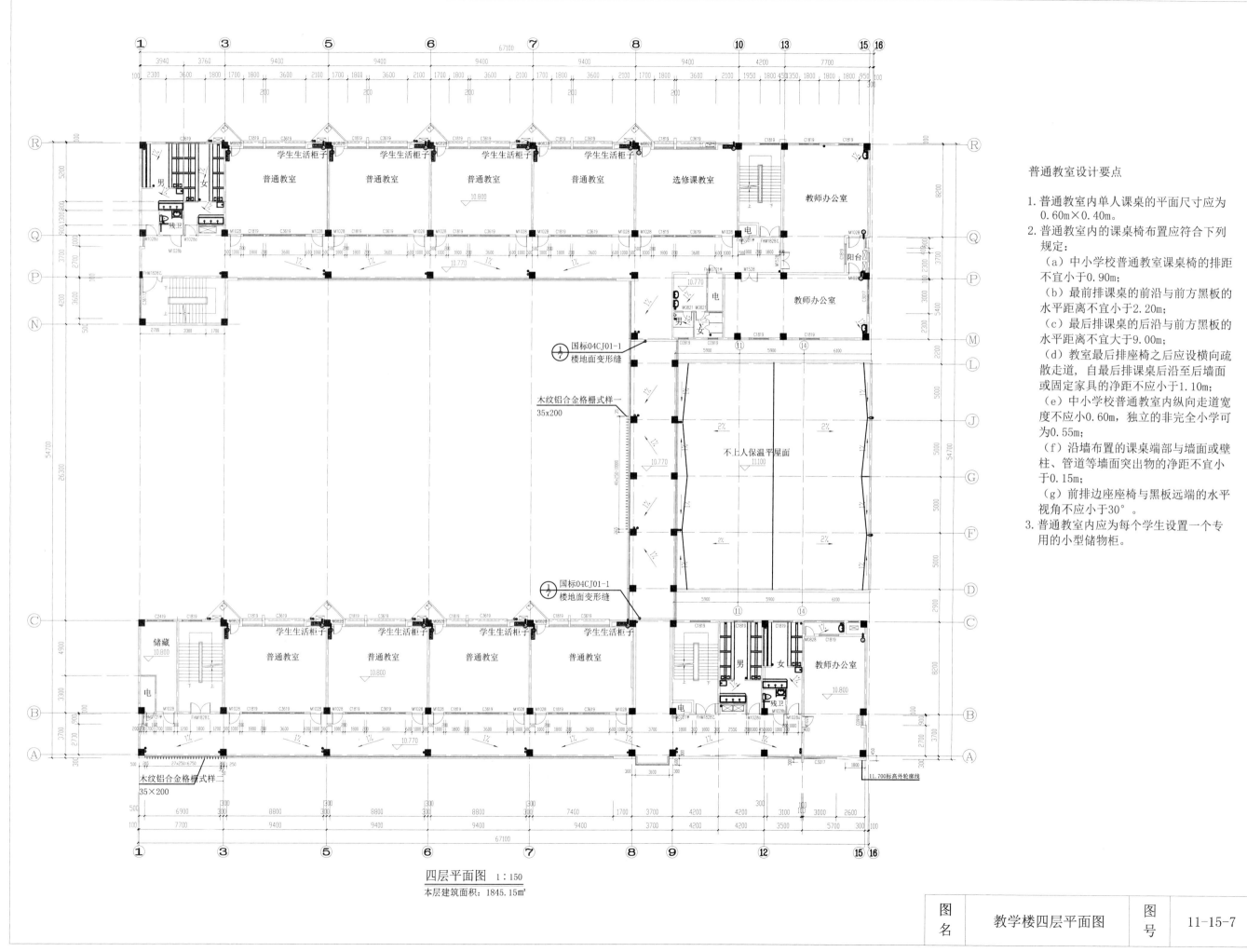

普通教室设计要点

1. 普通教室内单人课桌的平面尺寸应为
   0.60m×0.40m。

2. 普通教室内的课桌椅布置应符合下列
   规定:
   (a) 中小学校普通教室课桌椅的排距
   不宜小于0.90m;
   (b) 最前排课桌的前沿与前方黑板的
   水平距离不宜小于2.20m;
   (c) 最后排课桌的后沿与前方黑板的
   水平距离不宜大于9.00m;
   (d) 教室最后排座椅之后应设横向疏
   散走道,自最后排课桌后沿至后墙面
   或固定家具的净距不应小于1.10m;
   (e) 中小学校普通教室内纵向走道宽
   度不应小于0.60m,独立的非完全小学可
   为0.55m;
   (f) 沿墙布置的课桌端部与墙面或壁
   柱、管道等墙面突出物的净距不宜小
   于0.15m;
   (g) 前排边座座椅与黑板远端的水平
   视角不应小于30°。

3. 普通教室内应为每个学生设置一个专
   用的小型储物柜。

四层平面图 1:150
本层建筑面积:1845.15m²

图名	教学楼四层平面图	图号	11-15-7

任课教师办公室设计要点

1. 任课教师的办公室应包括年级组教师办公室和各课程教研组办公室。
2. 年级组教师办公室宜设置在该年级普通教室附近。课程有专用教室时，该课程教研组办公室宜与专用教室成组设置。其他课程教研组可集中设置于行政办公室或图书室附近。
3. 任课教师办公室内宜设洗手盆。

生活服务用房设计要点

1. 教学用建筑每层均应分设男、女学生卫生间及男、女教师卫生间，学校食堂宜设工作人员专用卫生间。当教学用建筑中每层学生少于3个班时，男、女学生卫生间可隔层设置。
2. 在中小学校内，当体育场地中心与最近的卫生间的距离超过90.00m时，可设室外厕所。
3. 学生卫生间卫生洁具的数量应按下列规定计算：
   （a）男生应至少为每40人设1个大便器或1.20m长大便槽，每20人设1个小便斗或0.60m长小便槽；女生应至少为每13人设1个大便器或1.20m长大便槽；
   （b）每40～45人设1个洗手盆或0.60m长盥洗槽；
   （c）卫生间内或卫生间附近应设污水池。
4. 中小学校的卫生间内，厕位蹲位距后墙不应小于0.30m。

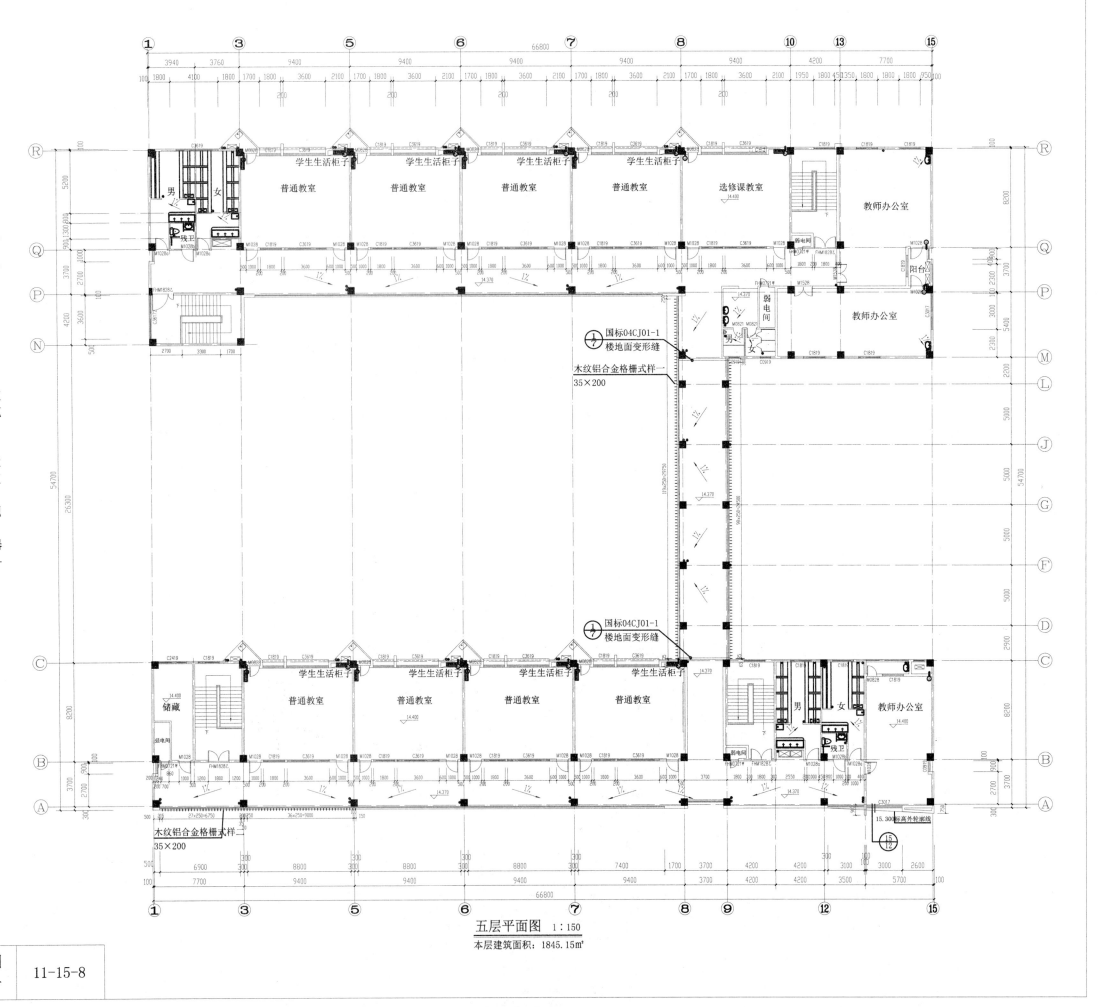

五层平面图 1:150

本层建筑面积：1845.15m²

| 图名 | 教学楼五层平面图 | 图号 | 11-15-8 |

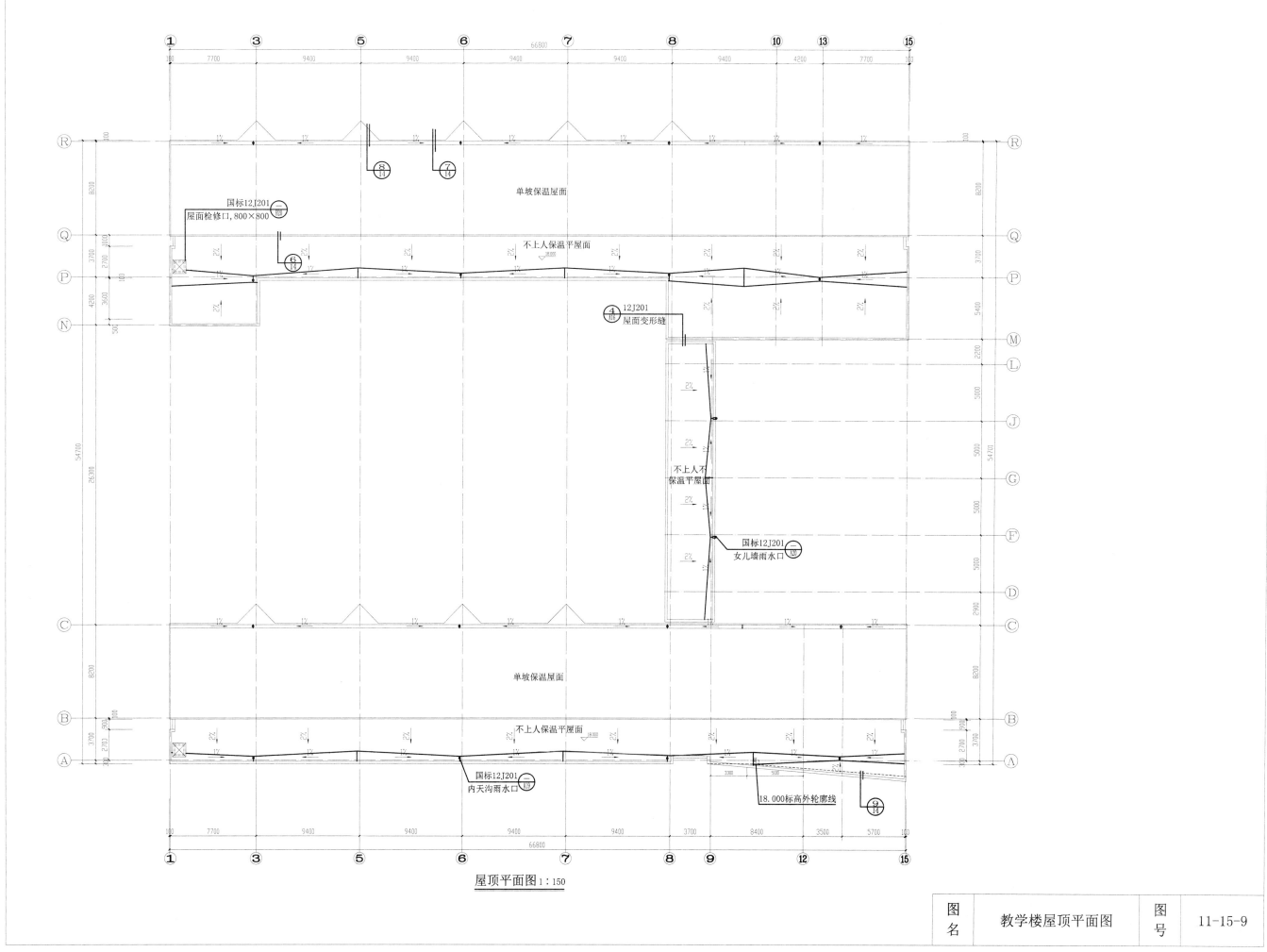

屋顶平面图 1:150

| 图名 | 教学楼屋顶平面图 | 图号 | 11-15-9 |

①—⑭立面图 1:150

⑭—①立面图 1:150

灰白色饰面砂浆　　　褐色饰面砂浆

图名	教学楼立面图（一）	图号	11-15-10

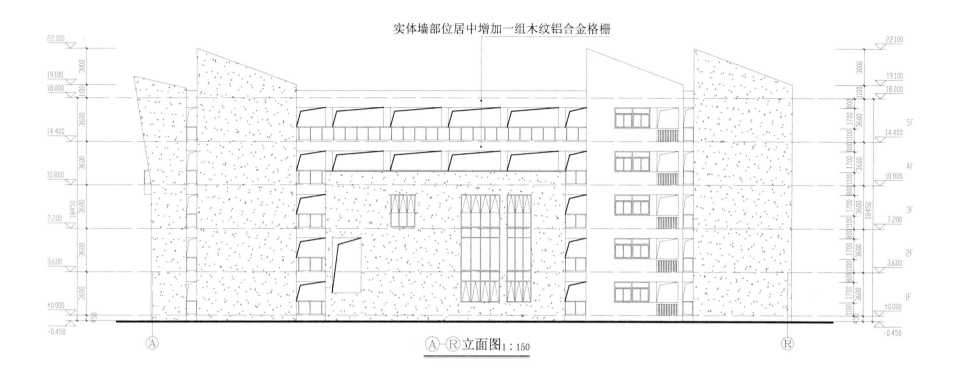

实体墙部位居中增加一组木纹铝合金格栅

Ⓐ-Ⓡ立面图1:150

设计要点

1. 中学校教学用房的最小净高为3.05m；
2. 临空窗台的高度不应低于0.90m；
3. 上人屋面、外廊、楼梯、平台、阳台等临空部位必须设防护栏杆，防护栏杆必须牢固、安全，高度不应低于1.10m。 防护栏杆最薄弱处承受的最小水平推力应不小于1.5kN/m。
4. 教学用房的门窗设置应符合下列规定：
 （a）疏散通道上的门不得使用弹簧门、旋转门、推拉门、大玻璃门等不利于疏散通畅、安全的门；
 （b）各教学用房的门均应向疏散方向开启，开启的门扇不得挤占走道的疏散通道；
 （c）靠外廊及单内廊一侧教室内隔墙的窗开启后，不得挤占走道的疏散通道，不得影响安全疏散；
 （d）二层及二层以上的临空外窗的开启扇不得外开。

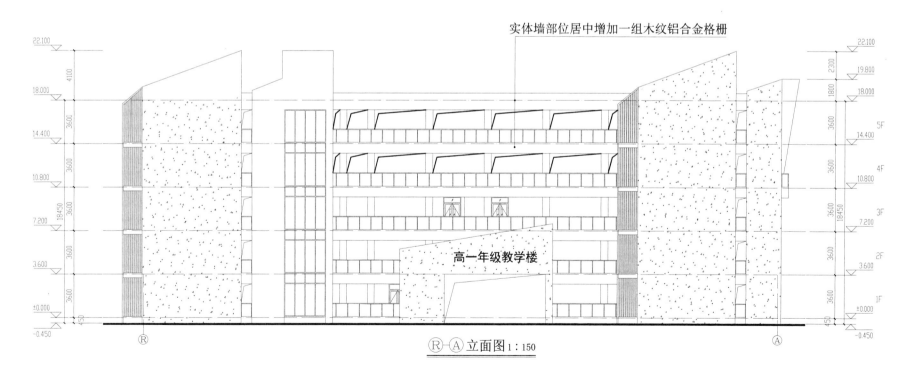

实体墙部位居中增加一组木纹铝合金格栅

高一年级教学楼

Ⓡ-Ⓐ立面图1:150

灰白色饰面砂浆　　褐色饰面砂浆

图名	教学楼立面图（二）	图号	11-15-11

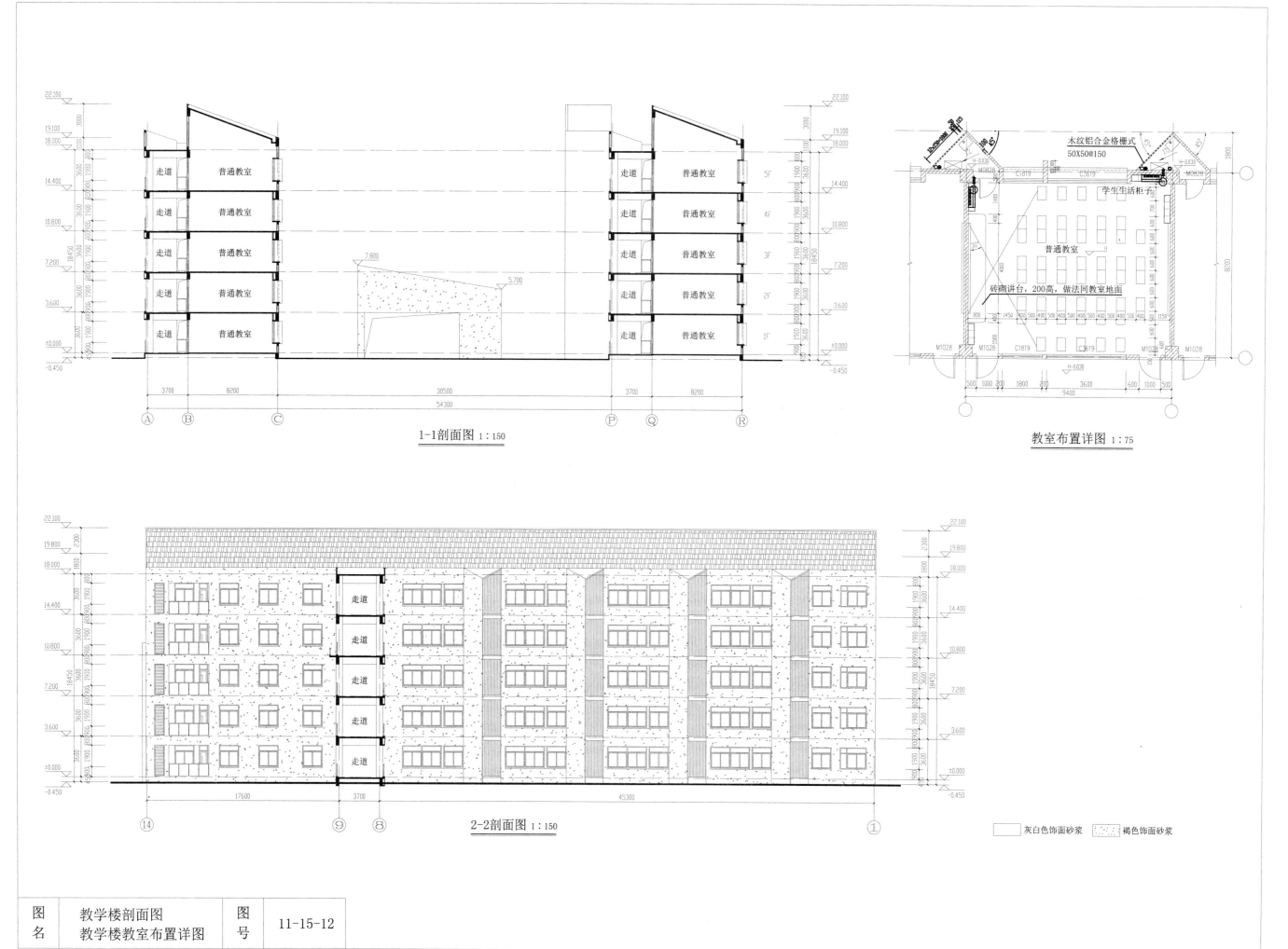

1-1剖面图 1:150

教室布置详图 1:75

2-2剖面图 1:150

| 图名 | 教学楼剖面图
教学楼教室布置详图 | 图号 | 11-15-12 |

乙级防火玻璃固定窗　　　　　　　　　　　乙级防火玻璃固定窗

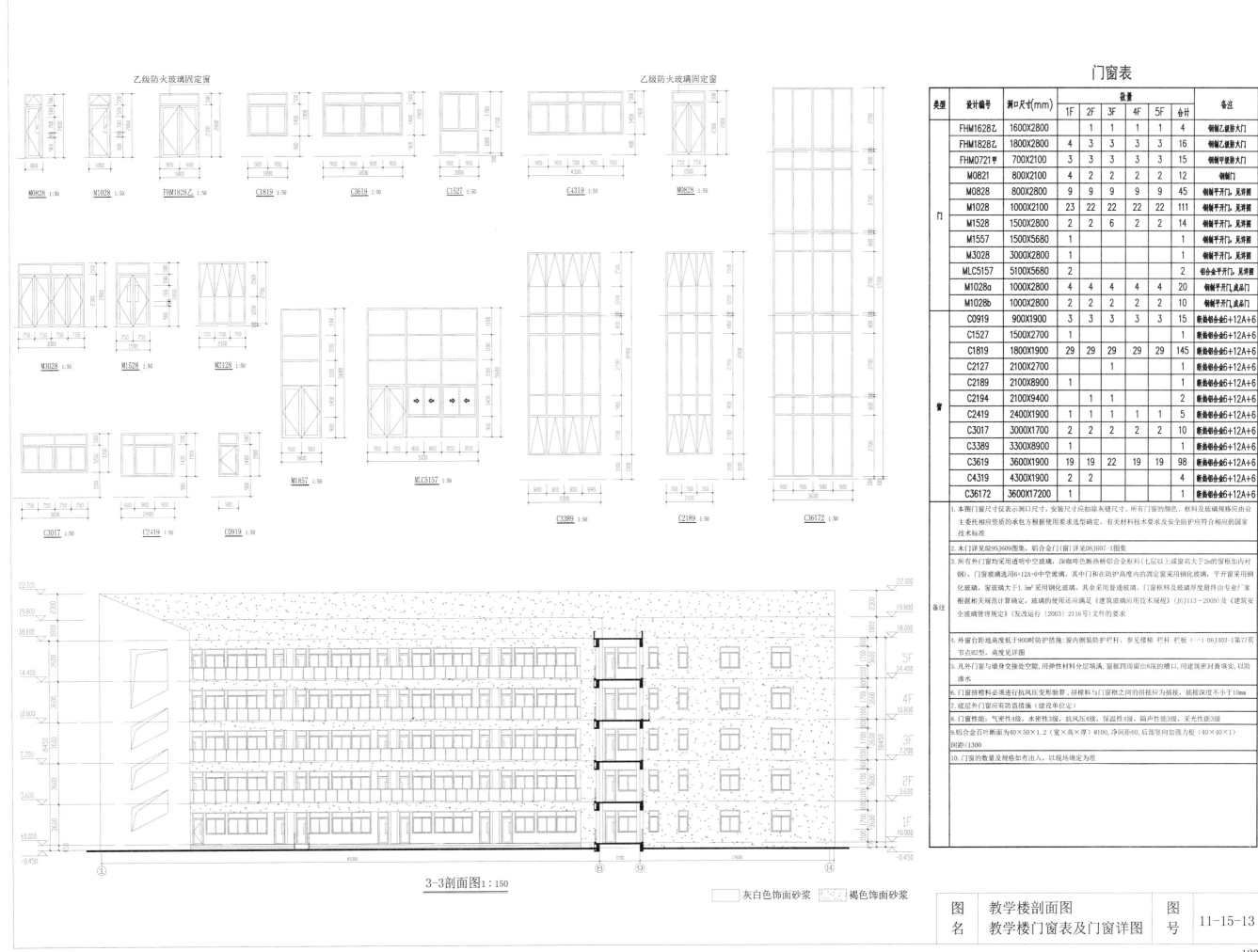

M0828 1:50　M1028 1:50　FHM1828乙 1:50　C1819 1:50　C3619 1:50　C1527 1:50　C4319 1:50　M0828 1:50

M3028 1:50　M1528 1:50　M2128 1:50

M1857 1:50　MLC5157 1:50

C3389 1:50　C2189 1:50　C36172 1:50

C3017 1:50　C2419 1:50　C0919 1:50

门窗表

类型	设计编号	洞口尺寸(mm)	数量						备注
			1F	2F	3F	4F	5F	合计	
门	FHM1628乙	1600X2800		1	1	1	1	4	钢制乙级防火门
	FHM1828乙	1800X2800	4	3	3	3	3	16	钢制乙级防火门
	FHM0721甲	700X2100	3	3	3	3	3	15	钢制甲级防火门
	M0821	800X2100	4	2	2	2	2	12	钢制门
	M0828	800X2800	9	9	9	9	9	45	钢制平开门，见详图
	M1028	1000X2100	23	22	22	22	22	111	钢制平开门，见详图
	M1528	1500X2800	2	2	6	2	2	14	钢制平开门，见详图
	M1557	1500X5680	1					1	钢制平开门，见详图
	M3028	3000X2800	1					1	钢制平开门，见详图
	MLC5157	5100X5680	2					2	铝合金平开门，见详图
	M1028a	1000X2800	4	4	4	4	4	20	钢制平开门，成品门
	M1028b	1000X2800	2	2	2	2	2	10	钢制平开门，成品门
窗	C0919	900X1900	3	3	3	3	3	15	断热铝合金6+12A+6
	C1527	1500X2700	1					1	断热铝合金6+12A+6
	C1819	1800X1900	29	29	29	29	29	145	断热铝合金6+12A+6
	C2127	2100X2700		1				1	断热铝合金6+12A+6
	C2189	2100X8900	1					1	断热铝合金6+12A+6
	C2194	2100X9400		1	1	1	1		断热铝合金6+12A+6
	C2419	2400X1900	1	1	1	1	1		断热铝合金6+12A+6
	C3017	3000X1700	2	2	2	2	2	10	断热铝合金6+12A+6
	C3389	3300X8900	1					1	断热铝合金6+12A+6
	C3619	3600X1900	19	19	22	19	19	98	断热铝合金6+12A+6
	C4319	4300X1900	2	2				4	断热铝合金6+12A+6
	C36172	3600X17200	1					1	断热铝合金6+12A+6

备注：
1. 本图门窗尺寸仅表示洞口尺寸，安装尺寸应扣除灰缝尺寸。所有门窗的颜色、框料及玻璃规格应由业主委托相应资质的承包方根据使用要求选型确定。有关材料技术要求及安全防护应符合相应的国家技术标准

2. 木门详见皖95J609图集，铝合金门(窗)详见06J607-1图集

3. 所有外门窗均采用透明中空玻璃，深咖啡色断热桥铝合金框料(七层以上或窗高大于2m的窗框应由内衬钢)，门窗玻璃选用6+12A+6中空玻璃。其中门和在防护高度内的固定窗采用钢化玻璃，开启窗采用钢化玻璃，窗玻璃大于1.5m²采用钢化玻璃，其余采用普通玻璃。门窗框料及玻璃厚度最终由专业厂家根据相关规范计算确定。玻璃的使用还应满足《建筑玻璃应用技术规程》(JGJ113-2009)及《建筑安全玻璃管理规定》(发改运行〔2003〕2116号)文件的要求

4. 外窗台距地高度低于900时防护措施：窗内侧防护栏杆，参见楼梯 栏杆 栏板(一)06J403-1第77页节点H2型，高度见详图

5. 凡外门窗与墙身交接处空隙，用弹性材料分层填满，窗框四周留出8深的槽口，用建筑密封膏填实，以防渗水

6. 门窗拼樘料必须进行抗风压变形验算，拼樘料与门窗框之间的拼接应为插接，插接深度不小于10mm

7. 底层外门窗应有防盗措施(建设单位定)

8. 门窗性能：气密性4级，水密性3级，抗风压4级，保温性4级，隔声性能3级，采光性能3级

9. 铝合金百叶断面为40×50×1.2(宽×高×厚)@100，净间距60，后部竖向加强力框(40×40×1)间距<1300

10. 门窗的数量及规格如有出入，以现场确定为准

3-3剖面图 1:150

□ 灰白色饰面砂浆　　▨ 褐色饰面砂浆

图名	教学楼剖面图 教学楼门窗表及门窗详图	图号	11-15-13

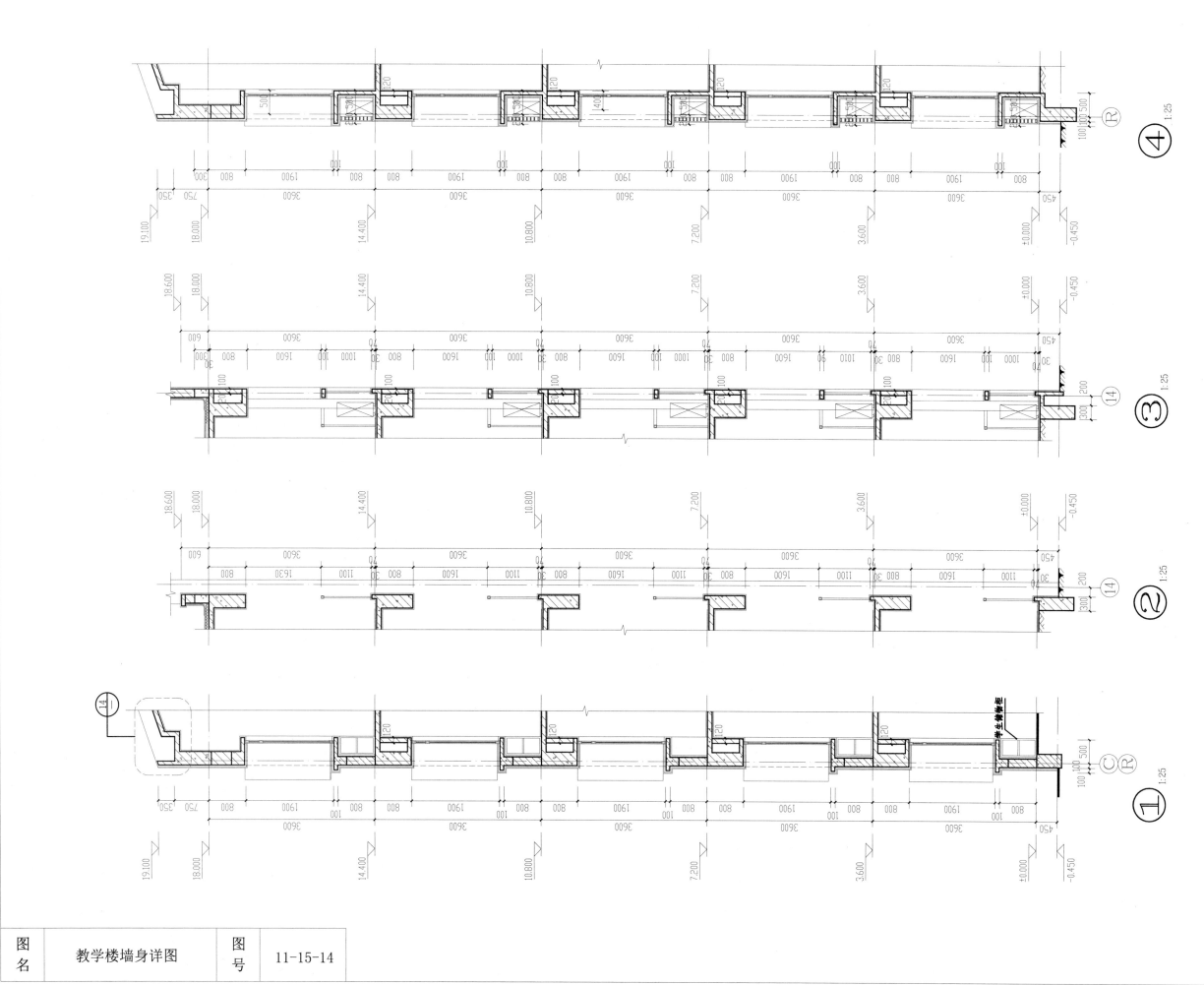

| 图名 | 教学楼墙身详图 | 图号 | 11-15-14 |

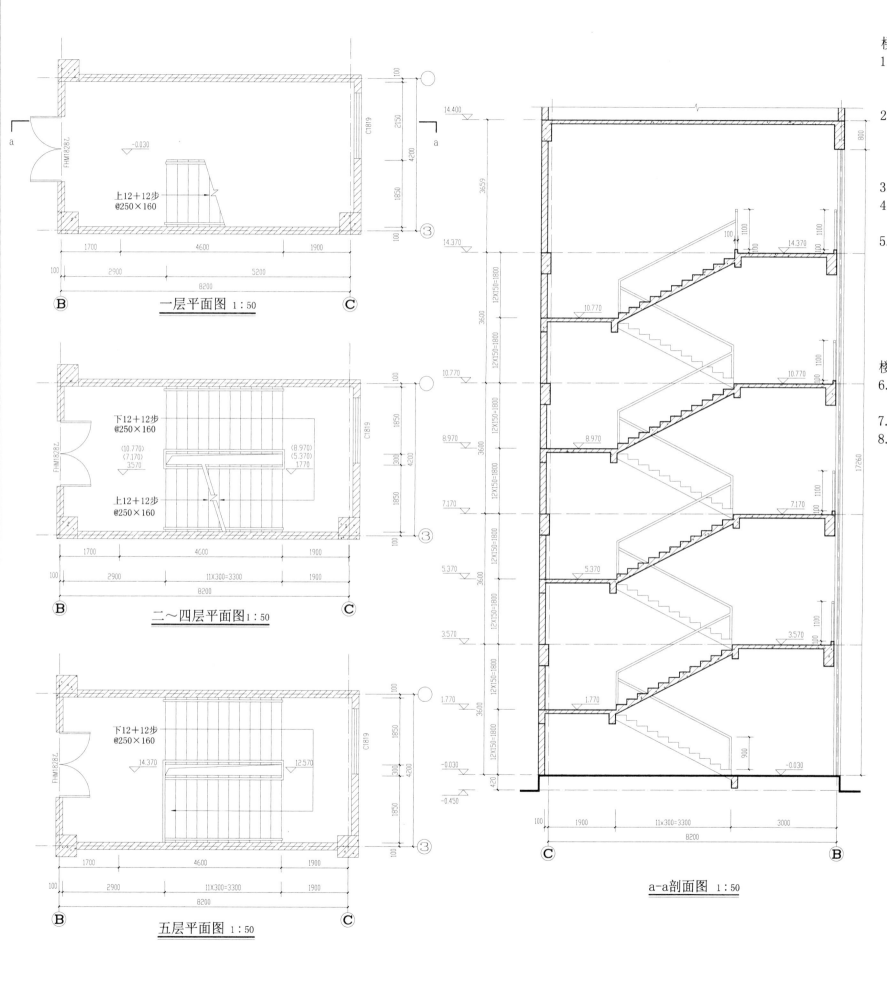

一层平面图 1:50

二～四层平面图 1:50

五层平面图 1:50

a-a剖面图 1:50

楼梯(1)设计要点

1. 中小学校教学用房的楼梯梯段宽度应为人流股数的整数倍。梯段宽度不应小于1.20m，并应按0.60m的整数倍增加梯段宽度。每个梯段可增加不超过0.15m的摆幅宽度。

2. 中小学校楼梯每个梯段的踏步级数不应少于3级，且不应多于18级，并应符合下列规定：

　　（a）各类中学楼梯踏步的宽度不得小于0.28m，高度不得大于0.16m;

　　（b）楼梯的坡度不得大于30°。

3. 疏散楼梯不得采用螺旋楼梯和扇形踏步。

4. 楼梯两梯段间楼梯井净宽不得大于0.11m，大于0.11m时，应采取有效的安全防护措施。两梯段扶手间的水平净距宜0.10～0.20m。

5. 中小学校的楼梯扶手的设置应符合下列规定：

　　a）楼梯宽度为2股人流时，应至少在一侧设置扶手；b）楼梯宽度达3股人流时，两侧均应设置扶手；c）楼梯宽度达4股人流时，应加设中间扶手；d）中小学校室内楼梯扶手高度不应低于0.90m，室外楼梯扶手高度不应低于1.10m，水平扶手高度不应低于1.10m；e）中小学校的楼梯栏杆不得采用易于攀登的构造和花饰，杆件或花饰的镂空处净距不得大于0.11m；

　　f）中小学校的楼梯扶手上应加装防止学生溜滑的设施。

楼梯（2）设计要点

6. 除首层及顶层外，教学楼疏散楼梯在中间层的楼层平台与梯段接口处宜设置缓冲空间，缓冲空间的宽度不宜小于梯段宽度。

7. 中小学校的楼梯两相邻梯段间不得设置遮挡视线的隔墙。

8. 教学用房的楼梯应有天然采光和自然通风。

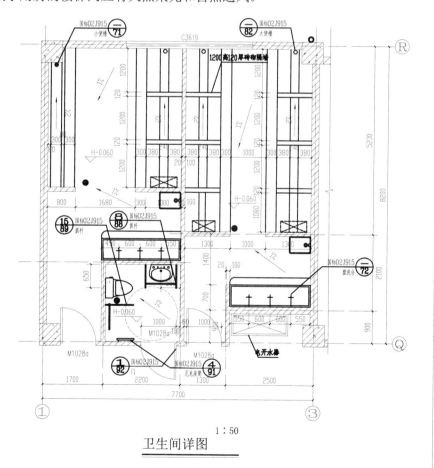

卫生间详图

1:50

| 图名 | 教学楼节点大样 | 图号 | 11-15-15 |

第十二章　疗养院建筑施工图案例

建筑设计说明

一、设计依据

1. 双方签订的《建筑工程设计合同》
2. 城市规划局批准的规划与单体设计方案
3. 甲方提供的地质勘探报告资料及设计文件
4. 所采用现行国家设计规范与地方标准

《建筑设计防火规范》（GB50016－2014）　　　　《民用建筑设计通则》（GB50352－2005）
《无障碍设计规范》（GB50763－2012 ）　　　　《汽车库、修车库、停车场设计防火规范》（GB50067－2014）
《公共建筑节能设计标准》（GB50189－2015）　　《屋面工程技术规范》（GB50345－2012）
《建筑内部装修设计防火规范》（GB50222－2001）　《建筑外墙防水工程技术规范》（JGJ/T235－2011）
《民用建筑工程室内环境污染控制规范》（GB50325－2010）

二、工程概况

1. 项目名称：康复疗养院
   建设地点：××市区主干道与次干道交叉口
   建设单位：××市残疾人联合会
2. 建筑使用功能：地下室为设备用房和车库，地上为康复托养用房
   建筑工程设计等级：二级
   设计使用年限：50年
   抗震设防烈度：6度
   建筑结构形式：框架结构
   结构安全等级：二级
3. 总建筑面积：8203㎡；　地下建筑面积：1488㎡；　地上建筑面积：6715㎡；　建筑基底面积：1371㎡
4. 建筑层数：地上1~6层、地下1层；　建筑高度22.70m，建筑最高点27.5m
5. 防火设计建筑分类：多层建筑；　耐火等级：地上为二级、地下为一级
6. 屋面防水等级：Ⅰ级
7. 室内环境污染控制：Ⅰ类
8. 设计标高与定位
1) 本工程定位详见总平面图。
2) 本工程室内地坪设计标高 ±0.000相对于黄海高程14.30m，室内外高差0.300m。
3) 楼地面标高以建筑面层为准，屋面标高一坡屋面以檐口处为准，平屋面以结构面层为准；当无特殊说明时，楼地面建筑面层按30厚度计算，卫生间等用水房间结构板面低相应楼地面的结构板面50，完成面低20。
4) 尺寸单位：总平面图中所注尺寸、标高均以"m"为单位，其余以"mm"为单位。

三、一般说明

1. 墙体工程
1) 所有内外墙于-0.060标高处设20厚1：2防水水泥砂浆（加5%防水剂）防潮层，遇混凝土梁或剪力墙结构可不设。
2) 墙体在不同材料交接处需铺设300宽金属网再做面层，如墙体一侧为混凝土，则须预留柱接钢筋。
3) 凡风道烟道竖井内壁砌筑灰需饱满，并随砌随原浆抹平，有检修门之管道井内壁做混合砂浆粉刷。
4) 上下水道、电气照明、通风管道穿墙、穿楼板须预埋套管或预留孔，避免打洞影响工程质量，凡木料与砌体接触部位均须满涂环保型防腐油。
5) 所有外墙预留孔均应做由内向外的防倒灌水坡度（2%）。
6) 各层平面图（或各设备专业图纸）标明位置的消火栓箱、开关箱埋墙以及其他孔洞均应预留，不得对砌体工程或结构构件进行破坏性开凿。
7) 墙砌体的构造柱设置，墙砌体与构造柱、框架的拉结等做法见结构专业图纸。
8) 卫生间墙体下部靠楼地面处浇筑200高混凝土防水墙檻，厚度同墙体与楼板同时浇筑，遇门断开。

2. 楼地面工程
1) 地面工程质量应符合《建筑地面工程施工质量验收规范》（GB50209－2010）的规定。
2) 钢筋混凝土地面施工时应结合柱网、变形缝设置分隔缝。
3) 凡室内经常有水房间（包括外走廊、阳台等）均应设地漏。
4) 过水房间内楼板需穿管的，各管道穿楼处应注意加设止水套管与防护涂膜的施工质量，杜绝渗漏。
5) 建筑电缆井、管道井待管道安装后用同楼层标号的混凝土封堵。
3. 门窗、玻璃
1) 建筑门窗应满足《建筑门窗工程检测技术规程》（JGJ/T205－2010）的规定。
2) 下列情况中必须采用安全玻璃：
地弹簧门用玻璃；窗单块玻璃面积大于1.5㎡，有框门单块玻璃面积大于0.5㎡玻璃底边离最终装修面小于500的落地窗；无框门窗玻璃；公共建筑出入口门；倾斜窗、天窗；七层及七层以上建筑的外开窗。
3) 建筑外门窗物理性能
建筑外门窗物理性能应符合《建筑外门窗气密、水密、抗风压性能分级及检测方法》（GB/T7106－2008）及《建筑门窗空气隔声性能分级及检测方法》（GB/T8485－2008）的规定。
(a) 外窗抗风压性能：6级。　　　　　　　　　　　(b) 建筑外门窗气密性不应低于6级。
(c) 建筑幕墙的物理性能《建筑幕墙》（GB/T21086－2007）的规定，建筑幕墙：气密性不低于3级。
(d) 建筑外门窗水密性不应低于4级。　　　　　　　(e) 建筑外门窗空气隔声性能，不应低于3级。
(f) 建筑外门窗保温性能，不应低于5级。
4) 本工程门窗表上所注尺寸均为洞口尺寸，加工制作时，应扣除不同厚度的粉刷面层或贴面厚度。
5) 落地窗，应在室内设护窗栏杆，高度不小于1100，做法详见二次室内设计，防护栏杆最薄弱处承受的最小水平推力应不小于1.5kN/m。
6) 门窗预埋在墙或柱内的木材、金属构件，应做防腐防锈处理，当窗固定在非承重砌块上时，应在固定位置设置混凝土块，加强锚固强度。
7) 建筑外窗防雷设计应符合《建筑防雷设计规范》（GB50057）的规定。
8) 门窗所选用的玻璃厚度应由门窗供应商经计算后得出，并满足节能隔声设计要求。
9) 门窗五金配件、紧固件、密封材料均应符合相关标准要求。
4. 抹灰工程
1) 砂浆为宜预拌商品砂浆
① 当为砌块基层时，先清洗干净，刷界面剂，洒水湿润，再用M7.5水泥砂浆抹灰。
② 当为混凝土基层时，先凿毛刷水灰比为0.4的水泥砂浆一道，刷混凝界面剂，再用M7.5水泥砂浆抹灰。
③ 当为加气混凝土基层时，先清扫干净，洒水湿润，刷界面剂封闭基层毛细孔，再用M7.5水泥砂浆抹灰。
④ 当为砖基层时，先清洗干净，刷界面剂，洒水湿润，再用M7.5水泥砂浆抹灰。
⑤ 外墙在墙体与梁柱相交时，基层处理为：居缝中钉400宽0.8厚10×10镀锌钢丝网，刷素水泥砂浆一道，再做抹灰。
2) 质量要求
① 当为加气混凝土基层时，先清扫干净，洒水湿润，刷界面剂封闭基层毛细孔，再用M7.5水泥砂浆抹灰。
(a) 对于无粘贴饰面砖的外墙，底层抹灰砂浆宜比基体材料高一个强度等级或等于基体材料强度。
(b) 对于无粘贴饰面砖的内墙，底层抹灰砂浆宜比基体材料低一个强度等级。
(c) 对于有粘贴饰面砖的内墙和外墙，中层抹灰砂浆宜比基体材料高一个强度等级且不宜低于M15，并宜选用水泥抹灰砂浆。
(d) 孔洞填补和窗台、阳台抹面等宜采用M15或M20水泥抹灰砂浆。
② 对于需要做二次装修的房间其楼地面、墙面仅做抹灰层，面层暂不施工。
③ 抹灰层与基层之间及各抹灰层之间必须黏结牢固，抹灰层应无脱层、空鼓，面层应无爆灰和裂缝。
④ 抹灰表面应光滑、洁净、颜色均匀、无抹纹，外墙分隔缝及灰线应清晰美观。
⑤ 抹灰工程应按《建筑装饰装修工程质量验收规范》（GB50210－2011）进行施工及验收。
5. 油漆工程
1) 内门、隔断等木制品正反均作一底二度调和漆（颜色由业主或现场定）。
2) 除不锈钢、铜和电镀者外，其余室内金属制品露明部分均做防锈打底，灰色调和漆二度，有不露明的金属刷防锈漆二度，不刷面漆。所有刷漆金属制品在刷漆前应先除油去锈。
3) 采用厚型防火涂料，喷涂防火涂料前钢材表面应进行除锈处理，并1~2遍底漆涂装，底漆成分性能不应与防火涂料产生化学反应。当防火涂料同时有防锈功能时，可采用喷射除锈后直接喷涂防火涂料，涂料不应对钢结构有腐蚀作用。
6. 无障碍设计
1) 本工程无障碍设计按《无障碍设计规范》（GB50763－2012）有关规定执行，具体详见施工图。

图名	康复疗养院 建筑设计说明（一）	图号	12-18-1

2)地面有高差时应设坡道，当有高差时，高差不应大于15mm，并以斜面过渡。

3)供轮椅者开启的门扇，应安装视线观察玻璃、横执把手和关门把手，在门扇的下方应安装高0.35m的护门板，在门把手一侧的墙面，应留有不小于0.5m的墙面宽度。

4)本工程因主要服务对象为残疾人，凡残疾人所须到达的所有用房（如出入口、电梯、楼梯、走道、走廊等功能用房、卫生间等）按无障碍要求设计。

5)本项目室外景观进行二次设计时，应对室外公共绿地及活动空间进行无障碍设计。

7.屋面工程

1)本工程屋面防水等级为Ⅰ级：屋面防水工程设计应符合《屋面工程技术规范》（GB50345－2012）的规定。施工应符合《屋面工程质量验收规范》（GB50207－2012）的规定。

2)钢筋混凝土檐沟、天沟净宽不应小于300，分水线处最小深度不应小于100，沟内纵向坡度不应小于1%，沟底水落差不得超过200。檐沟、天沟排水不得流经变形缝和防火墙。

3)如卷材防水层，凡泛水阴角及其他转角需附加铺垫卷材一层，基层应做成R100圆角。檐沟及层面局部找坡度为1%，找坡范围详见屋面平面图。

4)凡有翻口的雨篷直接向侧面排水，面层排水坡度为1%，在图示排水口位置采用直径7.5UPVC管，伸出雨篷侧面装饰面层100。

5)保护层的细石混凝土层及找平层按纵横向间距＜6m设分格缝，缝中钢筋必须切断，缝宽20，与女儿墙之间留缝30，并与保温层连通，上加铺300宽卷材一层，单边粘贴，上加铺一层胎体增强材料附加层，宽900。

6)卷材防水层屋面在卷材铺贴前对阴阳角、天沟、檐沟排水口、出屋面管子根部等易发生渗漏的复杂部位，应增铺附加层，再用密封膏进行封边处理。

7)在做屋面防水材料之前，所有出屋面的留孔留洞，经检实无遗漏后方可施工。

8)屋面排水雨水口和穿女儿墙雨水斗均选用通用标准图制作，屋面找坡坡向雨水口，雨水口位置及坡向详见屋顶平面图。

8.其他零星工程

1)室内管道除各类设备机房、库房、地下车库等空间外，均不允许有露明管道出现。确实无法避免者，应用钢板网包裹，并与墙面有一定的搭接长度，粉刷做法与相邻墙面一致，色彩相同。管线安装要求就位精确，排列紧凑，注意美观，并按明装和暗装验收标准施工。

2)所有出屋面的门槛均设300高门槛。

3)本工程钢结构雨篷、钢结构屋顶构架和钢结构连廊图中均有控制性尺寸，由专业厂家另行深化设计出图。

4)图中未注明的质量要求应严格遵照国家建设部颁布的《现行施工操作规程和验收规范》施工。

5)室内外表面装饰材料的选择，包括形式、色彩、质量等必须征求建设方意见，并经设计人员认可后方能施工。

6)本工程景观场地设计另见景观施工图，土建施工时应与景观图纸密切配合。

7)本图须经报政府相关部门审批后方能施工，由具有相应资质的施工单位施工。

8)本说明与图纸具有同等效力，解释权归设计单位，施工过程中如有变更或矛盾应当由设计人员会同有关单位协同解决，因情况特殊须做必要修改时，应由建设、施工、设计三方共同研究决定。

9.电梯

电梯井道以及扶梯开洞土建施工及预埋件应待甲方订货后，由电梯生产厂家提供电梯土建设计图，经建筑设计人员重新出图后方可施工，无障碍电梯轿厢应满足《无障碍设计规范》（GB50763－2012），电梯轿厢的内装及门套要求，根据甲方的需要和建筑室内装修要求确定。

本工程电梯参数

编号	吨位（T）	提升高度（m）	速度（m/s）	停站（站）	数量（台）	备 注
无障碍型客梯	1	18.8	1.0	6	1	有机房电梯，无障碍设施
无障碍型客梯	1.6	23.3	1.0	6	1	有机房电梯，无障碍设施

四、消防设计

1.本工程消防防火依据《建筑设计防火规范》（GB50016－2014）及《汽车库、修车库、停车场设计防火规范》（GB50067－97）进行设计。

2.灭火器为手提式磷酸铵盐干粉式，两具（MF/ABC）一处，具体设置见给排水施工图。

3.防火墙及防火分隔墙必须砌至梁板底，不留缝隙。

4.本工程地下为全自动喷淋灭火和自动报警系统。

5.本工程消防设计

1)本工程火灾危险性：多层建筑。

2)耐火等级：地上为二级、地下为一级。

3)防火分区：地下室为一个防火分区，地上每层各为一个防火分区。

4)安全疏散：地下部分有2部封闭楼梯间直通室外。地上部分地上1～5层每层为一防火分区，设3部封闭楼梯疏散，每层为一防火分区，设有2部封闭楼梯间并直通屋顶，在屋顶连通，各层疏散宽度、疏散距离均符合防火规范要求。

5)各层电缆井、管道井在楼板处相当于楼板结构的混凝土填塞密实。

6)消防控制室设在首层且直通室外。

7)防火间距：多层与多层间距≥6.0m；与原有办公楼贴临，满足防火距离不限的消防规范要求；四周设有环形消防车道。

五、防水、抗裂和防渗漏工程设计专篇

1.地下室防水工程

1)应执行《地下工程防水技术规范》（GB50108－2008）和地方有关规程、规定。

2)根据地下室使用功能和有无侵蚀介质附加防水层，做法见施工图设计说明。

3)临空且具有厚覆土层的地下室顶板，其防水法（防水塑料夹层板）应参照相关图集。

4)本地下建筑工程埋置深度超过3m，防水混凝土抗渗等级为6级。

5)防水保护层，顶板上细石混凝土保护层厚度，当人工回填土为50，当机械回填土为70；底板细石混凝土保护层厚度≥50；200厚非黏土砖砌筑保护墙，与主体结构之间留30～50缝隙，并用细沙填实。

6)防水混凝土的施工缝、穿墙管道预留洞、转角、坑槽、后浇带等部位和变形缝等地下工程薄弱环节应按《地下防水工程质量验收规范》（GB50208）要求办理。

2.楼地面工程

1)卫生间有防水要求的楼（地）面应比室内其他房间楼地面低30，应设防水层。

2)下沉式卫生间应在结构下沉部位和回填填充部位分别设置防水层。

3)防水层沿墙上翻至天棚顶。

4)管道穿楼地面应设套管，套管高出楼地面50，套管周边300范围设加强层。

3.墙体工程

1)外墙粉刷层必须设置分割缝，外墙贴面砖应采用水泥基黏结材料，面砖饰面应设变形缝。

2)外墙干挂饰面板的预埋件和连接件应设一道防水层。

3)除门洞口外，卫生间四周墙体浇注200高C20混凝土墙基，宽同墙体；所有露台、平台等外墙四周墙体，除门洞口外浇注300高C20混凝土墙基，宽同墙体。

4.外门窗工程

1)外门窗与墙体交接处，除用聚氨酯发泡剂填充严实外，外侧用防水耐候胶密封。

2)对施工图所选标准图集，不仅要看节点构造做法，还应看图集说明及其他相关做法，如材料的相容性、出气孔、雨水排水口等节点构造和说明。

5.屋面工程

1)应遵守《屋面工程技术规范》（GB50345－2012）。施工应执行《屋面工程质量验收规范》（GB50207－2012）。

2)对施工图所选标准图集，应看图集说明及其他相关做法，如出气孔、雨水排水口等节点构造和说明。

3)屋面排水组织见"屋面平面图"，内排水雨水管见给排水施工图，外排雨水斗、雨水管采用UPVC水落管，除图中另有注明者外，雨水管的公称直径均为DN110雨水管；阳台排水与屋面排水分别设置排水管；雨水落在屋面上时，加混凝土水簸。

4)平屋面采用材料找坡泛水坡度2%；采用结构找坡泛水坡度3%；屋面纵向排水明沟坡度1%，排水采用87型雨水斗、钢制出水口直径110（UPVC）落水管有组织排水。

六、建筑工程施工构造做法一览表（注：**建筑内装饰见装潢专业图纸**）

屋面做法		屋面：平屋面Ⅰ级防水	说明：屋顶与外墙交界处、屋顶开口部位四周的保温层，使用耐火等级为A级的40厚泡沫玻璃，或40厚泡沫玻璃隔离带宽度不小于500。依据《民用建筑外保温系统及外墙装饰防火暂行规定》（公通字[2009]46号）
	1	40厚C20防水细石混凝土随捣随抹光，内配Φ14@100双向钢筋网片（要求6m×6m分格，缝宽20，密封胶嵌缝）	
	2	隔离层：干铺玻纤布	
	3	防水层：1.5厚合成高分子防水卷材+1.5厚合成高分子防水涂膜	
	4	20厚1：3水泥砂浆找平	
	5	保温层：40厚挤塑聚苯板保温层	
	6	找坡层：泡沫混凝土找坡（最薄处30厚）	
	7	刷基层处理剂一道	
	8	现浇钢筋混凝土屋面板	

图名	康复疗养院建筑设计说明（二）	图号	12-18-2

内墙做法	内墙1：防霉乳胶漆墙面（地下室）	地下室做法	地下室外墙（由外至内）
1	刷防霉乳胶漆两道	1	2：8灰土分层夯实
2	封底漆一道（干燥后再做面涂）	2	30厚聚苯乙烯泡沫板保护层
3	5厚1：0.5：2.5水泥石灰膏砂浆抹平	3	防水层：1.5厚合成高分子防水卷材+
4	9厚1：0.5：3水泥石灰膏砂浆打底扫毛		1.5厚合成高分子防水涂膜
5	刷界面剂一道	4	P6密实性钢筋混凝土自防水外墙板300厚
6	基层墙体（钢筋混凝土墙）	5	20厚1：3水泥砂浆找平
	注：地上部分内墙见装饰专业图纸	6	刷防霉涂料两道

顶棚做法	顶棚1：乳胶漆顶棚（地下室顶棚）	顶棚做法	顶棚2：（架空楼板部分）
1	现浇钢筋混凝土楼板	1	钢筋混凝土楼板
2	刷界面剂一道	2	刷界面剂一道
3	5厚1：0.5：3水泥石灰膏砂浆打底扫毛	3	45厚岩棉板,专用黏结剂固定
4	3厚1：0.5：2.5水泥石灰膏砂浆抹平	4	3~6厚聚合物抗裂砂浆压入耐碱玻纤网格布
5	封底漆一道（干燥后再做面涂）		专用锚栓固定
6	刷乳胶漆两道	5	刮柔性腻子
	注：地上部分顶棚见装饰专业图纸	6	涂料饰面

地下室做法	地下室底板（由上至下）（消防水泵房）	外墙做法	建筑反射隔热涂料层
1	50厚C25细石混凝土面层随打随抹光	1	建筑反射隔热涂料层
2	C15素混凝土找坡250~200厚	2	底涂料两道（封闭底涂层）
3	P6密实性钢筋混凝土保护板400厚	3	刮柔性耐水腻子两遍打磨平整
4	50厚C20细石混凝土保护层	4	6厚抗裂砂浆压入耐碱玻纤网格布
5	隔离层干铺玻纤布一道	5	13厚保温胶泥保温层
6	防水层：1.5厚合成高分子防水卷材+	6	5厚聚合物水泥防水砂浆
	1.5厚合成高分子防水涂膜	7	6厚1：2水泥砂浆打底扫毛
7	100厚C15混凝土垫层	8	刷界面剂一道（仅用于混凝土墙面）
8	素土分层夯实	9	喷湿墙面
		10	基层墙体（200厚煤矸石空心砖）

七、建筑节能设计专项说明

1. 项目概况

1) 项目名称：康复疗养院。

2) 建设地点：××市区某主干道与次干道交叉口。

3) 建设单位：××市残疾人联合会。

4) 总建筑面积：8203 m²，建筑节能的建筑面积：7855 m²，建筑体积：30443 m²。

5) 本项目地处气候分区：夏热冬冷地区。

6) 建筑性质：公共建筑。

建筑层数：地上六层，地下一层。

建筑体形系数：0.3。

2. 设计依据与节能目标

1) 《公共建筑节能设计标准》（GB 50189－2015）。

2) 《安徽省公共建筑节能设计标准》（DB34/1467－2011）。

3) 根据以上标准，按照夏热冬冷地区建筑热工性能应符合的各项规定的要求进行节能设计和计算，本工程在保证相同的室内环境参考条件下，与未采取节能措施前相比总能耗达到减少50%的目标。

3. 节能措施

1) 屋面：40厚挤塑聚苯板＋30厚泡沫混凝土。

2) 外墙：外墙建筑反射隔热保温防水涂料（1.0厚）＋保温胶泥（13.0厚），反射隔热涂料外墙保温系统。

3) 架空或外挑楼板：45厚岩棉板。

4) 外门窗：断热铝合金普通中空玻璃窗(5+9A＋5)。

5) 冷热桥部门的节能构造：详细参见《外墙外保温建筑构造》（10J121）中相关节点。

4. 夏热冬冷地区乙类公共建筑节能设计一览表

安徽省乙类公共建筑节能设计一览表

项目名称 康复疗养院　建设地点 ××省××市　建筑面积 22.70 m²　层数 6 层　建筑高度 22.70 m　计算日期 ＿＿年＿＿月＿＿日

项目		标准限制值				设计选用							结论是否符合标准	
		传热系数K [W/(m²·K)]	综合遮阳系数SCw （东、西向/南向）	可见光透射比	可开启面积	计算窗墙比及相应指标限值				设计选用及可达到指标				是 否
						朝向	Cm	K限值	SCw值	可见光透射比	可开启面积	框料	玻璃品种、厚度、中空尺寸	K值 SCw值 可见光透射比
窗墙面积比（包括透明幕墙）	Cm≤0.2	≤4.0	—	0.4	30%	东向	0.19	≤4.0	—	0.40	≥30%	断热铝	5+9A+5	3.3 0.89 0.4 ☐ ■
	0.2<Cm≤0.3	≤3.5	0.45/—	0.4		南向	0.28	≤3.5	0.45	0.40	≥30%	断热铝	5+9A+5	3.3 0.89 0.4 ☐ ■
	0.3<Cm≤0.4	≤3.0	0.40/0.60	0.4		西向	0.12	≤4.0	—	0.40	≥30%	断热铝	5+9A+5	3.3 0.89 0.4 ■ ☐
	0.4<Cm≤0.5	≤2.8	0.35/0.55	0.4		北向	0.17	≤4.0	—	0.40	≥30%	断热铝	5+9A+5	3.3 0.89 0.4 ☐ ■
	0.5<Cm≤0.7	≤2.5	0.30/0.50	0.4										

外门窗、幕墙气密性等级	外门窗6级 a₁≤1.5 a₂≤4.5	幕墙3级 每米缝长≤1.5 每平方米面积≤1.2	外窗 6 级 幕墙 ／ 级	■ ☐

屋顶透明部分	屋顶透明面积/屋顶总面积≤20% K≤2.5 SCw≤0.5	屋顶透明面积/屋顶总面积＝／% K＝／ SCw＝／ 窗框料／玻璃	☐ ☐

平屋顶	K≤0.7	保温隔热材料 挤塑聚苯板 厚度 40 mm K 0.67 找坡层材料 泡沫混凝土 厚度 30 mm	■ ☐
坡屋顶	K≤0.7	保温隔热材料 ／ 厚度 ／	■ ☐

外墙（包括非透明幕墙）	Km≤1.0	外保温■ 内保温☐ 自保温☐ 保温材料 外墙建筑反射隔热保温防水涂料 保温胶泥-反射隔热保温外墙保温系统 厚度 1+13 mm Km 0.98 主墙体材料 煤矸石砌体 厚度 200 mm	■ ☐

底层架空或外挑楼板	K≤1.0	上保温☐ 下保温■ 材料 岩棉板 厚度 45 mm K 0.95	■ ☐
地面、无采暖空调的地下室顶板	热阻≥1.2	保温材料 ／ 厚度 ／ R 0.33	☐ ☐
地下室外墙	热阻≥1.2	保温材料 ／ 厚度 ／ R ／	☐ ☐

其他	建筑朝向	南偏东或西≤15°■ 南偏东15°~35°☐ 南偏西≤15°☐ 其他	权衡判断	软件名称 PKPM PBECA2014 版本 1.00版	是否达到节能目标
	外遮阳	有☐ 无■ 中庭通风☐ 机械通风☐ 自然通风☐ 幕墙通风☐ 有开启扇☐ 机械通风☐		能耗指标 kWh/m²	设计建筑 46.80
	外门	有门斗☐ 旋转门☐ 中庭玻璃☐ 其他■ 屋顶饰面 浅色饰面☐ 深色饰面☐ 绿化种植☐			参照建筑 47.14
	外墙饰面	浅色饰面☐ 深色饰面☐			

图名	康复疗养院 建筑设计说明（三）	图号	12-18-3

八、绿色建筑设计专篇

1. 设计依据

1)《绿色建筑评价标准》（GB/T50378－2014）。

2)《民用建筑绿色设计规范》（JGJ/T229－2010）。

3)《建筑采光设计标准》（GB50033－2001）。

4)《建筑照明设计标准》（GB50034－2004）。

5)《民用建筑热工设计规范》（GB50176－93）。

6)《民用建筑节水设计标准》（GB50555－2010）。

7)《安徽省公共建筑节能设计标准》（DB34／1467－2011）。

8)《公共建筑节能设计标准》（GB50189－2015）。

9)《建筑幕墙》（GB21086－2007）。

10)国家、省、市现行的相关法律、法规、规范性文件。

11)《建筑门窗玻璃幕墙热工计算规程》（JGJ/T0151－2008）。

12)《建筑外窗气密、水密、抗风压性能分级及其检测方法》（GB7106－2008）。

2. 绿色建筑设计技术措施汇总

建设目标及关键绿色设计指标
建设目标　一星√　二星□　三星□
一、节地与室外环境
控制项说明内容
1. 本项目用地选址符合本地城乡规划、无文物古迹保护建筑
2. 本项目用地无洪涝、滑坡、泥石流等自然灾害的威胁，无危险化学品、易燃易爆危险源的威胁，无电磁辐射、含氡土壤等危险
3. 本项目场地内没有超标排放的污染源
4. 本项目建筑规划布局满足日照标准，且不降低周边建筑的日照标准
评分项说明内容
1. 本项目容积率为0.8，绿化面积大于35%，且绿地向社会公众开放
2. 室外夜景照明光污染的限制符合现行行业标准《城市夜景照明设计规范》（JGJ/T163）的规定
3. 场地内风环境有利于室外行走、活动舒适和建筑的自然通风，建筑物周围人行区，风速小于5m/s且室外风速放大系数小于2
4. 除迎风第一排建筑外，建筑迎风面与背风面表面风压不大于5Pa
5. 红线范围内户外活动场地有乔木、构筑物等遮阳措施且面积大于20%
6. 场地距离公交车站不超过500m
7. 场地内有便捷的人行通道连接公共交通站点
8. 场地内人行通道采用无障碍设计
9. 场地内设有方便出入，且有遮阳防雨措施的自行车棚
10. 合理设置停车库，采用错时停车方式向社会开放，提高停车库使用效率
11. 地面停车位不占用步行空间及活动场所
12. 配套辅助设施设备共同使用、资源共享
13. 建筑向社会公众提供开放的公共空间
14. 室外活动场地错时向周边居民免费开放
15. 本项目乔木、灌木、草本及地被采用本地植物，其中乔木主要采用香樟和桂花树，灌木主要采用海桐和红花檵木，草本及地被主要采用马尼拉草皮
16. 本项目红线范围内非机动车道路、地面停车场和其他硬质铺地采用铺设透水砖和地面草皮砖，室外人员活动区采用高大乔木和绿植棚架庇护
二、室内环境质量
控制项说明内容
1. 本项目主要功能房间的室内噪声满足现行国家标准《民用建筑隔声设计规范》（GB50118）的低限要求
2. 本项目主要功能房间的外墙、隔墙、楼板和门窗的隔声性能应满足现行国家《民用建筑隔声设计规范》（GB50118）中的低限要求
3. 本项目建筑照明数量和质量应符合现行国家标准《建筑照明设计标准》（GB50034）的规定
4. 本项目无集中采暖空调系统
5. 本项目在室内设计温、湿度条件下，建筑维护结构表面无结露
6. 本项目屋顶和东、西外墙隔热性能应满足现行国家《民用建筑热工设计规范》（GB50176）的要求
7. 本项目室内空气中的氨、甲醛、苯、总挥发性有机物、氡等污染物浓度应符合现行国家标准《室内空气质量标准》（GB/T18883）的有关规定
评分项说明内容
1. 本项目主要功能房间的室内噪音级达到现行国家标准《民用建筑隔声设计规范》（GB50118）中的低限要求和高要求标准限值的平均值
2. 本项目构件及相邻房间之间的空气隔声性能达到现行国家标准《民用建筑隔声设计规范》（GB50118）中的低限要求和高要求标准限值的平均值
3. 本项目建筑平面、空间布局合理，没有明显的噪声干扰
4. 本项目建筑主要功能房间具有良好的户外视野，能通过外窗看到室外自然景观，无明显视线干扰
5. 本项目建筑主要功能房间采光系数满足现行国家标准《建筑采光设计标准》（GB50033）要求的面积比例，且采光面积比大于65%
6. 本项目建筑采用5Low-e+9A+5玻璃用以合理控制眩光
7. 本项目建筑内采光系数满足采光要求的面积比例达到60%
8. 本项目建筑通风开口面积，与房间地板面积的比例达到8%
9. 本项目建筑设有明卫

三、节能与能源利用、节水与水资源利用、节材与材料资源利用的绿色建筑设计专篇详见电气、给排水和结构等专业图纸

四、绿色施工的技术要求
1. 绿色施工对环境影响控制的要求
1)施工单位需制定施工现场环境保护计划
2)施工单位需提供环境保护结果自评报告
3)施工单位需做好现场环境保护措施取证工作，如相应记录表及照片
2. 绿色施工对废弃物的管理的要求
1)施工单位需编制废弃物管理计划
2)施工单位需按建筑施工、旧建筑拆除和场地清理时产生的固体废弃物分类处理，并尽量将其中可再利用材料、可再循环材料回收和再利用
3)施工单位需按废弃物管理技术做好现场取证工作，如相应记录表及照片
3. 绿色施工室内空气质量管理的要求
1)施工单位需制定室内空气品质管理计划
2)施工单位采购材料需符合《民用建筑工程室内环境污染控制规范》（GB50325）中的有关规定
3)室内施工现场保证良好自然通风或采取强制排风措施
4)施工单位需做好室内空气质量管理措施取证工作，如相应记录表及照片

康复疗养院设计要点

1. 基地位置

选择交通方便、环境舒适、阳光充足，通风良好并具有完善市政设施的场地。

2. 功能结构

一般由疗养、社区、医疗用房以及康复活动用房、行政办公与附属生活配套用房组成。

3. 建筑设计

1)疗养建筑应设置无障碍电梯，所有公共区域宜进行无障碍设计，主要用房应直接采光与通风，具备良好的日照。

2)疗养用房按病种及规模分成若干个互不干涉的护理单元，一般设有疗养室、疗养员活动室、医生办公室、护士站、治疗室、污洗室、库房、厕所、开水间等功能用房。

3)理疗用房（如电疗室、光疗、水疗、体疗、蜡疗、泥疗、针灸、按摩等）宜集中组合成独立区，水疗室、体疗室可独立设置。

4)医技用房（如放射科、检验科、功能检查用房、药房等）宜自成一体并与疗养用房联系便捷。

5)辅助用房（如食堂、洗衣房、管理办公用房、设备用房等）宜独立或分区设置。

图名	康复疗养院 建筑设计说明（四）	图号	12-18-4

设计要点

1. 建筑红线：也称"建筑控制线"，指城市规划管理中，控制城市道路两侧沿街建筑物或构筑物（如外墙、台阶等）靠临街面的界线。任何建筑物或构筑物不得超过建筑红线。
2. 道路红线：指规划的城市道路用地的边界线，一般为道路用地的边界线。
3. "6F"表示建筑物为6层。
4. 风玫瑰图中实线表示全年风频，虚线表示夏季风频。

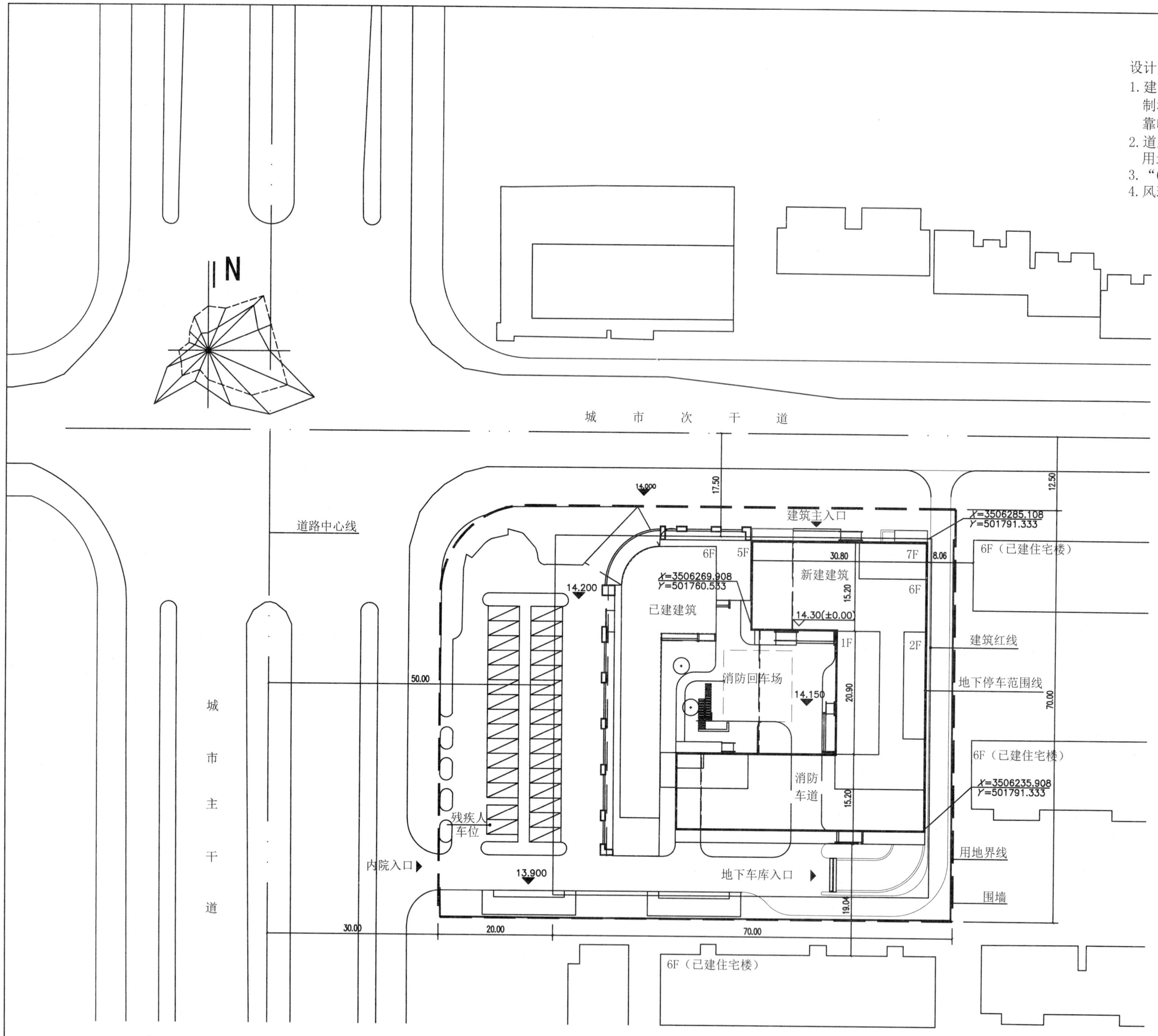

N

城 市 次 干 道

道路中心线

城
市
主
干
道

14.000
17.50
12.50

建筑主入口

14.200

6F 5F 30.80 7F 8.06 6F（已建住宅楼）

新建建筑 6F

X=3506285.108
Y=501791.333

X=3506269.908
Y=501760.333

15.20

已建建筑 14.30(±0.00)

1F 2F 建筑红线

50.00

消防回车场

14.150 20.90

地下停车范围线

消防
车道 15.20

6F（已建住宅楼）

X=3506235.908
Y=501791.333

残疾人
车位

70.00

内院入口

13.900

地下车库入口

用地界线

围墙

30.00 20.00 70.00 19.04

6F（已建住宅楼）

图例

	新建建筑	13.900 ▽	室外标高
	已建建筑	14.30(±0.00)	室内标高
---	用地界线	▶	出入口
—	建筑红线		
- - -	地下室界线	——	道路中心线

经济技术指标

总用地面积		6251m²
建筑占地面积		1710m²
总建筑面积		11984.60m²
已建面积		3744.60m²
新建面积		8240m²
其中	地上建筑面积	6664m²
	地下建筑面积	1576m²
容积率		1.67
机动车停车数		60辆
建筑密度		33.0%
绿地率		27.3%

附注

1. 图中坐标系采用北京坐标系，高程系统为黄海高程系统。
2. 本工程设计标高±0.000相当于绝对标高14.3m。
3. 总图中所注标高为场地、道路设计地面标高；建筑物坐标为建筑物外墙轴线交点坐标；与用地红线的相关距离及建筑物间距尺寸均由建筑物外墙皮算起。
4. 高程、距离以"m"计。
5. 本工程室外场地、道路、绿化另详见景观设计图。

康复疗养院总平面定位图 1:500

图名	康复疗养院总平面定位图	图号	12-18-5

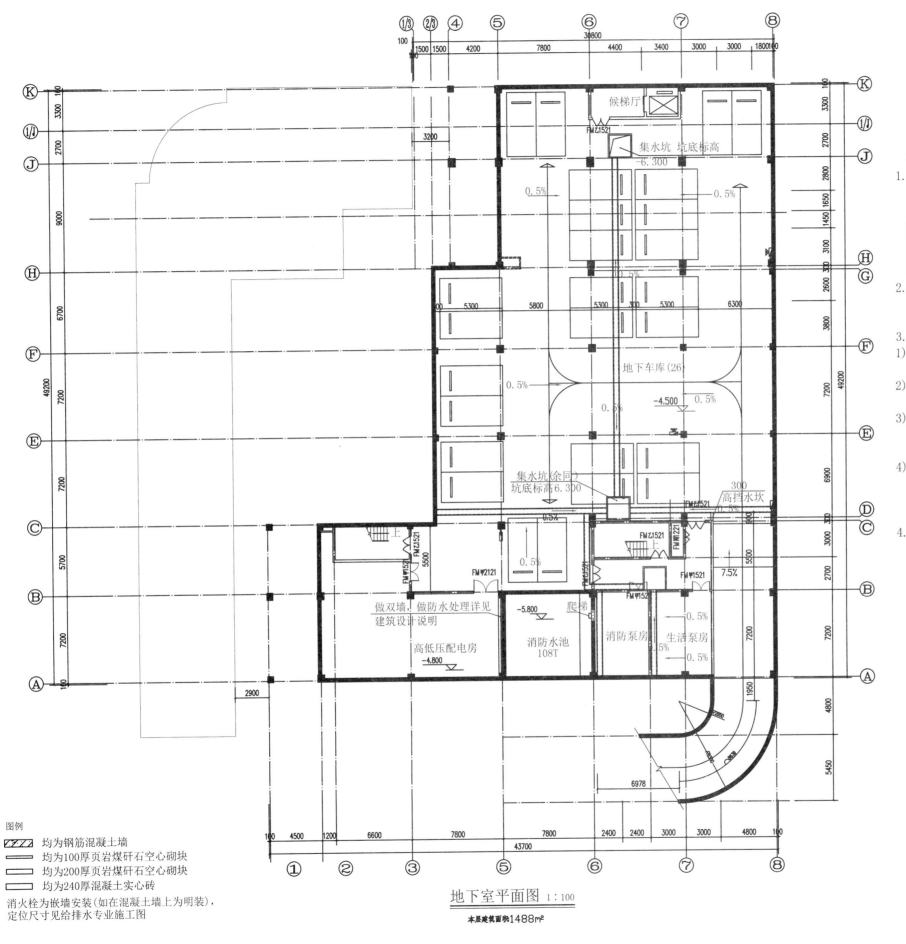

地下室平面图 1:100

本层建筑面积1488m²

地下小型汽车库设计要点

1. 定义与防火分类
   室内地坪面低于室外地坪面高度超过该层车库净高1/2的汽车库。
   车库的防火分类为四类，见下表。

名称	I	II	III	IV
停车数量（辆）	>300	151～300	51～150	≤50
或总建筑面积 S（m²）	$S>10000$	$5000<S≤10000$	$2000<S≤5000$	$S≤2000$

2. 汽车库防火分区
   地下汽车库耐火等级应为一级。防火分区最大允许件组合面积为≤2000m²，当设置自动灭火系统时可增加1.0倍，即≤4000m²。

3. 安全疏散
   1) 汽车库人员安全出入口与汽车疏散出口应分开设置，每个防火分区人员出口不应少于2个，IV类汽车库可设1个。
   2) 汽车库室内任一点至最近安全出口的疏散距离不应超过45m，当设置自动灭火系统时其距离不应超过60m。
   3) 除室内地面与室外出入口地坪的高差大于10m的地下汽车库应采用防烟楼梯间外，其余均应采用封闭楼梯间，乙级防火门，并应向疏散方向开启。
   4) 汽车库的汽车疏散出口应布置在不同的防火分区内，且整个汽车疏散出口总数不应少于2个。但IV类汽车库，设有双车道汽车疏散出口的停车数量小于等于100辆且建筑面积小于4000m²的地下车库可设1个。

4. 其他请参照
   《汽车库、修车库、停车场设计防火规范》（GB50067－2014）。

图例
均为钢筋混凝土墙
均为100厚页岩煤矸石空心砌块
均为200厚页岩煤矸石空心砌块
均为240厚混凝土实心砖
消火栓为嵌墙安装(如在混凝土墙上为明装)，
定位尺寸见给排水专业施工图

图名	康复疗养院 地下室平面图	图号	12-18-6

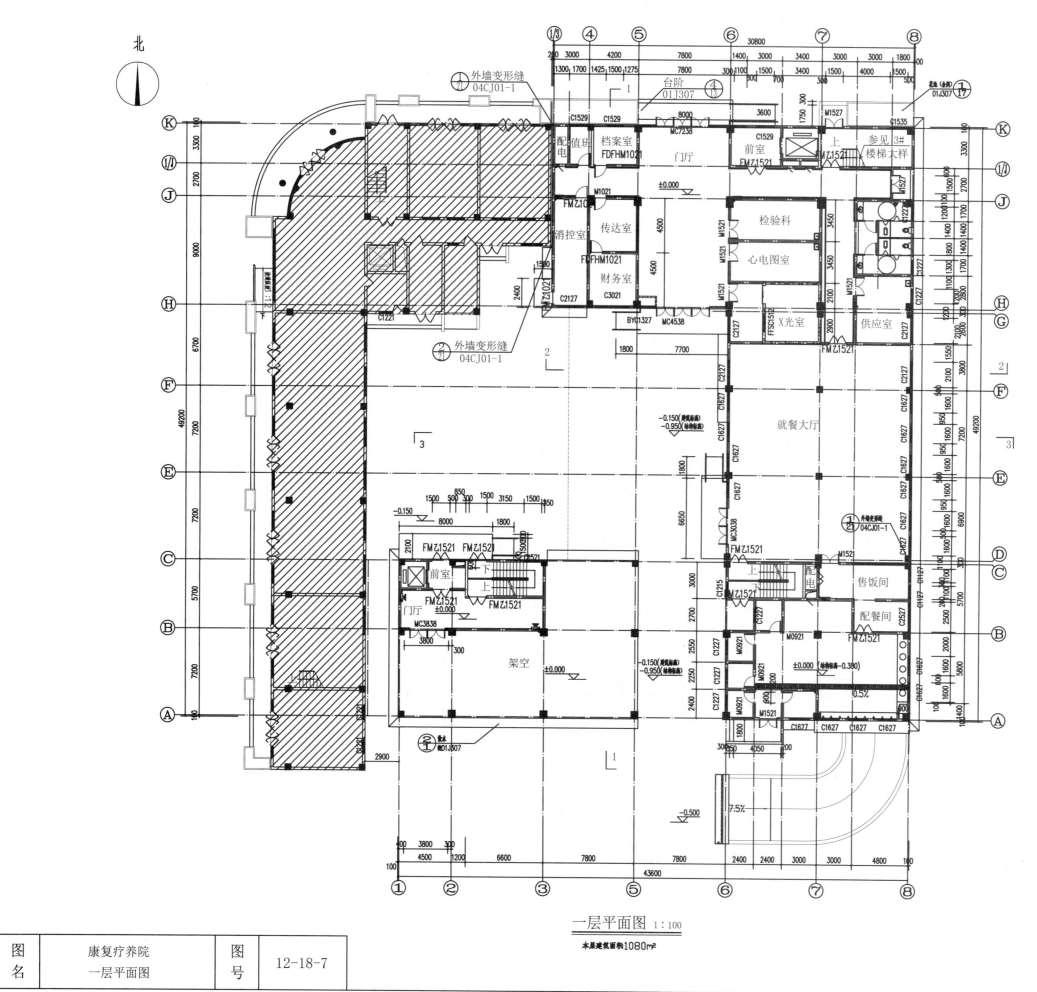

食堂设计要点

1. 食堂一般由餐厅、厨房、公用部分和辅助部分组成。

2. 厨房可根据实际需要选择设置主食加工间、副食加工间、备餐间、洗涤消毒间、库房等。厨房室内净高不应低于3.0m，应设排烟井，排烟井应高出最高屋面。

3. 厨房地面应采用耐磨、不渗水、耐腐蚀、防滑易清洗的材料，并应处理好地面的防排水。

4. 厨房热加工间外墙开口上方应设宽度不小于1m的防火挑檐。厨房与备餐间应进行防火分隔，开向备餐间的门应为乙级防火门。

5. 厨房、餐厅的正上方不应设置卫生间，且应采取防蝇、鼠、虫、鸟及防尘、防潮等措施。

6. 其他请参照《饮食建筑设计规范》（JGJ64）。

一层平面图 1:100

本层建筑面积1080m²

图例

▨▨▨ 均为钢筋混凝土墙
── 均为100厚页岩煤矸石空心砌块
── 均为200厚页岩煤矸石空心砌块
── 均为240厚混凝土实心砖

消火栓为嵌墙安装(如在混凝土墙上为明装)，
定位尺寸见给排水专业施工图

图名	康复疗养院 一层平面图	图号	12-18-7

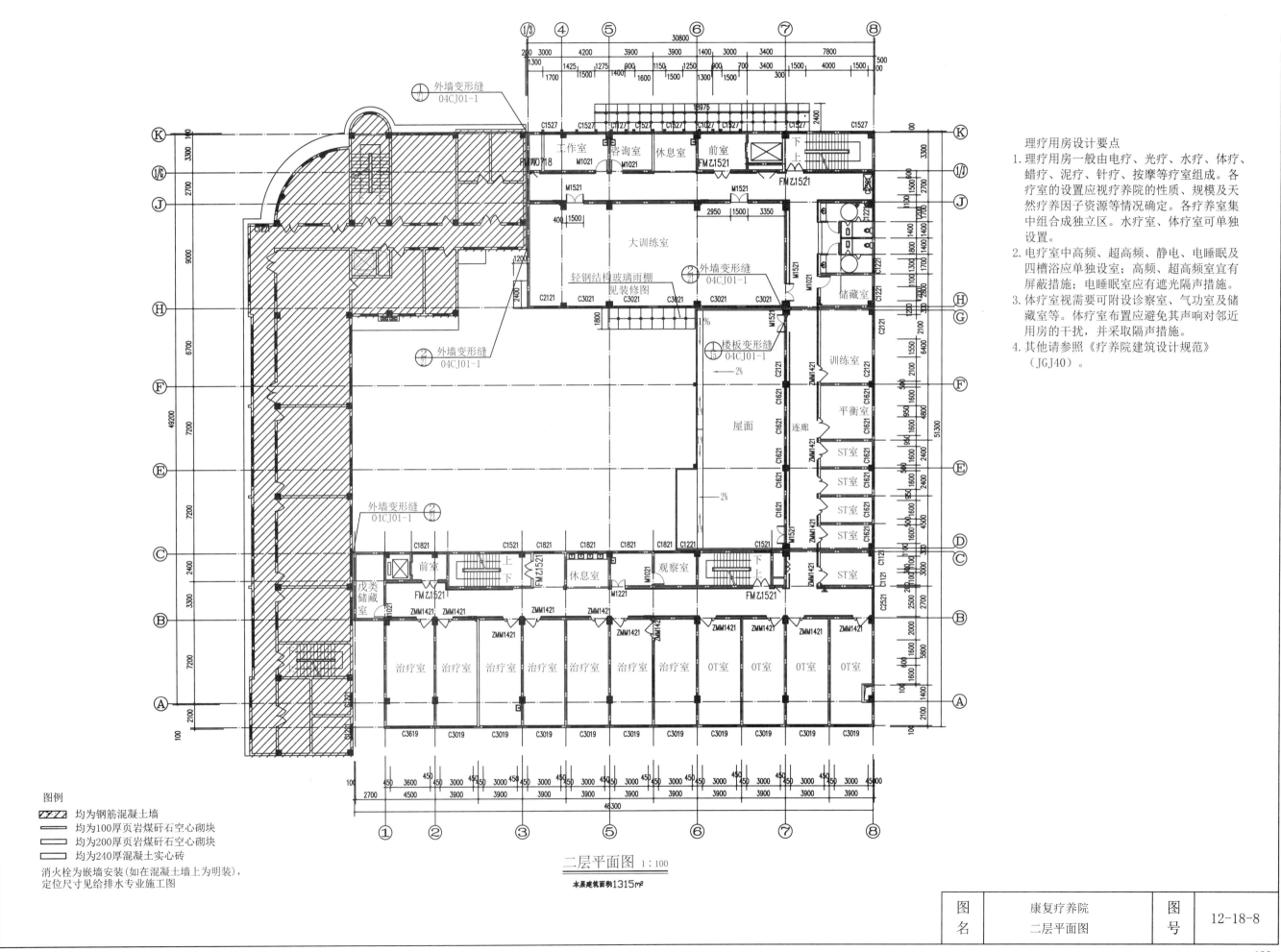

理疗用房设计要点

1. 理疗用房一般由电疗、光疗、水疗、体疗、蜡疗、泥疗、针疗、按摩等疗室组成。各疗室的设置应视疗养院的性质、规模及天然疗养因子资源等情况确定。各疗养室集中组合成独立区。水疗室、体疗室可单独设置。

2. 电疗室中高频、超高频、静电、电睡眠及四槽浴应单独设室；高频、超高频室宜有屏蔽措施；电睡眠室应有遮光隔声措施。

3. 体疗室视需要可附设诊察室、气功室及储藏室等。体疗室布置应避免其声响对邻近用房的干扰，并采取隔声措施。

4. 其他请参照《疗养院建筑设计规范》（JGJ40）。

图例

⬚⬚⬚ 均为钢筋混凝土墙

▭ 均为100厚页岩煤矸石空心砌块

▭ 均为200厚页岩煤矸石空心砌块

▭ 均为240厚混凝土实心砖

消火栓为嵌墙安装（如在混凝土墙上为明装），
定位尺寸见给排水专业施工图

二层平面图 1:100

本层建筑面积1315m²

图名	康复疗养院 二层平面图	图号	12-18-8

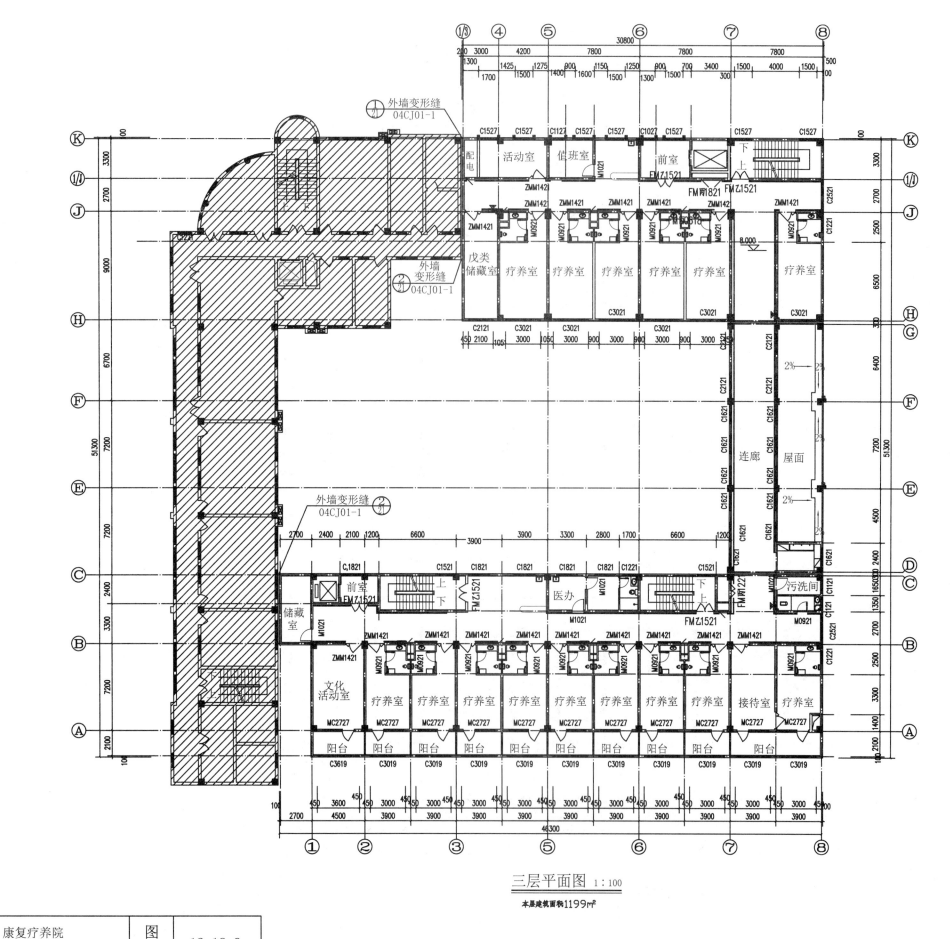

疗养用房设计要点

1. 疗养用房按病种及规模分成若干个互不干扰的护理单元，一般由疗养室、疗养员活动室、医生办公室、护士站、治疗室、护士值班室、污洗室、库房、疗养员专用厕所、浴室及盥洗室、开水间等组成。

2. 疗养室应具有良好的朝向，每间床位数一般为2～3床，最多不应超过4床。

3. 疗养室宜设阳台，疗养室的门宽不应小于1m，并设观察窗。

4. 护士站位置应设在护班单元的近中心处，并与治疗室相通。

5. 其他请参照《疗养院建筑设计规范》（JGJ40）。

三层平面图 1:100

本层建筑面积1199m²

图例

☒☒☒ 均为钢筋混凝土墙
═══ 均为100厚页岩煤矸石空心砌块
──── 均为200厚页岩煤矸石空心砌块
──── 均为240厚混凝土实心砖

消火栓为嵌墙安装(如在混凝土墙上为明装)，定位尺寸见给排水专业施工图

图名	康复疗养院 三层平面图	图号	12-18-9

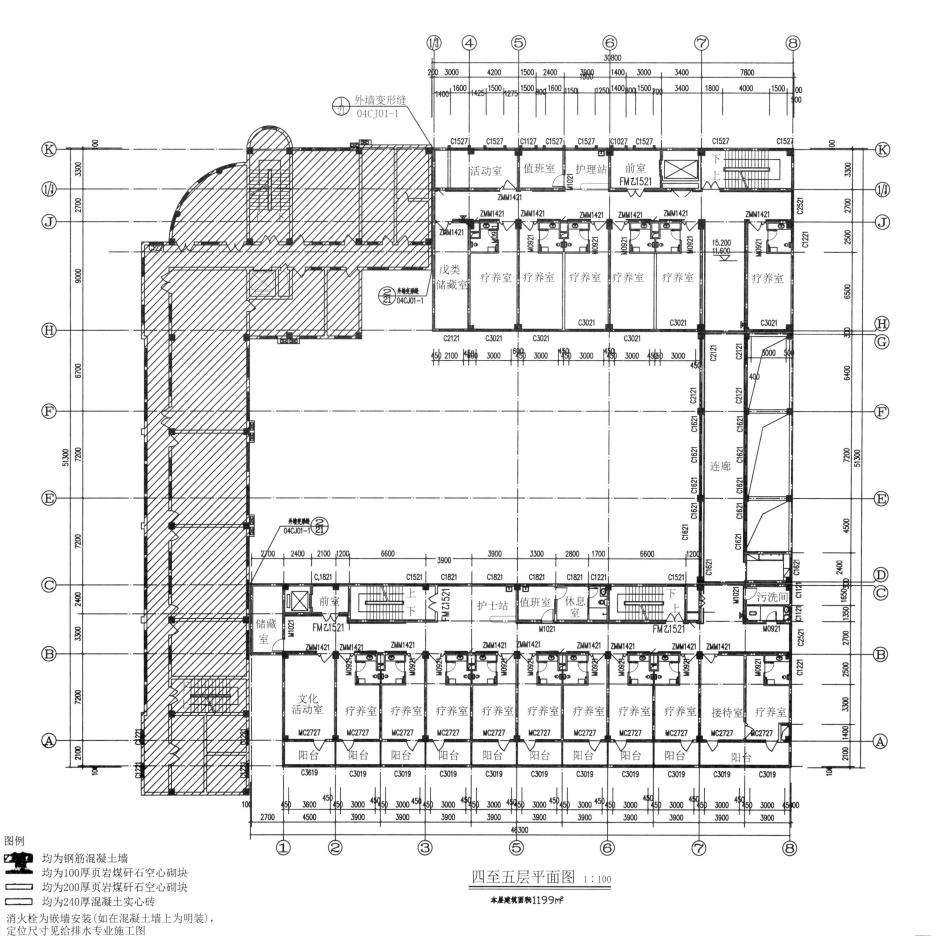

四至五层平面图 1:100

本屋建筑面积1199m²

平面施工图编制深度规定
摘自《建筑工程设计文件编制深度规定》（2008版）
1. 承重墙、柱及其定位轴线和轴线编号，内外门窗位置、编号及定位尺寸，门的开启方向，注明房间名称或编号，库房（储藏）注明储藏物品的火灾危险性类别。
2. 轴线总尺寸（或外包总尺寸、轴线间尺寸、柱距、跨度），门窗洞口尺寸，分段尺寸。
3. 墙身厚度（包括承重墙和非承重墙），柱与壁柱截面尺寸（必要时）及其与轴线关系尺寸；当围护结构为幕墙时，标明幕墙与主体结构的定位关系；玻璃幕墙部分标注立面风格间距的中心尺寸。
4. 变形缝位置、尺寸及做法索引。
5. 主要建筑设备和固定家具的位置及相关做法索引，如卫生器具、雨水管、水池、台、厨、柜、隔断等。
6. 电梯、自动扶梯及步道(注明规格)、楼梯(爬梯)位置和楼梯上下方向示意和编号索引。
7. 主要结构和建筑构造部件的位置、尺寸和做法索引，如中庭、天窗、地沟、地坑、重要设备或设备机座的位置尺寸，各种平台、夹层、人孔、阳台、雨棚、台阶、坡道、散水、明沟等。
8. 楼地面预留孔洞和通气管道、管线竖井、烟囱、垃圾道等位置、尺寸和做法索引，以及墙体(主要为填充墙、承重砌体墙)预留洞的位置、尺寸与标高高度等。
9. 车库的停车位（无障碍车位）和通行路线。
10. 特殊工艺要求的土建配合尺寸及工业建筑中的地面荷载、起重设备的起重量、行车轨距和轨顶标高等。
11. 室外地面标高、底层地面标高、各楼层标高、地下室各层标高。
12. 底层平面标注剖切线位置、编号及指北针。
13. 有关平面节点详图或详图索引号。
14. 每层建筑平面中防火分区面积和防火分区分隔位置及安全出口位置示意（宜单独成图，如一个防火分区，可不注防火分区面积），或以示意图(简图)形式在各层平面中表示。
15. 住宅平面图中标注各房间使用面积、阳台面积。
16. 屋面平面应有女儿墙、檐口、天沟、坡度、坡向、雨水口、屋脊（分水线）、变形缝、楼梯间、水箱间、电梯机房、天窗及挡风板、屋面上人口、检查梯、室外消防楼梯及其他构筑物，必要的索引号、标高等；表述内容单一的屋面，可缩小比例绘制。
17. 根据工程性质及复杂程度，必要时可选择绘制局部放大平面图。
18. 建筑平面较长、较大时，可分区绘制，但须在各分区平面图适当位置上绘出分区组合示意图，并明显表示本分区部位编号。
19. 图纸名称、比例。
20. 图纸的省略：如系对称平面，对称部分的内部尺寸可省略，对称轴部位用对称符号表示，除轴线等主要尺寸及轴线号不得省略；除楼层平面线编号外，与底层相同的尺寸可省略；楼层标准层可共用同一平面，但需注明层次范围及各层的标高。

图例
均为钢筋混凝土墙
均为100厚页岩煤矸石空心砌块
均为200厚页岩煤矸石空心砌块
均为240厚混凝土实心砖
消火栓为嵌墙安装(如在混凝土墙上为明装)，定位尺寸见给排水专业施工图

图名	康复疗养院 四至五层平面图	图号	12-18-10

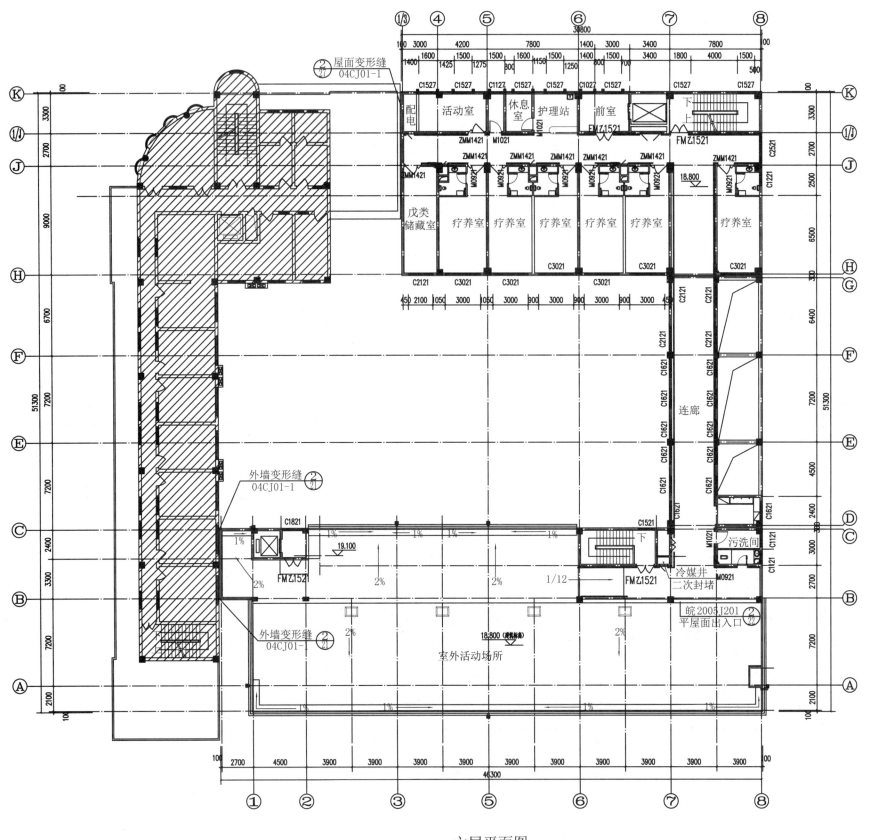

六层平面图 1:100

本层建筑面积672.5m²

图例
▨ 均为钢筋混凝土墙
— 均为100厚页岩煤矸石空心砌块
均为200厚页岩煤矸石空心砌块
均为240厚混凝土实心砖
消火栓为嵌墙安装(如在混凝土墙上为明装),
定位尺寸见给排水专业施工图

图名	康复疗养院 六层平面图	图号	12-18-11

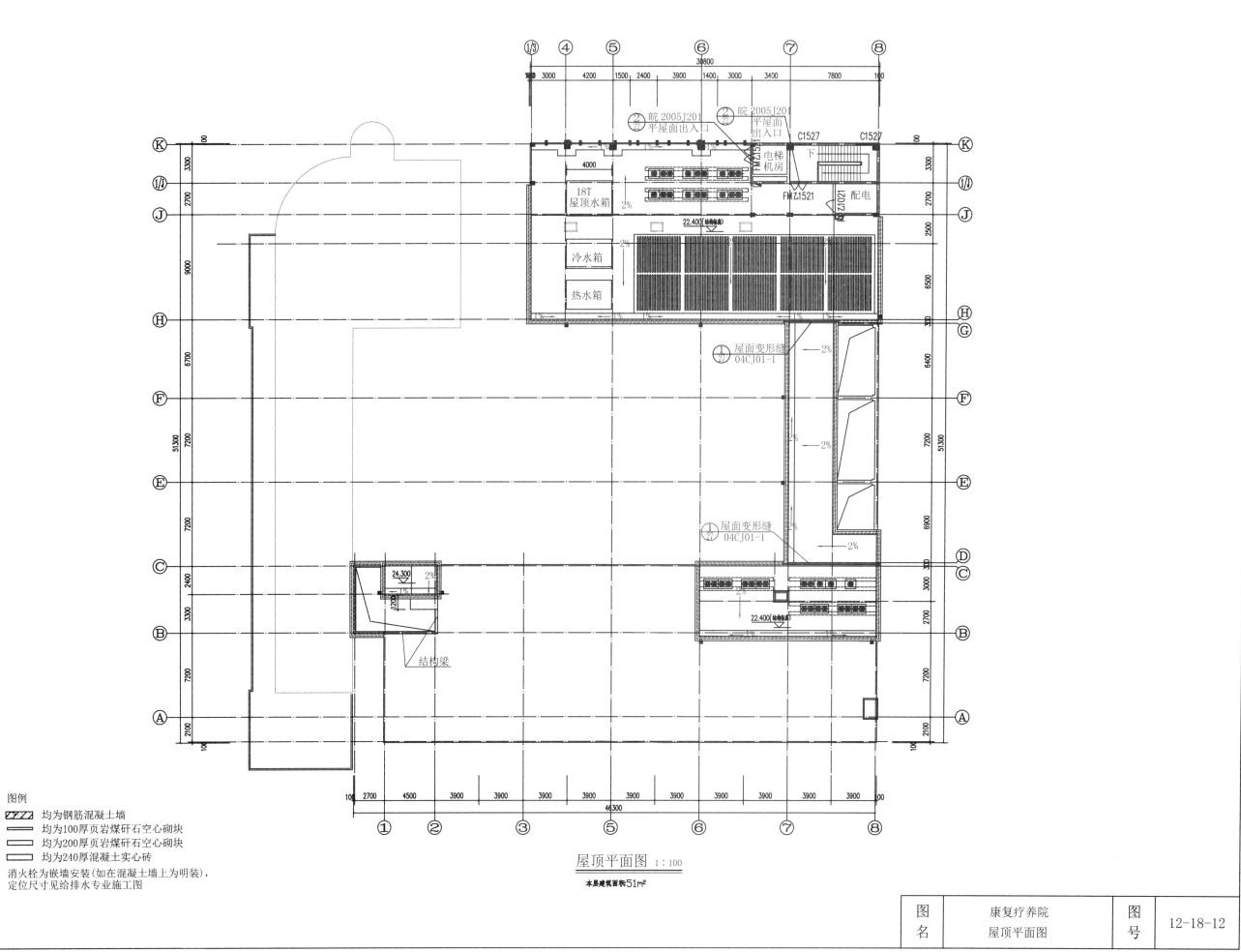

屋顶平面图 1:100

本层建筑面积51m²

图例

均为钢筋混凝土墙
均为100厚页岩煤矸石空心砌块
均为200厚页岩煤矸石空心砌块
均为240厚混凝土实心砖

消火栓为嵌墙安装(如在混凝土墙上为明装),
定位尺寸见给排水专业施工图

图名	康复疗养院 屋顶平面图	图号	12-18-12

图例
金属格栅
米色中档仿铝板型真石漆
深色高级仿石材型真石漆
浅棕色中档真石漆

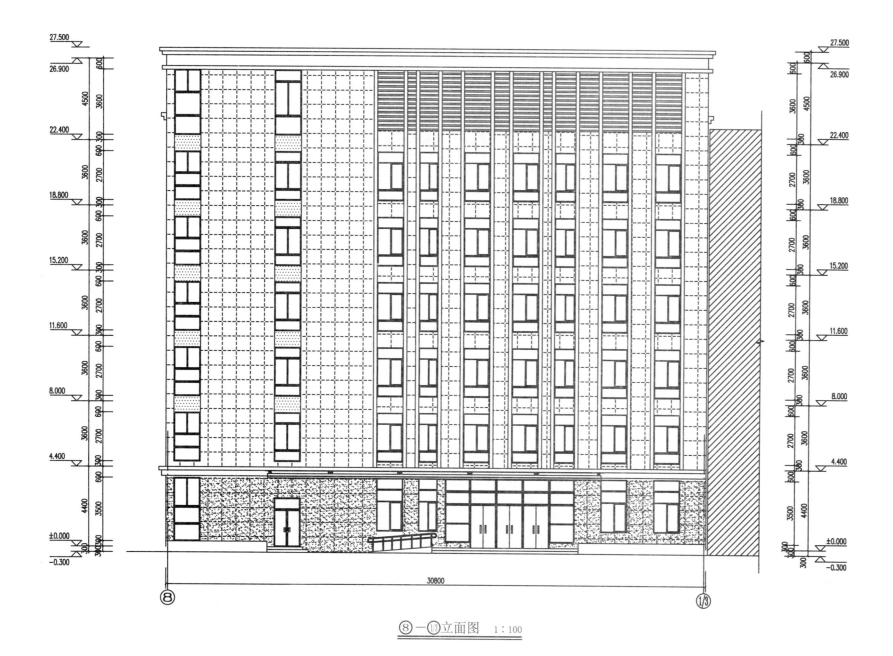

⑧—⑴⑻立面图　1：100

立面施工图编制深度规定
摘自《建筑工程设计文件编制深度规定》（2008版）
1. 两端轴线编号，立面转折较复杂时可用展开立面表
示，但应准确注明转角处的轴线编号。
2. 立面外轮廓及主要结构和建筑构造部件的位置，如
女儿墙顶、檐口、柱、变形缝、室外楼梯和垂直爬
梯、室外空调机搁板、外遮阳构件、阳台、栏杆、
台阶、坡道、花台、雨棚、烟囱、勒脚、门窗、幕
墙、洞口、门头、雨水管，以及其他装饰构件、线
脚和粉刷分格线等。
3. 建筑的总高度、楼层位置辅助线、楼层和标高以及
关键控制标高的标注，如女儿墙或檐口标高等；外
墙留洞应标注尺寸与标高或高度尺寸（宽×高×深
及定位关系尺寸）。
4. 平、剖面图未能表示出来的屋顶、檐口、女儿墙、
窗台以及其他装饰构件、线脚等的标高或尺寸。
5. 在平面图上表达不清的窗编号。
6. 各部分装饰用料名称或代号，剖面图上无法表达的
构造节点详图索引。
7. 图纸名称、比例。
8. 各个方向的立面应绘齐全，但差异小、左右对称的
立面或部分不难推定的立面可简略；内部院落或看
不到的局部立面，可在相关剖面图上表示，若剖面
图未能表示完全时，则需单独绘出。

图名	康复疗养院 ⑧—⑴⑻立面图	图号	12-18-13

图例
金属格栅
米色中档仿铝板型真石漆
深色高级仿石材型真石漆
浅棕色中档真石漆

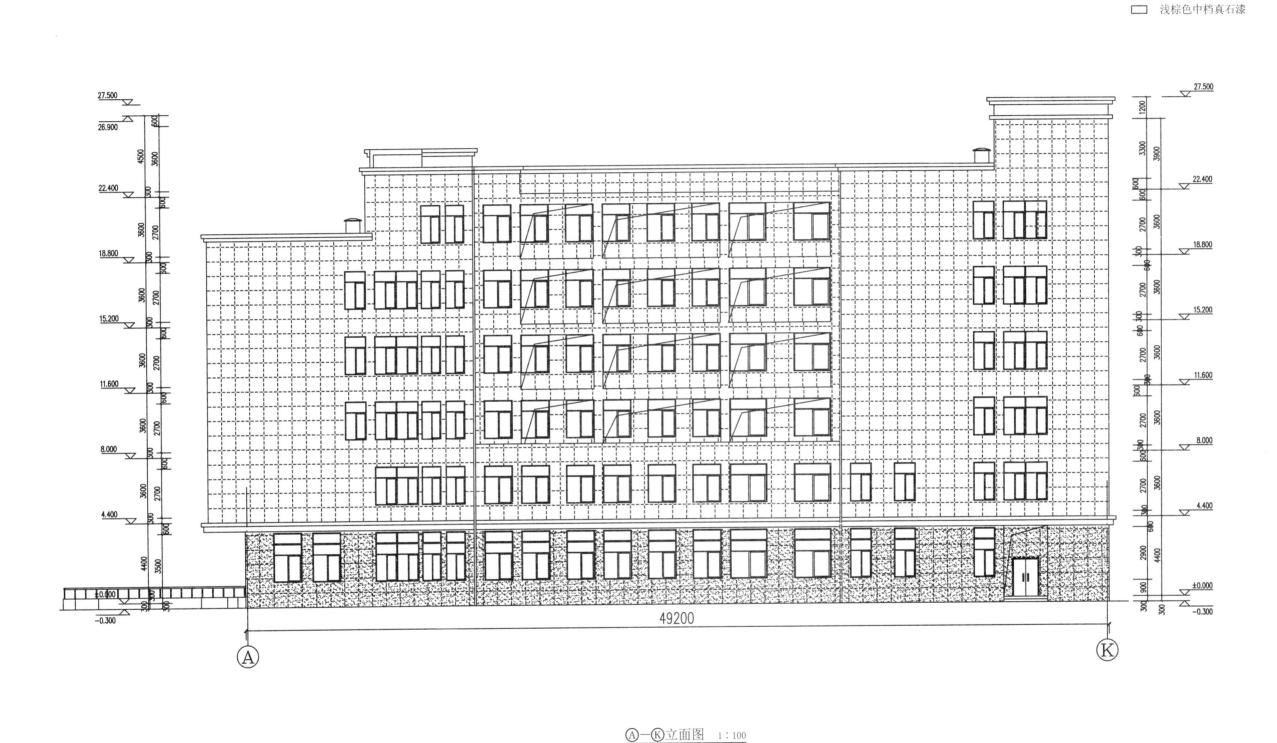

Ⓐ—Ⓚ立面图 1:100

图名	康复疗养院 Ⓐ—Ⓚ立面图	图号	12-18-14

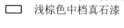

图例
▱▱ 金属格栅
▦ 米色中档仿铝板型真石漆
▨ 深色高级仿石材型真石漆
▱ 浅棕色中档真石漆

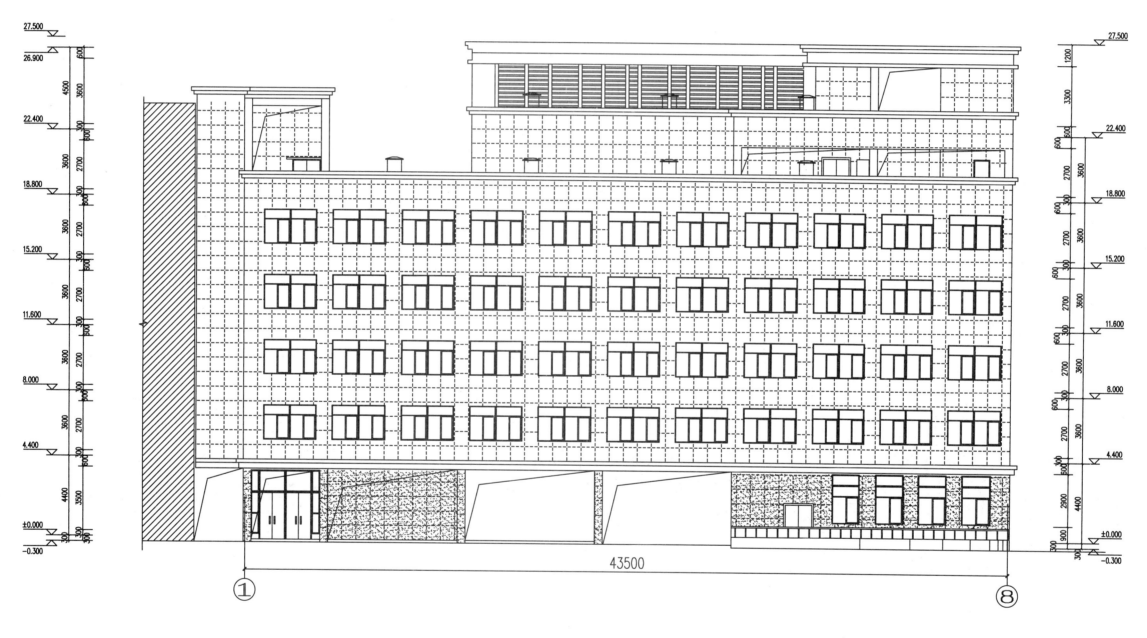

①—⑧立面图 1:100

图名	康复疗养院 ①—⑧立面图	图号	12-18-15

图例
金属格栅
米色中档仿铝板型真石漆
深色高级仿石材型真石漆
浅棕色中档真石漆

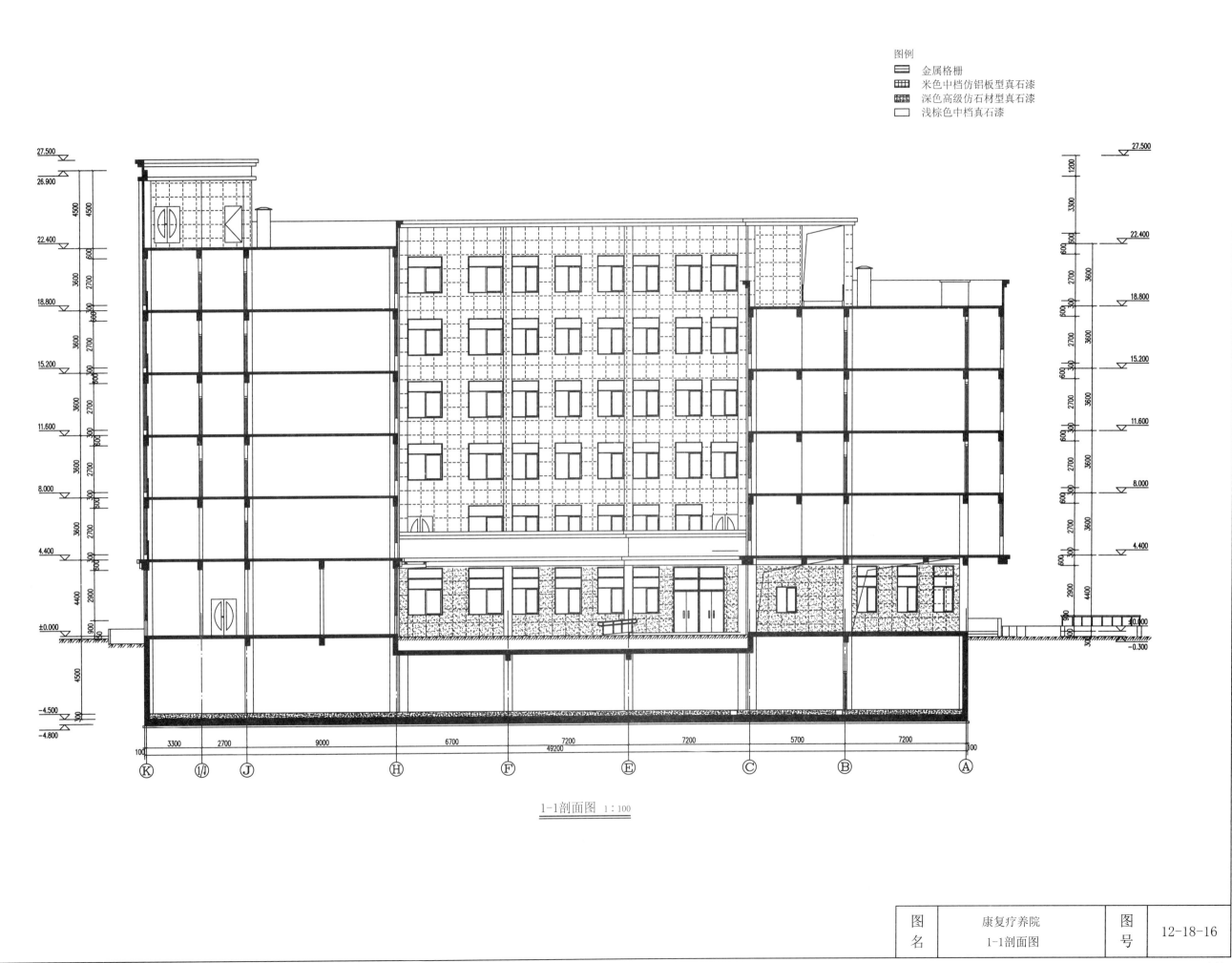

1-1剖面图 1:100

| 图名 | 康复疗养院 1-1剖面图 | 图号 | 12-18-16 |

图例
▭ 金属格栅
▦ 米色中档仿铝板型真石漆
▩ 深色高级仿石材型真石漆
▢ 浅棕色中档真石漆

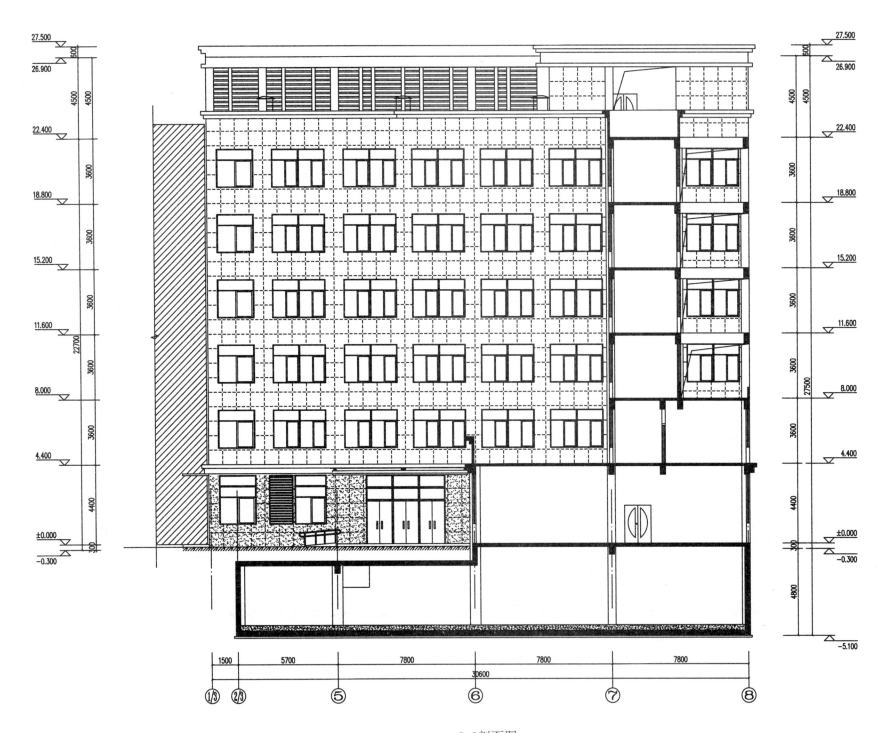

2-2剖面图　1：100

剖面施工图编制深度规定
摘自《建筑工程设计文件编制深度规定》（2008版）
1.剖视位置应选在层高不同、层数不同、内外部空间比较复杂、具有代表性的部位；建筑空间局部不同处以及平面、立面均表达不清的部位，可绘制局部剖面。
2.墙、柱、轴线和轴线编号。
3.剖切到或可见的主要结构和建筑构造部件，如室外地面、底层地（楼）面、地坑、地沟、各层楼板、夹层、平台、吊顶、屋架、山屋顶烟囱、天窗、挡风板、檐口、女儿墙、爬梯、门、窗，外遮阳构件、楼梯、台阶、坡道、散水、平台，阳台、雨篷、洞口及其他装修等可见的内容。
4.高度尺寸。外部尺寸：门、窗、洞口高度、层间高度、室内外高差、女儿墙高度、阳台栏杆高度、总高度。
内部尺寸：地坑（沟）深度、隔断、内窗、洞口、平台、吊顶等。
5.标高：主要结构和建筑构造部件的标高，如室内地面、楼面（含地下室）、平台、雨篷、吊顶、屋面板、屋面檐口、女儿墙顶、高出屋面的建筑物、构筑物及其他屋面特殊构件等的标高，室外地面标高。
6.节点构造详图索引号。
7.图纸名称、比例。

图名	康复疗养院 2-2剖面图	图号	12-18-17

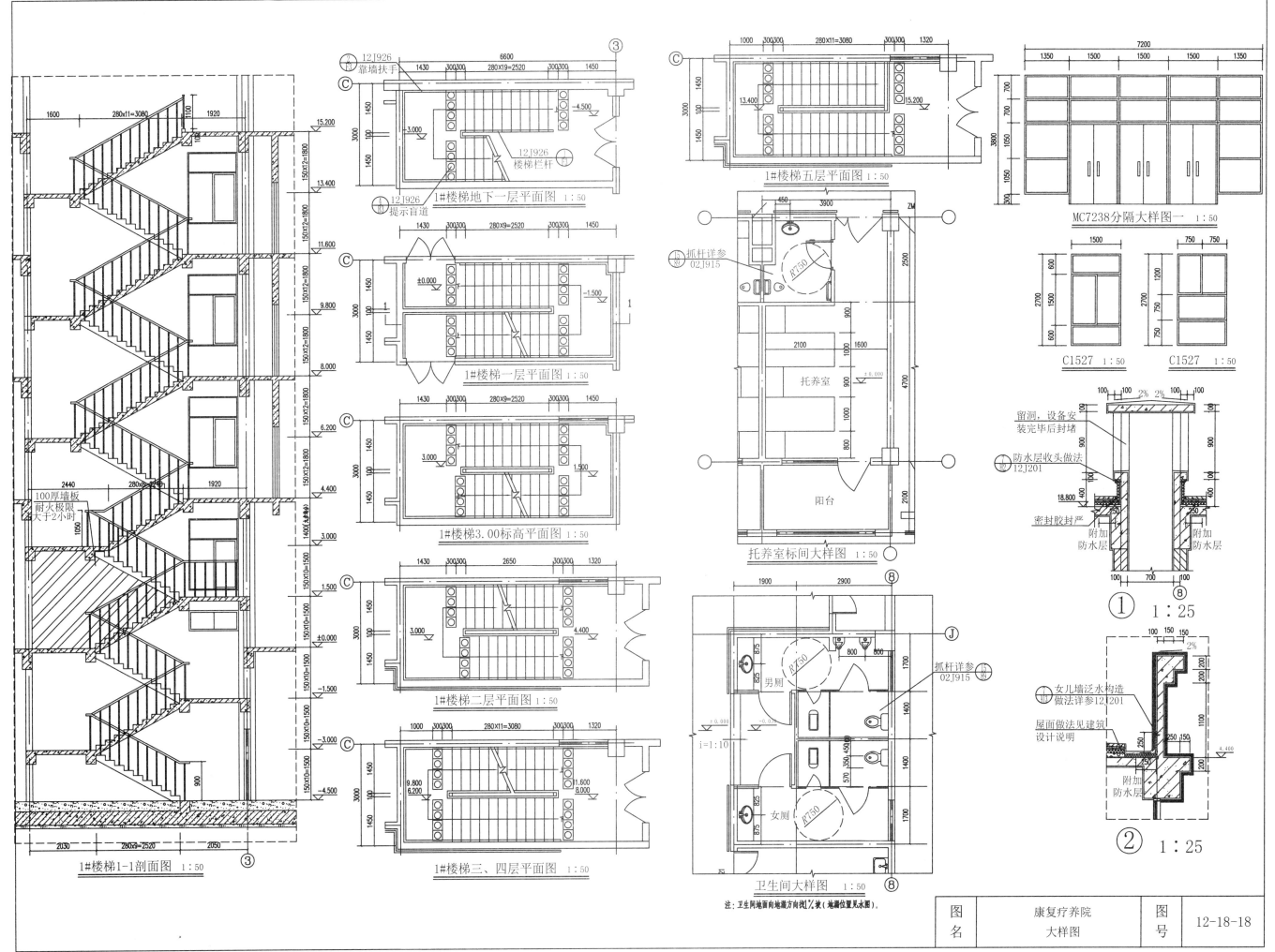

1#楼梯地下一层平面图 1:50

1#楼梯一层平面图 1:50

1#楼梯3.00标高平面图 1:50

1#楼梯二层平面图 1:50

1#楼梯三、四层平面图 1:50

1#楼梯1-1剖面图 1:50

1#楼梯五层平面图 1:50

托养室标间大样图 1:50

卫生间大样图 1:50

注：卫生间地面向地漏方向找1%坡(地漏位置见建筑图)。

MC7238分隔大样图一 1:50

C1527 1:50   C1527 1:50

① 1:25

② 1:25

| 图名 | 康复疗养院 大样图 | 图号 | 12-18-18 |

第十三章　农村住宅建筑施工图案例

第一部分　建筑设计说明

1. 设计依据

1.1 已经规划部门批准的本工程建设用地规划图（或规划要求）、红线图。

1.2 建设单位关于本工程设计任务书、建设单位委托设计合同。

1.3 城市规划、消防、人防、环保等管理部门对本工程方案设计的审批意见。

1.4 某勘察公司提供的关于本工程的《岩土工程勘察报告》。

1.5 本工程依据的主要设计规范、规定及标准：

1）《住宅设计规范》（GB50096－2011）；2）《建筑设计防火规范》（GB50016－2014）；3）《民用建筑设计通则》（GB50352－2005）；4）《屋面工程技术规范》（GB50345－2012）；5）《民用建筑工程室内环境污染控制规范》（GB50325－2010）；5）《工程建设标准强制性条文》（房屋建筑部分）。

2. 工程概况

2.1 建设单位：某村

　　工程名称：农村住宅　　　　建设地点：某农村

2.2 主要技术经济指标：

　　建筑面积：1358.70㎡　　　　建筑占地面积：476.86㎡

　　建筑总高度：9.6m　　　建筑层数：地上3层　　　住宅户数：6

2.3 建筑物耐火等级：二级　　　结构体系：框架结构　　　建筑物设计使用年限：50年

　　建筑物抗震设防烈度：6度　　　屋面防水等级：Ⅱ级

2.4 建筑物室内环境污染控制类别：Ⅰ类，必须采用A类无机非金属建筑材料和装修材料，其室内装修必须采用E1类人造木板及饰面人造木板。当采用E2类人造木板时，直接暴露于空气的部位应进行表面涂覆密封处理。室内装修中使用的木地板及其他木质材料，严禁采用沥青类防腐、防潮处理剂。

3. 工程概况设计标高和标注说明

3.1 本工程相对标高±0.000相对于黄海高程 16.900m，室内外高差 0.3m。

3.2 本工程图纸除标高和总平面图尺寸以"m"为单位外，其余尺寸均以"mm"为单位。

3.3 各层标高标准标高为建筑完成面标高，屋面标高为结构面标高。

4. 工程概况用料说明和室内外装修

4.1 室外工程

散水做法采用《室外工程》（12J003）○，花岗石台阶做法采用《室外工程》（12J003）○。

4.2 墙体

1）内外墙采用200厚普通混凝土多孔砖，局部内墙采用100厚普通混凝土多孔砖，相关技术要求参见《混凝土多孔砖建筑技术规程》（DB33/1014－2003）。

2）除特别注明外，所有轴线均居墙中。

3）砖砌墙预留洞见建筑施工图及设备图；构造柱、芯柱及圈梁的大小、位置、配筋详见结构图纸。

4.3 墙身防潮

砖墙墙身在室内地坪下60厚设20厚1:2水泥砂浆掺5%防水剂防潮层。室内地坪有高差时在高侧做竖向防潮层。当室内地坪变化处防潮层应重叠设置，并在高低差埋土一侧墙身做20厚1:2水泥砂浆防潮层，如埋土侧为室外，还应增设1.5厚聚氨酯防水涂料。

4.4 屋面

1）屋面工程执行《屋面工程技术规范》（GB50345－2012）、《坡屋面工程技术规范》（GB50693-2011）和《屋面工程质量验收规范》（GB50207－2012）。

2）屋面做法详见节能设计专篇。

3）所有二次排水水落管下口均设500×500×40C20混凝土预制板。

4）屋面排水组织见屋面平面图，内排水雨水管见给排水施工图，外排雨水斗、雨水管详见平面图，除图中另有注明者外，雨水管的公称直径均为DN100。

4.5 楼地面

1）水泥砂浆面层：采用《工程做法》（05J909）○○，用于所有房间及阳台。

2）用于有水房间及地面时，水泥砂浆面层下增设1.5厚聚氨酯防水涂料；在墙柱交接处、卫生间及盥洗间上翻至梁底，其他房间上翻300高。

4.6 外墙面

1）颜色、材质详见立面图标示，各面层具体做法见节能设计专篇。

2）凡不同墙体材料交接处加铺一层金属网，网宽300。

3）外墙粉刷砂浆中应掺加高强度聚丙烯纤维；外墙基层设20厚防水砂浆一道。

4）内外墙体砌筑砂浆应饱满，外墙粉刷应做好分格缝，防止外墙粉刷开裂。

4.7 内墙面

1）白色乳胶漆内墙面：采用《工程做法》（05J909）○，用于所有房间；用于卫生间及盥洗间时，在基层增设1.0聚氨酯防水涂料防潮层。

2）水泥砂浆踢脚：采用《工程做法》（05J909）○，高120用于水泥砂浆楼地面处。

4.8 油漆

1）室内装修所采用的油漆涂料见"用料说明和室内外装修分项说明"。

2）本工程室内门窗均为成品，颜色及样式以室内设计图纸为准。

3）室内外各项露明金属件的油漆为刷防锈漆2道后再做同室内外部位相同颜色的调和漆，采用《工程做法》（05J909）○。

4）凡木砖或木材与砌体接触部位均应涂防腐油。

5）油漆涂料均应做好样板，经建设单位和设计单位对比国标色卡认可后方可施工。

4.9 其他构造及用料说明

1）厨房、卫生间四周墙体浇注300高C20混凝土墙基，宽同墙体（门洞除外）。

2）除风井外的所有管道井，当管线安装完毕时，应在每层楼板处现浇钢筋混凝土（厚度同该层楼板）作上下层防分隔。

3）所有穿地下室外墙的管道，必须预埋防水穿墙套管。

4）凡墙上预留或后凿的孔洞，安装完后须用 C20细石混凝土填实，然后再做粉刷饰面层。

5）防火墙上洞口封堵须用满填岩棉水泥砂浆填实。

6）凡风道、烟道、竖井内壁砌筑灰缝须饱满，并随砌随浆抹平；有检修门的管道井内壁应做水泥混合砂浆粉刷；钢筋混凝土电梯井道不做粉刷。

7）凡柱和门洞口阳角处应做宽50、高2000、厚20的水泥砂浆护角。

8）凡窗头、窗台、阳台、雨篷、檐口、飘板底均作滴水线。

9）凡有管道、井道穿屋面板、女儿墙处，安装完后应用建筑密封胶作嵌缝处理。

10）凡未标注的排水坡度均为 1%，凡设有地沟或地漏的房间内应做防水层，图中未注明整个房间做坡度，均应在地漏周围1m范围内做1%坡向地漏，有水房间楼地面应低于相邻房间30mm。

11）建筑首层窗及可攀登的平台处门、窗设防护栏杆（并可开启逃生），由业主自理。

12）在凸出外墙面的线条、空调板、雨篷、屋顶露台（平台）等部位的上口的墙体中设置200高钢筋混凝土防水翻边，宽同墙体。

5. 门窗

5.1 本工程窗户为92系塑钢窗，窗框颜色白色，规格及数量详见门窗表。

5.2 节能门（窗）玻璃类型、规格详见节能设计专篇。

5.3 本工程所注门窗尺寸均为洞口尺寸，门窗立面为外视立面。

5.4 所有门窗应委托专业单位依据相关规范设计加工，并应根据现场实际尺寸进行二次设计。二次设计经确认后，应及时向设计单位提供预埋件和受力部位的详细资料，以便在施工图中表达清楚，施工中及时预埋。施工前应到现场对门窗洞口尺寸和数量核对无误后方可加工生产，如有疑问须及时与建筑设计协商解决。

5.5 外窗在框的凹槽处做防水保温材料填塞缝隙，框料与外墙面接触处用密封胶嵌缝。

5.6 所有窗台均做80厚内配3φ8主筋、φ8@200分布筋钢筋混凝土压顶。

5.7 所有门窗的小五金配件必须齐全，不得遗漏；推拉窗均应加设防窗扇脱落的限位装置。

5.8 所有外门窗洞口外保温构造详见节能设计专篇。

5.9 面积大于1.5㎡的窗玻璃或玻璃底边距最终装修面小于500的落地窗及建筑所有门玻璃均应采用安全玻璃。

5.10 卫生间浴缸临窗时，靠窗台处内侧设600高防护栏杆，做法参见了《楼梯 栏杆 栏板（一）》（15J403－1）○，间距≤110。

图名	农村住宅设计说明（一）	图号	13-8-1

6.楼梯

6.1 楼梯栏杆及扶手采用《楼梯 栏杆 栏板（一）》（15J403-1）$\frac{B6}{B16}$，竖管间距≤110。

6.2 长度凡大于500的水平栏杆高度改为1100。

6.3 楼梯踏步采用防滑面砖面层，踏步防滑措施参见《楼梯 栏杆 栏板（一）》（15J403-1）$\frac{L1}{F6}$。

6.4 楼梯顶层水平栏杆或回廊临空处下部设100×100素混凝土挡板。

7.设备设施工程

7.1 洁具形式及位置详见平面图，最终确定以装修设计图为准。

7.2 水、电、通风专业所采用的设备须经建设单位和设计单位确认样品后，方可施工。

7.3 厨房及卫生间设施在土建施工中仅作预留条件。

7.4 本工程二次设计内容均由甲方委托有设计、生产、施工相关资质的单位进行二次设计，二次设计内容经确认后，应及时向设计单位提供荷载及预理埋件的设置要求。

8.其他说明

8.1 本工程室内装修需要二次装修者另行委托设计。二次装修必须符合消防安全要求，同时不能影响结构安全和损害水电设施。

8.2 卫生洁具、厨房台板由用户自理，本施工图上所示洁具、厨房台板仅为示意。

8.3 各种装修材料的颜色、规格尺寸等均应选好样品，经建设单位和设计单位协商认可后，才能订货、施工。重要部位应做样板，经各方认可后方可大面积施工。

8.4 土建施工过程中，应与水、电、暖通、空调等工种密切配合，避免后凿。若发现有矛盾，应及时与设计单位协商解决。

8.5 本工程施工放线须经规划主管部门同意后方可进行。

8.6 本说明未尽处应严格按国家现行有关建筑安装工程施工及验收规范执行。

9.注意事项

9.1 切勿以比例量度此图，一切应依图内数字所示为准。

9.2 使用此图时，应同时参照建筑图及其他有关图纸，如发现有任何矛盾之处，应立即通知建筑师和设计师。

第二部分 消防设计专篇

1.设计依据和执行标准

1.1《建筑设计防火规范》（GB50016-2014）。

1.2《建筑内部装修设计防火规范》（GB50222-95）。

1.3《住宅设计规范》（GB50096-2011）。

1.4《住宅建筑规范》（GB50368-2005）。

1.5 国家、省、市现行的相关建筑法律法规。

2.建筑概况

2.1 本工程为三层框架结构住宅，高9.6m，建筑面积：1358.70 ㎡，设计使用年限50年，耐火等级二级。

3.防火构造

3.1 防火墙及非承重分户墙均采用200厚普通混凝土多孔砖，其燃烧性能为不燃烧体，耐火极限3.0h。

3.2 住宅建筑构件的耐火的燃烧性能及耐火要求均满足规范要求。本工程所采用的防火门（窗）、防火卷帘等防火设施应选用获公安消防部门批准的生产厂家的产品。

3.3 本工程上下相邻房间套房间窗槛墙均大于1200。

4.防火与疏散

4.1 本工程为三层跃层式住宅，每户为一个防火单元，户与户间防火分隔满足规范要求，每户设一部户内楼梯，疏散距离满足要求。

5.其他说明

5.1 建筑内部二次装修不得减少安全出口、疏散出口或疏散走道的设计疏散所需净宽的数量，不得降低设计防火构件的燃烧性能和耐火极限，并应满足《建筑内部装修设计防火规范》（GB50222-95）的规定。

5.2 储藏室严禁存放、经营及使用火灾危险性类别为甲、乙类的物品。

5.3 本工程消防设备安装及设置详见给排水施工图和电气施工图。

第三部分 建筑节能设计专篇

1.设计依据和执行标准

1.1《安徽省居住建筑节能设计标准（夏热冬冷地区）》（DB34/1466-2011）。

1.2 国家标准《民用建筑热工设计规范》（GB50176-93）。

1.3 国家标准《建筑外门窗气-水密性分级》（GBT7106-2008）。

1.4 国家现行的相关建筑节能法律法规 。

2.建筑概况

2.1 本工程节能目标：全年总能耗减少50%。

2.2 本工程位于某地，属于夏热冬冷地区，节能设计必须满足夏季防热要求，同时兼顾冬季保温。

2.3 本建筑为南北朝向，条式建筑。

2.4 建筑结构类型：框架结构。

2.5 本建筑建筑高度 9.6m，节能计算面积为：1244.46 ㎡。

3.选用建筑材料及构造做法

3.1 外墙构造做法（由外至内）：外墙构造做法参见《民用建筑常用饰面》（皖2014J301）$\frac{14}{72}$。

　　1）（真石漆）饰面层。　　　　　2）7厚抗裂砂浆（砂浆内满铺耐碱网格布）。

　　3）20厚硬泡聚氨酯复合保温板。　4）15厚1:3水泥砂浆（内掺5%防水剂）找平层 。

　　5）界面剂一道 。　　　　　　　　6）200厚普通混凝土多孔砖 。

3.2 屋面构造做法（由上至下）：

　　平屋面一、二构造做法：详见《平屋面建筑构造》（12J201）。

　　1）390×390×40预制块。　　　　2）20厚聚合物砂浆卧铺 。

　　3）10厚水泥砂浆隔离层 。　　　　4）4厚SBS改性沥青防水卷材 。

　　5）20厚1:3水泥砂浆找平层 。　　6）轻集料混凝土找坡层（最薄处30）。

　　7）30厚硬泡聚氨酯复合保温板 。　8）120厚混凝土屋面板。

　　坡屋面一（无保温层）、二构造做法：详见《坡屋面建筑构造图集》国标 （09J202-1）$\frac{Ka16}{K4}$。

　　1）英式平板瓦 。　　　　　　　　2）挂瓦条30×30（h）。

　　3）顺水条30×30（h），@500。　4）40厚C20细石混凝土（内配筋）找平层 。

　　5）4厚SBS改性沥青防水卷材 。　6）15厚1:3水泥砂浆找平层 。

　　7）30厚硬泡聚氨酯复合保温板 。　8）120厚钢筋混凝土结构层。

3.3 其他保温构造做法均参见 《外墙外保温建筑构造》（10J121 ）：

　　外墙外保温做法参见 $\frac{1}{14}$ $\frac{1}{J1}$；　　　　外墙转角构造参见 $\frac{1}{J1}$；

　　外墙窗口做法参见 $\frac{1}{J1}$ $\frac{1}{J1}$；　　　　外墙固定件做法参见 $\frac{1}{J1}$；

　　女儿墙做法参见 $\frac{1}{J1}$；　　　　　　　空调搁板做法参见 $\frac{1}{J1}$。

　　外墙每层设置水平（岩棉）防火隔离带，设于楼层框架梁顶面下口100处，（岩棉）防火隔离带高度为300，做法参见 $\frac{1}{J1}$。

3.4 节能门窗

　　1）外窗采用塑钢普通中空玻璃窗，玻璃为6透明+12空气+6透明（清玻璃），传热系数为2.7W/（㎡·K），玻璃遮阳系数 0.84，气密性为4级，可见光透射比0.40。

　　2）外门为保温外门，传热系数为 2.47 W/（㎡·K）。

　　3）玻璃必须满足各项物理性能指标：抗风压性能5级，气密性能6级，水密性能3级，保温性能6级，隔声性能4级。

4.建筑材料热工参数

4.1 硬泡聚氨酯复合保温板，密度 30kg/㎥（用于屋面时密度为60kg/㎥），导热系数0.024W/（m·K），蓄热系数0.4W/（㎡·K），修正系数1.20，燃烧性能B1级。

4.2 普通混凝土多孔砖，密度 1450kg/㎥，导热系数0.74W/（m·K），蓄热系数7.25W/（㎡·K），修正系数1.00，燃烧性能A级。

4.3 以上各材料保温性能均依据《安徽省居住建筑节能设计标准（夏热冬冷地区）》（DB34/1466-2011）。

4.4 施工时所选用的产品性能必须满足或优于上述设计值且同时满足相关规范的规定方可施工。

图名	农村住宅设计说明（二）	图号	13-8-2

夏热冬冷地区居住建筑(农村住宅)节能设计一览表

附表J.0.1　　体形系数≤0.40　　居住建筑节能设计一览表表式　　　　附表J　　　安徽省居住建筑节能设计一览表表式

项目名称 农村住宅　　建设地点 某地　　建筑面积 1244.46m²　　　层数 3层　　高度 9.6m　　　　　计算日期 2014 年 10 月 20 日

序号	项目	标准限值K [W/(m²·K)]		设计计算及选用								是否符合标准	
1	体形系数	5～11层	≥11层	体形系数 0.34 ，1～4层□，5～11层□，≥12层■								是■	否□
		≤0.40	≤0.35										
2	窗墙面积比	Cm	K	SCw(东西向/南向)	计算窗墙比及相应指标限值			设计选用及可达到指标				是	否
		Cm≤0.20	K≤4.0	——	朝向	Cm	K限值	SCw限值	框料	玻璃品种、厚度、中空尺寸	SCw	设计K值	
		0.20<Cm≤0.30	K≤3.6	≤0.45/0.50	东	0.07	4.00	/	塑钢普通中空玻璃	5+12A+5	0.84	2.70	■	□
		0.30<Cm≤0.40	K≤3.2	≤0.40/0.45	南	0.40	2.50	0.40	塑钢普通中空玻璃	5+12A+5	0.84	2.70	□	■
		0.40<Cm≤0.45	K≤2.8	≤0.35/0.40	西	0.07	4.00	/	塑钢普通中空玻璃	5+12A+5	0.84	2.70	■	□
		0.45<Cm≤0.60	K≤2.5	≤0.25	北	0.19	4.00	/	塑钢普通中空玻璃	5+12A+5	0.84	2.70	■	□
3	外门窗气密性等级	1～6层,4级,qᵢ≤2.5,qᵢ≤7.5;		6 级								■	□
		≥7层,6级,qᵢ≤2.5,qᵢ≤7.5;		6 级								■	□
4	屋顶透明部分	≤屋顶面积的4%,K≤3.6,SCw≤0.50		面积:屋顶面积的 / %, K= / , SCw= /								■	□
5	屋顶	重质结构 K≤1.0	轻质结构 K≤0.8	平屋顶:保温隔热材料 硬泡聚氨酯复合保温板 厚度 30mm, K 0.73								■	□
				找坡层材料 轻集料混凝土 厚度 30mm									
				坡屋顶:保温隔热材料 硬泡聚氨酯复合保温板 厚度 30mm, K 0.75									
6	外墙	重质结构 K≤1.5	轻质结构 K≤1.0	外保温■,自保温□,内保温□,保温材料 硬泡聚氨酯复合保温板,厚度 20mm, Km 0.91								■	□
				主墙体材料 普通混凝土多孔砖,厚度200									
7		分户墙	K≤2.0		保温材料 / ,厚度 / mm, K 1.88。主墙体材料 普通混凝土多孔砖,厚度200								■	□
		楼梯间隔墙			保温材料 / ,厚度 / mm, K 1.88。主墙体材料 普通混凝土多孔砖,厚度200								■	□
		封闭外走廊隔墙			保温材料 / ,厚度 / mm, K / 。主墙体材料 / ,厚度 /								□	□
8	楼板	层间楼板	K≤2.0		保温材料 / ,板下保温□,保温材料 / ,厚度 / mm, K 3.01								□	■
		地面接触室外空气的架空或外挑楼板	K≤1.5		板上保温□,板下保温□,保温材料 / ,厚度 / mm, K /								□	□
9	户门	通往封闭空间	K≤3.0		钢防盗保温门□,木防盗保温门□,低层入口□,防盗保温对讲门 □								□	□
		通往封闭空间或户外	K≤2.0		钢防盗保温门■,木防盗保温门□,低层入口□,防盗保温对讲门 □								■	□
10	其他	建筑朝向	南偏东≤15°■,南偏东15～35°□,南偏西≤15°□		权衡判断	PBECA 2012 版本 1.00		是否达到节能指标				■	□
		外墙饰面	深色■,浅色 □			能耗指标 KW·h/m²	设计建筑	50.41					
		屋顶面层	深色■,浅色 □,绿化种植□				参照建筑	51.56					

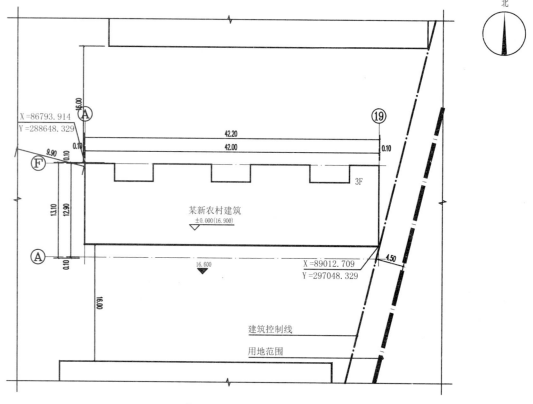

总平面定位图 1:500

注: 1. 本图标坐、标高及尺寸单位均以(米)计。
　　2. 本图标高系统与地形测量图一致。
　　3. 建筑物坐标为建筑物外墙轴线交点坐标,
　　　 与用地红线的相关距离由建筑外墙皮算起。

图名	农村住宅设计说明（三）	图号	13-8-3

设计要点

　　每套住宅的套内空间设计包括套型、卧室、起居室（厅）、厨房、卫生间、层高和室内净高、阳台、过道、储藏空间和套内楼梯、门窗等内容均应满足《住宅设计规范》（GB50096－2011）的要求，且需要注意下列问题：

1. 起居室（厅）内布置的墙面直线长度宜大于3m。
2. 无直接采光的餐厅、过厅等，其使用面积不宜大于10㎡。
3. 无前室的卫生间的门不应直接开向起居室（厅）或厨房。
4. 卫生间不应直接布置在下层住户的卧室、起居室（厅）、厨房和餐厅的上层；当布置在本套内的卧室、起居室（厅）、厨房和餐厅的上层时，均应有防水和便于检修的措施。
5. 每套住宅应设置洗衣机的位置及条件。
6. 阳台栏杆设计必须采用防止儿童攀登的构造，栏杆的垂直杆件净距不应大于0.11m，放置花盆处必须采取防坠落措施。
7. 阳台栏板或栏杆净高，六层及六层以下不应低于1.05m，七层及七层以上不应低于1.1m。

8. 窗外没有阳台或平台的窗，窗台距楼面、地面的净高低于0.9m时，应设置防护措施。
9. 新建住宅应每套配套设置信报箱。
10. 卧室、起居室（厅）、厨房应有自然通风和直接天然采光，且采光洞口的窗地面积比不应低于1/7。
11. 每套住宅的自然通风开口面积不应小于地面面积的5%。
12. 建筑外墙上、下层开口之间应设置高度不小于1.2m的实体墙或不小于1.0m、长度不小于开口宽度的防火挑檐。相邻户开口间的墙体宽度不应小于1.0m；小于1.0m时，应在开口之间设置突出外墙不小于0.6m的隔板。且实体墙、防火挑檐和隔板的耐火极限和燃烧性能，均不应低于相应耐火等级建筑外墙的要求。
13. 阳台或露台下面为房间时，该阳台或露台应按屋面设计，且要满足相应的保温和防水要求。
14. 屋顶檐沟的纵向坡度不应小于1%，沟底水落差不得大于200。

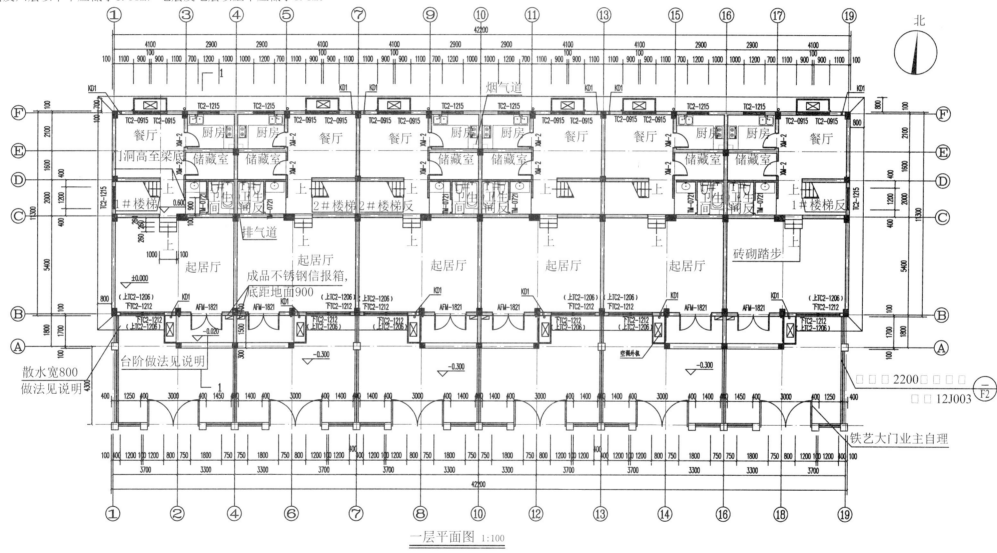

一层平面图 1:100

注：1. 卫生间、厨房低于同层楼地面30；阳台、连廊低于同层楼地面50。
　　2. 除注明及柱边门外，门墙垛均为100。
　　3. 卫生间排水及通风设施详见给排水施工图。
　　4. 管洞标注：
　　　　KD1为空调预留ϕ80PVC套管，孔中心距地300，距侧墙（柱）100；
　　　　KD2为空调预留ϕ80PVC套管，孔中心距地2400，距侧墙（柱）100；
　　　　墙洞向外倾斜2%，如遇落水管、设备立管、混凝土墙柱时须注意预留或避让。

雨水管安装时注意避开空调洞口。
5. 阳台排水管、空调冷凝水管、雨水管及地漏具体定位及安装详见给排水施工图。
6. 所有屋面(平台)与墙体交接处均做高出屋面(平台)完成面200素混凝土止水槛。
7. 住宅烟气道做法详见《住宅防火型烟气集中排放系统》(皖2005J112)第5页A-3，烟气道出坡屋面做法详见《住宅防火型烟气集中排放系统》(皖2005J112)第13页。

图名	农村住宅一层平面图	图号	13-8-4

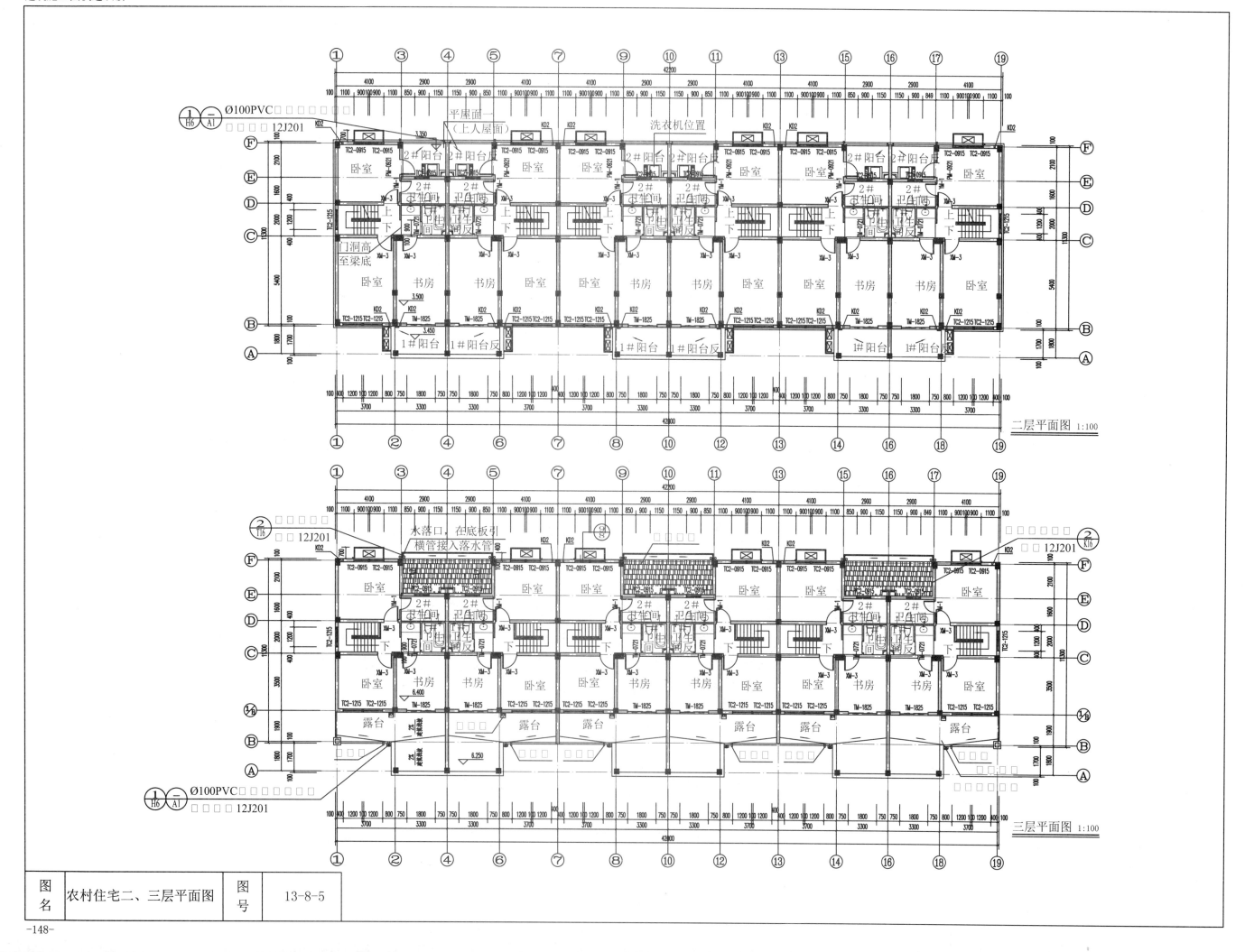

二层平面图 1:100

三层平面图 1:100

| 图名 | 农村住宅二、三层平面图 | 图号 | 13-8-5 |

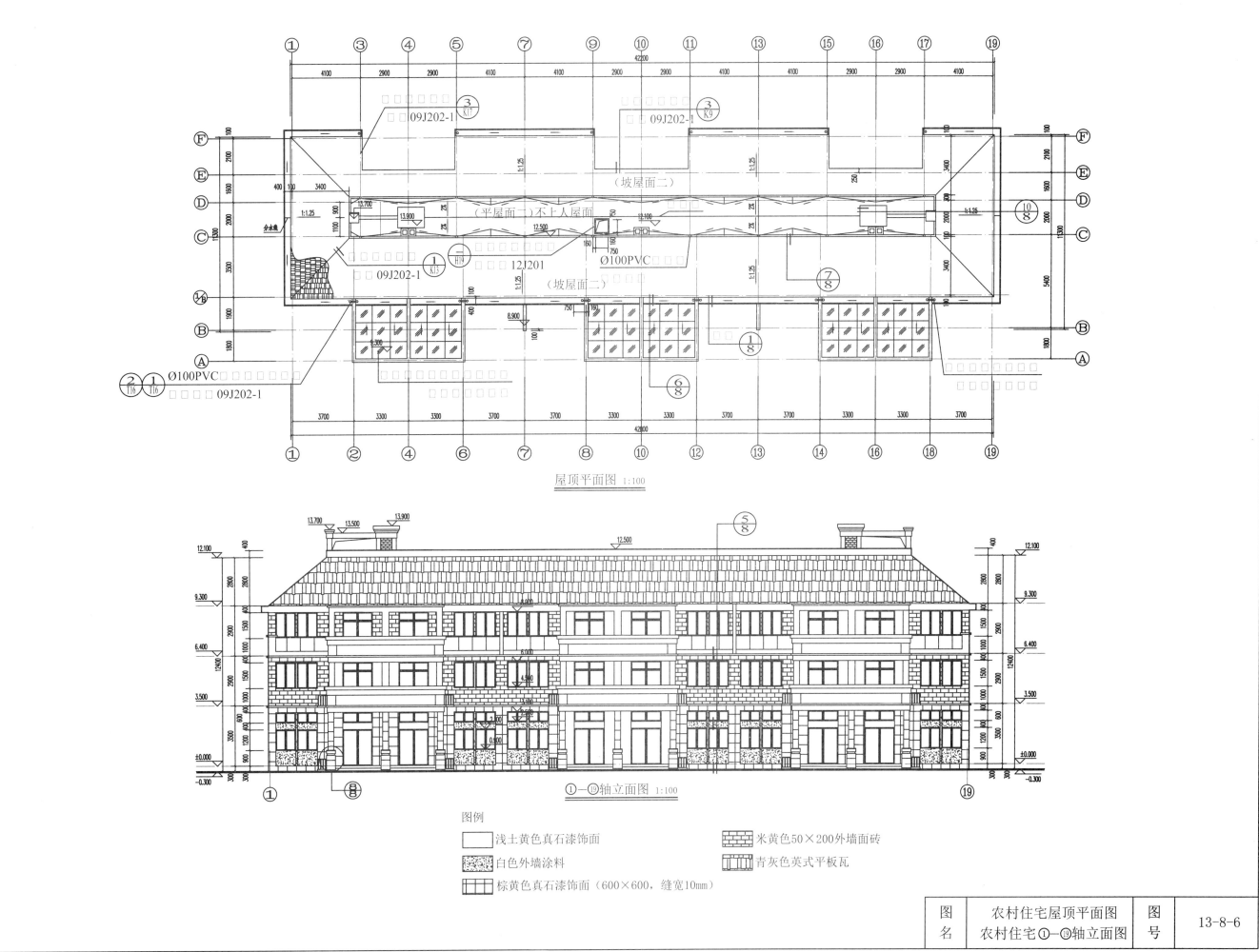

屋顶平面图 1:100

①—⑲轴立面图 1:100

图例

☐ 浅土黄色真石漆饰面

☐ 白色外墙涂料

☐ 棕黄色真石漆饰面（600×600，缝宽10mm）

☐ 米黄色50×200外墙面砖

☐ 青灰色英式平板瓦

图名	农村住宅屋顶平面图 农村住宅①—⑲轴立面图	图号	13-8-6

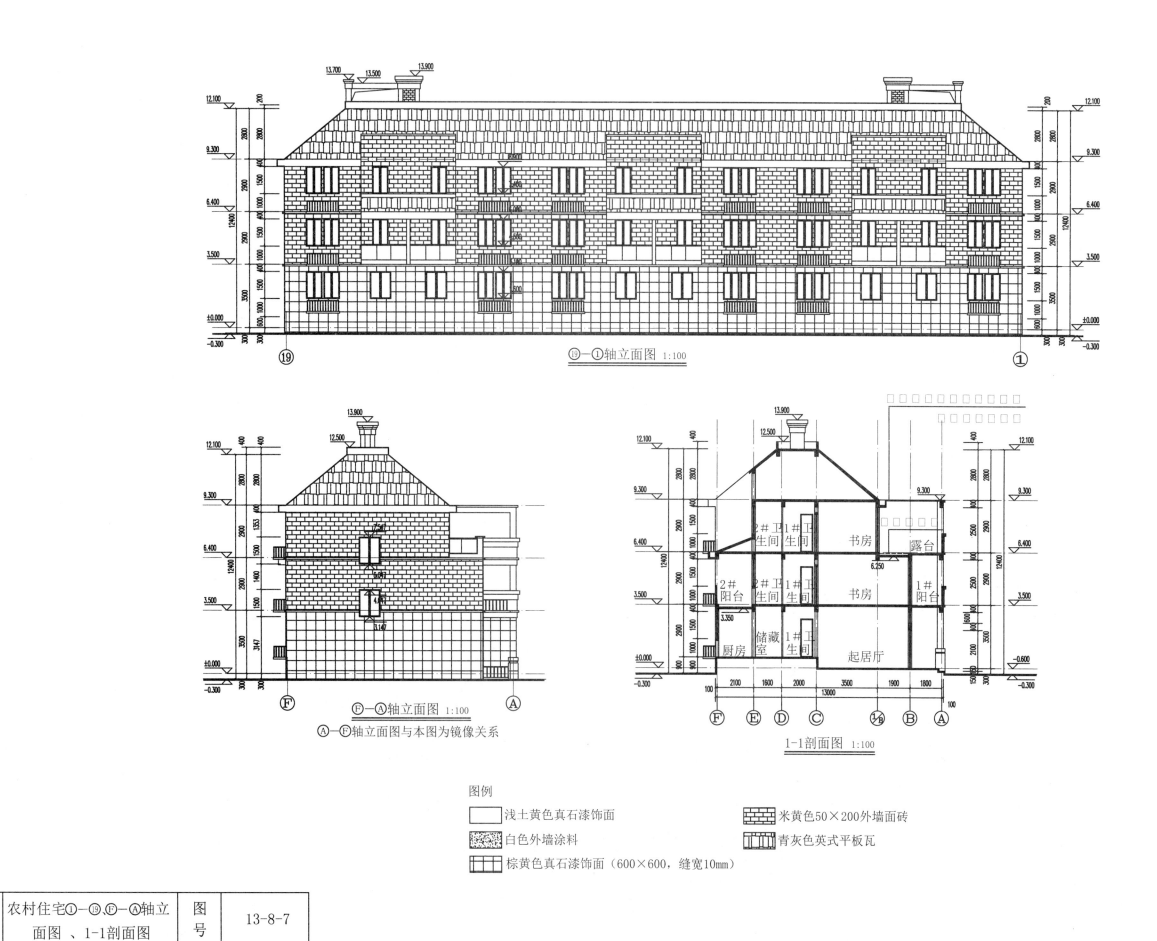

⑲—①轴立面图 1:100

Ⓕ—Ⓐ轴立面图 1:100

Ⓐ—Ⓕ轴立面图与本图为镜像关系

1-1剖面图 1:100

图例

□ 浅土黄色真石漆饰面　　　　　▨ 米黄色50×200外墙面砖

▨ 白色外墙涂料　　　　　　　　▤ 青灰色英式平板瓦

▤ 棕黄色真石漆饰面（600×600，缝宽10mm）

图名	农村住宅①—⑲、Ⓕ—Ⓐ轴立面图 、1-1剖面图	图号	13-8-7

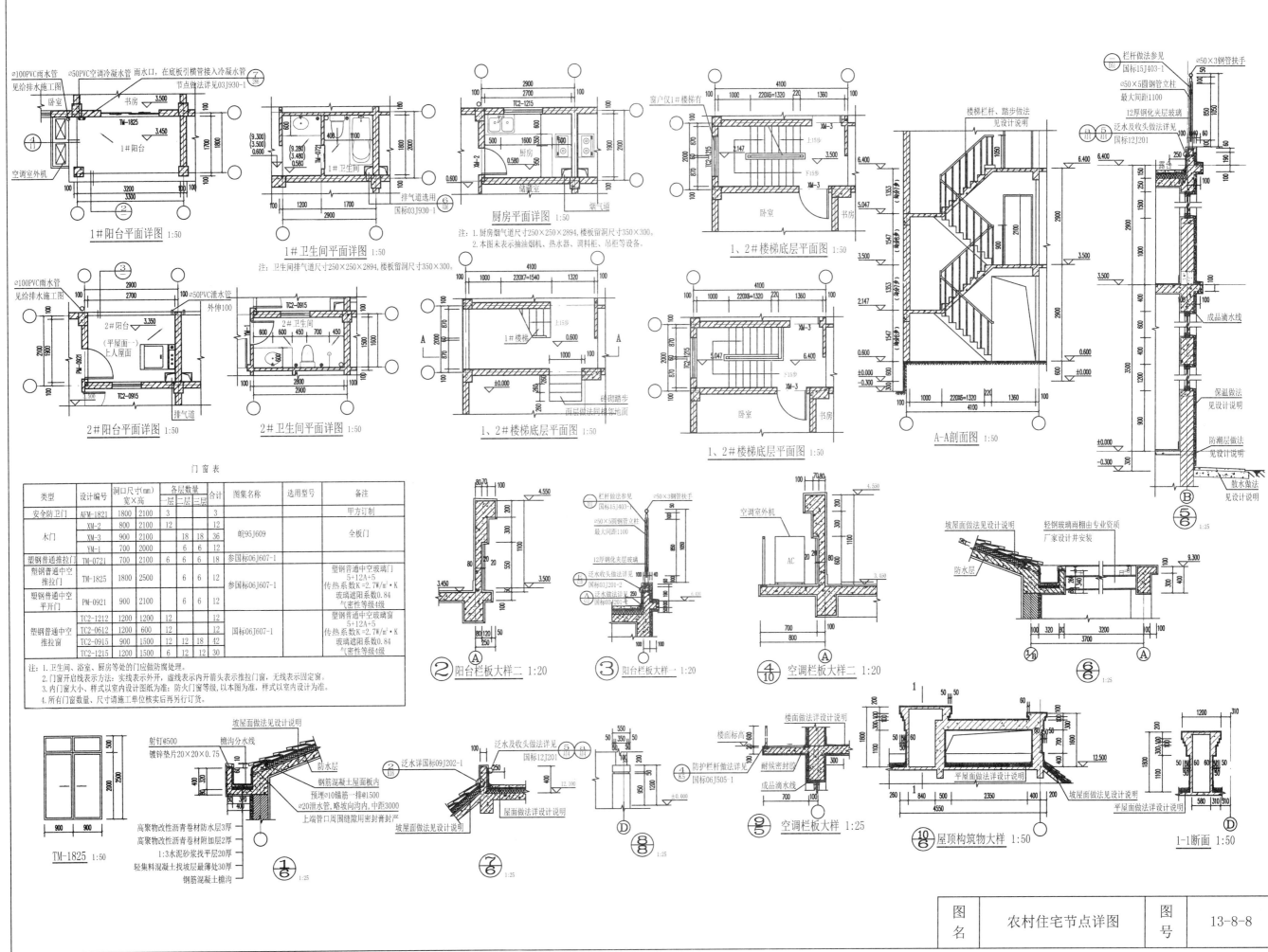

图名	农村住宅节点详图	图号	13-8-8

第十四章　博物馆建筑施工图案例

第一部分　概述

一、编制依据

1. 经规划部门批准的本工程建设用地规划红线图和规划设计意见书。
2. 经规划部门组织评审中标的本工程设计方案。
3. 经上级领导规划局及主管单位审查通过的修改方案及规划评审意见书。
4. 市水利局关于对《安徽省徽州文化博物馆标高确定的征求意见函》的复函。
5. 主管单位委托设计合同。

二、设计所执行的规范标准

1. 民用建筑设计通则（GB50352—2005）。
2. 建筑设计防火规范（GB50016—2014）。
3. 博物馆建筑设计规范（JGJ66—91）。
4. 全国民用建筑工程设计技术措施（规划建筑）。
5. 国家及省内有关建筑设计标准图集。

三、项目总体概况

1. 建设用地：规划评审调整后的用地范围为现状占川河和机场大道南侧城市绿地控制线以南所围合的三角形地带。
2. 用地面积：70000㎡，规划可建面积：28000㎡（按规划0.4容积率）。
3. 总控制投资：6000万。
4. 项目内容：本项目总用地规划中含徽文化博物馆、恐龙馆、名人工作室等。
5. 设计范围：由于用地范围内其他项目未经确定，本项目设计仅是徽文化博物馆体（展示陈列区、演示区）的建筑。其中的内外庭园、道路景观、场地管线等设计及展陈布置和室内重点装潢未在设计范围。演示区内徽民宅和徽戏楼为古建异地拆迁组装（由建设单位承担，设计配合其他项目待定）。

四、博物馆区设计概况

1. 平面组成特点：博物馆区由展陈区和演示区两大部分组成，平面形态特点为单体庭院组合。
2. 总建筑面积：约14000㎡。
3. 本项目投资控制约2000万。
4. 层数：1～2层。
5. 主体檐高11.4m，最高马头墙顶面17.35m（相当于绝对标高为149.75m）。
6. 结构类型：钢筋混凝土框架结构。
7. 建筑设计使用年限：100年。
8. 建筑设计耐火等级：一、二级。
9. 建筑设计防洪标准为50年一遇，经规划和水利局共同确定将博物馆建筑占地部分的外地坪标高定为131.50m，基地其他部分标高按照20年一遇的标准，高差将在后期通过结合景观设计综合处理。
10. 人防：经评审本区域内暂不考虑人防工程。

五、设计标高及尺寸单位

1. 本工程±0.00相当于绝对标高为132.40m。
2. 本工程标高以m（米）计，其他均以mm（毫米）计。
3. 洗手间均比相邻楼地面低30，并向地漏方向做1%泛水坡度以利排水。

六、墙体

1. 墙体材料：黏土烧结多孔砖240厚用于外墙和主隔墙，120厚用于卫生间隔墙。
2. 墙体的砌筑、连接、洞口等问题参照《多孔砌体砖构技术规范》（JGJ137—2001）及《砖墙结构构造》（04G612）进行施工。

3. 墙体上预留洞洞口按结构施工图加强，洞口待设备安装后周边堵实，标号不低于周边结构的要求，特殊做法详见各专业施工图。
4. 墙身在室内地坪下约60处做20厚1：2水泥砂浆内加3%～5%防水剂的墙身防潮层（此标高处为钢筋混凝土构造可不做）。室内地坪变化处防潮层应重叠，并在高低差埋土一侧墙身做20厚1：2水泥砂浆防潮层，如埋土侧为室外，还应刷1.5厚聚氨酯防水涂料（或其他防潮材料）。
5. 卫生间楼板在四周墙身处高出楼面120（门洞除外）。

七、屋面

1. 本工程排水方式为组织排水与无组织排水相结合：坡屋顶为无组织排水，平屋顶为有组织排水。
2. 本工程屋面防水等级为2级，防水层合理使用年限为15年。
3. 屋面排水雨水管均采用φ110UPVC管。
4. 高屋面雨水排至低屋面时，应在雨水管的下方屋面设一块C20细石混凝土保护板490×490×40（φ4@150钢筋网）四周找平板缝用纯水泥浆擦缝。
5. 所有高出屋面的墙体在高出屋面300以内需用C20素混凝土浇筑，宽同墙体厚。
6. 屋面与高出屋面砌体交接处的抹灰均须做成圆弧形或者钝角。
7. 屋面找坡在雨水口周围坡度应局部加大形成汇水区。
8. 平屋面建筑找坡处用1：8水泥陶粒最薄处30，屋面坡度不小于2%。
9. 屋面找平层设分格缝、缝宽20，防水油膏嵌缝密封，间距<6m。

八、装饰

1. 木料与砌体接触部位应满涂热沥青防腐。
2. 内外墙不同材料墙体交接处须先加钢板网（1mm厚30×30网/㎡）后再抹灰，钢板网宽300，两边各搭150，钉紧绷牢。
3. 所有外露铁件应先除锈再用红丹打底调和漆二道，不明露的铁件刷红丹二道。
4. 外墙所有挑出构件在外墙抹灰时须认真做好滴水。
5. 竖井内壁砌筑灰缝须饱满，并随砌随原浆抹光，有检修门的管井内壁作15厚1：1：6混合砂浆抹灰压光。
6. 有吊顶房间内墙柱面粉刷或装饰做到吊顶标高以上100。
7. 本工程主要装饰材料的规格、颜色均须先买样品做样板，甲方及设计单位认可后再购买和大片施工。

九、门窗

1. 门窗的各项性能指标：
（1）抗风压性能：3级（2.0≤P_3<2.5）（GB/T7106—2002）
（2）水密性能：3级250≤ΔP<350（GB/T7018—2002）
（3）气密性能：4级（GB/T7107—2002）
单位缝长指标值：1.5≥q_1>0.5　单位面积指标值：4.5≥q_2>1.5
（4）保温性能等级：8级2.5>K≥2.0（GB/T8484—2002）
（5）空气隔声性能：3级30≤R_w<35
2. 所有外墙门窗，均居墙中立樘，内门樘除双向平开门及铝合金门立樘于墙中外，其余立樘均应与开启方向墙面平，除特殊装潢外门窗均做盖缝条或贴脸。
3. 外墙窗内窗台需高出外窗台20。
4. 外窗门窗与外墙接缝处用聚合物水泥砂浆封严，或按门窗制造安装公司防水做法做好防水。
5. 二层窗台高度低于800时距地面或可踏面900高以内设成品防护栏杆。
6. 防火门、防盗门、防火卷帘门均为成品，均应由国家认定资质的专业公司制作安装，施工单位应按厂家要求预留预埋件。
7. 外窗均做成品水磨砖窗套（详大样图）。
8. 门窗型材系列、玻璃厚度、型材壁厚、连接固定方式等均由专业生产厂家按门窗性能指标确定。

十、消防

1. 消防分区详见建筑平面图、库房区、行政办公区、报告厅各自为一个防火分区，一层进厅、序厅、服务区基本陈列为一个防火分区，临时展厅、专题展厅为一个防火分区，二层基本陈列和专题展厅为一个防火分区，行政办公、库房各自为一个防火分区，每个防火分区面积均<2500㎡。
2. 疏散走道上的防火门应有自动关闭功能。
3. 所有砌体均砌至梁底或板底。
4. 管道穿过隔墙、楼板时，应采用不燃材料将其周围的缝隙填实。
5. 玻璃幕墙与每层楼板，隔墙处的缝隙应采用不燃材料填实。

图名	建筑设计总说明（一）	图号	14-16-1

6. 防火卷帘、防火门的选用应符合防火规范的要求。

7. 消防控制中心设于库房区一层西端。

8. 室内装修应按现行国家标准《建筑内部装修设计防火规范》的有关规定执行。

9. 采光顶的金属承重构件的出露部位，必须加设防火保护层（薄型防火涂料或其他技术）耐火极限不低于1h。

十一、建筑设备

1. 电梯

（1）无机房电梯，速度为1m/s，吨位1000kg（尺寸参照奥的斯空调无机房电梯），本电梯兼作无障碍电梯，电梯轿厢无障碍设施必须满足规范要求。

（2）库藏区货梯，速度为1m/s，吨位1000kg（尺寸参照奥的斯空调电梯）。

（3）电梯井道坑用自防水混凝土，施工时应与电梯厂家紧密配合，预埋好预埋件，预留好必要的孔洞。

2. 空调

本工程根据上级领导意见不设中央空调，具体空调形式以后再定。

十二、防水设计

1. 设计依据

国标《屋面工程技术规范》（GB50345—2012）

国标《防水套管图集》（S312）

2. 选材要求：必须选择质量认证过的生产厂家品牌。

3. 屋面防水构造表。

4. 卫生间防水

（1）地面以聚合物水泥砂浆找坡，聚合物水泥基防水涂膜做防水层。

（2）卫生间墙面用聚合物水泥基防水涂膜做防水层。

（3）凡室内有水的房间均设地漏，楼地面应找0.5%的排水坡度，坡向地漏，地漏的标高应低于该地面标高20，注意防水和流水方向。

5. 外墙防水

（1）以非憎水性防水砂浆找平，用聚合物水泥防水涂膜防水层，在厂家或专业人员指导下施工外墙面层。

（2）外窗窗樘与墙体之间采用聚合物水泥砂浆填缝。

（3）玻璃幕墙为墙体交接处应认真做好防水、防渗（按幕墙公司节点大样）。

十三、其他

1. 本图中水、电、通风、燃气等各专业的各种设施安装洞口尺寸、位置需与各专业图纸配合使用。

2. 除注明者外，管井检修门处用C20细石混凝土做100高门槛，同墙厚。

3. 消防用品生产厂家及其产品须有消防部门的鉴定认可。

4. 本工程幕墙由专业公司按本施工图立面要求进行设计，并提供预埋件规格尺寸及预埋位置，幕墙类型及玻璃品种详见幕墙立面大样图，框料及玻璃颜色到货时根据样品选定，玻璃厚度及框料尺寸、壁厚由专业公司计算确定。幕墙公司应根据本地气象条件，使其满足抗风、抗震、防渗、防雹、防变形、防脱落的要求，并根据国家《玻璃幕墙工程技术规范》（JGJ102—03）进行构造设计并进行成品试验及检测验收。

5. 防火卷帘应根据梁柱位置，由专业厂家按现场实际尺寸制作、安装，图注为定位尺寸。

6. 本图所有由专业公司设计制作的幕墙、栏杆等均应由专业公司拿出设计图纸及计算书，并经建筑、结构等专业审核同意后方可施工。

7. 面积大于1.5m²的窗、玻璃或底边离最终装修面小于500的落地门窗玻璃，玻璃幕墙及玻璃雨篷等处所用玻璃应符合（建筑安全玻璃管理规定）第六条的要求。

十四、本说明未尽事宜均严格按国家有关规范、规定、规程文件执行。

| 图名 | 建筑设计总说明（二） | 图号 | 14-16-2 |

围护结构节能设计及面层构造表

分类	屋面构造	参考图集
平屋面	铺块材(30厚1:3水泥砂浆上粘铺草绿色成品缸砖) 成品缸砖每3m×6m留10宽缝子水泥填缝 块材结合层 高分子复合防水卷材1.2 高分子专用黏合剂 1:3水泥砂浆找平层20厚 挤塑聚苯乙烯泡沫塑料板30 SF找坡层最薄处30(水泥:沙子:珍珠岩:SF防水溶液=1:2:0.2:1) 1:3水泥砂浆找平20厚(内掺水泥基渗透结晶型防水材料XYPEX掺合剂) 钢筋混凝土屋面板	皖2005J206 国家建筑标准设计图集 05CJ04
坡屋面	深青灰色合成树脂瓦(屋瓦、脊瓦及屋檐钩头滴水配套使用) 挂瓦条C型钢00×50×20×3中距600 顺水条∅8钢筋,中距500 高分子复合防水卷材1.2 高分子专用黏合剂 1:3水泥砂浆找平层20厚 挤塑聚苯乙烯泡沫塑料板30 1:3水泥砂浆找平层20厚(内掺水泥基渗透结晶型防水材料XYPEX掺合剂) 钢筋混凝土屋面板	

分类	外墙涂料墙面	外墙干挂青灰光面花岗石	参考图集
外墙	满涂腻子两遍,刷白色高级弹性外墙涂料两遍 8厚1:3防水砂浆面(掺适量聚丙烯纤维) 12厚1:3防水砂浆底(掺适量聚丙烯纤维) 1厚聚合物水泥基防水涂膜 耐碱玻纤网络布,抗裂砂浆5厚 20厚胶粉聚苯颗粒浆料保温层 专用胶黏剂 外墙黏土烧结多孔砖240	详专业装饰施工图 8厚1:3防水砂浆面(掺适量聚丙烯纤维) 12厚1:3防水砂浆底(掺适量聚丙烯纤维) 1厚聚合物水泥基防水涂膜 耐碱玻纤网络布,抗裂砂浆5厚 20厚胶粉聚苯颗粒浆料保温层 专用胶黏剂 外墙黏土烧结多孔砖240	皖2014J301
备注	位置详平面及立面图注		

注:
1.所有不明确处均详见所参考的原标准图集。
2.所有展厅装潢由甲方在展品布置时统一进行设计。
3.进厅、序厅、展厅及公众走廊装潢由甲方另行委托有资质的专业队伍设计施工,基层做法同上表。

建筑装修做法表

分类	地面构造	使用部位	参考图集
地面1	20磨光岗石面层素水泥浆填缝 1:3干硬性水泥浆结合层30厚表面撒水泥粉 1.5厚聚合物水泥基防水涂膜 15厚1:3水泥砂浆找平 素水泥浆结合层一道(内掺建筑胶) 80厚C15混凝土 80厚碎(卵)石垫层 素土夯实	门厅(临时展厅)(办公门厅)(报告门厅)(库藏门厅)	国家建筑标准设计图集 12J304
地面2	防滑彩色胎釉面砖10厚,干水泥浆擦缝 1:3干硬性水泥浆结合层30厚表面撒水泥粉 1.5厚聚合物水泥基防水涂膜 15厚1:3水泥砂浆找平 素水泥浆结合层一道(内掺建筑胶) 80厚C15混凝土 80厚碎(卵)石垫层 素土夯实	卫生间 走廊	国家建筑标准设计图集 12J304
地面3	彩色石英塑料板3.0厚,专用胶黏剂粘贴 1:2.5水泥砂浆20厚,压实抹光 1.5厚聚合物水泥基防水涂膜 20厚1:3水泥砂浆找平 素水泥浆结合层一道(内掺建筑胶) 80厚C15混凝土 80厚碎(卵)石垫层 素土夯实	报告厅	国家建筑标准设计图集 12J304
地面4	软聚氯乙烯塑料抗静电地面(擦上光蜡) 胶黏剂粘结(基层与地板面均刷) 20厚1:2水泥砂浆抹面 基层同上	配电房 消防控制室	国家建筑标准设计图集 12J304
地面5	10厚地砖地面,素水泥浆擦缝 1:1水泥砂浆结合层 基层同上	办公 管理 服务	皖2000J310
地面6	聚酯砂浆7厚 C30细石混凝土30厚,表面抹平强度达标打磨 基层同上	库藏	国家建筑标准设计图集 12J304

分类	楼面构造	使用部位	参考图集
楼面1	防滑彩色胎釉面砖10厚,干水泥浆擦缝 1:3干硬性水泥浆结合层30厚表面撒水泥粉 15厚1:3水泥砂浆找平 素水泥浆结合层一道(内掺建筑胶) 钢筋混凝土楼板	卫生间 办公走廊 库藏走廊	国家建筑标准设计图集 12J304
楼面2	10厚地砖地面,素水泥浆擦缝 1:1水泥砂浆结合层 15厚1:3水泥砂浆找平 素水泥浆结合层一道(内掺建筑胶) 钢筋混凝土楼板	办公 服务 管理	皖2000J310
楼面3	软聚氯乙烯塑料抗静电地面(擦上光蜡) 胶黏剂粘结(基层与地板面均刷) 20厚1:2水泥砂浆抹面 素水泥浆结合层一道(内掺建筑胶) 钢筋混凝土楼板	配电房	国家建筑标准设计图集 12J304
楼面4	聚酯砂浆7厚 C30细石混凝土30厚,表面抹平强度达标打磨 素水泥浆结合层一道(内掺建筑胶) 钢筋混凝土楼板	库藏	国家建筑标准设计图集 12J304

分类	地面构造	使用部位	参考图集
内墙1	5厚1:1水泥细砂浆贴瓷质彩胎墙面砖(白水泥浆擦缝) 6厚1:2水泥砂浆面 14厚1:3水泥砂浆底(掺适量聚丙烯纤维) 砌体砖墙	卫生间 库藏区技术处理用房	皖2014J301 10/45
内墙2	白色高级内墙涂料二道 满涂腻子两遍 6厚1:2水泥砂浆面 14厚1:3水泥砂浆底(掺适量聚丙烯纤维) 砌体砖墙	其他内墙面	皖2014J301 7/44
散水1	砖散水(800宽) 120厚青砖M5水泥砂浆侧砌 30厚粗砂垫层 素土夯实	内庭院	皖01J307 6
散水2	20厚1:2水泥砂浆面散水(800宽) 60厚C15混凝土 60厚碎石垫层 素土夯实	室外墙	皖01J307 2
顶棚1	白色高级内墙涂料二道 满涂腻子两遍 7厚1:1:6水泥石灰砂浆面 8厚1:1:4水泥石灰麻刀砂浆底 先刷素水泥浆(加水泥重10%801胶)一道 现浇混凝土顶棚	非吊顶处	皖2014J301 8/50
顶棚2	轻钢龙骨防火石膏板顶 棚面涂料面 刷801胶一道,满刮腻子 次龙骨@500吊石膏顶 轻钢龙骨@1000~1200 现浇混凝土楼棚	有吊顶处	皖2014J301 18/52
踢脚1	贴面8~10厚地砖(同地面材料)120高 12~14厚1:3水泥砂浆打底 砌体砖墙	走廊 办公 管理 服务	皖2014J301 5/53
踢脚2	安装20厚花岗石板面层 稀稀水泥浆擦缝120高 10厚1:3水泥砂浆打底 砌体砖墙	门厅	皖2014J301 7/54
踢脚3	涂料面 18厚硬木踢脚,背面满涂防腐剂 墙内予留木砖满涂防腐剂@400 砌体砖墙	配电房 消防控制室 报告厅 库藏	皖2014J301 8/54
坡道	100厚花岗条石面层,表面剁平 30厚1:3干硬性水泥浆结合层 素水泥浆结合层一道(内掺建筑胶) 60厚C15混凝土 60厚碎(卵)石垫层 素土夯实	无障碍坡道	皖01J307 4
楼梯栏杆1	50×80硬木扶手 12厚钢化玻璃离地不留空	公共楼梯	国标06J403 41
楼梯栏杆2	50×80硬木扶手 20×20方钢栏杆	库藏区	国标06J403 2/11

图名	建筑设计总说明(三)	图号	14-16-3

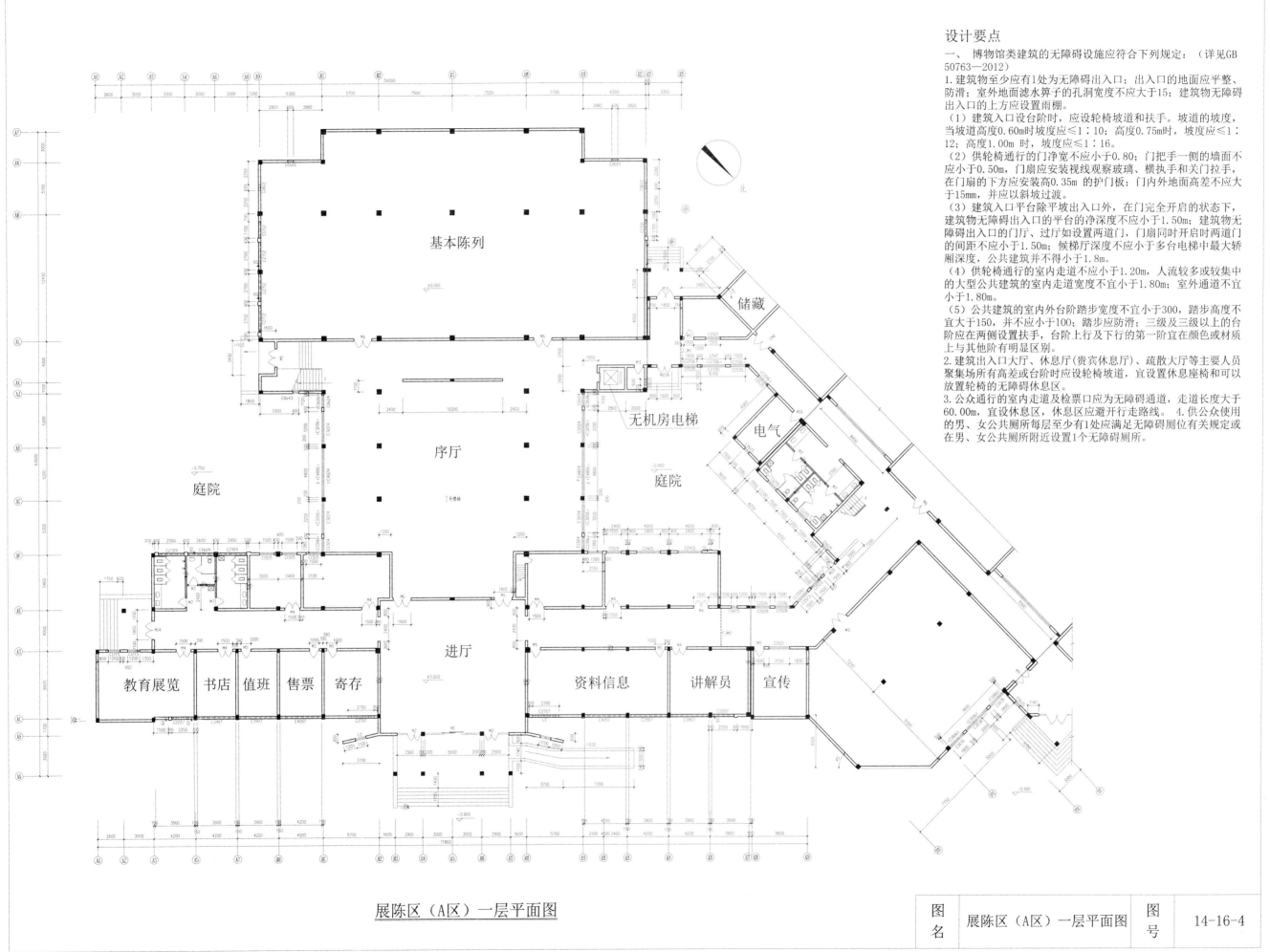

设计要点

一、 博物馆类建筑的无障碍设施应符合下列规定：（详见GB 50763—2012）

1. 建筑物至少应有1处为无障碍出入口；出入口的地面应平整、防滑；室外地面滤水箅子的孔洞宽度不应大于15；建筑物无障碍出入口的上方应设置雨棚。

（1）建筑入口设台阶时，应设轮椅坡道和扶手。坡道的坡度，当坡道高度0.60m时坡度应≤1：10；高度0.75m时，坡度应≤1：12；高度1.00m 时，坡度应≤1：16。

（2）供轮椅通行的门净宽不应小于0.80；门把手一侧的墙面不应小于0.50m，门扇应安装视线观察玻璃、横执手和关门拉手，在门扇的下方应安装高0.35m 的护门板；门内外地面高差不应大于15mm，并应以斜坡过渡。

（3）建筑入口平台除平坡出入口外，在门完全开启的状态下，建筑物无障碍出入口的平台的净深度不应小于1.50m；建筑物无障碍出入口的门厅、过厅如设置两道门，门扇同时开启时两道门的间距不应小于1.50m；候梯厅深度不应小于多台电梯中最大轿厢深度，公共建筑并不得小于1.8m。

（4）供轮椅通行的室内走道不应小于1.20m，人流较多或较集中的大型公共建筑的室内走道宽度不宜小于1.80m；室外通道不宜小于1.80m。

（5）公共建筑的室内外台阶踏步宽度不宜小于300，踏步高度不宜大于150，并不应小于100；踏步应防滑；三级及三级以上的台阶应在两侧设置扶手，台阶上行及下行的第一阶宜在颜色或材质上与其他阶有明显区别。

2. 建筑出入口大厅、休息厅(贵宾休息厅)、疏散大厅等主要人员聚集场所有高差或台阶时应设轮椅坡道，宜设置休息座椅和可以放置轮椅的无障碍休息区。

3. 公众通行的室内走道及检票口应为无障碍通道，走道长度大于60.00m，宜设休息区，休息区应避开行走路线。 4. 供公众使用的男、女公共厕所每层至少有1处满足无障碍厕位有关规定或在男、女公共厕所附近设置1个无障碍厕所。

基本陈列

储藏

无机房电梯

电气

序厅

庭院

庭院

进厅

教育展览 书店 值班 售票 寄存

资料信息 讲解员 宣传

展陈区（A区）一层平面图

| 图名 | 展陈区（A区）一层平面图 | 图号 | 14-16-4 |

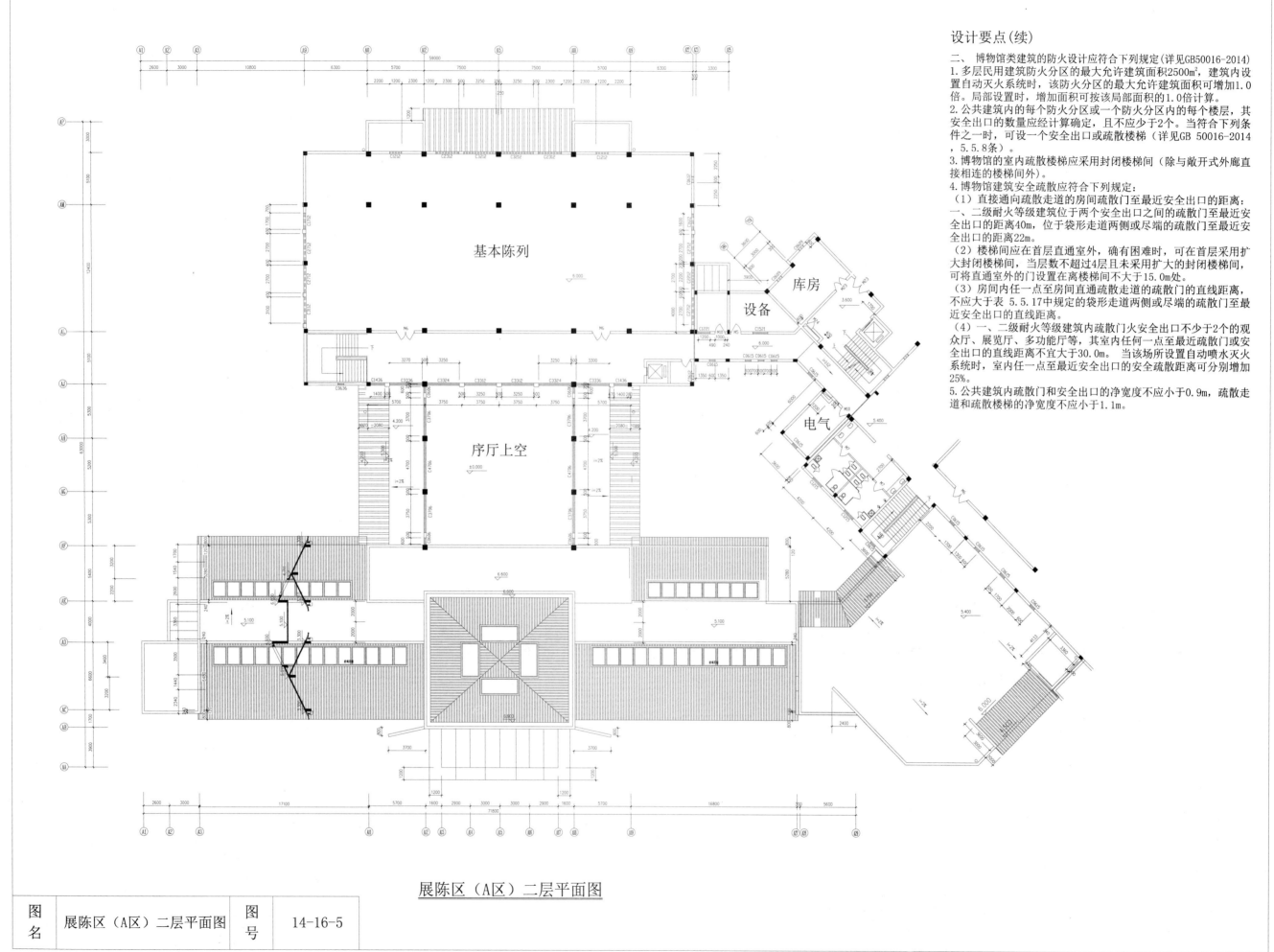

设计要点(续)

二、博物馆类建筑的防火设计应符合下列规定(详见GB50016-2014)

1. 多层民用建筑防火分区的最大允许建筑面积2500m²，建筑内设置自动灭火系统时，该防火分区的最大允许建筑面积可增加1.0倍。局部设置时，增加面积可按该局部面积的1.0倍计算。

2. 公共建筑内的每个防火分区或一个防火分区内的每个楼层，其安全出口的数量应经计算确定，且不应少于2个。当符合下列条件之一时，可设一个安全出口或疏散楼梯(详见GB 50016-2014，5.5.8条)。

3. 博物馆的室内疏散楼梯应采用封闭楼梯间(除与敞开式外廊直接相连的楼梯间外)。

4. 博物馆建筑安全疏散应符合下列规定:

(1)直接通向疏散走道的房间疏散门至最近安全出口的距离:

一、二级耐火等级建筑位于两个安全出口之间的疏散门至最近安全出口的距离40m，位于袋形走道两侧或尽端的疏散门至最近安全出口的距离22m。

(2)楼梯间应在首层直通室外，确有困难时，可在首层采用扩大封闭楼梯间，当层数不超过4层且未采用扩大的封闭楼梯间时，可将直通室外的门设置在离楼梯间不大于15.0m处。

(3)房间内任一点至房间直通疏散走道的疏散门的直线距离，不应大于表 5.5.17中规定的袋形走道两侧或尽端的疏散门至最近安全出口的直线距离。

(4)一、二级耐火等级建筑内疏散门火安全出口不少于2个的观众厅、展览厅、多功能厅等，其室内任何一点至最近疏散门或安全出口的直线距离不宜大于30.0m。当该场所设置自动喷水灭火系统时，室内任一点至最近安全出口的安全疏散距离可分别增加25%。

5. 公共建筑内疏散门和安全出口的净宽度不应小于0.9m，疏散走道和疏散楼梯的净宽度不应小于1.1m。

基本陈列

库房

设备

电气

序厅上空

±0.000

展陈区（A区）二层平面图

| 图名 | 展陈区（A区）二层平面图 | 图号 | 14-16-5 |

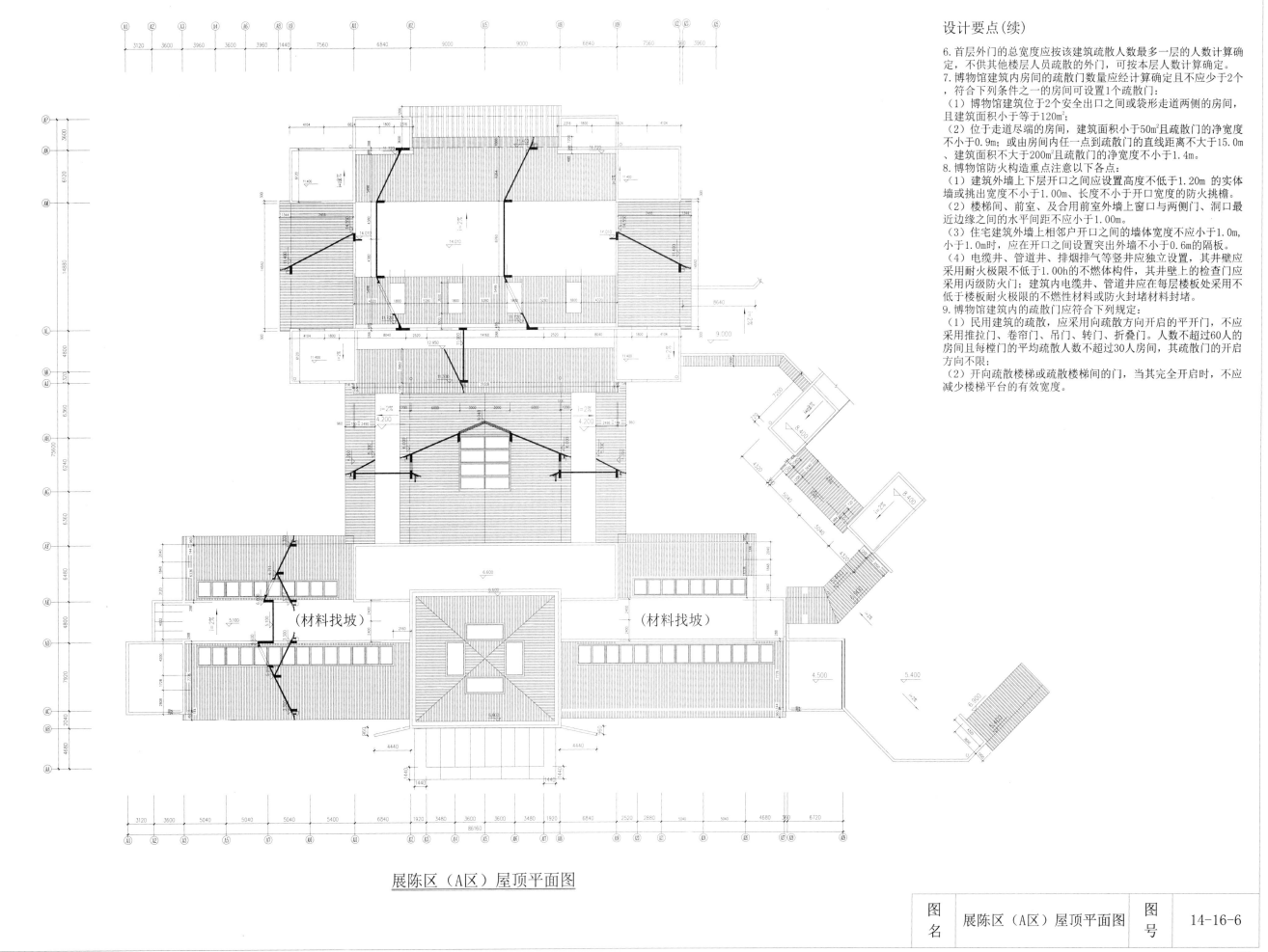

展陈区（A区）屋顶平面图

6. 首层外门的总宽度应按该建筑疏散人数最多一层的人数计算确定，不供其他楼层人员疏散的外门，可按本层人数计算确定。

7. 博物馆建筑内房间的疏散门数量应经计算确定且不应少于2个，符合下列条件之一的房间可设置1个疏散门：

（1）博物馆建筑位于2个安全出口之间或袋形走道两侧的房间，且建筑面积小于等于120m²；

（2）位于走道尽端的房间，建筑面积小于50m²且疏散门的净宽度不小于0.9m；或由房间内任一点到疏散门的直线距离不大于15.0m、建筑面积不大于200m²且疏散门的净宽度不小于1.4m。

8. 博物馆防火构造重点注意以下各点：

（1）建筑外墙上下层开口之间应设置高度不低于1.20m的实体墙或挑出宽度不小于1.00m、长度不小于开口宽度的防火挑檐。

（2）楼梯间、前室、及合用前室外墙上窗口与两侧门、洞口最近边缘之间的水平间距不应小于1.00m。

（3）住宅建筑外墙上相邻户间开口之间的墙体宽度不应小于1.0m，小于1.0m时，应在开口之间设置突出外墙不小于0.6m的隔板。

（4）电缆井、管道井、排烟排气等竖井应独立设置，其井壁应采用耐火极限不低于1.00h的不燃体构件，其井壁上的检查门应采用丙级防火门；建筑内电缆井、管道井应在每层楼板处采用不低于楼板耐火极限的不燃性材料或防火封堵材料封堵。

9. 博物馆建筑内的疏散门应符合下列规定：

（1）民用建筑的疏散，应采用向疏散方向开启的平开门，不应采用推拉门、卷帘门、吊门、转门、折叠门。人数不超过60人的房间且每樘门的平均疏散人数不超过30人房间，其疏散门的开启方向不限；

（2）开向疏散楼梯或疏散楼梯间的门，当其完全开启时，不应减少楼梯平台的有效宽度。

图名	展陈区（A区）屋顶平面图	图号	14-16-6

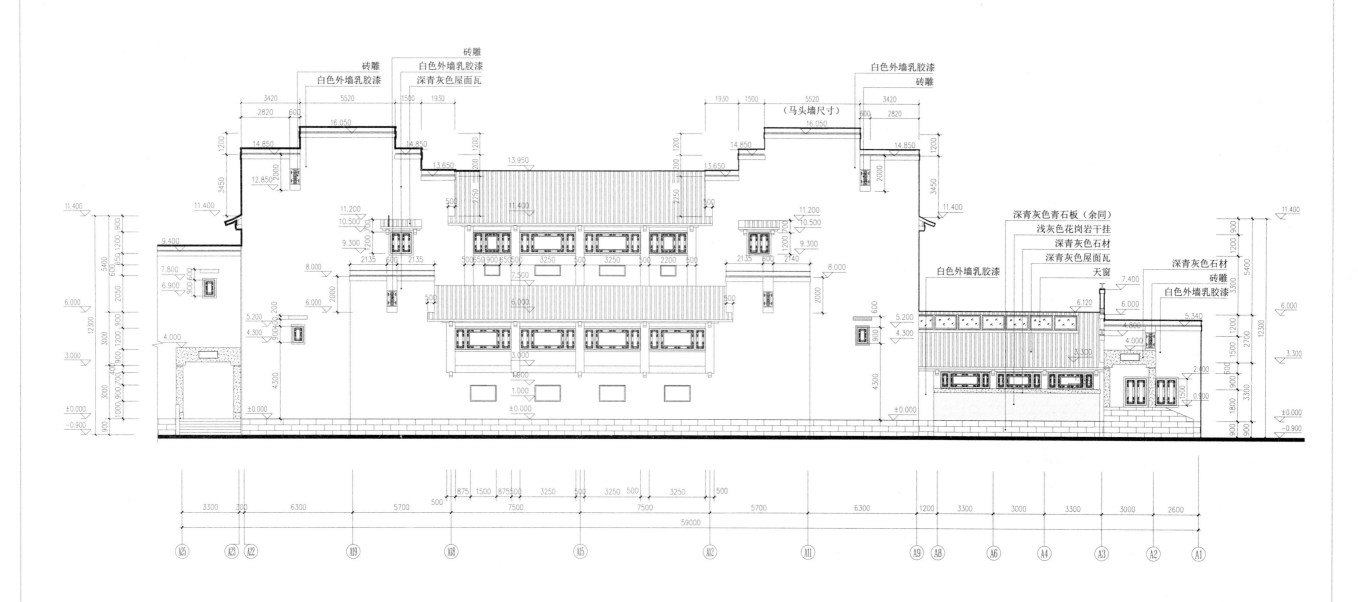

某博物馆展陈区(A区)A25-A1西南立面图　1:100

| 图名 | 某博物馆展陈区(A区)
A25—A1西南立面图 | 图号 | 14-16-7 |

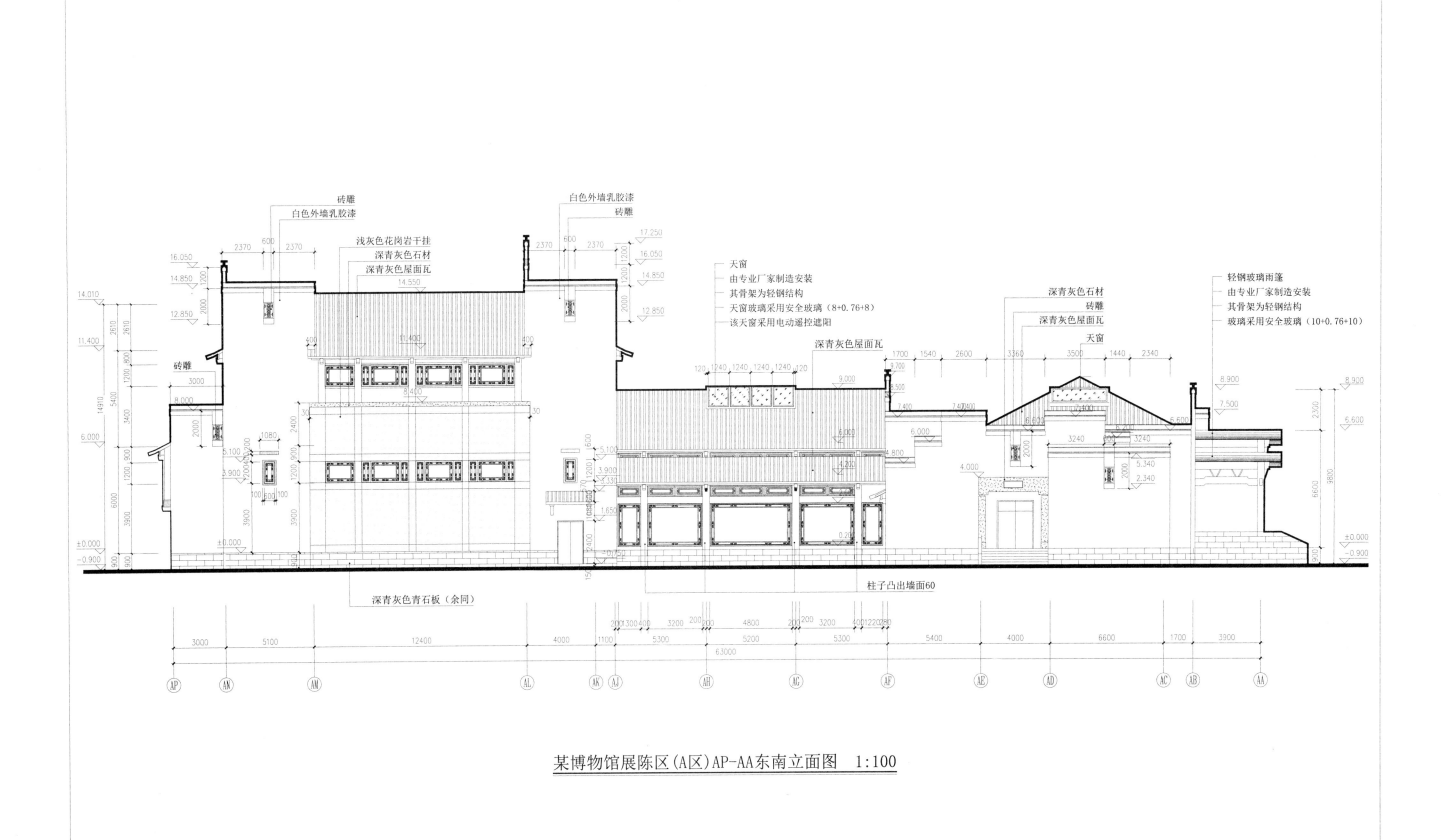

某博物馆展陈区(A区)AP-AA东南立面图 1:100

| 图名 | 某博物馆展陈区(A区)
AP—AA东南立面图 | 图号 | 14-16-8 |

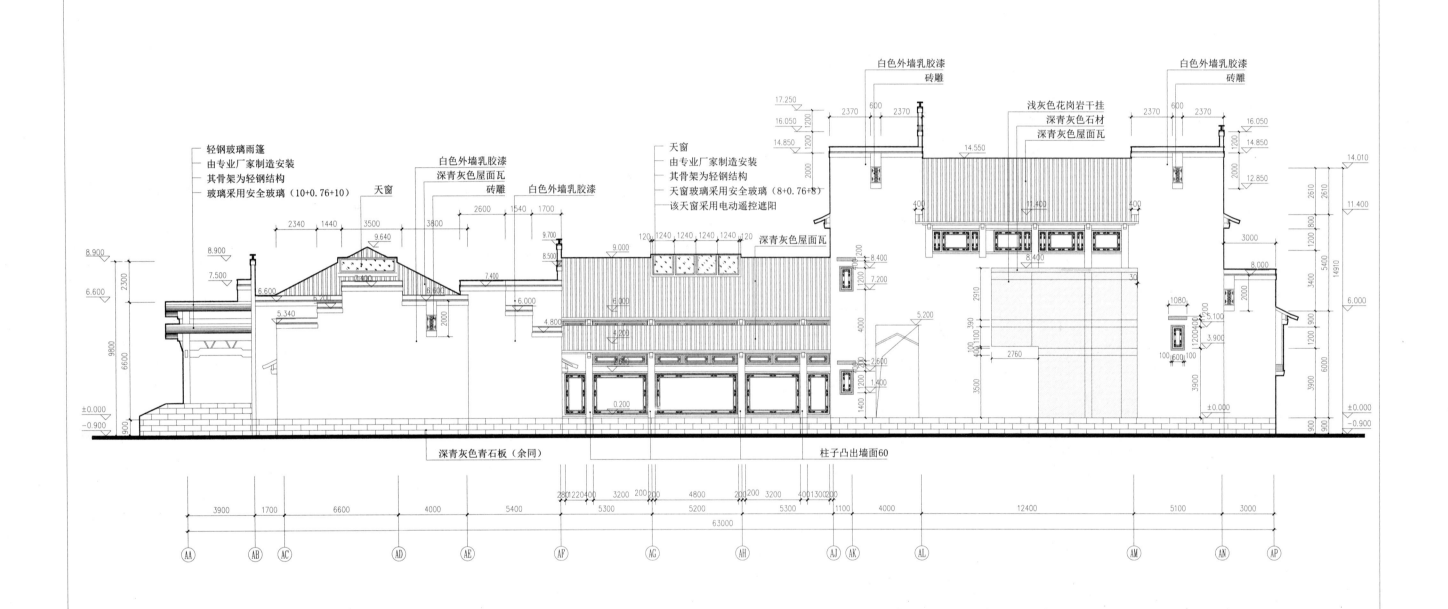

某博物馆(A区)AA—AP东西北立面图 1:100

图名	某博物馆展陈区(A区) AA—AP东西北立面图	图号	14-16-9

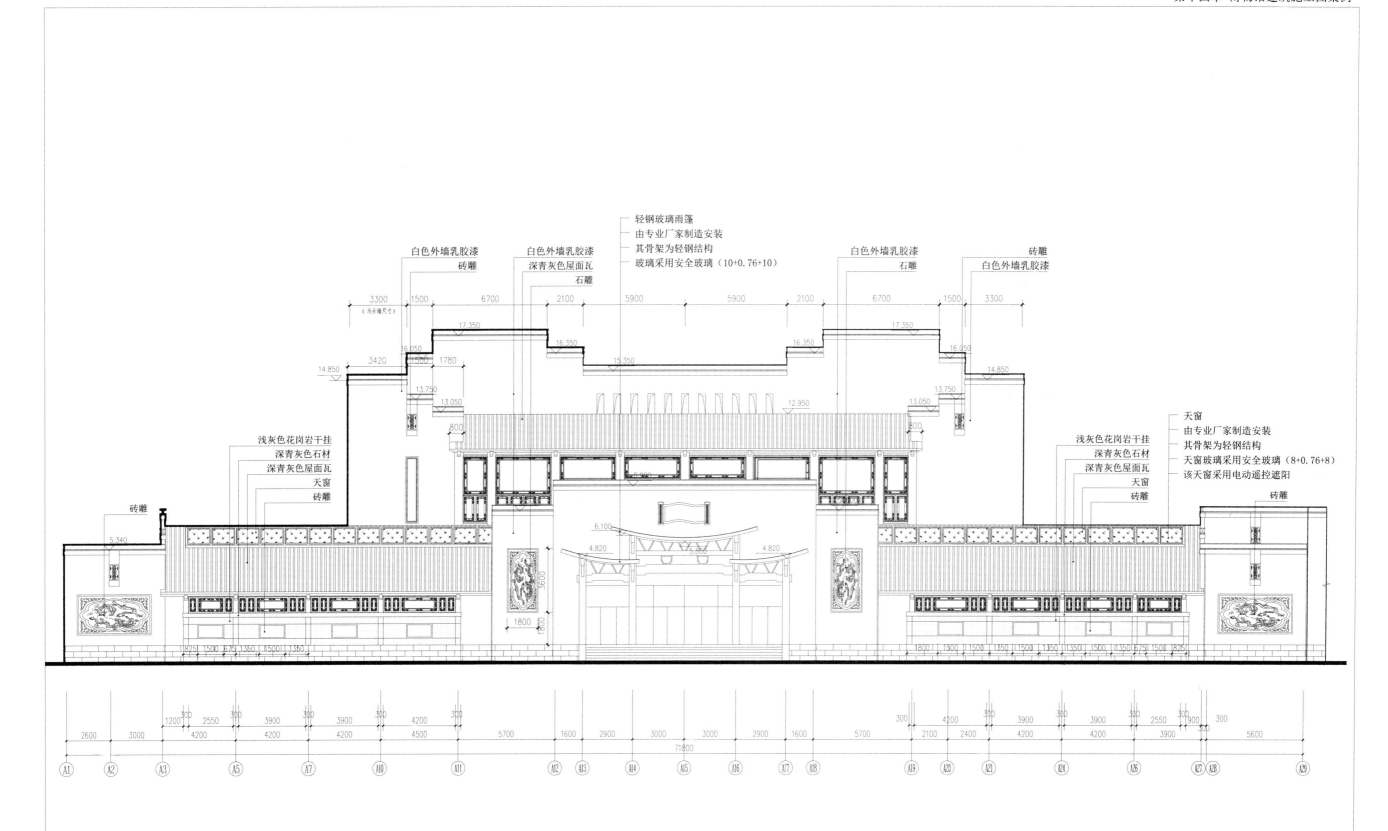

某博物馆A区A1—A29东北正立面图   1:100

图名	某博物馆展陈区(A区)A1—A29东北正立面图	图号	14-16-10

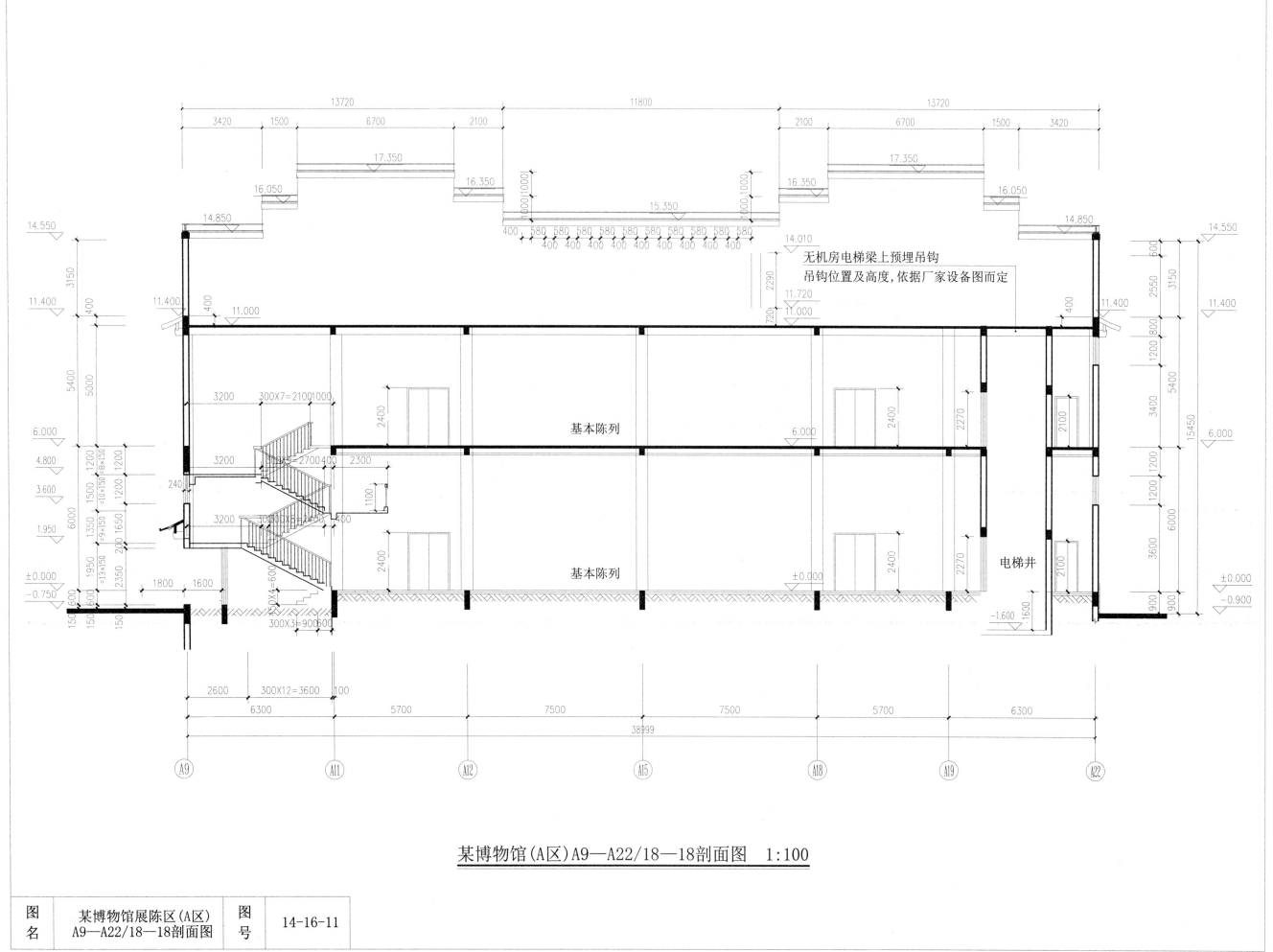

无机房电梯梁上预埋吊钩
吊钩位置及高度,依据厂家设备图而定

基本陈列

基本陈列

电梯井

某博物馆(A区)A9—A22/18—18剖面图 1:100

图名	某博物馆展陈区(A区) A9—A22/18—18剖面图	图号	14-16-11

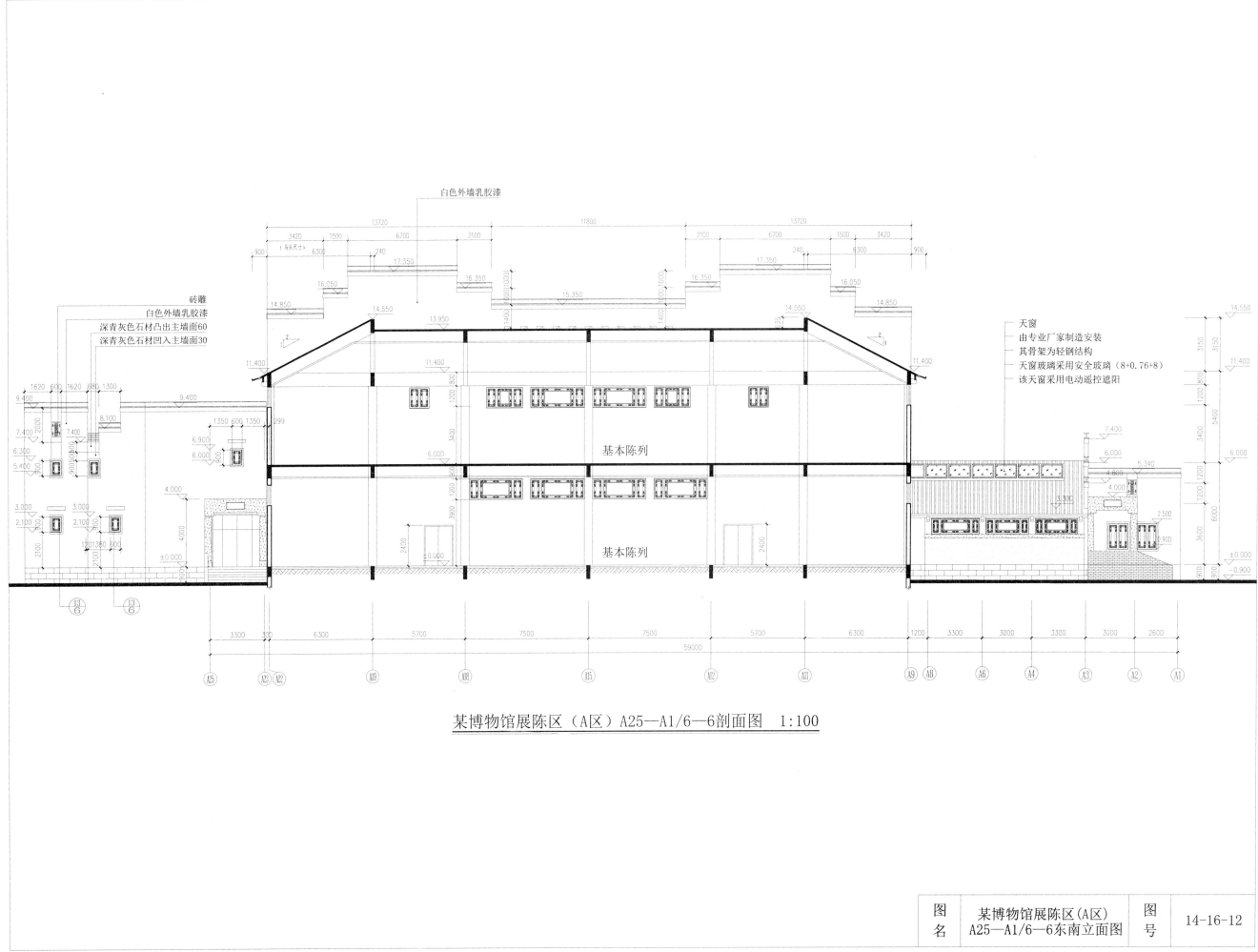

某博物馆展陈区（A区）A25—A1/6—6剖面图 1:100

图名	某博物馆展陈区（A区）A25—A1/6—6东南立面图	图号	14-16-12

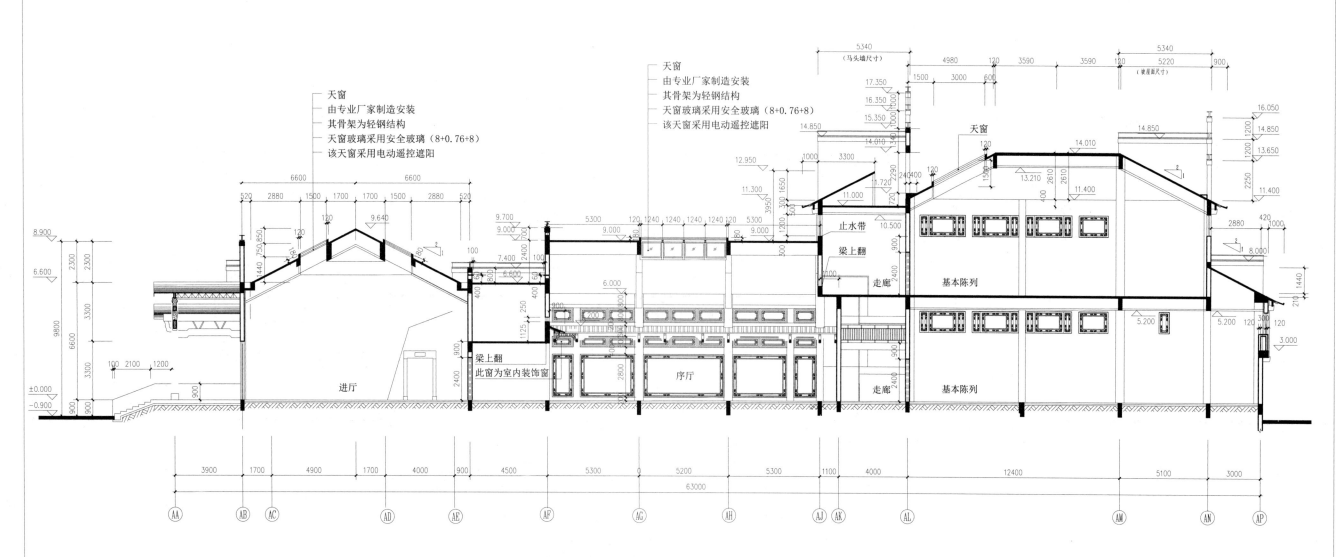

天窗
由专业厂家制造安装
其骨架为轻钢结构
天窗玻璃采用安全玻璃（8+0.76+8）
该天窗采用电动遥控遮阳

天窗
由专业厂家制造安装
其骨架为轻钢结构
天窗玻璃采用安全玻璃（8+0.76+8）
该天窗采用电动遥控遮阳

止水带
梁上翻
走廊
基本陈列

进厅

梁上翻
此窗为室内装饰窗

序厅

走廊
基本陈列

某博物馆展陈区（A区）AA—AP/1—1剖面图　1:100

图名	某博物馆展陈区(A区) AA—AP/1—1剖面图	图号	14-16-13

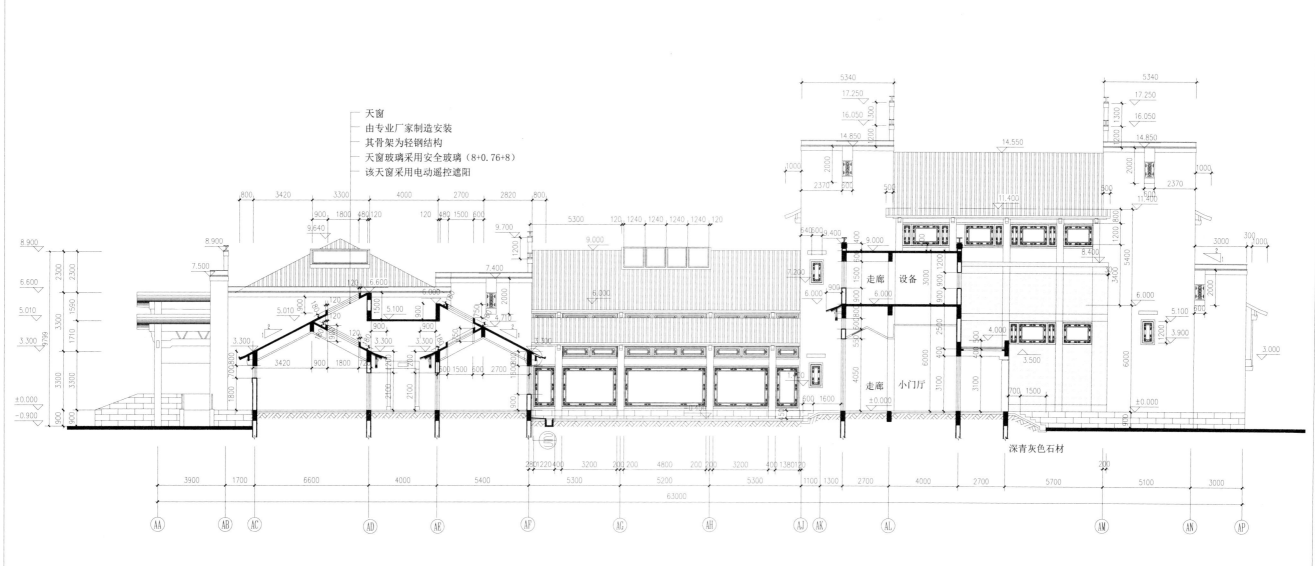

天窗
由专业厂家制造安装
其骨架为轻钢结构
天窗玻璃采用安全玻璃（8+0.76+8）
该天窗采用电动遥控遮阳

深青灰色石材

某博物馆A区AA—AP/2—2剖面图　1:100

| 图名 | 某博物馆展陈区（A区）AA—AP/2—2剖面图 | 图号 | 14-16-14 |

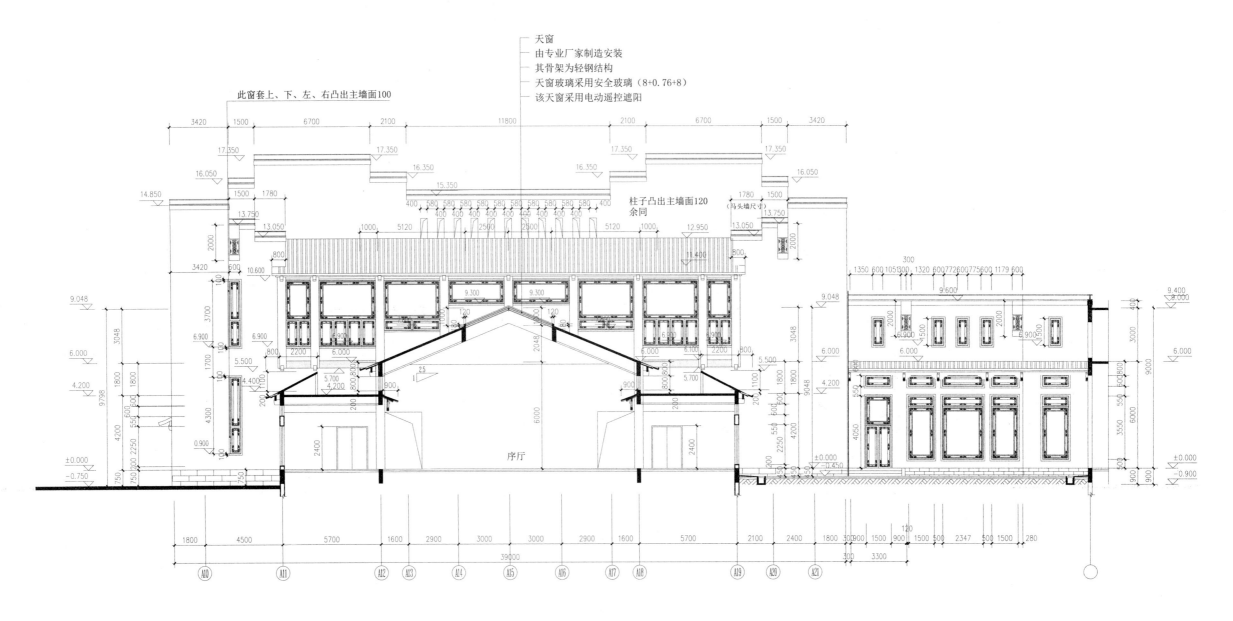

天窗
由专业厂家制造安装
其骨架为轻钢结构
天窗玻璃采用安全玻璃（8+0.76+8）
该天窗采用电动遥控遮阳

此窗套上、下、左、右凸出主墙面100

柱子凸出主墙面120
余同 （马头墙尺寸）

序厅

某博物馆(A区)A10—A21/7—7剖面图   1:100

| 图名 | 某博物馆展陈区(A区)
A10—A21/7—7剖面图 | 图号 | 14-16-15 |

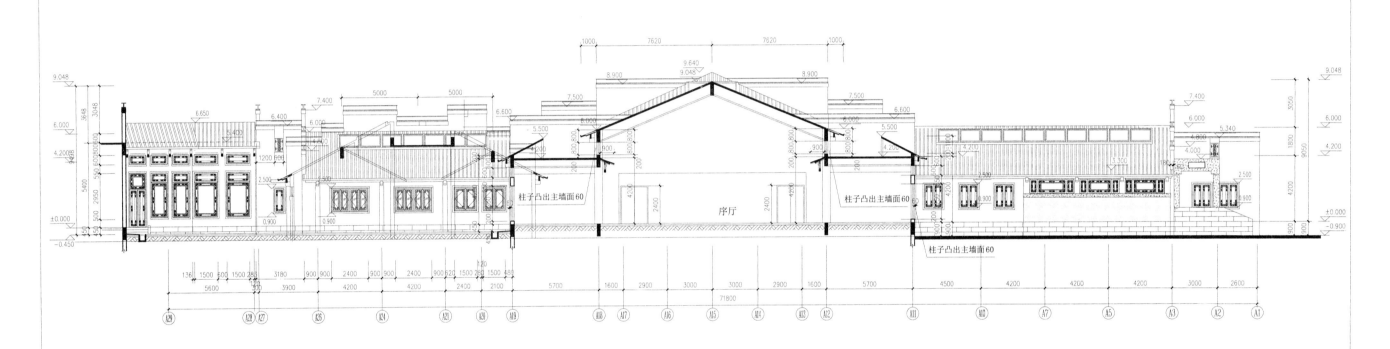

某博物馆(A区)A29—A1/8—8剖面图 1:100

图名	某博物馆展陈区(A区) A29—A1/8—8剖面图	图号	14-16-16